MOLECULAR SCIENCES

当代化学化工学术精品丛书·分子科学前沿

丛书编委会

国家出版基金项目
NATIONAL PUBLICATION FOUNDATION

"十三五"国家重点
出版物出版规划项目

当代化学化工学术精品丛书
分 子 科 学 前 沿
总主编 席振峰 张德清

Frontiers in Molecular Synthesis and Assembly

分子合成与组装前沿

范青华 张文雄 等 编著

华东理工大学出版社
EAST CHINA UNIVERSITY OF SCIENCE AND TECHNOLOGY PRESS

·上海·

图书在版编目(CIP)数据

分子合成与组装前沿/范青华等编著. —上海：
华东理工大学出版社，2022.7
ISBN 978 - 7 - 5628 - 6741 - 8

Ⅰ. ①分… Ⅱ. ①范… Ⅲ. ①分子—合成化学 Ⅳ.
①O6

中国版本图书馆 CIP 数据核字(2022)第 057060 号

内容提要

分子合成是分子科学的核心，分子组装是创造新物质和产生新功能的重要手段。本书共九章，分成两部分。第一部分为分子合成，包含了第 1 章至第 7 章，详细介绍了双金属有机合成、基于金属卡宾的合成、复杂天然产物全合成，锰金属有机催化，氮杂环卡宾催化、芳香杂环化合物的不对称催化氢化，以及有机化学反应机理研究进展。第二部分为分子组装，包含了第 8 章和第 9 章，主要介绍了新型合成大环主体的分子识别与组装、超分子自组装及其应用。

本书主要选取了北京分子科学国家研究中心取得的一些系统性的创新成果，适用于从事分子合成与组装领域的科研院所和大中专高校相关专业的学生和科研人员。

项目统筹 /	马夫娇　韩　婷
责任编辑 /	陈婉毓
责任校对 /	石　曼
装帧设计 /	周伟伟
出版发行 /	华东理工大学出版社有限公司
	地址：上海市梅陇路 130 号，200237
	电话：021 - 64250306
	网址：www.ecustpress.cn
	邮箱：zongbianban@ecustpress.cn
印　刷 /	上海雅昌艺术印刷有限公司
开　本 /	720 mm×1000 mm　1/16
印　张 /	27.75
字　数 /	533 千字
版　次 /	2022 年 7 月第 1 版
印　次 /	2022 年 7 月第 1 次
定　价 /	298.00 元

MOLECULAR SCIENCES

分子合成与组装前沿
编委会

主　编　范青华　张文雄

编委会（排名不分先后）

总序一

分子科学是化学科学的基础和核心,是与材料、生命、信息、环境、能源等密切交叉和相互渗透的中心科学。当前,分子科学一方面攻坚惰性化学键的选择性活化和精准转化、多层次分子的可控组装、功能体系的精准构筑等重大科学问题,催生新领域和新方向,推动物质科学的跨越发展;另一方面,通过发展物质和能量的绿色转化新方法不断创造新分子和新物质等,为解决卡脖子技术提供创新概念和关键技术,助力解决粮食、资源和环境问题,支撑碳达峰、碳中和国家战略,保障人民生命健康,在满足国家重大战略需求、推动产业变革的方面发挥源头发动机的作用。因此,持续加强对分子科学研究的支持,是建设创新型国家的重大战略需求,具有重大战略意义。

2017 年 11 月,科技部发布"关于批准组建北京分子科学等 6 个国家研究中心"的通知,依托北京大学和中国科学院化学研究所的北京分子科学国家研究中心就是其中之一。北京分子科学国家研究中心成立以来,围绕分子科学领域的重大科学问题,开展了系列创新性研究,在资源分子高效转化、低维碳材料、稀土功能分子、共轭分子材料与光电器件、可控组装软物质、活体分子探针与化学修饰等重要领域上形成了国际领先的集群优势,极大地推动了我国分子科学领域的发展。同时,该中心发挥基础研究的优势,积极面向国家重大战略需求,加强研究成果的转移转化,为相关产业变革提供了重要的支撑。

北京分子科学国家研究中心主任、北京大学席振峰院士和中国科学院化学研究所张德清研究员组织中心及兄弟高校、科研院所多位专家学者策划、撰写了"分子科学前沿丛书"。丛书紧密围绕分子体系的精准合成与制备、分子的可控组装、分子功能体系的构筑与应用三大领域方向,共 9 分册,其中"分子科学前沿"部分有 5 分册,"学科交叉前沿"部分有 4 分册。丛书系统总结了北京分子科学国家研究中心在分子科学前沿交叉领域取得的系列创新研究成果,内容系统、全面,代表了国内分子科学前沿交叉研究领域最高水平,具有很高的学术价值。丛书各分册负责人以严谨的治学精神梳理总结研究成果,积极总结和提炼科学规律,极大提升了丛书的学术水平和科学意义。该套丛书被列入"十三五"国家重点图书出版规划,并得到了国家出版基金的大力支持。

我相信,这套丛书的出版必将促进我国分子科学研究取得更多引领性原创研究成果。

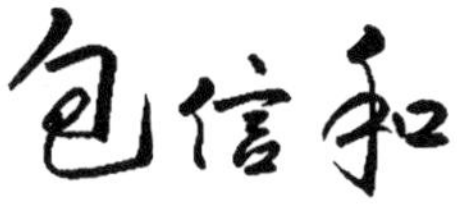

包信和

中国科学院院士

中国科学技术大学

总序二

化学是创造新物质的科学,是自然科学的中心学科。作为化学科学发展的新形式与新阶段,分子科学是研究分子的结构、合成、转化与功能的科学。分子科学打破化学二级学科壁垒,促进化学学科内的融合发展,更加强调和促进与材料、生命、能源、环境等学科的深度交叉。

分子科学研究正处于世界科技发展的前沿。近二十年的诺贝尔化学奖既涵盖了催化合成、理论计算、实验表征等化学的核心内容,又涉及生命、能源、材料等领域中的分子科学问题。这充分说明作为传统的基础学科,化学正通过分子科学的形式,从深度上攻坚重大共性基础科学问题,从广度上不断催生新领域和新方向。

分子科学研究直接面向国家重大需求。分子科学通过创造新分子和新物质,为社会可持续发展提供新知识、新技术、新保障,在解决能源与资源的有效开发利用、环境保护与治理、生命健康、国防安全等一系列重大问题中发挥着不可替代的关键作用,助力实现碳达峰碳中和目标。多年来的实践表明,分子科学更是新材料的源泉,是信息技术的物质基础,是人类解决赖以生存的粮食和生活资源问题的重要学科之一,为根本解决环境问题提供方法和手段。

分子科学是我国基础研究的优势领域,而依托北京大学和中国科学院化学研究所的北京分子科学国家研究中心(下文简称"中心")是我国分子科学研究的中坚力量。近年来,中心围绕分子科学领域的重大科学问题,开展基础性、前瞻性、多学科交叉融合的创新研究,组织和承担了一批国家重要科研任务,面向分子科学国际前沿,取得了一批具有原创性意义的研究成果,创新引领作用凸显。

北京分子科学国家研究中心主任、北京大学席振峰院士和中国科学院化学研究所张德清研究员组织编写了这套"分子科学前沿丛书"。丛书紧密围绕分子体系的精准合成与制备、分子的可控组装、分子功能体系的构筑与应用三大领域方向，立足分子科学及其学科交叉前沿，包括9个分册：《物质结构与分子动态学研究进展》《分子合成与组装前沿》《无机稀土功能材料进展》《高分子科学前沿》《纳米碳材料前沿》《化学生物学前沿》《有机固体功能材料前沿与进展》《环境放射化学前沿》《化学测量学进展》。该套丛书梳理总结了北京分子科学国家研究中心自成立以来取得的重大创新研究成果，阐述了分子科学及其交叉领域的发展趋势，是国内第一套系统总结分子科学领域最新进展的专业丛书。

该套丛书依托高水平的编写团队，成员均为国内分子科学领域各专业方向上的一流专家，他们以严谨的治学精神，对研究成果进行了系统整理、归纳与总结，保证了编写质量和内容水平。相信该套丛书将对我国分子科学和相关领域的发展起到积极的推动作用，成为分子科学及相关领域的广大科技工作者和学生获取相关知识的重要参考书。

得益于参与丛书编写工作的所有同仁和华东理工大学出版社的共同努力，这套丛书被列入"十三五"国家重点图书出版规划，并得到了国家出版基金的大力支持。正是有了大家在各自专业领域中的倾情奉献和互相配合，才使得这套高水准的学术专著能够顺利出版问世。在此，我向广大读者推荐这套前沿精品著作"分子科学前沿丛书"。

中国科学院院士

上海交通大学/中国科学院上海有机化学研究所

丛书前言

作为化学科学的核心,分子科学是研究分子的结构、合成、转化与功能的科学,是化学科学发展的新形式与新阶段。可以说,20世纪末期化学的主旋律是在分子层次上展开的,化学也开启了以分子科学为核心的发展时代。分子科学为物质科学、生命科学、材料科学等提供了研究对象、理论基础和研究方法,与其他学科密切交叉、相互渗透,极大地促进了其他学科领域的发展。分子科学同时具有显著的应用特征,在满足国家重大需求、推动产业变革等方面发挥源头发动机的作用。分子科学创造的功能分子是新一代材料、信息、能源的物质基础,在航空、航天等领域关键核心技术中不可或缺;分子科学发展高效、绿色物质转化方法,助力解决粮食、资源和环境问题,支撑碳达峰、碳中和国家战略;分子科学为生命过程调控、疾病诊疗提供关键技术和工具,保障人民生命健康。当前,分子科学研究呈现出精准化、多尺度、功能化、绿色化、新范式等特点,从深度上攻坚重大科学问题,从广度上催生新领域和新方向,孕育着推动物质科学跨越发展的重大机遇。

北京大学和中国科学院化学研究所均是我国化学科学研究的优势单位,共同为我国化学事业的发展做出过重要贡献,双方研究领域互补性强,具有多年合作交流的历史渊源,校园和研究所园区仅一墙之隔,具备"天时、地利、人和"的独特合作优势。本世纪初,双方前瞻性、战略性地将研究聚焦于分子科学这一前沿领域,共同筹建了北京分子科学国家实验室。在此基础上,2017年11月科技部批准双方组建北京分子科学国家研究中心。该中心瞄准分子科学前沿交叉领域的重大科学问题,汇聚了众多分子科学研究的杰出和优秀人才,充分发挥综合性和多学科的优势,不断优化校所合作机制,取得了一批创新研究成果,并有力促进了材料、能源、健康、环境等相关领域关键核心技术中的重大科学问题突破和新兴产业发展。

基于上述研究背景,我们组织中心及兄弟高校、科研院所多位专家学者撰写了"分子科学前沿丛书"。丛书从分子体系的合成与制备、分子体系的可控组装和分子体系的功能与应用三个方面,梳理总结中心取得的研究成果,分析分子科学相关领域的发展趋势,计划出版9个分册,包括《物质结构与分子动态学研究进展》《分子合成与组装前沿》《无机稀土功能材料进展》《高分子科学前沿》《纳米碳材料前沿》《化学生物学前沿》《有机固体功能材料前沿与进展》《环境放射化学前沿》《化学测量学进展》。我们希望该套丛书的出版将有力促进我国分子科学领域和相关交叉领域的发展,充分体现北京分子科学国家研究中心在科学理论和知识传播方面的国家功能。

本套丛书是"十三五"国家重点图书出版规划项目"当代化学化工学术精品丛书"的系列之一。丛书既涵盖分子科学领域的基本原理、方法和技术,也总结了分子科学领域的最新研究进展和成果,具有系统性、引领性、前沿性等特点,希望能为分子科学及相关领域的广大科技工作者和学生,以及企业界和政府管理部门提供参考,有力推动我国分子科学及相关交叉领域的发展。

最后,我们衷心感谢积极支持并参加本套丛书编审工作的专家学者、华东理工大学出版社各级领导和编辑,正是大家的认真负责、无私奉献保证了丛书的顺利出版。由于时间、水平等因素限制,丛书难免存在诸多不足,恳请广大读者批评指正!

北京分子科学国家研究中心

前言

分子合成是分子科学的核心,分子组装是创造新物质和产生新功能的重要手段。分子合成与组装分别从分子及分子以上层次创造新物质,揭示物质的形成规律与功能化途径,推动了分子科学的发展。一方面,自从人们在原子、离子、分子层次对化学键的本质有了深刻认识,化学的发展突飞猛进,通过不同化学键的选择性断裂、形成及重组,化学家创造了数千万种分子。人们不断探索新的合成方法,创制新的分子,开发新的功能,实现了分子合成科学的繁荣。另一方面,随着大量天然小分子、大分子的发现,以及大量人工分子的合成,人们对由分子构建的微观物质世界有了更深刻的认识,意识到了分子间的非共价相互作用也是创造新物质的重要手段。以分子间非共价相互作用为核心的分子组装化学,在过去几十年间得到了蓬勃发展。

在分子合成与组装领域,人们仍面临诸多挑战。在分子合成领域,常见的金属有机合成试剂包括有机锂试剂、格氏试剂、有机铜试剂、有机锌试剂、有机铝试剂等,其通常是单金属试剂,与之相比,分子中存在两个碳-金属键的双金属有机试剂由于分子内或分子间的协同作用而表现出不同于单金属试剂的反应性,甚至表现出全新的反应模式,但目前对于双金属有机试剂的制备、结构和反应性的相关研究较少;后过渡金属催化剂在均相催化领域一直占据主导地位,但贵金属存在成本高、毒性大、储量少等缺点,寻找和开发廉价低毒的丰产金属催化剂,已成为近年来学术界和工业界持续关注的热点方向;过渡金属催化的卡宾化学已得到很大发展,自由卡宾与金属配位后形成的金属卡宾在一定程度上稳定了卡宾物种,但多数金属卡宾中间体在室温下依然非常活泼,反应过程中金属卡宾中间体的分离、表征及反应性控制依然存在很大的挑战,高效的卡宾催化剂种类还很有限;过渡金属催化的不对称氢化是目前研究得最深入的一类反应,并已实现工业上的规模化应用,但与前手性烯烃、酮和亚胺底物不同,具有芳香稳定化能的芳香杂环化合物的不对称氢化发展相对缓慢,全碳芳香化合物的不对称氢化还未取得实质性进展;天然产物分子是新药开发的重要来源,得益于新的合成策略和方法学的发展,天然产物的全合成近年来取得了重要进展,但大多数有重要生物活性的天然产物小分子面临来源受限、深度结构修饰困难等问题,快速高效和大量合成依然是该领域存在的挑战;反应机理研究帮助人们从分子水平上理解有机反应发生的详细历程,计算化学可以阐明反应中间体及过渡态的结构和相对能量,但如何更好地指导新反应和新催化剂的设计依然存在挑战。在分子组装领域,国际前沿研究开始从简单组装、静态和平衡态组装逐渐过渡到多级组装、动态和非平衡态组装,从不可控组装发展到可控组装,创制具有动态响应、自适应和自修复等特点的新型自组装体系成为目前该领域的研究热点。在此背景下,如何加深对超分子化学基本问题的理解、设计合成新的大环分子和新的组装基元,以及更好地描述和利用非共价键之间的协同作用显得尤为重要。此外,关于序列型的超分子组装体系或者超分子聚合物的报道至今还很少,如何关联各个组分之间的相互作用、各层次结构等仍然十分困难。解决上述这些具有挑战性的问题,实现分子合成与组装过程的精准化、绿色化和高通量化,就需要对分子合成与组装所涉及的相关知识有深刻和系统的理解,这是编著本书的出发点和目的之一。

近年来,国内外报道了大量的优秀研究成果,极大地推动了分子合成与组装领域的发展。由于篇幅限制,我们仅从这些启发性的研究报道中主要选取了北京分子科学国家研究中心取得的一些系统性的创新成果来进行介绍。因此,本书围绕合成化学的最新进展,聚焦双金属有机试剂化学、锰金属有机化学、金属卡宾化学、氮杂环卡宾化学、杂芳烃化合物的不对称催化氢化、复杂天然产物全合成、过渡金属催化反应机理研究、大环主体的识别与组装以及超分子自组装化学等领域,对相关基础概念进行了详细阐述,介绍了这些领域的发展现状及代表性的研究工作。希望本书能为初涉该领域的学生和科研人员提供知识储备,为相关科技工作者展示合成化学的研究现状,并为有志于从事该领域研究的青年同行提供一定的指导。

本书第 1 章双金属有机合成试剂化学由张永亮、魏俊年、张文雄、席振峰编写;第 2 章锰金属有机催化由杨芸辉、王从洋编写;第 3 章基于金属卡宾的合成化学由周奇、王剑波编写;第 4 章氮杂环卡宾催化由高中华、叶松编写;第 5 章芳香杂环化合物的不对称催化氢化反应由冯宇、冯向青、杜海峰、范青华编写;第 6 章复杂天然产物全合成由杨震、雷晓光、罗佗平编写;第 7 章有机化学反应机理研究进展由崔琦、樊星、李晨龙、李俊、杨昱升、王熠、张攀、周艺、余志祥编写;第 8 章新型合成大环主体的分子识别与组装由韩莹、陈传峰编写;第 9 章超分子自组装及其应用由刘鸣华、张莉、汪含笑、欧阳光辉编写。

由于撰写时间仓促、涉及人员较多,书中难免存在诸多不足,欢迎广大读者批评指正。

范青华　张文雄

2021 年 12 月 28 日

目录

Chapter 3

**第 3 章
基于金属卡宾的
合成化学**

周 奇 王剑波

Chapter 4

**第 4 章
氮杂环卡宾催化**

高中华 叶 松

Chapter 5

第 5 章
芳香杂环化合物的
不对称催化氢化反应

冯宇　冯向青　杜海峰　范青华

Chapter 6

第 6 章
复杂天然产物全合成

杨震 雷晓光 罗佗平

Chapter 7

第 7 章
有机化学反应机理
研究进展

崔琦 樊星 李晨龙 李俊
杨昱升 王熠 张攀 周艺
余志祥

Chapter 8

第 8 章
新型合成大环主体的分子识别与组装

韩莹　陈传峰

Chapter 9

第 9 章
超分子自组装及其应用

刘鸣华　张莉　汪含笑　欧阳光辉

Index

索引

Chapter 1

双金属有机合成试剂化学

张永亮　魏俊年　张文雄　席振峰

1.1 前言

金属有机试剂是指含有碳-金属键的一类有机化学试剂。作为有机化学中非常重要的试剂之一,开发和利用金属有机试剂对合成化学的发展具有重要的意义[1-12]。常见的有机锂试剂、格利雅试剂(Grignard 试剂,简称格氏试剂)等都是单金属有机试剂。从概念上讲,如果一个化合物分子的结构中同时含有两个碳-金属键,则可以构成双金属有机试剂。与传统的单金属有机试剂相比,目前关于双金属有机试剂的制备、结构和反应性的研究依然相对较少。当同一化合物分子的结构中所含有的这两个碳-金属键均满足合适的空间构型和几何构型时,它们在反应中可能表现出协同效应,进而使得该试剂具有不同于传统单金属有机试剂的反应性[13-18]。

我们一直从事基于 1,3-丁二烯骨架的双金属有机试剂,特别是 1,4-二锂-1,3-丁二烯试剂(简称双锂试剂)的研究[19-21]。1999 年,我们发现原位制备的多取代双锂试剂同羰基化合物反应时表现出与单锂类似物完全不同的反应性[22,23]。随后,我们认识到两个碳-锂键之间及其与丁二烯骨架之间的协同效应,是这类双锂试剂具有独特反应模式的关键原因。然后,我们对双锂试剂的制备、结构和反应化学展开了深入而系统的研究,并取得了诸多成果。图 1-1 列出了五类具有代表性的双锂试剂的结构。其间,除本课题组的研究工作之外,Saito 课题组[24]、Tokitoh 课题组[25]及 Sindlinger 课题组[26]等也对双锂试剂的研究做出了重要贡献。由于篇幅有限,本章将主要介绍本课题组的研究成果。

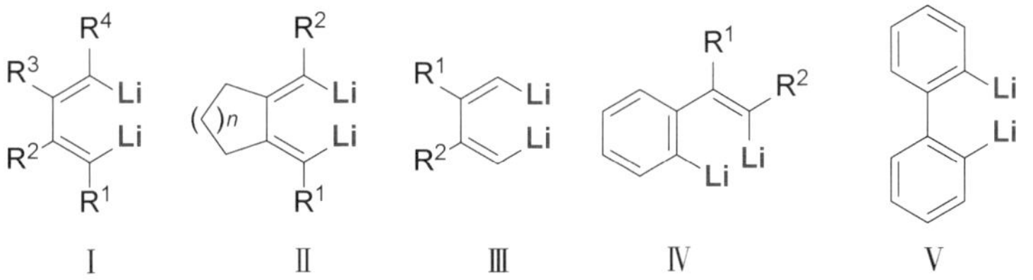

图 1-1　五类具有代表性的双锂试剂的结构

在长达二十多年的研究中,我们发展了双锂试剂的四类反应模式:① 双锂试剂的分子内反应;② 双锂试剂同小分子底物的分子间反应;③ 双锂试剂同金属卤化物的转金属反应;④ 双锂试剂作为非纯粹配体(non-innocent ligand)合成金属杂芳香化合物的反应。在这些反应模式中,双锂试剂都表现出独特的双金属协同效应。并且我们研究发现,双锂试剂中丁二烯骨架的取代基对其反应性也有较大的影响。通过使用双锂试剂，我们成功合成了多种具有新颖结构和应用价值的化合物，如含氮、氧、硅的杂环化合物，含高张力环结构的有机化合物，含碳-金属键的高活性金属有机化合物及金属杂芳香环化合物等。

此外，本章还将简要介绍其他几类代表性的双金属有机试剂（1，1-双金属试剂、双金属 ate 盐试剂）和 turbo Grignard 试剂等。

1.2 1，4-二锂-1，3-丁二烯试剂的合成与结构

1928 年，Schlenk 和 Bergmann 通过金属锂和二苯乙炔的反应合成了 1，2，3，4-四苯基-1，4-二锂-1，3-丁二烯化合物，实现了全取代的 1，4-二锂-1，3-丁二烯试剂的首次合成[27,28]。然而，双锂试剂的具体结构在当时是未知的。1980 年，Kos 和 Schleyer 通过计算化学的方法比较了双锂试剂的双锂桥结构和非锂桥结构的能量，指出了双锂桥结构具有更低的能量和更高的稳定性（图 1-2）[29]。随后，1982 年报道的 2，2-二锂联苯的晶体结构证实了理论预测的双锂桥结构的存在[30]。2007 年，Saito 课题组报道了一种硅基取代的双锂化合物的二聚体结构[31]。

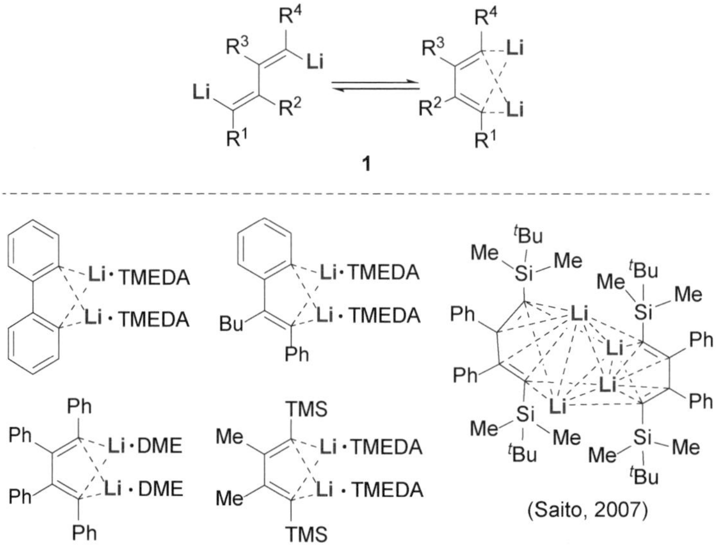

图 1-2 双锂试剂的代表性例子

我们成功实现了含有不同取代基的多种双锂试剂的高收率克级制备，它们通常对水和空气敏感，但是均能够以固体状态在氮气或氩气等惰性氛围中长期保存。双锂试剂 **1** 一般通过 1,4-二碘-1,3-丁二烯 **2** 与叔丁基锂（^{t}BuLi）在乙醚（Et$_2$O）中进行锂卤交换反应得到（图 1-3）[32]。将反应后的粗产物经正己烷萃取并过滤去除碘化锂后，能够得到纯净的产物。单晶 X 射线衍射实验表明，在固体状态下，化合物 **1a** 为三聚体结构，化合物 **1b~1d** 均为二聚体结构，化合物 **1e** 为单体结构。在化合物 **1a** 和 **1b** 的单晶结构中，锂离子上无其他配体与之配位。在化合物 **1c** 的单晶结构中，位阻较小的锂离子上有 1 个四氢呋喃（THF）分子与之配位。在化合物 **1d** 的单晶结构中，丁二烯骨架的 1,4-位取代基均为氢原子，具有更小的位阻，因此每个锂离子上均有 1 个四氢呋喃分子与之配位。而当四甲基乙二胺（TMEDA）存在时，丁二烯骨架的 1,4-位取代基均为氢原子的双锂试剂 **1f** 具有三维多聚体结构（图 1-4）[33]。上述结果表明，双锂试剂中丁二烯骨架上的取代基和位阻效应

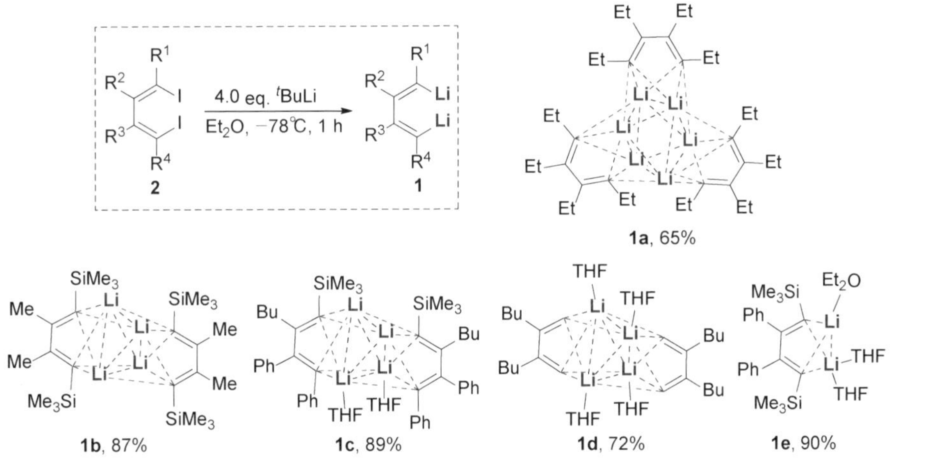

图 1-3 双锂试剂的制备和分离

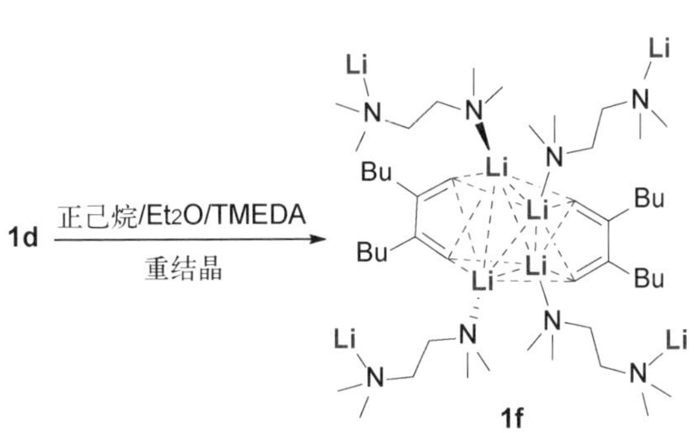

图 1-4 1,3-丁二烯骨架的 1,4-位取代基均为氢原子的双锂试剂 **1f** 在 TMEDA 存在时的结构

以及配位溶剂分子对其聚集态和固体状态下的结构有较大影响。

1.3 1,4-二锂-1,3-丁二烯试剂的反应性研究

我们通过理论计算的方法对双锂试剂的分子轨道结构进行了分析(图1-5)[34,35]。计算结果显示,双锂试剂中的锂离子与丁二烯二负骨架之间主要为静电相互作用。丁二烯二负骨架的最高占据分子轨道(highest occupied molecular orbit,HOMO)和次最高占据分子轨道(HOMO-1)为两个端基碳负离子的孤对电子,这使得双锂试剂具有同一般有机锂试剂相类似的碱性、亲核性及一定的σ配位能力。因此,双锂试剂可能会发生亲核反应及转金属反应,但是同时存在的两个碳-锂键之间的协同效应可能会导致不同的反应结果。此外,双锂试剂的最低未占分子轨道(lowest unoccupied molecular orbit,LUMO)的能量较低,存在继续接受电子的可能性,这是其不同于一般有机锂试剂的性质。因此,当LUMO接受电子时,双锂试剂可能表现出非纯粹配体[36,37]的性质。

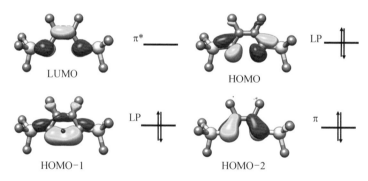

图1-5 双锂试剂的分子轨道结构

基于上述结构分析,我们对双锂试剂的反应化学展开了深入、系统的研究。

1.3.1 1,4-二锂-1,3-丁二烯试剂的分子内反应

由于碳-锂键的高活性,双锂试剂的制备通常需要在低温条件下进行。当反应体系

的温度升高时,碳-锂键可能会同丁二烯骨架上的取代基发生分子内反应。其中,由三甲基硅基取代的双锂试剂的分子内环化生成硅杂环戊二烯(噻咯)化合物的反应是一个典型的例子。如图1-6所示,双锂试剂在乙醚中加热回流时会发生分子内环化反应,得到 α-锂噻咯化合物 **6**[38]。机理研究表明,在该反应过程中,首先1-硅基-1-锂双键结构发生 E/Z 异构化,随后高度极化的另一个碳-锂键中的碳负离子对硅基发生亲核进攻,之后硅-碳键断裂、消除甲基锂,最终得到分子内环化产物——噻咯。该反应过程中消除生成的甲基锂试剂能够被多种亲电试剂捕捉,这证明了其反应机理[39]。

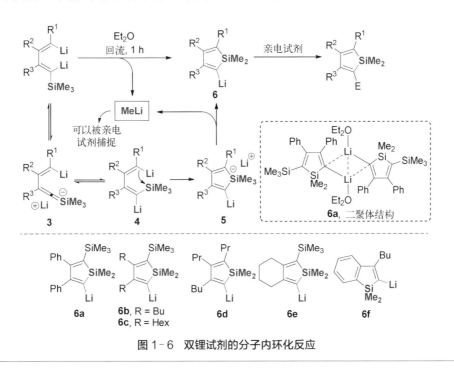

图 1-6 双锂试剂的分子内环化反应

噻咯及其衍生物在共轭聚合物光电材料中具有广泛的应用[40]。噻咯环上的取代基对其性质具有显著的影响,因此多取代噻咯化合物的合成具有重要意义。如图1-7所示,α-锂噻咯化合物 **6** 能够与多种亲电试剂如单质碘、酮类化合物、醛类化合物、二氧化碳、氯硅烷、酰基氯等反应,得到含有不同取代基的噻咯化合物。

1.3.2　1,4-二锂-1,3-丁二烯试剂同小分子底物的分子间反应

当双锂试剂同小分子底物反应时,其结构中的两个碳-锂键可能会同时参与反应,

表现出协同效应，从而得到与传统单金属有机试剂不同的反应结果。

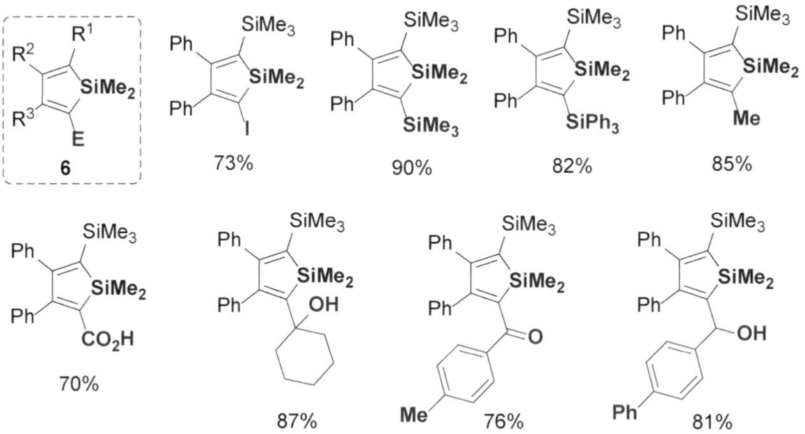

图1-7 α-锂噻咯化合物 **6** 与多种亲电试剂反应后得到的多取代噻咯化合物

1. 同羰基类化合物的反应

双锂试剂与 1.0 当量酮类或醛类化合物在 −78 ℃下反应，可以得到多取代环戊二烯化合物 **7**（图 1−8）[23]。在该反应过程中，首先双锂试剂中的一个碳−锂键对羰基基团进行亲核加成，随后另一个碳−锂键进行分子内的亲核进攻，最终形成环戊二烯衍生物，同时可能伴随氧化锂的消除。

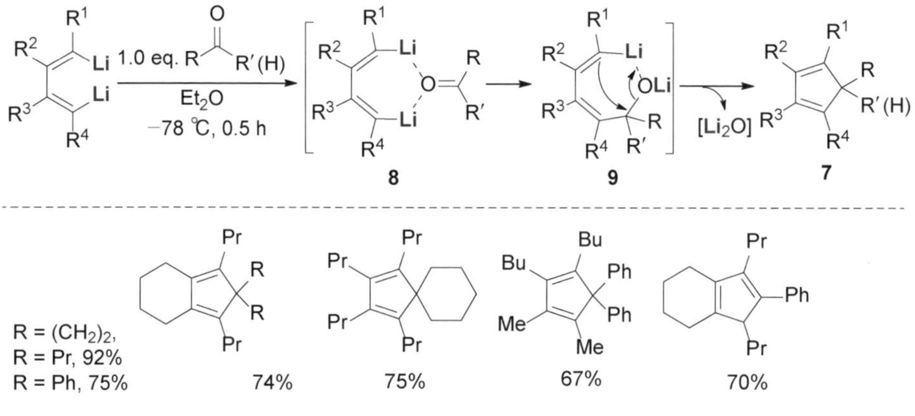

图1-8 双锂试剂与酮类或醛类化合物的反应

双锂试剂同 2.0 当量醛类化合物反应，能够以高立体选择性得到 2,5−二氢呋喃衍生物 **10**（图 1−9）[41]。对于该过程，有两种可能的反应路径。第一种是分子内亲核进攻，随后消除氧化锂得到最终产物（路线 a）。第二种则是酸促进的烯丙基重排和环化反应（路线 b）。

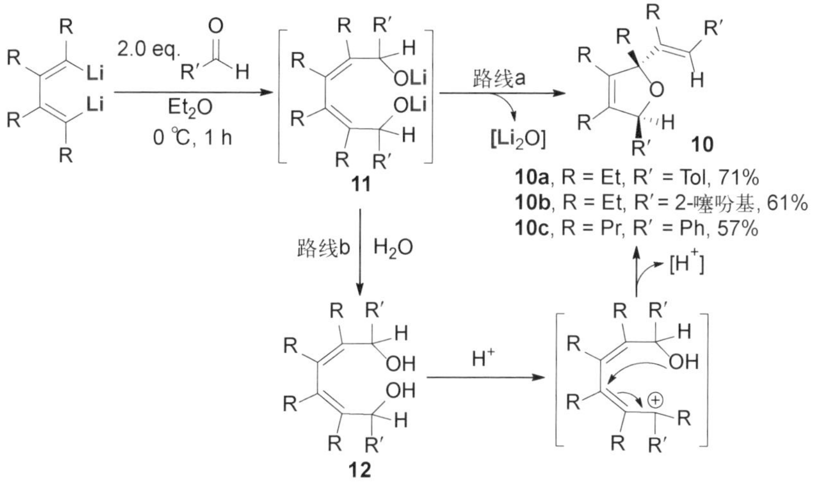

图 1-9　双锂试剂与醛类化合物的反应

2. 同异硫氰酸酯的反应

有机锂试剂同异硫氰酸酯的反应是制备含 S、N 或 O 化合物的常用方法。双锂试剂同异硫氰酸酯反应，能够以高分离收率和高选择性得到环戊二烯基亚胺衍生物 **13** 和 **14**（图 1-10）[42]。

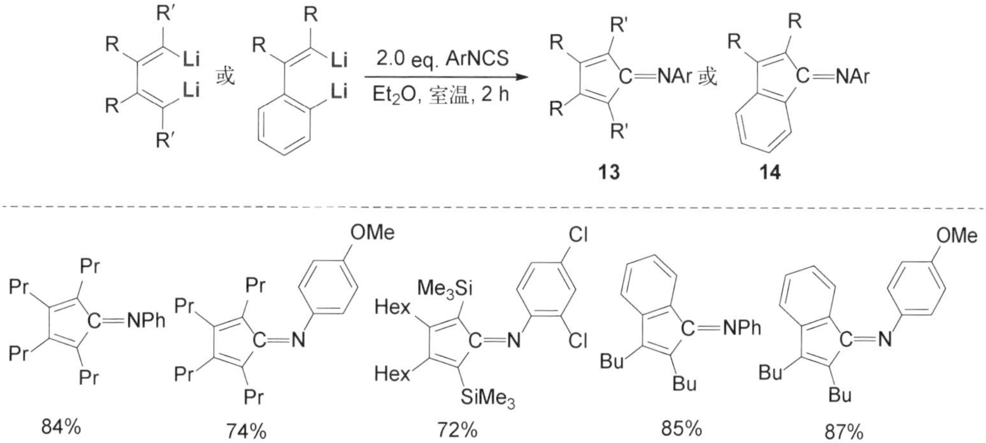

图 1-10　双锂试剂与异硫氰酸酯的反应

3. 同二氧化碳和二硫化碳的反应

有机锂试剂同二氧化碳和二硫化碳的反应在有机合成中具有广泛的应用。有机锂化合物同二氧化碳反应后的产物经水解后通常为羧酸类化合物[43]。1992年，Breitmaier等报道了分子不同的两种有机锂试剂同二氧化碳反应得到不对称酮类化合物的反应[44]。当双锂试剂与二氧化碳反应时，所得产物为环戊二烯酮类衍生物 **15**（图1-11）[22]。而当双锂试剂与二硫化碳反应时，并未生成相应的环戊二烯基硫酮化合物 **16**。根据取代基的不同，该反应所得产物为多取代的噻吩衍生物 **17** 或噻喃-2-硫酮衍生物 **18**[45,46]。

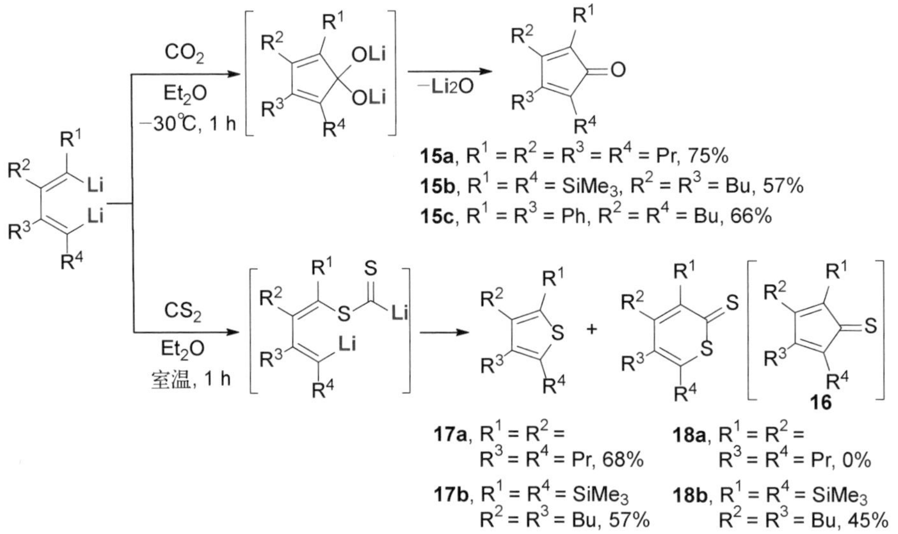

图1-11 双锂试剂与二氧化碳和二硫化碳的反应

4. 同一氧化碳的反应

有机锂试剂同一氧化碳的反应通常得到酰基锂试剂，它是合成羰基类化合物的重要中间体[47]。但是酰基锂具有非常高的反应性，即使在低温条件下也难以稳定存在，这极大地限制了它的应用。

当双锂试剂同一氧化碳反应时，由于分子中两个碳-锂键的协同效应，其中一个碳-锂键发生羰基化反应生成的酰基锂能够被邻近的另外一个碳-锂键所稳定，从而表现出不同的反应模式，并且成功实现了反应中间体——氧代-环戊二烯基二锂化合物（OCp化合物）**19** 的分离（图1-12）[48,49]。

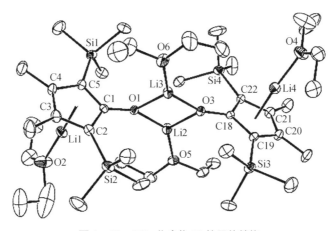

图 1-12 双锂试剂与一氧化碳的反应

19a, R¹ = SiMe₃, R² = Me, 80%
19b, R¹ = SiMe₃, R² = Ph, 75%
19c, R¹ = R² = Et, 79%

OCp 化合物 **19** 的单晶结构中含有两个氧代-环戊二烯基阴离子单元,两者通过一个"Li₂O₂"的四元环连接在一起。每个环戊二烯阴离子环上均有一个锂原子以 η^5 的形式与之配位(图 1-13)。

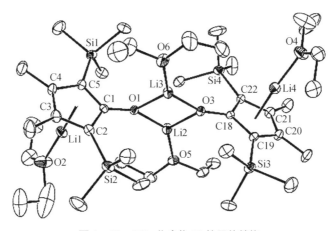

图 1-13 OCp 化合物 19 的晶体结构

OCp 化合物 **19** 经水解后能够以高收率得到 3-环戊烯-1-酮化合物 **20**(图 1-14)。当 OCp 化合物 **19** 与 2.0 当量亲电试剂如碘甲烷、烯丙基溴、苄基卤化物和炔丙基卤化物等反应时,可以高收率和高选择性地得到相应的多取代 3-环戊烯-1-酮化合物。

5. 同腈类化合物的反应

有机锂试剂同腈类化合物反应得到的 N-锂代酮亚胺在金属有机化学中具有重要的应用。通常,反应所得的 N-锂代酮亚胺中间体既能够与有机卤化物或质子进行分子间反应得到亚胺或酮类化合物,又能够与有机卤化物进行分子内反应生成含氮杂环。

我们的研究结果表明,双锂试剂同腈类化合物反应时展现出不同于一般有机锂试剂与腈类化合物的反应结果。根据丁二烯骨架上取代基及所用腈类化合物的不同,反应后可以分别得到吡啶、环戊二烯基胺、Δ^1 -双吡咯啉(Δ^1 - bipyrroline)、噻咯、(Z,Z)二乙烯基硅烷和 2,6 -二氮杂半瞬烯(NSBV)等化合物。

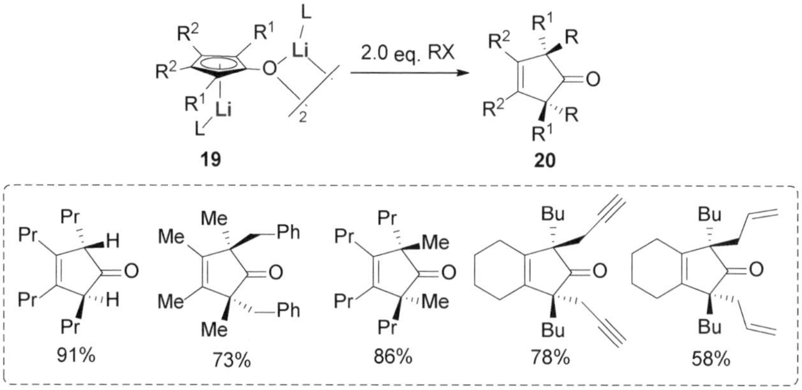

图 1 - 14　OCp 化合物 **19** 与亲电试剂的反应

双锂试剂与芳基腈类化合物在六甲基磷酸三酰胺(HMPA)存在的条件下反应,能够以高收率得到全取代的吡啶衍生物 **21**(图 1 - 15)。当使用 2 -氰基吡啶时,能够得到 2,2′ -双吡啶衍生物[50,51]。

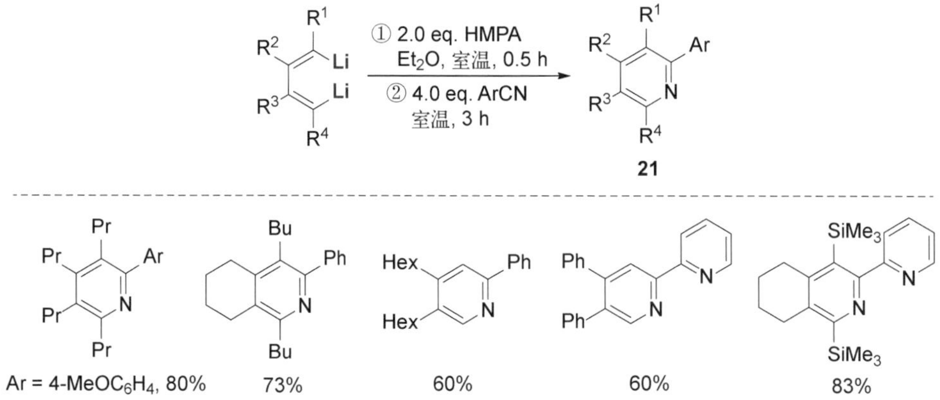

图 1 - 15　双锂试剂与芳基腈类化合物的反应

如果降低反应温度,将四烷基取代的双锂试剂同 2 -氰基吡啶在 - 60 ℃ 和 HMPA 存在的条件下反应,则能够分离得到环戊二烯基胺化合物 **22**,同时仍伴随吡啶化合物

21a 的生成(图 1-16)。

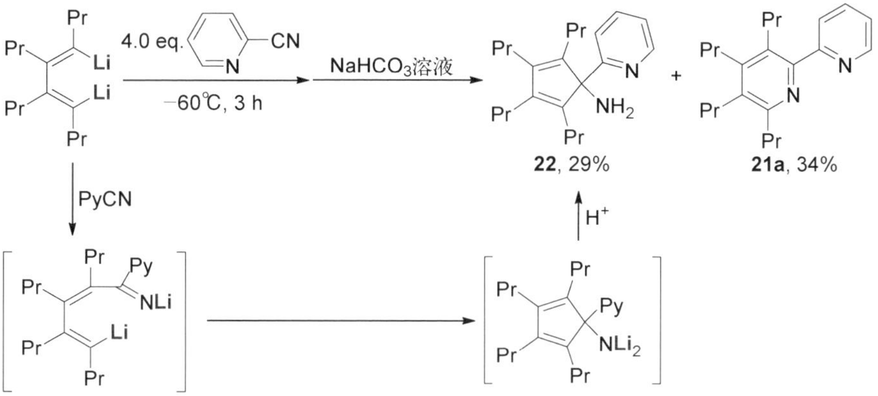

图 1-16　双锂试剂与 2-氰基吡啶的反应

先将丁二烯骨架上 1,4-位无取代基且 2,3-位为烷基环状结构的双锂试剂同三级脂肪腈反应,随后用 NaHCO$_3$ 水溶液淬灭,能够得到三环 Δ^1-双吡咯啉化合物 **24**。我们推测,该反应过程中可能存在二阴离子中间体 **23**。该反应是三环 Δ^1-双吡咯啉化合物的首次合成(图 1-17)[52]。

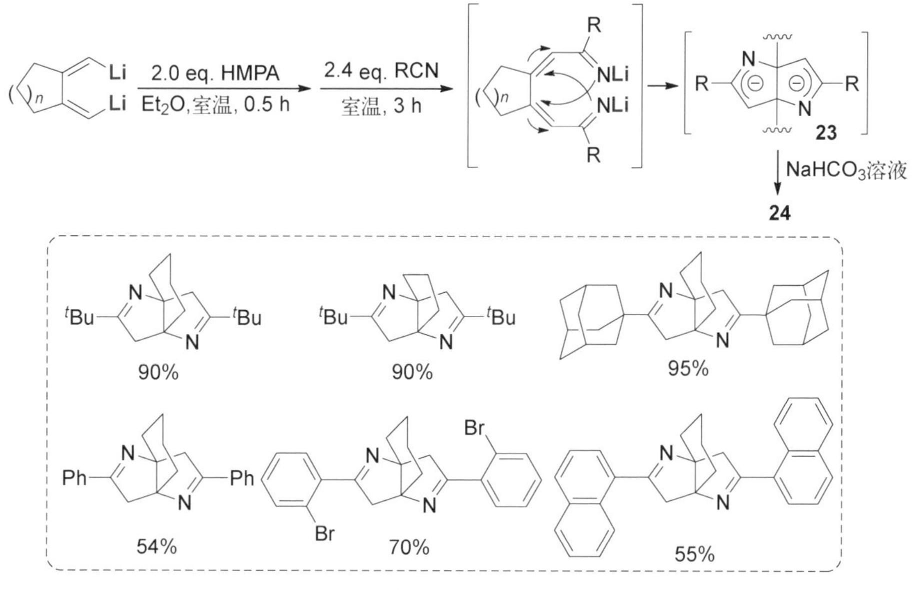

图 1-17　双锂试剂与三级脂肪腈的反应

当 1,2,3,4-四取代的双锂试剂同 Me$_3$SiCN 反应时,经过分子内串联硅烷化反应,能够得到噻咯化合物 **25**。然而,当 2,3-二取代的双锂试剂与 Me$_3$SiCN 反应时,能够高选择性地得到(Z,Z)二乙烯基硅烷化合物 **26**(图 1-18)。

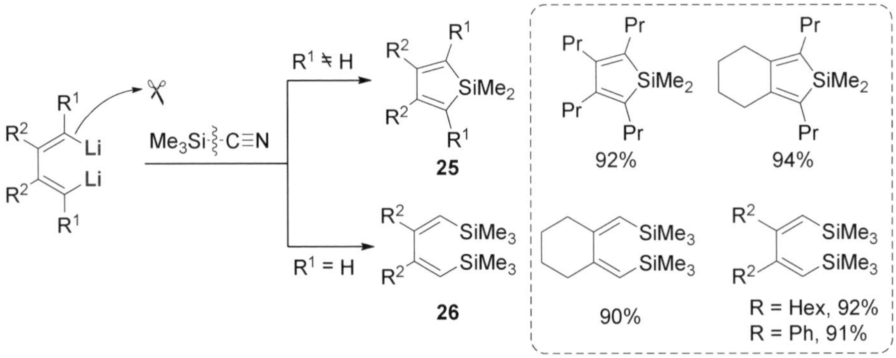

图 1-18 双锂试剂与 Me$_3$SiCN 的反应

上述一系列结果表明,双锂试剂同腈类化合物具有丰富的反应化学,并且反应所得产物受双锂试剂丁二烯骨架上取代基及腈类化合物的种类的影响。

2,6-二氮杂半瞬烯(NSBV)及其全碳类似物半瞬烯(SBV)的分子骨架中含有较大张力的环状结构,且具有分子内快速 *aza*-Cope 重排和同芳香性的结构特点,在理论和实验中均有很高的研究价值[53]。但是由于其合成方法的局限性,关于 NSBV 的合成、结构和反应化学的研究鲜有报道。我们通过将丁二烯骨架上 1,4-位为氢原子的双锂试剂同不含 α 氢的腈类化合物反应,成功合成了多取代 NSBV 化合物[54]。如图 1-19 所示,我们发展了两种方法合成 NSBV,第一种方法为一锅法(方法 a)。反应过程中首先形成环状二阴离子化合物 **27**,随后向体系中加入二叔丁基过氧化物作为氧化剂,最后能够得到 NSBV **28a**～**28f**。第二种方法为分步法(方法 b)。首先双锂试剂与腈反应得到 Δ^1-双吡咯啉,随后加入正丁基锂生成化合物 **27**,然后加入高价碘化合物 PhI(OAc)$_2$ 作为氧化剂与化合物 **27** 反应,最后能够得到 NSBV **28a**～**28e**、**28g** 和 **28h**。该反应展示了双锂试剂在合成化学中的独特应用价值。

6. 同白磷的反应

磷杂环戊二烯负离子化合物具有五元 6π 芳香性环状结构,是配位化学中的重要配体之一。但是磷杂环戊二烯负离子化合物通常需要多步反应制得,并且反应条件苛刻、后处理过程烦琐[55]。

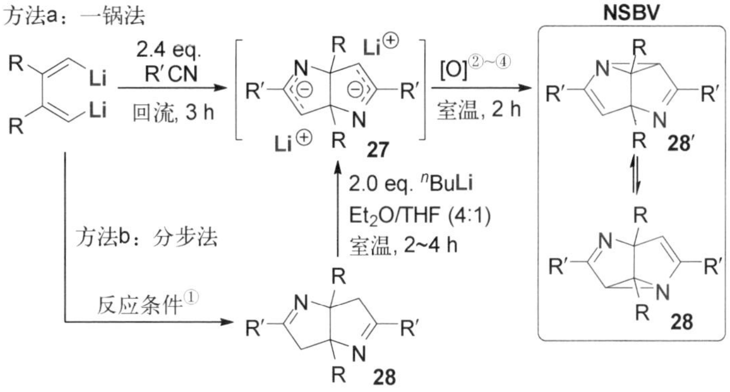

双锂试剂	NSBV	分离收率/%	
		方法a	方法b
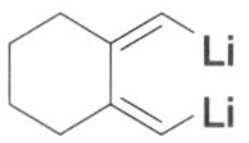	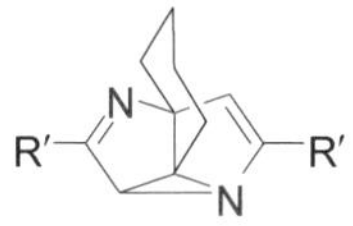		
	28a, R′ = ^{t}Bu	66②	83③
	28b, R′ = Ad	53②	68③
	28c, R′ = Et_2MeC	43②	72③
	28d, R′ = $BuMe_2C$	30②	83③
	28e, R′ = $EtMe_2C$	51②	72③
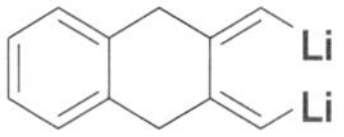	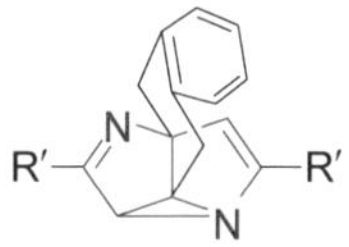		
	28f, R′ = ^{t}Bu	51④	
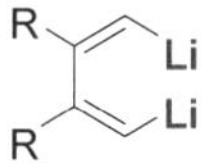	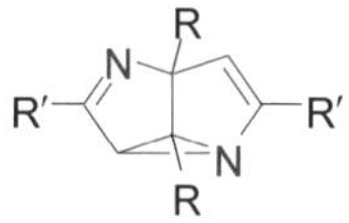		
	28g, R = Me, R′ = ^{t}Bu		72④
	28h, R = ^{n}Bu, R′ = ^{t}Bu		73④

注：① 2.0 eq. HMPA, 室温, 0.5 h; 2.4 eq. R′CN, 回流, 3 h; $NaHCO_3$ 溶液。
② [O] = 4.0 eq. (^{t}BuO)2。③ [O] = 1.0 eq. PhI(OAc)2。④ [O] = 1.0 eq. ^{t}BuOCl。

图 1-19 2，6-二氮杂半瞬烯的合成

双锂试剂与白磷(P_4)反应，能够直接从白磷分子以高收率得到磷杂环戊二烯基锂化合物 **29**，同时生成膦锂簇化合物$[P_3Li]_x$(图 1-20)[56,57]。该反应的操作流程简单、时间短，适用于多种取代基，是一种磷杂环戊二烯负离子化合物的高效合成方法。

理论计算显示，双锂试剂的双锂桥结构对于白磷的选择性活化具有重要的影响(图 1-21)。在反应过程中，首先，一个锂离子同白磷的一个磷原子上的孤对电子进行配位，

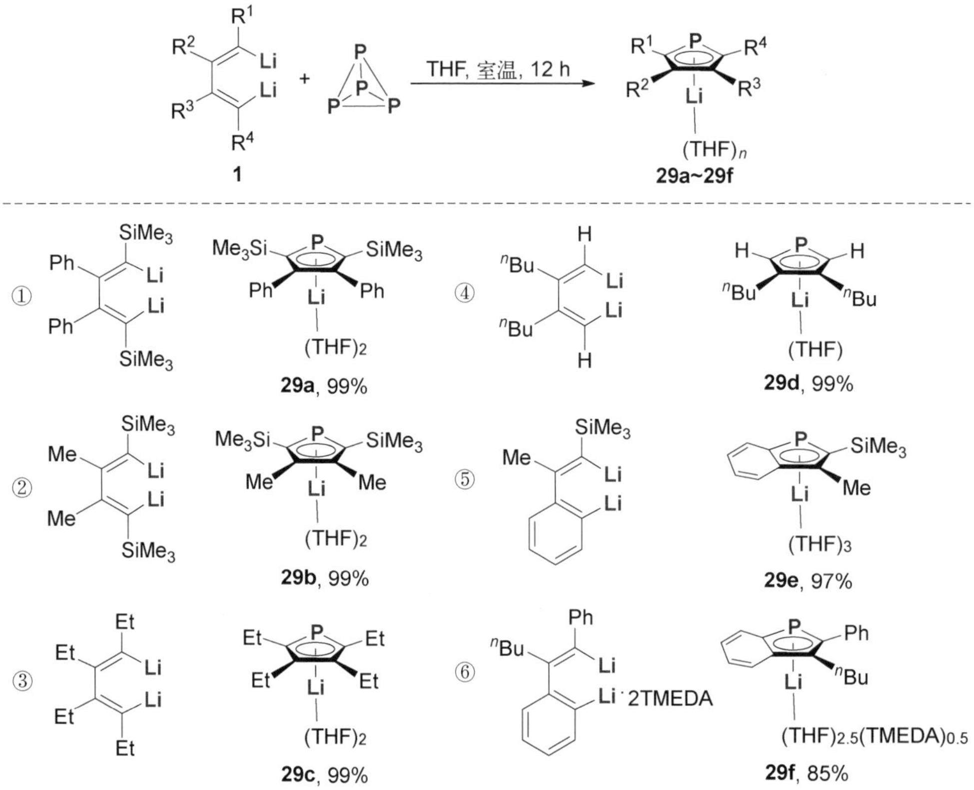

图 1-20 磷杂环戊二烯基锂化合物 **29** 的合成

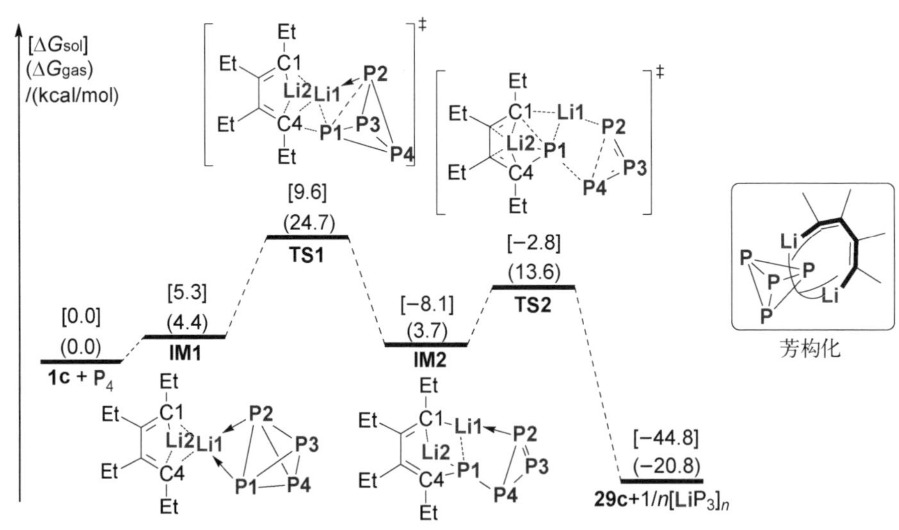

图 1-21 双锂试剂活化白磷的反应机理

得到中间体 **IM1**。随后，白磷分子中的两个磷-磷键断裂，同时生成两个碳-磷键和一个磷-锂键。之后，双锂试剂的另一个碳-锂键进攻同一个磷原子，在芳构化驱动力的作用下，经过环状过渡态 **TS2**，得到最终产物磷杂环戊二烯基锂化合物 **29**。

1.3.3　1,4-二锂-1,3-丁二烯试剂同金属卤化物的转金属反应

转金属反应是金属有机化学中重要的反应类型之一。有机锂化合物的转金属反应能够得到种类多样的金属有机化合物，我们预期双锂试剂有类似的反应。另外，由于两个碳-锂键的协同效应，双锂试剂与金属卤化物的转金属反应过程中可能会产生新的反应类型，得到具有新颖结构的反应产物。

1. 同铝试剂的反应

铝杂化环戊二烯是一类重要的金属有机化合物，被认为是许多有机铝试剂催化反应的关键中间体[58]。双锂试剂同 1.0 当量 AlEt$_2$Cl 以苯为溶剂在室温下反应，能够得到单锂铝杂环戊二烯化合物 **30**（图 1-22）[59]。而当在正己烷和乙醚的混合溶剂中同 2.0 当量 AlEt$_2$Cl 反应时，则可以得到铝杂环戊二烯化合物 **31**。铝杂环戊二烯化合物 **30** 和 **31** 在一定条件下能够相互转化。单晶 X 射线衍射实验表明，铝杂环戊二烯化合物 **31** 在固体状态下以二聚体结构的形式存在（图 1-23）。

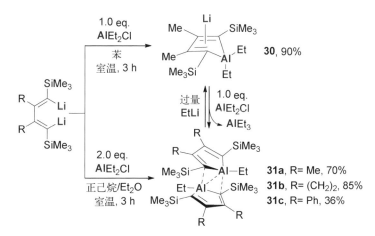

图 1-22　铝杂环戊二烯化合物 **30** 和 **31** 的合成及相互转化

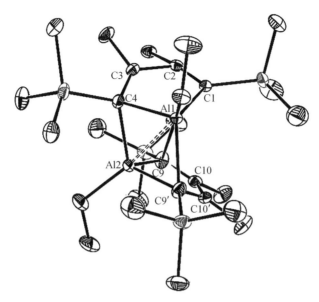

图 1-23　铝杂环戊二烯化合物 **31a** 的晶体结构

2. 同镁试剂的反应

有机镁试剂是合成化学领域重要的金属有机试剂之一[7,9]。我们利用双锂试剂与不同当量的 $MgCl_2$ 进行转金属反应,成功合成并分离得到了两种新型烯基镁试剂:镁杂环戊二烯化合物 **32** 和二锂镁杂螺环戊二烯化合物(图 1-24)[60]。

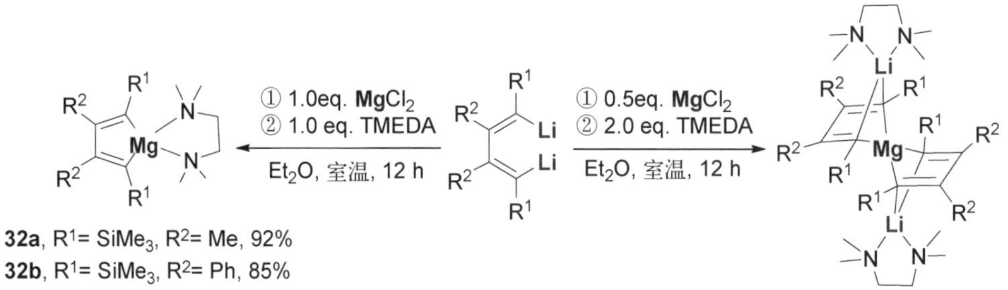

32a, R^1= SiMe$_3$, R^2= Me, 92%
32b, R^1= SiMe$_3$, R^2= Ph, 85%

图 1-24　镁杂环戊二烯化合物 **32** 和二锂镁杂螺环戊二烯化合物 **33** 的合成

如图 1-25 所示,镁杂五元环为平面构型,环内 C1-Mg1-C4 的键角为 91.54 (19)°,该角度远小于文献报道的四配位金属镁化合物中的 C-Mg-C 的键角[61]。这意味着该镁杂五元环存在较大的环张力,可能具有较高的反应性。基于此,我们对其反应

性展开了研究（图 1－26）[62]。镁
杂环戊二烯化合物 32 与无机铜盐
CuCl 或 CuBr·SMe₂ 在正己烷中
反应，能够以较高的分离收率得
到丁二烯基铜镁酸盐单聚体化合
物 33。无机银盐 AgCl·PMe₃ 同
样适用于该反应体系，当它与镁
杂环戊二烯化合物 32 反应时，生
成首例有机银镁酸盐化合物 34。
有机铜（银）盐同样能够与镁杂环
戊二烯化合物 32 反应，最终得到

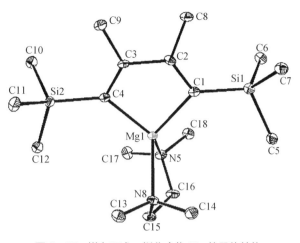

图 1－25　镁杂环戊二烯化合物 32a 的晶体结构

丁二烯基铜（银）镁酸盐化合物 34。当以乙醚作溶剂时，所得主产物则为另一种丁二烯
基铜镁酸盐化合物 35（Cu 与 Mg 的原子比为 2∶3）。

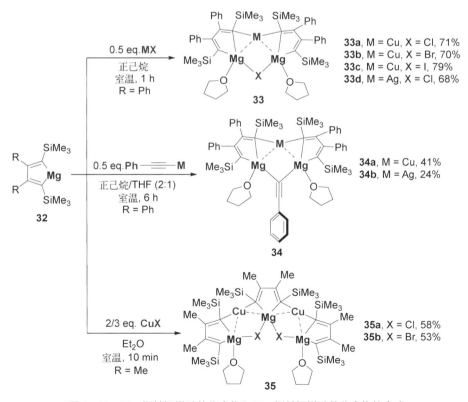

图 1－26　丁二烯基铜镁酸盐化合物和丁二烯基银镁酸盐化合物的合成

镁杂环戊二烯化合物 **32** 是一种特殊的烯基镁试剂,具有不同于传统有机镁试剂的反应性。例如,镁杂环戊二烯化合物 **32**(原位生成)可与硫代甲酰胺发生 1,2-插入反应,生成相应的插入产物 **36**;苯乙烯型二碘化合物也可发生类似反应,生成化合物 **37**(图 1-27)。

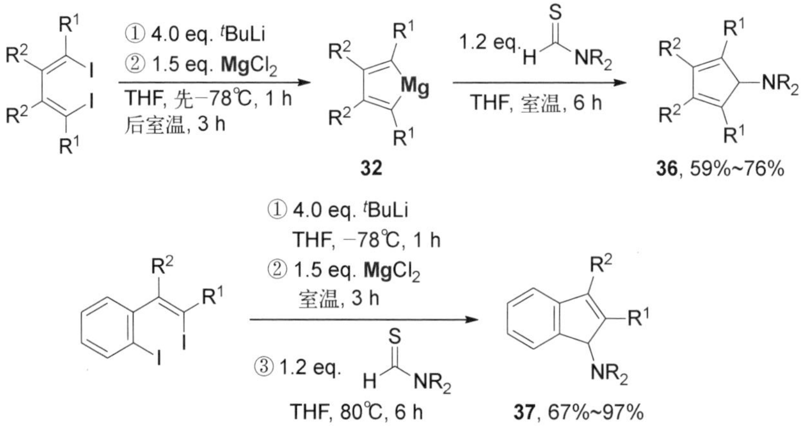

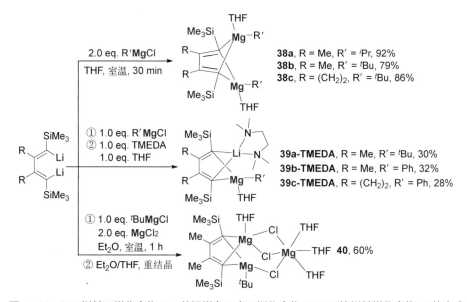

图 1-27 镁杂环戊二烯化合物 32 与硫代甲酰胺的插入反应

随后,我们进一步探索了双锂试剂与多种 Grignard 试剂的转金属反应,合成了丁二烯基双镁化合物 **38**、单锂镁杂环戊二烯化合物 **39** 及三核烯基镁化合物 **40**(图 1-28)[63]。该研究丰富了基于丁二烯骨架的有机镁试剂的结构和反应类型。

图 1-28 丁二烯基双镁化合物 38、单锂镁杂环戊二烯化合物 39 及三核烯基镁化合物 40 的合成

3. 同重碱土金属试剂的反应

与有机镁试剂相比,重碱土金属试剂的碳-金属键具有更高的反应性,这导致重碱土金属试剂的合成和分离更加困难[64]。我们通过将丁二烯骨架引入重碱土金属配合物中,分离得到了一系列高活性的重碱土金属有机化合物,并对其反应化学进行了探索。

将双锂试剂同 $Ba[N(SiMe_3)_2]_2$ 以正己烷为溶剂在室温下反应,随后在四氢呋喃溶液中重结晶,能够得到双苯并戊搭烯钡化合物 **41**,其水解后可以几乎当量得到相应的双苯并戊搭烯衍生物 **42**。化合物 **42** 同 1.0 当量 $Ba[N(SiMe_3)_2]_2$ 在四氢呋喃中反应,能够重新生成化合物 **41**(图 1-29)[65]。

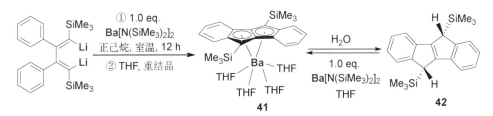

图 1-29 双苯并戊搭烯钡化合物 41 的合成

化合物 **41** 的单晶结构表明,双苯并戊搭烯双负离子以 η^8 的形式同中心金属钡配位,这是首例双苯并戊搭烯双负离子 η^8 配位的主族金属化合物的合成及结构的报道(图1-30)。

我们随后对双苯并戊搭烯钡化合物 **41** 的反应化学进行了研究(图 1-31)。将原位产生的化合物 **41** 用水淬灭,可以得到 5,10-二氢-双苯并戊搭烯化合物 **42**。将化合物 **41** 用三氯化铁进行氧化,可以高收率得到双苯并戊搭烯衍生物 **43**。化合物 **41** 同液溴在四氢呋喃中反应,可以得到 5,10-二溴-双苯并戊搭烯化合物 **44**。

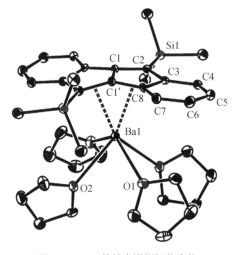

图 1-30 双苯并戊搭烯钡化合物 41 的晶体结构

利用活性重碱土金属试剂能够实现全氟代戊搭烯衍生物的合成[66]。将 2,3-全氟芳基-1,4-二碘-1,3-丁二烯与 Rieke Ca 试剂反应,可以合成一系列的全氟戊搭烯化合物 **45**(图 1-32)。在反应过程中,可能首先原位生成双金属中间体——丁二烯基双钙碘化合物,随后该中间体经过两次碳-氟键切断,最终以较高的收率得到了全氟戊搭烯化合物 **45**。该反应实现了全氟代双苯并戊搭烯衍生物和全氟代双萘并戊搭烯衍生物的首次合成。研究表明,这类化合物的 LUMO 能量较低,其在半导体材料中具有潜在的应用价值[67]。

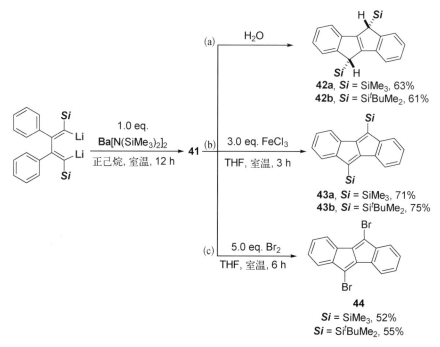

图 1-31　双苯并戊搭烯双负离子的反应性研究

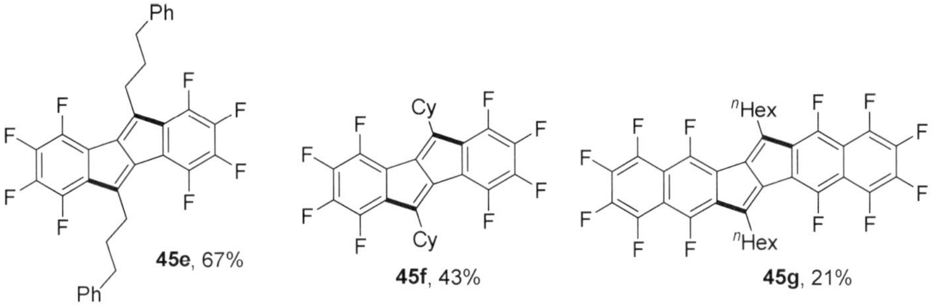

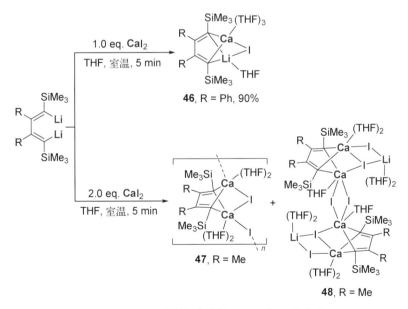

图 1-32 全氟戊搭烯化合物 45 的合成

将 2,3-二苯基-1,4-二锂-1,3-丁二烯同 1.0 当量 CaI_2 在四氢呋喃中反应,能够得到丁二烯基单锂单钙化合物 **46**[68]。而当 2,3-二甲基-1,4-二锂-1,3-丁二烯 **1** 与 2.0当量 CaI_2 在四氢呋喃中反应时,则会得到两种丁二烯基双钙化合物 **47** 和 **48** 的混合物(图 1-33)。该结果表明,双锂试剂能够通过同重碱土金属试剂的转金属反应实现多种含高活性 sp^2 碳重碱土金属键的化合物的合成。该结果也表明丁二烯骨架上的取代基对产物结构具有重要影响。

图 1-33 丁二烯基钙化合物 46、47 和 48 的合成

4. 同锌试剂的反应

有机锌试剂是有机合成中应用广泛的金属有机试剂之一，新型有机锌试剂的合成对金属有机化学和合成化学的发展具有重要意义[69]。双锂试剂同 1.0 当量 $ZnBr_2$ 在乙醚中反应，能够得到 1,3-丁二烯基锌三聚体化合物 **49**（图 1-34）[70]。化合物 **49** 的结构中含有一个 1,3-丁二烯基锌三聚体形式的十五元金属杂环骨架。

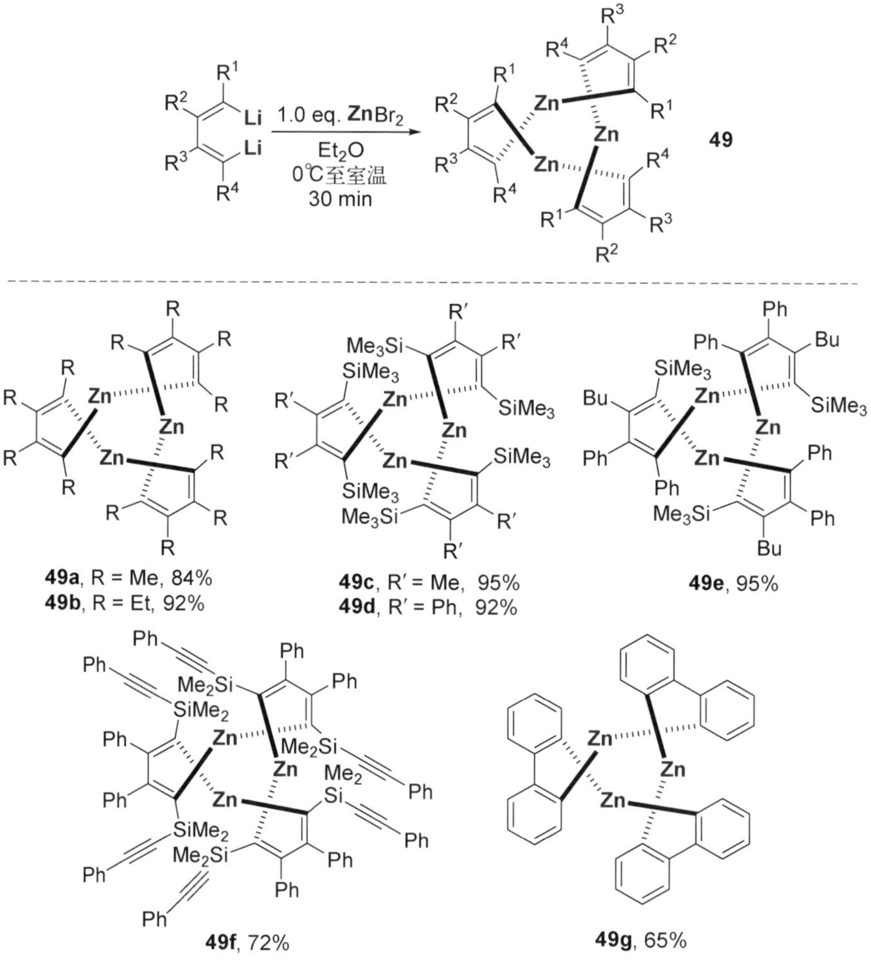

1.0 eq. ZnBr2
Et2O
0℃至室温
30 min
49
49a, R = Me, 84%
49b, R = Et, 92%
49c, R′ = Me, 95%
49d, R′ = Ph, 92%
49e, 95%
49f, 72%
49g, 65%

图 1-34　1，3-丁二烯基锌三聚体化合物 49 的合成

1,3-丁二烯基锌三聚体化合物 **49** 具有较高的化学惰性，同酰氯、醛、酮、腈等亲电试剂不反应，但在一定条件下能够与碘代芳烃发生 Negishi 偶联反应。化合物 **49b** 在钯催化下能与 3.0 当量碘苯偶联生成单苯基化合物，经淬灭后得到化合物 **50**。当使用邻二

碘苯参与反应时,则能以高收率得到四取代萘 **51**(图 1-35)。

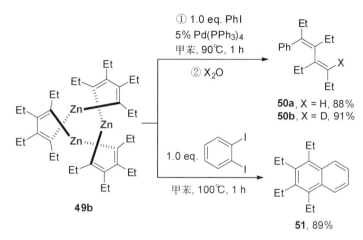

图 1-35 1,3-丁二烯基锌三聚体化合物 49b 的反应性研究

进一步研究发现,将双锂试剂同 0.5 当量 ZnX_2(X = Cl,Br)在四氢呋喃中反应,能够以较高的收率得到二锂锌杂螺环戊二烯化合物 **52**(图 1-36)[71]。当 ZnX_2(X = Cl,Br)为 1.0 当量时,所得产物为二锌杂十元环化合物 **53**。化合物 **52** 和 **53** 在一定条件下能够相互转化。

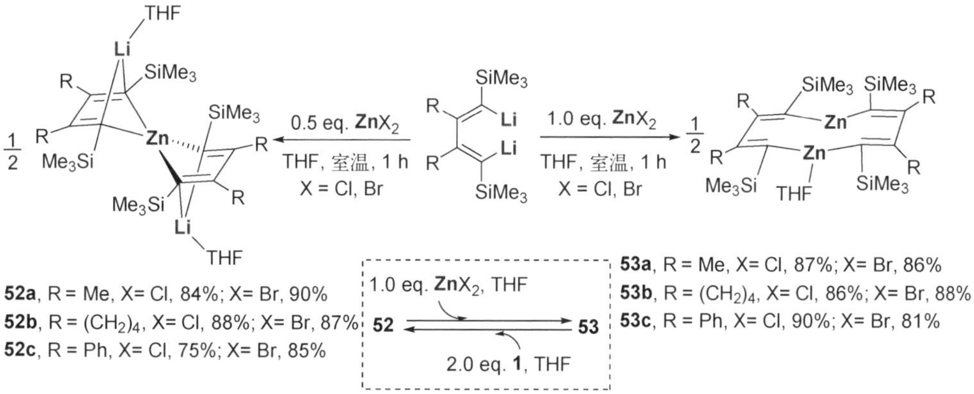

52a, R= Me, X= Cl, 84%;X= Br, 90%
52b, R= (CH₂)₄, X= Cl, 88%;X= Br, 87%
52c, R= Ph, X= Cl, 75%;X= Br, 85%

53a, R = Me, X= Cl, 87%；X= Br, 86%
53b, R = (CH₂)₄, X= Cl, 86%；X= Br, 88%
53c, R = Ph, X= Cl, 90%；X= Br, 81%

图 1-36 二锂锌杂螺环戊二烯化合物 52 和二锌杂十元环化合物 53 的合成及相互转化

上述结果表明,利用双锂试剂能够实现多种烯基锌化合物的合成。另外,溶剂对反应体系具有重要影响。当双锂试剂同 1.0 当量 $ZnBr_2$ 在乙醚中反应时,产物为 1,3-丁二烯基锌三聚体化合物 **49**,而当反应溶剂为四氢呋喃时,所得产物为二锌杂十元环化合物 **53**。

5. 同铜试剂的反应

双锂试剂与金属铜试剂具有丰富的反应化学。双锂试剂与 CuCl 的转金属反应能够得到结构独特的铜簇合物[72]。如图 1-37 所示,当双锂试剂同 2.0 当量 CuCl 在乙醚中反应时,能够成功分离得到 1,4-二铜-1,3-丁二烯四聚体化合物 54。当加入过量 CuCl(2.5 当量)时,则可以得到多铜簇化合物 55。在乙醚溶剂中,将铜簇合物 55 与 1.0 当量双锂试剂反应,能够重新得到铜簇合物 54。

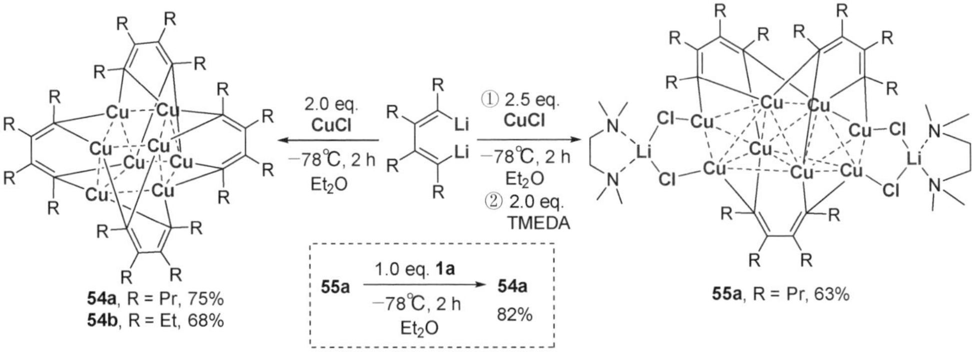

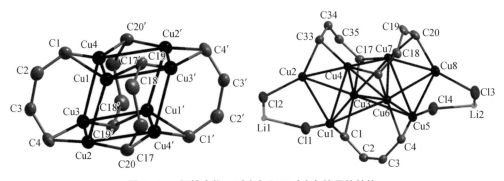

图 1-37 铜簇合物 54 和 55 的合成

如图 1-38 所示,铜簇合物 54 的单晶结构中含有四个丁二烯骨架,中心八个铜原子形成一个略微扭曲的六面体结构,其中铜原子之间存在金属-金属相互作用,该铜-铜堆积相互作用是簇合物能够稳定存在的关键因素[73,74]。而铜簇合物 55 的单晶结构中含有三个丁二烯骨架,同时中心仍为八个铜原子,这八个铜原子以六面体最密堆积的形式排成五个并排的四面体结构。

图 1-38 铜簇合物 54(左)和 55(右)的晶体结构

当溶剂由乙醚调整为四氢呋喃时,双锂试剂与过量 CuCl(2.5 当量)反应,所得产物为 1,4-二铜与 1,8-二铜的簇合物 **56**(图 1-39)。而当双锂试剂与过量 CuCl(2.5 当量)及过量 LiI(4.0 当量)在四氢呋喃中反应时,则得到 1,8-二铜簇合物 **57**。铜簇合物 **57** 的结构中含有一个 1,8-辛四烯骨架和三个铜原子。向 1,4-二铜与 1,8-二铜的簇合物 **56** 的四氢呋喃溶液中加入过量 LiI,铜簇合物 **56** 能够解聚为 1,8-二铜簇合物 **57** 和 1,4-二铜簇合物 **54**。

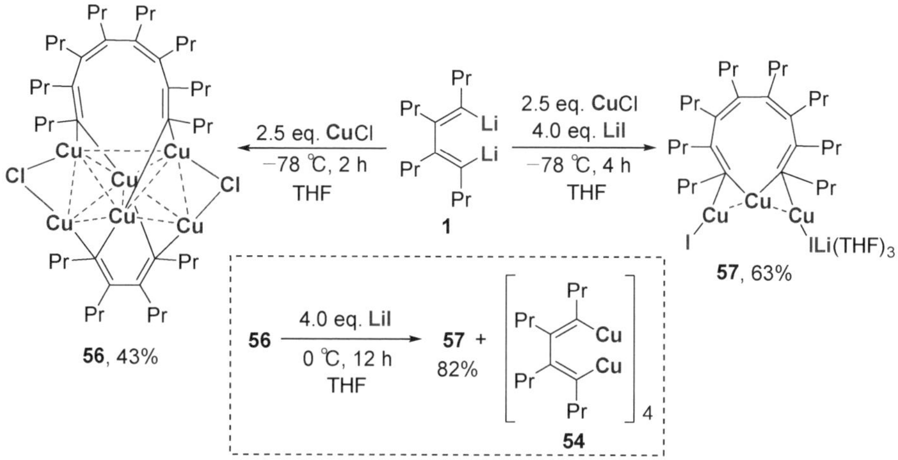

图 1-39 铜簇合物 56 和 57 的合成

我们对上述铜簇合物的反应性进行了研究。当 1,4-二铜簇合物 **54** 在四氢呋喃溶液中加热到 50 ℃时,首先得到环丁二烯,并伴随铜镜的生成,随后环丁二烯发生分子间 [4+2]反应得到三并四元环化合物 **58**。在过量 LiI 存在的条件下,铜簇合物 **54** 可以与异腈反应得到环戊二烯基亚胺化合物 **59**(图 1-40)。

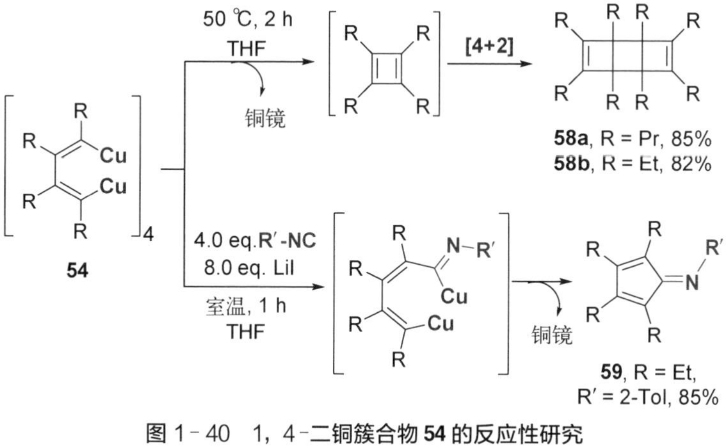

图 1-40 1,4-二铜簇合物 54 的反应性研究

将 1,8-二铜簇合物 **57** 在四氢呋喃溶液中于 50 ℃ 的条件下加热 4 h,得到环辛四烯化合物 **60**。当溶剂为甲苯时,得到半瞬烯化合物 **61**(图 1-41)。

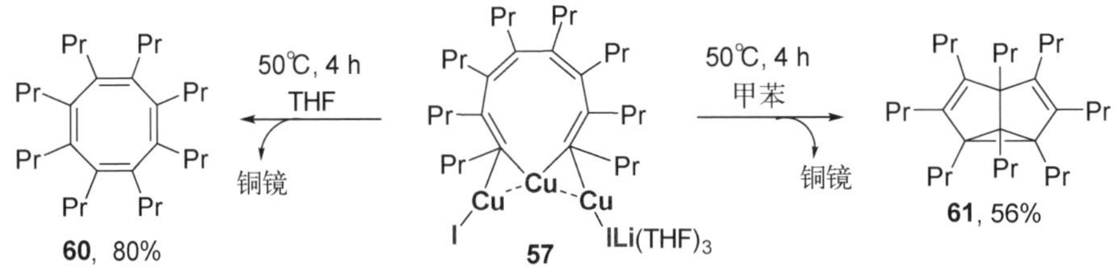

图 1-41　1,8-二铜簇合物 **57** 的反应性研究

双锂试剂与另一种铜盐 CuBr·SMe₂ 反应,可以得到不同的反应结果(图 1-42)[75]。当双锂试剂与 0.5 当量 CuBr·SMe₂ 在乙醚和四氢呋喃的混合溶剂中反应时,能够得到铜杂螺环戊二烯化合物 **62a** 和 **62b**。随后,向原位生成的化合物 **62a** 和 **62b** 的混合体系中加入碘或对苯醌作为氧化剂,能够得到辛四烯基六元铜簇化合物 **63**。上述实验结果说明了铜化学反应的选择性和多样性。

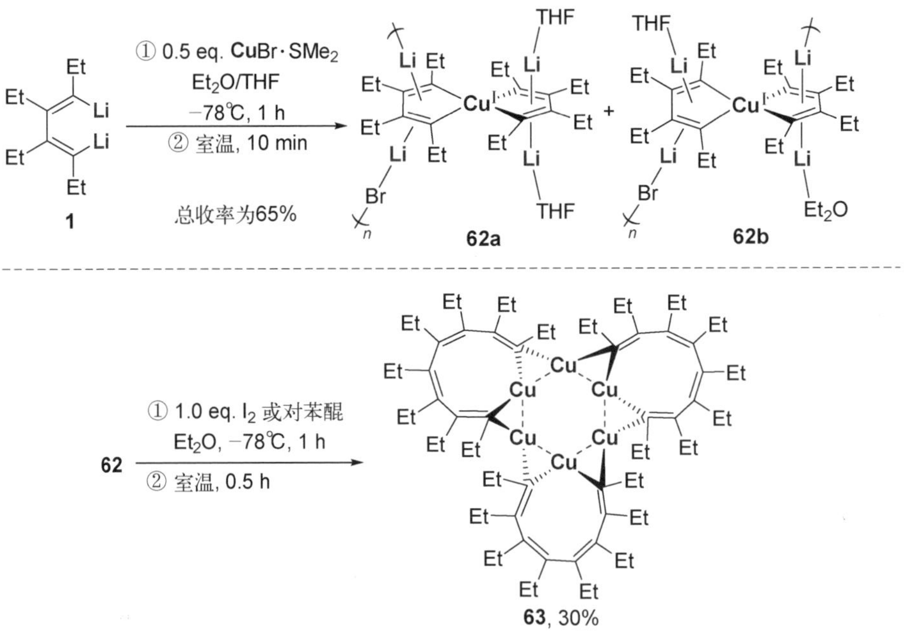

图 1-42　铜杂螺环戊二烯化合物 **62a** 和 **62b** 的合成及其氧化反应

当使用含芳基骨架的联苯双锂试剂与 0.5 当量 CuBr·SMe₂ 在四氢呋喃中反应时,

可以得到相应的三锂铜杂螺环化合物 **64**(图 1-43)[76]。化合物 **64** 能被 1.0 当量对苯醌氧化为单锂铜杂螺环化合物 **65**。在该反应过程中，正一价的铜原子被氧化为正三价。当化合物 **65** 与过量金属锂反应时，能够重新被还原为一价铜杂螺环化合物 **64**。

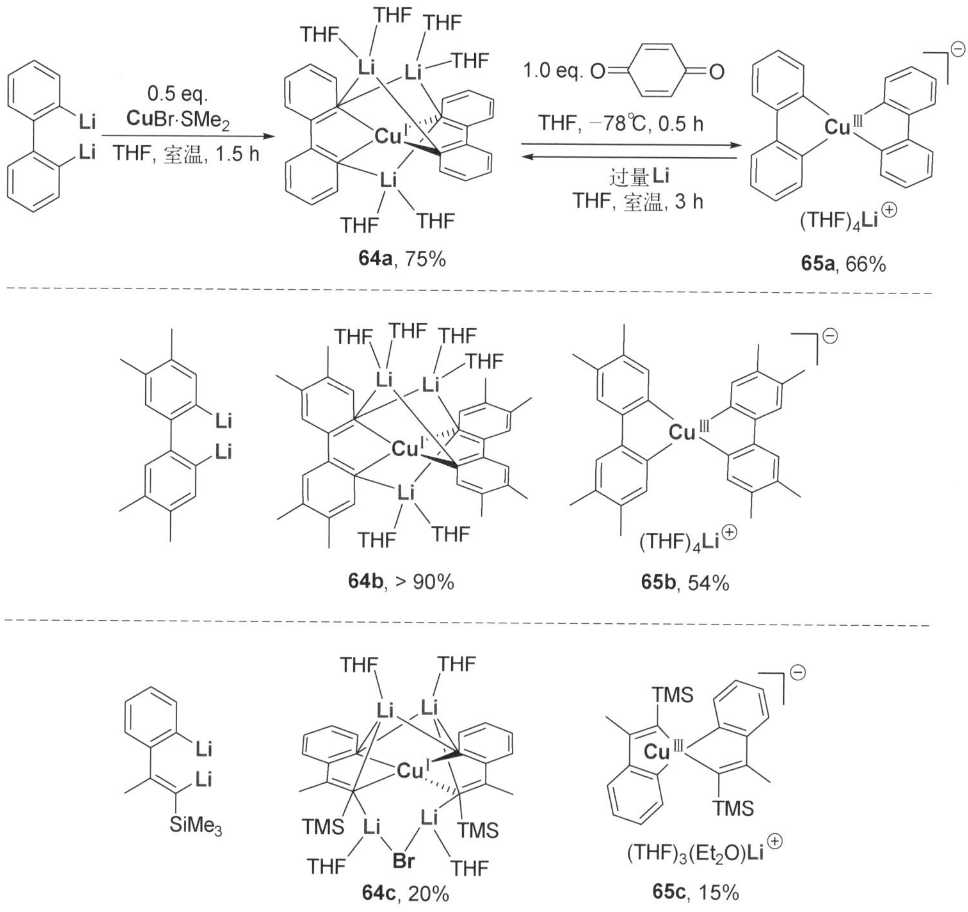

图 1-43　铜杂螺环化合物 **64** 和 **65** 的合成

三价铜杂螺环化合物 **65** 在四氢呋喃溶液中非常稳定，回流 12 h 时依然稳定存在。将化合物 **65** 在室温下用盐酸淬灭，会以当量的分离收率得到单侧偶联产物 **66**，此反应可能经历三价铜的还原消除过程(图 1-44)。我们通过进一步实验证明了三价铜还原消除过程的存在。类似地，当化合物 **65a** 与碘反应时，能够以当量收率得到化合物 **67**。化合物 **65a** 与 2.0 当量 MeI 或 [Me₃S][BF₄] 在室温下反应，能够得到二甲基四联苯产物 **68**。而当化合物 **65a** 与 1.0 当量 [Me₃S][BF₄] 反应时，首先得到芳基铜中间体化合物

69。向原位生成的化合物 **69** 的四氢呋喃溶液中加入 1.0 当量 MeI,能够生成化合物 **68**。向化合物 **69** 的四氢呋喃溶液中加入 1.2 当量碘或 1.2 当量苯甲酰氯,能够分别生成偶联化合物 **70** 和 **71**。上述反应均表明,三价铜杂螺环化合物 **65** 能够发生还原消除反应,这是三价铜还原偶联反应少有的实验证据。

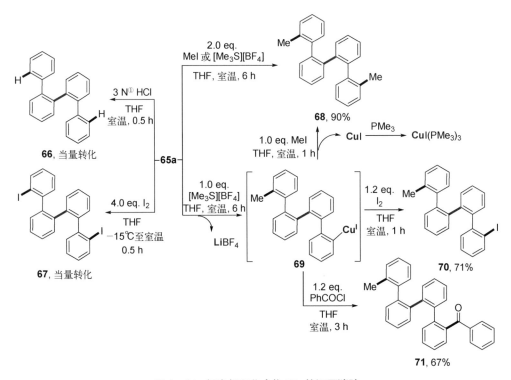

图 1-44 铜杂螺环化合物 65a 的还原消除

6. 同稀土金属试剂的反应

稀土是我国一类重要的战略资源,它们在材料化学、高分子聚合、金属有机化学等领域具有广泛的应用。在金属有机化学中,各种稀土金属有机化合物表现出独特的性质和用途[77,78]。然而,稀土金属杂环戊二烯的合成具有很大的挑战性,关于其结构和反应性的研究也非常匮乏。

双锂试剂与稀土金属氯化物的转金属反应能够实现多取代稀土金属杂环戊二烯的高效合成。如图 1-45 所示,向四氢呋喃溶剂化后的 LuCl₃ 中加入五甲基环戊二烯基锂(Cp* Li),

---

① 特此说明:虽然当量浓度(N)的概念已被废弃,但行业内仍保留这种表述形式,后文不再赘述。

室温下搅拌 12 h 后加入 1.0 当量双锂试剂,可以得到单茂稀土金属杂环戊二烯 72[79]。

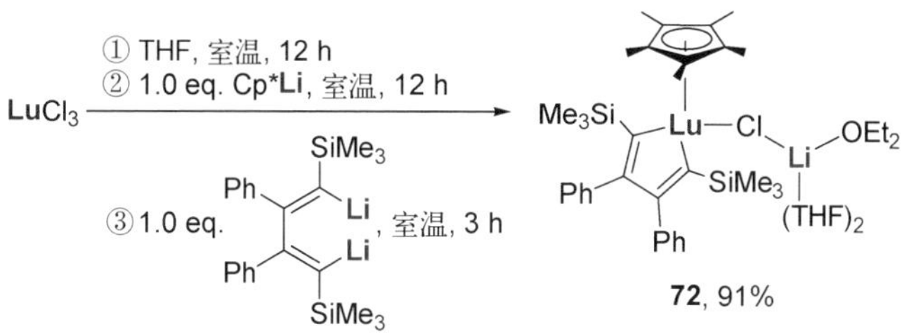

图 1-45 单茂稀土金属杂环戊二烯 72 的合成

由于碳-稀土金属键的高活性,单茂稀土金属杂环戊二烯 **72** 具有丰富的反应化学。它能够与多种小分子底物进行反应,得到一系列金属有机杂环化合物(图 1-46)。当化合物 **72** 与 ^tBuCHO 反应时,^tBuCHO 插入一个 Lu—C(sp^2)键中,得到七元环状化合物 **73**。向化合物 **73** 的四氢呋喃溶液中加入 1.0 当量单质硒,硒原子会插入另一个 Lu—C(sp^2)键中,得到八元环状化合物 **74**。当化合物 **72** 与 ^tBuNC 反应时,得到氮代环戊二烯稀土金属化合物 **75**。在化合物 **75** 的结构中,环戊二烯负离子单元以 η^1 的形式与金属镥配位。向化合物 **72** 的四氢呋喃溶液中加入二苯基碳二亚胺(PhN=C=NPh,DPC),可以得到具有螺环结构的化合物 **76**[80]。

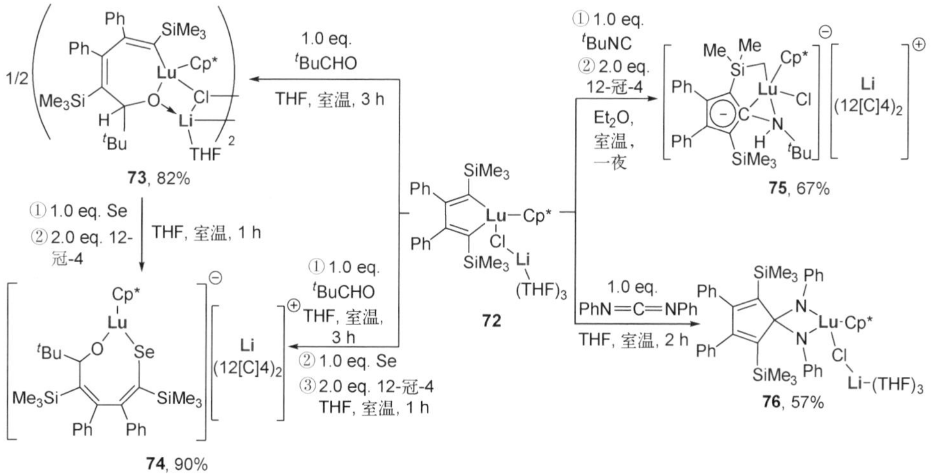

图 1-46 单茂稀土金属杂环戊二烯 72 的反应化学(Cp*:五甲基环戊二烯基负离子)

更令人惊喜的是,单茂稀土金属杂环戊二烯 **72** 能够应用于白磷的活化[81]。室温下,化合物 **72** 与 P_4 在四氢呋喃中反应,可以同时得到一分子稀土金属 cyclo-P_3 化合物 **77** 和一分子磷杂环戊二烯基锂化合物 **29**，并伴随[Cp* LnCl₂]₃(Ln = Lu，Y)的生成(图1-47)。在该反应中，底物 **72** 的丁二烯骨架一部分转化为化合物 **77** 的2-丁烯骨架，另一部分则螯合一个磷原子变为磷杂环戊二烯骨架。白磷发生[3+1]碎片化反应，其四个原子都转移到了产物中，实现了磷原子的高效利用，这在白磷参与的反应中并不多见。

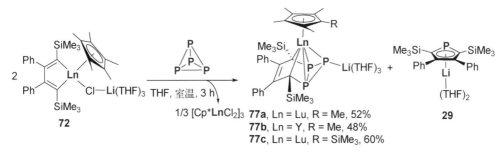

图1-47　单茂稀土金属杂环戊二烯 **72** 与白磷的反应

如图1-48所示，稀土金属 cyclo - P₃ 化合物 **77a** 的单晶结构可以看作三明治状的夹心结构。cyclo - P₃ 部分与金属镥以 η^3 的方式进行配位，镥原子与P1原子之间的作用较强，而与底端的两个磷原子P2和P3的作用较弱。

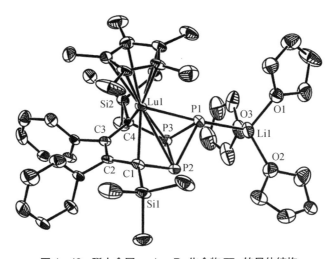

图1-48　稀土金属 cyclo - P₃ 化合物 **77a** 的晶体结构

我们同样尝试了双锂试剂同双茂稀土金属氯化物的反应[82]。如图1-49所示，双锂试剂同1.0当量 Cp₂LuCl 在四氢呋喃中反应，能够得到双茂稀土金属杂环戊二烯 **78**。在化合物 **78** 的结构中，稀土金属杂环戊二烯部分与锂原子以接触离子对(contact ion pairs，CIPs）的形式存在。向化合物 **78** 的四氢呋喃溶液中加入 12-冠-4，能够得到具有溶剂分离离子对（solvent separated ion pairs，SSIPs）结构的化合物 **79**，其结构中的锂离子被两分子 12-冠-4 所包围。化合物 **78** 能够进一步同氟化钾发生转金属反应，随后加入 18-冠-6 或[2,2,2]-穴醚，分别得到具有一维链状结构的化合物 **80** 和具有溶剂分离离子对结构的化合物 **81**。

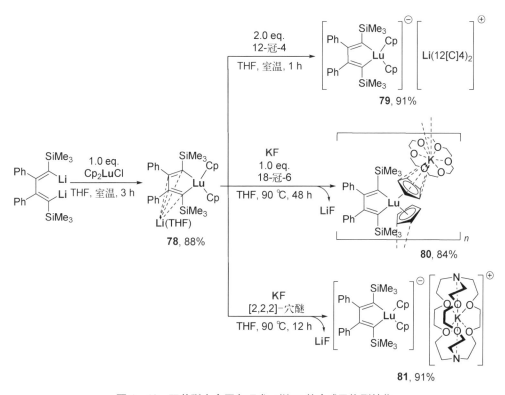

图 1-49　双茂稀土金属杂环戊二烯 **78** 的合成及构型转化

双锂试剂同不含环戊二烯基负离子单元的稀土金属盐反应，能够得到不同的反应结果。如图 1-50 所示，双锂试剂同 4.0 当量 ScCl₃ 在四氢呋喃中反应，能够得到双钪杂 2-丁烯化合物 **82**[83]。该反应的关键中间体——钪杂环戊二烯化合物 **83** 可以在低温反应中分离得到。化合物 **83** 加热到 80 ℃ 后会转化为化合物 **82**，同时有副产物炔生成。化合物 **82** 具有新颖的双钪结构。在四个碳原子 C1、C2、C3、C4 组成的骨架中，C1—C2、C2—C3、C3—C4 的键长分别为 1.468(4) Å①、1.465(5) Å 和 1.430(4) Å，这表明该骨架

① 1 Å = 10⁻¹⁰ m。

并非常见的金属杂环戊二烯化合物中的 1,3-丁二烯二负骨架,而是 2-丁烯四负骨架(图 1-51)。由此可以推断,该过程中双锂试剂发生自身氧化还原反应,表现出非纯粹配体的性质。

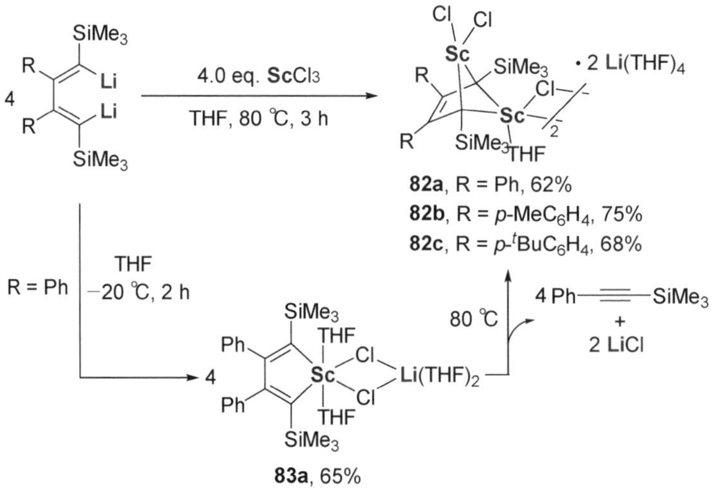

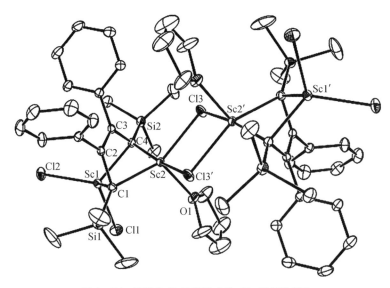

82a, R = Ph, 62%
82b, R = p-MeC₆H₄, 75%
82c, R = p-ᵗBuC₆H₄, 68%

83a, 65%

图 1-50 双钪杂 2-丁烯化合物 **82** 的合成

图 1-51 双钪杂 2-丁烯化合物 **82a** 的晶体结构

进而,我们发现,当双锂试剂同二价稀土金属卤化物 SmI₂(THF)₂ 反应时,可以生成二丁烯四负双钐化合物 **84**(图 1-52)[84]。在该反应过程中,双锂试剂中的共轭丁二烯双负结构经过单电子转移(single electron transfer，SET)过程被两分子 $SmI_2(THF)_2$ 进一步还原，得到两个电子，生成二丁烯四负结构。

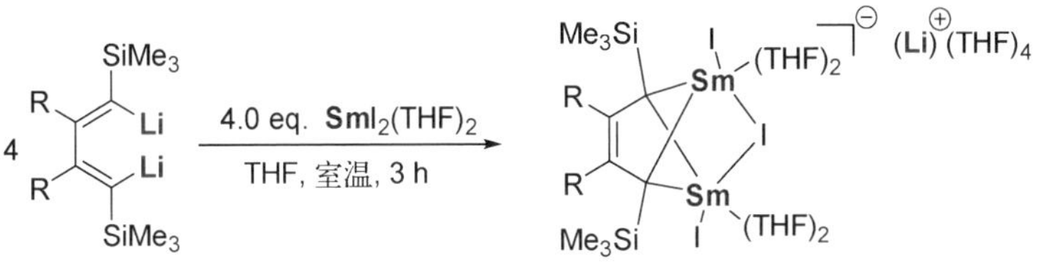

84a, R = Ph, 72%
84b, R = Me, 88%
84c, R = (CH₂)₂, 94%

图 1-52　二丁烯四负双钐化合物 **84** 的合成

1.3.4　1，4-二锂-1，3-丁二烯试剂作为非纯粹配体合成金属杂芳香化合物的反应

双锂试剂中丁二烯骨架具有独特的 π 共轭体系和较低的 LUMO 能量，从而使其具有非纯粹配体的性质。利用这一独特性质，我们实现了一系列具有独特结构的金属杂芳香化合物的合成，该研究极大促进了芳香性理论的发展[85]。

1. 镍杂芳香化合物的合成

双锂试剂同零价镍化合物 $Ni(COD)_2$ 在四氢呋喃和乙醚的混合溶剂中反应，能够以高收率得到双锂镍杂环戊二烯化合物 **85**(图 1-53)[86]。化合物 **85a** 的单晶结构中含有一个镍杂五元环(图 1-54)，两个锂离子分别位于镍杂五元环的正上方和正下方，并以 η^5 的形式与之配位。镍杂五元环内碳-碳键的键长发生了明显的平均化现象，这表明化合物 **85** 可能具有芳香性。

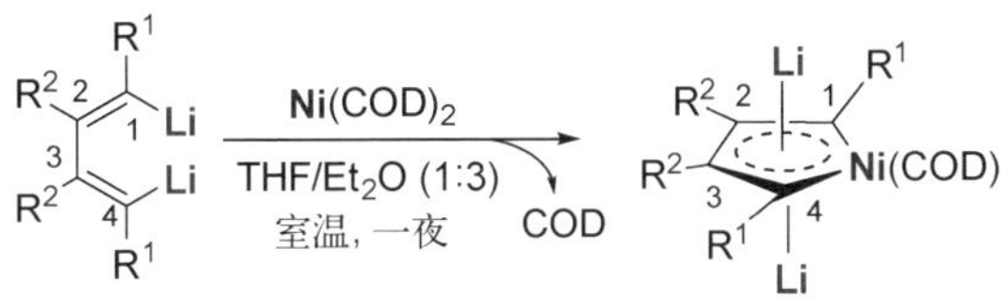

85a, R¹ = SiMe₃, R² = Me, 65%
85b, R¹ = SiMe₃, R² = (CH₂)₂, 77%
85c, R¹ = R² = Et, 80%

图 1-53　双锂镍杂环戊二烯化合物 **85** 的合成

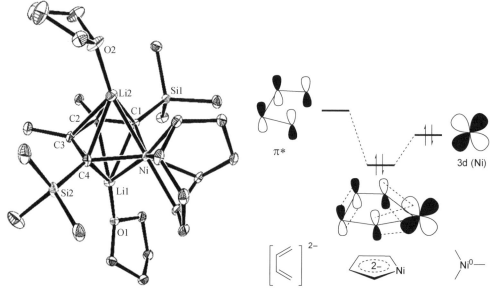

图 1-54 双锂镍杂环戊二烯化合物 **85a** 的晶体结构　　图 1-55 镍与丁二烯双负离子的前线轨道

　　X 射线光电子能谱（X-ray photoelectron spectroscopy，XPS）显示，化合物 **85a** 中的镍原子为正二价（Ni^{2+}）。该结果表明，起始原料 Ni(COD)$_2$ 中的零价镍在反应过程中形式上被双锂试剂氧化为正二价镍[87]。化合物 **85a** 的锂谱信号峰位于 -5.77 ppm[①]，远低于普通含锂化合物的锂谱信号化学位移（普通含锂化合物的锂谱信号峰大多位于 -2.0～1.5 ppm），这说明配位于镍杂五元环正上方和正下方的锂离子受到了较大的屏蔽效应影响。并且化合物 **85a** 中镍杂五元环的 NICS[②]（0）和 NICS（1）分别为 -8.55 ppm、-10.30 ppm，均为较大的负值，这说明镍杂五元环上电子离域效应的存在[88]。锂谱数据和 NICS 均是化合物 **85** 具有芳香性的有力证据。

　　通过理论结构分析，我们认为该过程中双锂试剂作为非纯粹配体参与反应，其丁二烯骨架的 LUMO 与零价镍的 3d 轨道相互作用，接受镍原子 3d 轨道上的一对反馈电子，最终形成具有 6π 芳香性的环状结构（图 1-55）。

　　双锂镍杂环戊二烯化合物 **85a** 与 1.5 当量卤化亚铁反应，能够以较高收率得到镍杂二茂铁化合物 **86**，从而首次实现了以两个过渡金属杂环为配体的金属杂二茂铁类似物

---

①　1 ppm = 10^{-6}。

②　NICS，nuclear independent chemical shift，核独立化学位移。

的合成(图 1-56)[89]。在其结构中,两个镍杂五元环作为非纯粹配体接受来自铁中心的反馈电子从而形成芳香性结构。

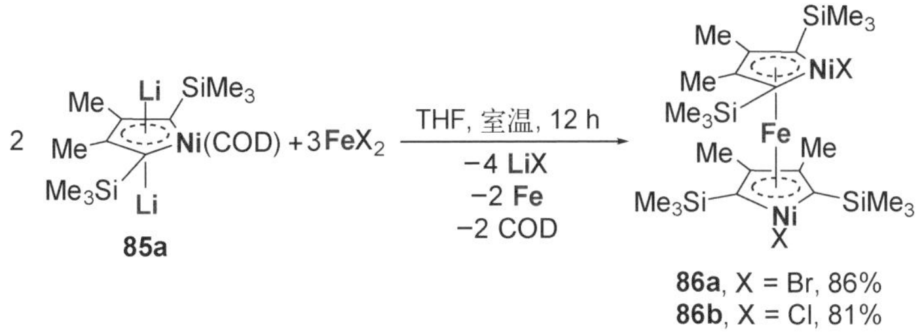

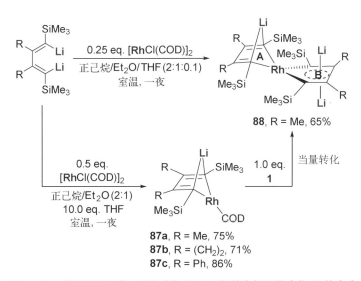

图 1-56 镍杂二茂铁化合物 86 的合成

2. 铑杂芳香化合物的合成

双锂试剂与0.5当量一价铑二聚体化合物[RhCl(COD)]$_2$在正己烷和乙醚的混合溶剂中反应,能够得到相应的转金属产物——单锂铑杂环戊二烯化合物 87[90]。化合物 87a 能够继续同 1.0 当量双锂试剂反应,得到三锂铑杂螺环化合物 88。化合物 88 也能够通过双锂试剂与0.25当量[RhCl(COD)]$_2$直接反应得到(图 1-57)。

图 1-57 单锂铑杂环戊二烯化合物 87 和三锂铑杂螺环化合物 88 的合成

如图 1-58 中左图所示,化合物 87a 的单晶结构中含有一个非平面的铑杂五元环,且环内碳-碳键的键长呈现单双键交替的形式,这说明化合物 87a 为非芳香性结构。如

图 1‑58 中右图所示，化合物 **88** 的单晶结构中包含两个铑杂五元环（A 环和 B 环），这两个铑杂五元环通过共用一个铑原子形成螺环骨架。A 环与化合物 **87a** 的铑杂五元环相似，为非平面结构，且环内碳‑碳键的键长呈现单双键交替的形式，这说明 A 环也为非芳香性结构。在 B 环中，两个锂离子分别位于环的正上方和正下方，以 η^5 的形式与 B 环骨架配位。B 环中碳‑碳键的键长趋于平均化［1.436(10) Å、1.406(11) Å、1.445(11) Å］，这说明 B 环可能具有芳香性。锂谱数据显示，位于 B 环正上方和正下方的锂原子的化学位移为 −6.3 ppm。并且 B 环的 NICS(1) 为 −13.8 ppm。锂谱信号化学位移和 NICS 的显著负值进一步证实了 B 环具有芳香性。

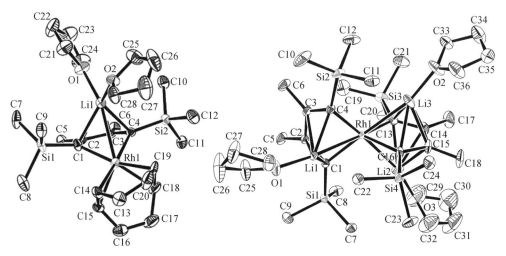

图 1‑58　单锂铑杂环戊二烯化合物 **87a**（左）和三锂铑杂螺环化合物 **88**（右）的晶体结构

使用过量金属锂还原三锂铑杂螺环化合物 **88**，可以得到五锂铑杂螺芳香化合物 **89**（图 1‑59）[91]。

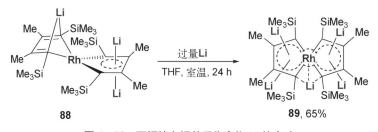

图 1‑59　五锂铑杂螺芳香化合物 **89** 的合成

化合物**89**的单晶结构中包含一个螺环骨架,它由两个完全相同的铑杂五元环通过共用一个铑原子形成(图1-60)。铑杂五元环内碳-碳键的键长发生明显的平均化现象[1.442(8) Å、1.419(9) Å、1.455(8) Å],这说明环上可能存在电子离域效应。化合物**89**中存在五个锂离子,其中四个锂离子位于两个铑杂五元环的正上方和正下方,并以η^5的形式与环平面配位,另外一个锂离子(Li3)则处于螺环骨架所在平面上。锂谱数据证实了这一结果。在化合物**89**的锂谱中,Li3的信号峰位于6.37 ppm,显著地向低场移动,说明可能受到与其共平面的螺环骨架上去屏蔽效应的影响,而另外四个锂离子的信号峰为-6.16 ppm,说明可能受到环上屏蔽效应的影响,这两者均是化合物**89**具有芳香性的有利证据。化合物**89**是一种结构独特的螺芳香化合物。

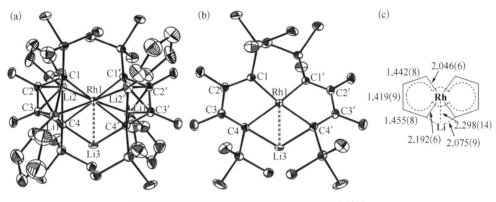

图1-60　五锂铑杂螺芳香化合物**89**的晶体结构

3. 铜杂芳香化合物的合成

双锂试剂能够与CuCl-TMEDA配合物、CuCl-PPh$_3$配合物或CuCl-P^{t}Bu$_3$配合物反应,得到相应的四锂十元二铜杂轮烯化合物**90**(图1-61)[92]。在该反应过程中,还有少量副产物二锂十元二铜杂轮烯化合物**91**的生成。

化合物**90a**的单晶结构中包含一个趋近于平面的二铜杂十元环骨架,有四个锂离子位于环的上下方并与之配位(图1-62)。二铜杂十元环中丁二烯骨架的碳-碳键键长发生显著的平均化现象[1.421(3)Å、1.470(4)Å、1.421(3)Å]。其锂谱的化学位移为-6.02 ppm。化合物**90a**的NICS(0)和NICS(1)分别为-9.0 ppm、-9.8 ppm。上述实验表征及理论结构分析的结果证明了化合物**90**为芳香性结构。

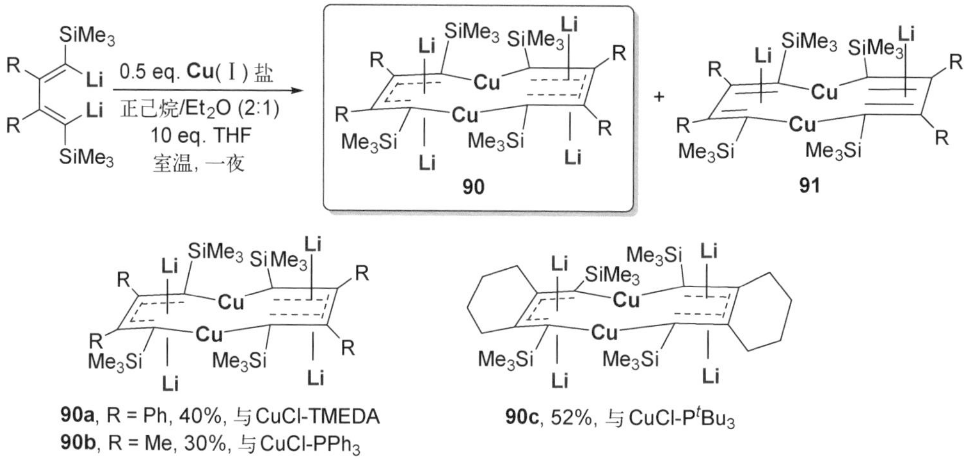

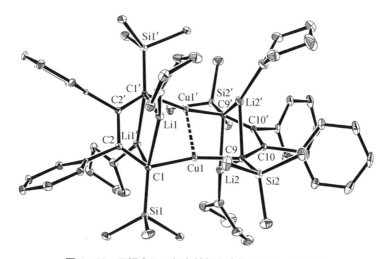

图 1-61　四锂十元二铜杂轮烯化合物 **90** 的合成

90a, R = Ph, 40%, 与 CuCl-TMEDA
90b, R = Me, 30%, 与 CuCl-PPh₃

90c, 52%, 与 CuCl-P^{t}Bu₃

图 1-62　四锂十元二铜杂轮烯化合物 **90a** 的晶体结构

　　进一步的轨道分析表明，在化合物 **90** 中，两个铜原子各提供一个电子同两个丁二烯骨架上的 8 个电子形成 10π 共轭体系，从而实现芳香性。化合物 **90** 的独特结构引起了诸多理论化学家的研究兴趣，Grande-Aztatzi 等认为化合物 **90** 也可以看作金属杂萘[93]，朱军等则认为化合物 **90** 为 16 电子的 Craig-type 型默比乌斯芳香化合物[94]。

4. 钯/铂杂螺芳香化合物的合成

　　在双锂试剂同低价铑配合物的反应性研究中，通过过量金属锂还原三锂铑杂螺环

化合物 **88** 能够得到五锂铑杂螺芳香化合物 **89**。在化合物 **89** 的单晶结构中,两个铑杂五元环通过共用一个铑原子形成螺环骨架,并且该螺环骨架整体呈现芳香性。这是一种独特的芳香体系,我们称之为螺芳香性。2002 年,Rzepa 等通过理论计算预测了几种螺芳香化合物的理论模型[95]。但是由于合成方法具有较大的挑战性,一直缺乏关于螺芳香化合物实验证据的报道。在得到五锂铑杂螺芳香化合物 **89** 后,我们对这一独特的芳香体系展开了更加深入的探索和研究。

如图 1-63 所示,双锂试剂同 0.5 当量 Pd(P^{t}Bu$_3$)$_2$ 反应,能够得到钯杂螺芳香化合物 **92**(方法 a)。进而,我们发现,将双锂试剂同 M(COD)Cl$_2$(M = Pd,Pt)在过量金属锂存在的条件下反应,同样能够以较高收率得到钯杂螺芳香化合物 **92** 及铂杂螺芳香化合物 **93**(方法 b)[91]。

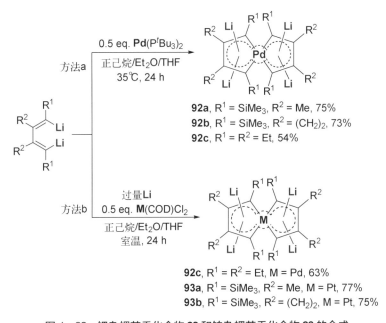

图 1-63　钯杂螺芳香化合物 **92** 和铂杂螺芳香化合物 **93** 的合成

同化合物 **89** 类似,上述化合物的单晶结构中同样包含一个螺环骨架,过渡金属钯或铂充当螺原子。由于结构的相似性,此处以化合物 **92a** 为例进行详细说明(图 1-64)。化合物 **92a** 中包含两个钯杂五元环,这两个钯杂五元环通过共用一个钯原子形成螺环骨架。螺原子钯为四配位,四个锂离子分别位于两个钯杂五元环的正上方和正下方,并以 η^5 的形式与之配位。钯杂五元环中碳-碳键的键长发生明显的平均化现象[1.413(3) Å、

1.439(3) Å、1.419(3) Å]，这说明化合物 **92a** 具有芳香性。在化合物 **92a** 中，两个钯杂五元环间的二面角为 50.2°，而在化合物 **92c** 的单晶结构中，该夹角仅为 28.0°，这说明构成螺环骨架的两个钯杂五元环之间的二面角受其 α 位（C1、C4）取代基的位阻效应的影响，当位阻效应变小时，螺环骨架更接近于平面构型。

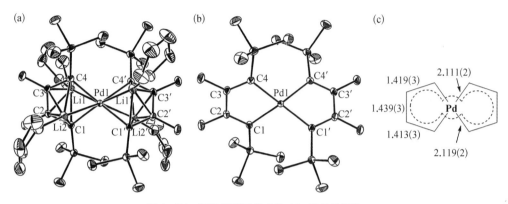

图 1-64　钯杂螺芳香化合物 **92a** 的晶体结构

化合物 **92a** 的 XPS 数据显示其中的钯原子为正二价，这说明在反应过程中，钯原子由零价升为正二价，双锂试剂作为非纯粹配体参与反应，形式上被还原。化合物 **93a** 的 XPS 数据显示其中的铂原子同样为正二价。锂谱数据（-5.20 ppm）和 NICS(1)$_{zz}$（-15.7 ppm）是化合物 **92** 具有芳香性的有力证据。理论计算表明，螺原子钯的 p_z 轨道与两个丁二烯骨架的 π^* 轨道的相互作用是化合物 **92** 芳香性的主要来源。在钯杂螺芳香化合物中，两个丁二烯骨架上共提供 8 个电子，钯原子提供 2 个电子，共有 10 个离域电子，组成一个整体的 10π 芳香体系。轨道结构同样证实，螺原子钯应为正二价，该结果同 XPS 的表征结果一致。该结果进一步表明，当排除位阻效应的影响时，化合物 **92** 中的螺环骨架应为平面构型。林振阳等同样认为，两个丁二烯骨架的 π^* 轨道同少量参与的钯原子的 p_z 轨道的同向组合（in-phase combination）是化合物 **92** 具有芳香性的主要原因[96]。

5. 锰杂螺芳香化合物的合成

在成功实现具有平面构型的金属（铑、钯、铂）杂螺芳香化合物的合成后，我们继续探求其他种类金属杂螺芳香化合物的可能性。根据 Rzepa 等的理论预测，含有两个独立芳香环的螺芳香体系是可能存在的[95]。我们通过将双锂试剂与氯化锰及金属锂反应,成功实现了这种理论预测的螺芳香体系的合成[34]。

如图 1-65 所示,双锂试剂同 $MnCl_2$ 和过量金属锂反应,能够得到四锂锰杂螺芳香化合物 **94**。当在相同条件下使用 0.5 当量金属锂时,能够得到反应的关键中间体——三锂锰杂螺芳香化合物 **95**,并能够继续被过量金属锂还原为四锂锰杂螺芳香化合物 **94**。

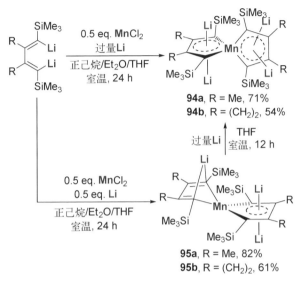

图 1-65　四锂锰杂螺芳香化合物 **94** 的合成

如图 1-66 所示,四锂锰杂螺芳香化合物 **94a** 的结构中同样包含一个螺环骨架,其中螺原子锰为四配位。四个锂离子以 η^5 的形式配位于两个锰杂五元环的正上方和正下方。两个锰杂五元环均为平面结构,且环内碳-碳键的键长均呈现明显的平均化现象

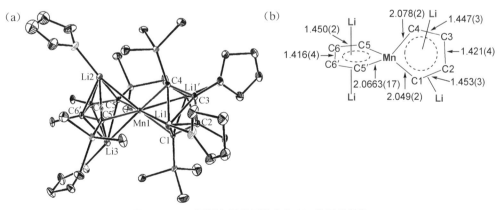

图 1-66　四锂锰杂螺芳香化合物 **94a** 的晶体结构

[1.453(3) Å、1.421(4) Å、1.447(3) Å；1.450(2) Å、1.416(4) Å、1.450(2) Å]。值得注意的是，构成螺环骨架的两个锰杂五元环间的二面角为 90.0°，锰中心采取四面体构型，这说明化合物 94 的结构与我们此前所描述的趋于平面构型的金属（铑、钯、铂）杂螺芳香化合物的结构有所不同。因此，化合物 94 可能存在不同的电子结构，是一种新型的螺芳香体系。

化合物 94a 中两个锰杂五元环的 NICS(1)$_{zz}$ 分别为 -15.6 ppm 和 -16.0 ppm，这进一步证明了化合物 94 具有芳香性。分子轨道结构分析显示，螺原子锰的 d$_{xz}$、d$_{xy}$ 轨道分别同一个丁二烯骨架的 π* 轨道相互作用，最终形成两个相互独立并且相互垂直的 6π 芳香体系。因此，化合物 94 的轨道结构不同于我们之前所描述的趋于平面构型的金属（铑、钯、铂）杂螺芳香化合物的 10π 轨道结构，代表了一种新型的金属杂螺芳香体系。

化合物 95 同样值得关注，它含有两个不同的锰杂五元环，其中一个环（A 环）为平面结构，另外一个环（B 环）为非平面结构。理论结构分析表明，A 环的电子结构同化合物 94 中的两个锰杂五元环类似，通过锰原子的 3d$_{xz}$ 轨道同一个丁二烯骨架的 π* 轨道相互作用，从而构成 6π 平面芳香体系。尽管 B 环为非平面结构，但是其环内碳-碳键的键长同样呈现明显的平均化现象[1.430(3)Å、1.456(3)Å、1.430(3)Å]。并且其 NICS(1)$_{zz}$（-21.2 ppm）和各向磁感应电流密度（anisotropy of the induced current density，AICD）[97] 分析结果支持芳香性的存在。进一步的分子轨道结构分析表明，该环中锰原子的 3d$_{z^2}$ 轨道同丁二烯骨架的 π* 轨道存在 σ 型轨道交盖，从而能够实现环内的电子离域。因此，B 环为结构独特的 6π 非平面金属杂芳香体系。化合物 95 同样可以认为是一种金属杂螺芳香化合物，在它的结构中，螺原子锰连接两个独立的 6π 芳香体系，其中一个具有平面芳香性，另一个具有非平面芳香性。

6. 具有非平面芳香性的丁二烯基双铁化合物的合成

双锂试剂与 1.0 当量 FeBr$_2$ 在四氢呋喃中反应，能够得到环丁二烯配位的杂环戊二烯化合物 96。而当双锂试剂同 1.0 当量 FeBr$_2$ 在四氢呋喃和甲苯的混合溶剂中反应时，所得产物为环丁二烯和甲苯配位的三明治构型的铁化合物 97。该反应过程中可能生成了甲苯配位的铁杂环戊二烯中间体 A，随后该中间体经过还原消除反应最终形成化合物 97（图 1-67）[98]。

在上文中，我们阐述了三锂锰杂螺芳香化合物 95 含有结构独特的 6π 非平面金属杂芳香环，这是少有的关于非平面金属杂芳香性的实验证据[99,100]。当我们尝试将双锂试剂与 2.0 当量 $FeBr_2$ 反应时，得到了另外一种非平面金属杂芳香化合物——丁二烯基双铁化合物 **98**，从而进一步丰富了具有非平面金属杂芳香性的化合物的例子(图 1-68)[101]。

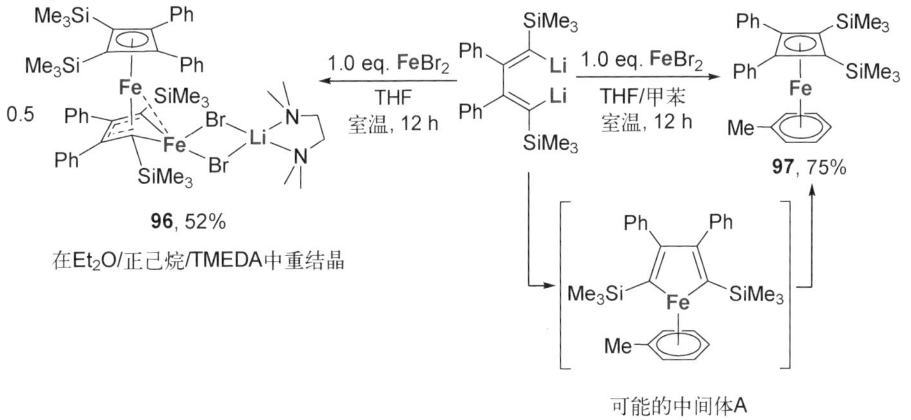

图 1-67　丁二烯基铁化合物 96 和 97 的合成

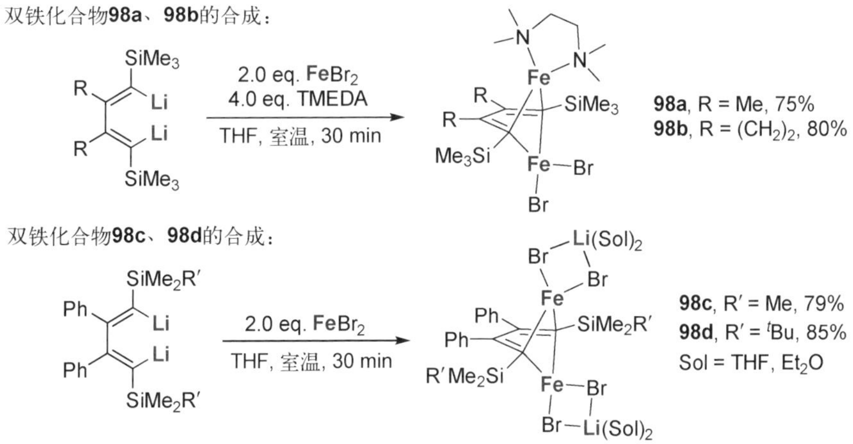

图 1-68　丁二烯基双铁化合物 98 的合成

在化合物 **98a** 的单晶结构中，两个铁原子中心之间的距离[2.6033(6) Å]长于一般的 Fe—Fe 单键(约为 2.4 Å)而短于范德华半径之和(约为 4.0 Å)，这表明它们之间可能存在较弱的相互作用。丁二烯骨架的碳-碳键具有一定的平均化特征[1.406(5) Å、1.464(5) Å、1.403(5) Å]，这说明骨架上四个碳原子之间可能存在一定程度的电子离域。

变温磁化率和穆斯堡尔谱测试结果表明，丁二烯基双铁化合物 **98a** 中存在两个反铁磁耦合的高自旋二价铁，表现为开壳层单重态的电子结构。理论计算分析表明，两个铁

原子中心的 $3d_{xz}$ 轨道与丁二烯骨架的 π 轨道之间存在 σ 型轨道交盖。两个铁原子中心的 $3d_{xz}$ 轨道同相位组合对应非键分子轨道,而反相位组合进一步与丁二烯骨架的 π 轨道形成反键分子轨道,它们的占据数之和为 2,具有反铁磁耦合特征。同时考虑到丁二烯骨架能量更低的 π 轨道中的一对电子,整个铁杂环中参与离域的电子数为 6,这表明其可能具有芳香性。

进一步的计算显示,化合物 **98a** 中非平面铁杂环的 NICS(1)$_{zz}$(-37.5 ppm 和 -36.6 ppm)、等化学屏蔽表面(iso-chemical shielding surface,ICSS)[102] 和 AICD 均表明化合物 **98a** 中的非平面铁杂环具有芳香性。在该结构中,两个反铁磁耦合的高自旋二价铁原子中心作为"超级原子",以其 $3d_{xz}$ 轨道与丁二烯骨架的 π 轨道之间发生 σ 型轨道交盖,实现了金属杂环上的电子离域,形成了独特的非平面金属杂芳香性结构。

7. 镓/铟杂芳香化合物的合成

除上述过渡金属杂芳香化合物之外,利用双锂试剂也可以实现多种主族金属杂芳香化合物的合成。事实上,主族金属杂芳香化合物的合成及相关的反应化学近年来已经被多个课题组报道,他们的研究成果丰富了双锂试剂在主族金属杂芳香化合物中的应用。例如,Tokitoh 课题组所报道的二锂铝杂环戊二烯芳香化合物和二锂镓杂环戊二烯芳香化合物[25,103],Saito 课题组所报道的二锂锡杂环戊二烯芳香化合物和二锂铅杂环戊二烯芳香化合物[104,105],Müller 课题组报道了新型三烷基硅基取代的二钾硅杂环戊二烯芳香化合物和二钾锗杂环戊二烯芳香化合物[106](图 1-69)。

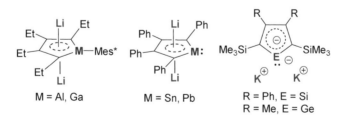

图 1-69 主族金属杂芳香化合物的代表性例子

我们发现,双锂试剂同 0.5 当量 GaCl₃ 反应能够得到单锂镓杂螺环戊二烯化合物 **99**。随后,用过量金属锂还原化合物 **99**,可以得到 1,1,2,2-四锂二镓烷化合物 **100**(图 1-70)[107]。

1,1,2,2-四锂二镓烷化合物 **100a** 的单晶结构中包含两个二锂镓杂五元芳香环,两者通过 Ga—Ga 单键相连(图 1-71)。

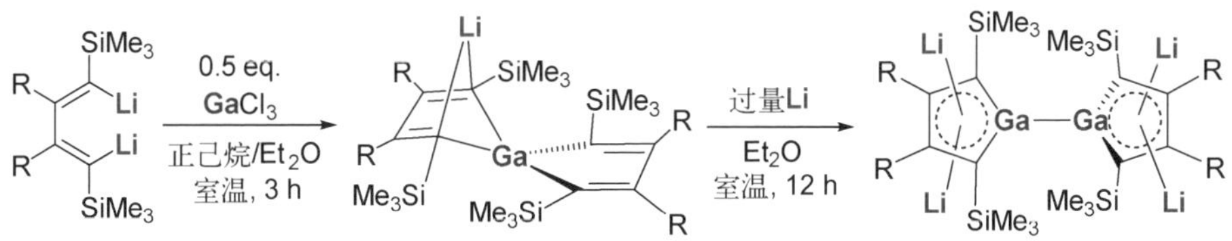

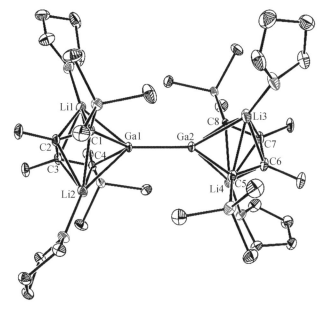

图 1-70 单锂镓杂螺环戊二烯化合物 **99** 和 1, 1, 2, 2-四锂二镓烷化合物 **100** 的合成

99a, R= Me, 86%
99b, R = (CH₂)₂, 83%
99c, R = Ph, 88%

100a, R = Me, 37%
100b, R = (CH₂)₂, 32%

图 1-71 1, 1, 2, 2-四锂二镓烷化合物 **100a** 的晶体结构

　　类似地,双锂试剂同 1.0 当量 InCl₃ 反应能得到铟杂环戊二烯化合物 **101**(图 1-72)[108]。在相同条件下,如果使用 0.5 当量 InCl₃,则可以得到铟杂螺环戊二烯化合物 **102**。化合物 **101** 和 **102** 能够相互转化。

　　铟杂环戊二烯化合物 **101** 能够被过量金属锂还原为铟杂芳香化合物,并且丁二烯骨架上取代基不同,所得的产物也不同。如图 1-73 所示,向丁二烯骨架的 2,4-位为苯基的化合物 **101a** 中加入过量金属锂,能够得到含有 In—Li 键的铟杂芳香化合物 **103**。在相同条件下,当还原丁二烯骨架的 2,4-位为甲基或并六元环的化合物 **101b**、**101c** 时,可以得到含有 In—In 键的双铟杂芳香化合物 **104**。在相同的实验条件下,铟杂螺环戊二烯化合物 **102** 则不能被金属锂还原。

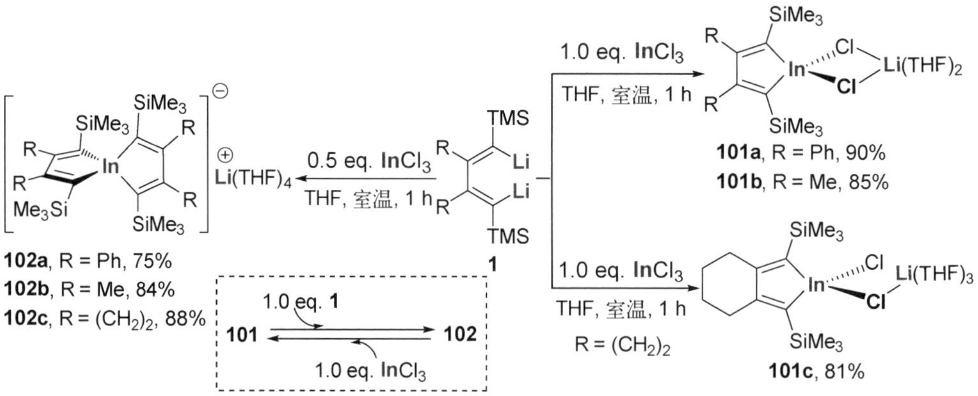

图 1‑72　铟杂环戊二烯化合物 101 和铟杂螺环戊二烯化合物 102 的合成

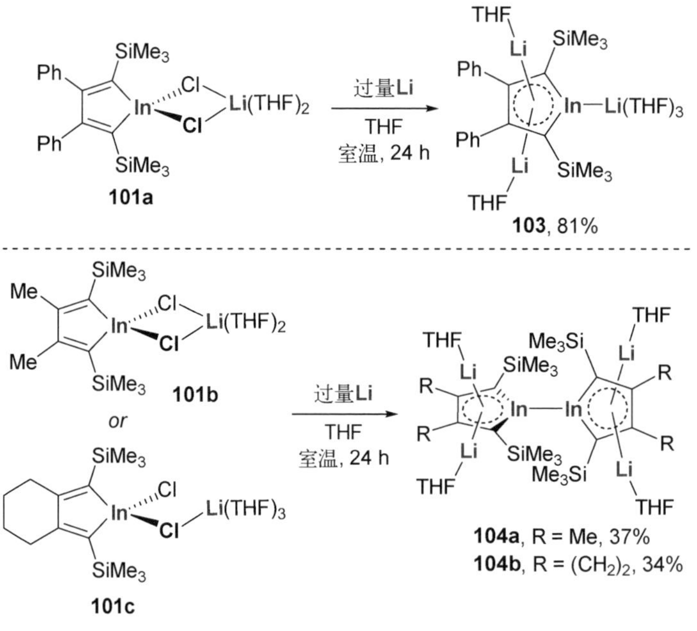

图 1‑73　铟杂芳香化合物 103 和 104 的合成

　　在铟杂芳香化合物 **103** 和 **104** 的结构中，铟杂五元环均为平面结构，且环内碳-碳键的键长发生了明显的平均化现象。锂谱表征结果显示，在化合物 **103** 中，分别配位于环上下的两个锂离子的化学位移为 −5.87 ppm；在化合物 **104a** 中，锂谱信号化学位移为 −5.90 ppm。化合物 **103** 和 **104a** 的 NICS(1)$_{zz}$ 分别为 −29.0 ppm、−27.9 ppm。以上实验和计算的结果均表明了化合物 **103** 和 **104** 都具有芳香性。

1.4 其他代表性双金属有机试剂简介

除在含丁二烯骨架的 1,4-双金属有机试剂方面的研究工作以外,在其他几类双金属有机试剂方面的研究工作也得到了蓬勃发展,如 1,1-双金属试剂、双金属 ate 盐试剂等,本节将对这些研究工作进行简要介绍。

1,1-双金属化合物(偕双金属化合物)通常可以通过对同一个碳原子上含有两个活性氢原子的基体相继进行金属化来得到[109]。该类试剂可以用于金属双键化合物的构建。由于两个碳-金属键的存在,电子在该碳原子上高度富集。因此,在该类化合物的设计过程中,通常利用强吸电子基团来提高活性氢原子的酸性和 1,1-双金属化合物的稳定性。目前,发展较为成熟的一类 1,1-双金属化合物是通过在双负碳原子的两个 α 位上引入五价膦基团来构建的(图 1-74)。

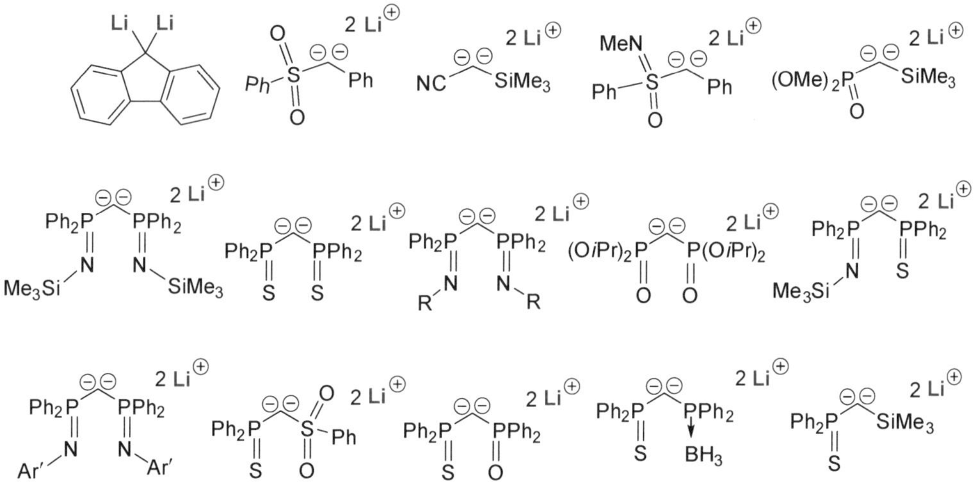

图 1-74 1,1-双金属化合物的代表性例子

近二十年来,化学家通过 1,1-双金属化合物成功构建了主族金属、过渡金属、镧系金属及锕系金属在内的一系列金属卡宾化合物,并对其反应性和电子结构进行了深入的研究。

Cavell 课题组通过 1,1-双金属化合物 **105** 与 MCl$_4$(THF)$_2$(M = Ti, Zr)发生复分解反应,得到了第一例稳定的第四副族金属卡宾化合物 **107**(图 1-75)[110]。随后,Mézailles 课题组通过含硫原子的 1,1-双金属化合物 **106** 同 ZrCl$_4$(THF)$_2$ 或 Cp$_2$ZrCl$_2$ 反应,同样得到了相似的锆卡宾化合物 **109~111**[111]。

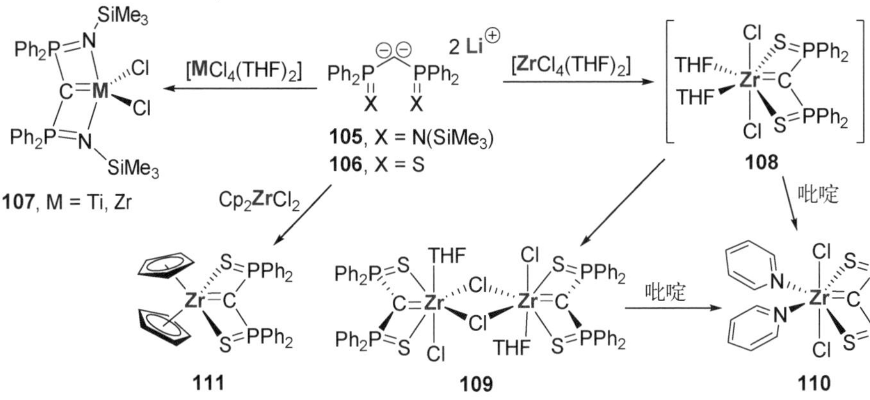

图 1-75 第四副族金属卡宾化合物的合成

双金属 ate 盐试剂是另外一种非常有特色的双金属有机试剂,该类试剂通常含有两种不同的金属(其中一种通常为碱金属,如锂、钠等)。由于两种金属的活性存在差异,双金属 ate 盐试剂在活化基体时展现出良好的选择性和官能团容忍性。例如,含敏感基团取代的苯环的导向邻位金属化比较困难,如酯基同传统的锂试剂即使在 −78 ℃ 的低温下依然会发生反应。通过协同利用不同活性的金属的策略,可以实现含敏感基团基体的选择性金属化。1999 年,Uchiyama 课题组用 2,2,6,6-四甲基哌啶锂试剂(TMPLi)同二叔丁基锌反应,原位生成锌锂双金属 ate 盐试剂 112;随后,利用试剂 112 中金属锌和锂的协同作用,成功实现了取代苯环的邻位金属化。该试剂对酯基和氰基等取代基具有良好的官能团容忍性,这是导向邻位金属化研究的一个突破性进展(图 1-76)[112]。

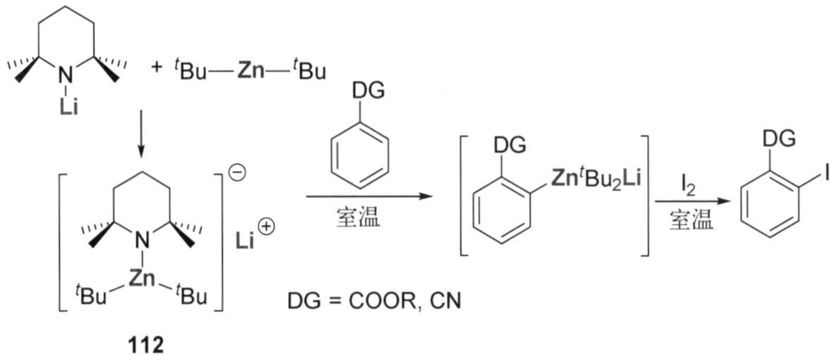

图 1-76 锌锂双金属 ate 盐试剂 112 促进取代苯环的邻位金属化(DG: 导向基团)

随后,Uchiyama 课题组用相同的策略设计出具有更强普适性的铝锂双金属 ate 盐试剂 113。在试剂 113 同取代苯环的反应过程中,苯环上的导向基团首先与碱金属锂配位,促使作为强碱的2,2,6,6-四甲基哌啶负离子靠近导向基团邻位,使邻位碳-氢键的质子脱除,然后金属铝离子与碳负离子结合生成有机金属中间体**114**,当加入亲电试剂时,即可得到一系列取代产物(图1-77)[113,114]。

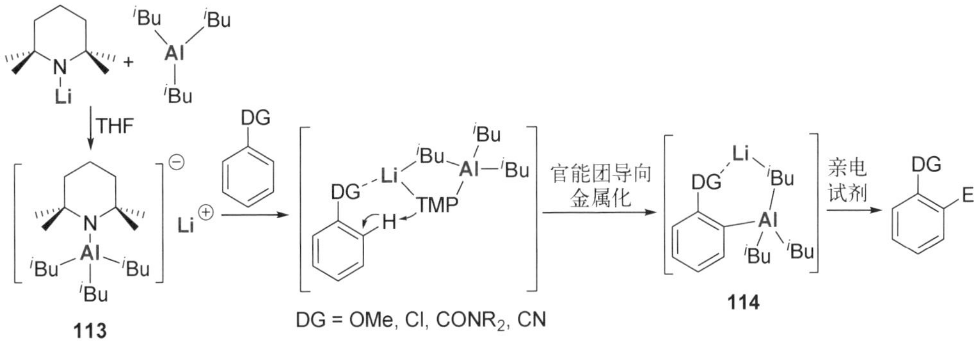

图1-77 铝锂双金属ate盐试剂**113**促进取代苯环的邻位金属化(DG:导向基团)

Mulvey课题组通过使用TMEDA、2,2,6,6-四甲基哌啶等配体将碱金属(锂、钠)和非碱金属(如镁、锌、锰等)结合起来,发展了一类独特的双金属ate盐试剂[13,17]。该类试剂能够实现对惰性的非取代芳香化合物(如苯、萘等)的金属化反应。如图1-78所示,当锌钠双金属ate盐化合物**115**与苯反应时,苯环的π体系作为路易斯(Lewis)碱与钠离子相互作用,叔丁基碳负离子作为强碱攫取苯环上的氢原子,所得的碳负离子与锌离子相互作用,从而实现苯环的金属化,得到化合物**116**。

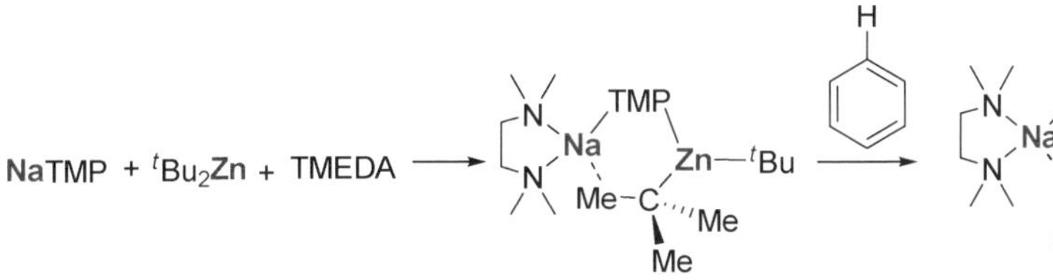

图1-78 锌钠双金属ate盐化合物**115**与苯的反应

将2.0当量正丁基钠、1.0当量正丁基镁与3.0当量2,2,6,6-四甲基哌啶反应,能够得到镁钠双金属ate盐化合物**117**(图1-79)[115]。当化合物**117**同烷氧基等基团取代的苯反应时,能够同时实现其邻位和间位的金属化,得到化合物**118**。当化合物**117**与苯胺反应时,能够实现对其两个间位的金属化,得到化合物**120**。在上述两个过程中,尽管碱金属钠更加活泼,但是与苯环反应的是金属镁,碱金属钠起调节作用。该研究通过两种金属的协同效应成功实现了对苯环多个位点的选择性金属化,这是使用传统金属有机试剂难以得到的结果。

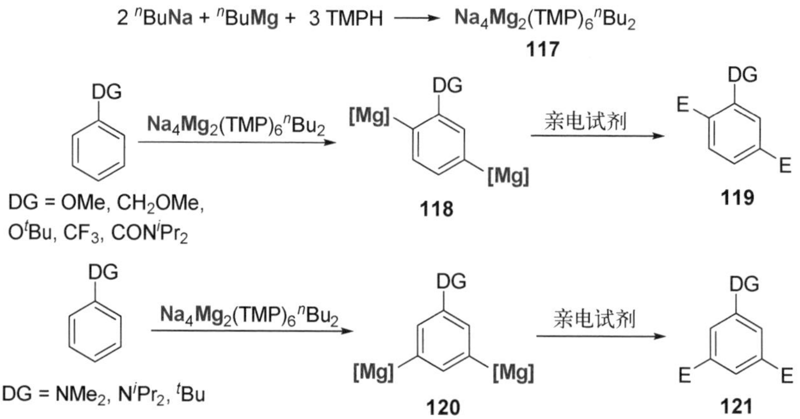

图 1-79　镁钠双金属 ate 盐化合物 117 对苯环的选择性金属化

氧原子的存在导致生成的碳负离子极不稳定,因此醚类化合物的金属化和中间体的捕捉分离通常非常困难。Mulvey 课题组通过使用较温和的锌钠双金属 ate 盐化合物 122,成功实现了四氢呋喃的邻位去质子化并捕捉到活性碳负离子中间体 123(图 1-80)[116]。

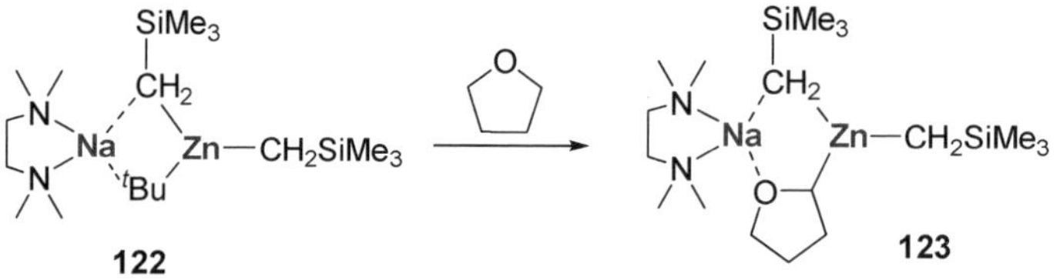

图 1-80　锌钠双金属 ate 盐化合物 122 与四氢呋喃的反应

1.5　"turbo Grignard"试剂简介

格氏试剂被广泛应用于有机合成中,是一种重要的金属有机试剂。然而,传统的格氏试剂具有官能团耐受性差、选择性差、副反应多等缺点。2004 年,Knochel 等首次将

“turbo Grignard”试剂(RMgCl · LiCl)引入卤素-镁交换反应中[117,118]。通过向反应体系中加入 LiCl 来促进卤素-金属交换过程,可以有效提高交换反应的效率和官能团容忍度。下面简要举几例进行说明。

带有氯原子、碘原子、腈基或者酯基取代的烯基碘化物 **124** 均可与^{i}PrMgCl · LiCl 在低温下反应生成 Grignard 试剂类似物 **125**,化合物 **125** 可以进一步与亲电试剂反应生成构型保持的化合物 **126**(图 1-81)[119]。

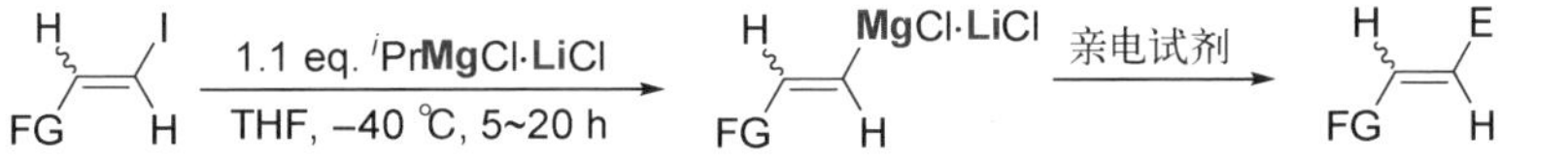

124　**125**　**126**, 69%~91%

图 1-81　^{i}PrMgCl · LiCl 与烯基碘化物 **124** 的反应

三甲基硅基取代的腈醇化合物 **127** 可以与^{i}PrMgCl · LiCl 反应生成化合物 **128**,化合物 **128** 可以与 CuCN · 2LiCl 发生转金属反应,继而与苯甲酰氯反应得到不饱和酮 **129**(图 1-82)[120]。

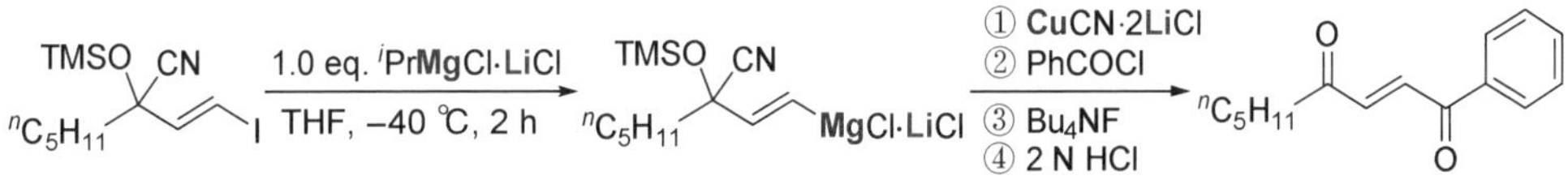

127　**128**　**129**, 74%

图 1-82　^{i}PrMgCl · LiCl 与腈醇化合物 **127** 的反应

另外,我们利用^{i}PrMgCl · LiCl 实现了丁二烯骨架中的选择性碘-镁交换反应。1,4-二碘-1,3-丁二烯 **2** 与 4.0 当量^{i}PrMgCl · LiCl 发生选择性碘-镁交换反应,生成了保留一个碘原子的烯基镁化合物 **130**,化合物 **130** 可以与多种亲电试剂反应生成相应的产物 **131**(图 1-83)[121]。

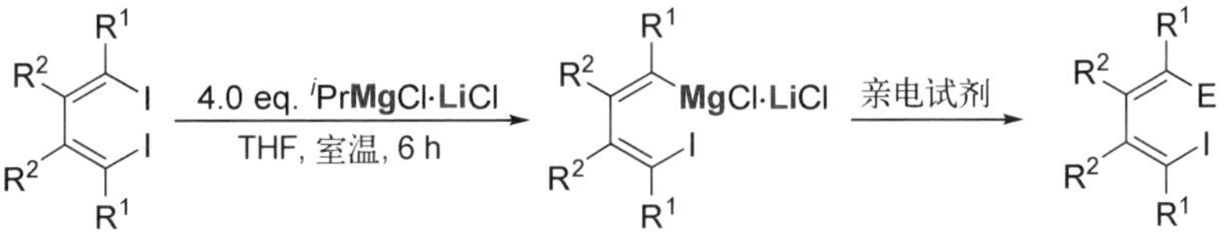

2　**130**　**131**, 45%~92%

图 1-83　^{i}PrMgCl · LiCl 与 1, 4-二碘-1, 3-丁二烯 **2** 的反应

1.6　总结与展望

本章主要介绍了我们在双金属有机试剂（双锂试剂）领域的系统性的研究工作，包括其制备、分离、晶体结构、分子轨道结构、多样的反应化学及在有机合成中的重要应用。双锂试剂表现出与传统的有机锂试剂不同且更加丰富的反应模式。首先，我们介绍了双锂试剂的四类反应模式：①双锂试剂的分子内反应；② 双锂试剂同小分子底物的分子间反应；③ 双锂试剂同金属卤化物的转金属反应；④ 双锂试剂作为非纯粹配体合成金属杂芳香化合物的反应。值得注意的是，双锂试剂中丁二烯骨架上的取代基类型对反应结果同样具有重要影响。由此，我们利用双锂试剂实现了多种结构独特且具有潜在应用价值的有机化合物和无机化合物的合成。这些化合物通过其他合成方法难以得到，包括含氮、氧、硅的杂环化合物，含高张力环结构的有机化合物，含碳-金属键的高活性金属有机化合物及金属杂芳香环化合物等。最后，我们简要介绍了其他几类代表性的双金属有机试剂（1,1-双金属试剂、双金属 ate 盐试剂）和"turbo Grignard"试剂在合成和催化化学中的应用。

尽管已经取得了上述阶段性的成果，但双金属有机试剂领域依然值得进一步深入研究。例如，如果在丁二烯骨架上引入两个不同的金属中心，由于不同金属中心的反应活性不同，其将可能会表现出不同于双锂试剂的全新结构和反应性；各种不同主族金属、过渡金属，乃至稀土金属的相互组合，将会极大丰富双金属试剂的反应化学；另外，目前的研究主要集中在基于丁二烯骨架的双金属有机试剂上，假如能够扩展骨架的类型，用含五个、六个或者更多原子数的骨架，以及在骨架中引入杂原子，将很可能产生新的化合物结构和反应模式。我们相信，随着研究的进一步深入，我们能够看到更加丰富的双金属有机试剂的反应化学。

参考文献

［1］ Rappoport Z，Marek I. The chemistry of organolithium compounds. Part 1［M］. Chichester：John Wiley & Sons，Ltd，2004.

［2］ Clayden J. Organolithiums：Selectivity for synthesis［M］. Oxford：Pergamon，2002.

［3］ Weiss E. Structures of organo alkali metal complexes and related compounds［J］. Angewandte

Chemie International Edition in English, 1993, 32(11): 1501 - 1523.

[4] Nájera C, Sansano J M, Yus M. Recent synthetic uses of functionalised aromatic and heteroaromatic organolithium reagents prepared by non-deprotonating methods[J]. Tetrahedron, 2003, 59(47): 9255 - 9303.

[5] Lochmann L, Janata M. 50 years of superbases made from organolithium compounds and heavier alkali metal alkoxides[J]. Central European Journal of Chemistry, 2014, 12(5): 537 - 548.

[6] Chirik P J. Iron- and cobalt-catalyzed alkene hydrogenation: Catalysis with both redox-active and strong field ligands[J]. Accounts of Chemical Research, 2015, 48(6): 1687 - 1695.

[7] Knochel P, Dohle W, Gommermann N, et al. Highly functionalized organomagnesium reagents prepared through halogen-metal exchange[J]. Angewandte Chemie International Edition, 2003, 42(36): 4302 - 4320.

[8] Gessner V H, Däschlein C, Strohmann C. Structure formation principles and reactivity of organolithium compounds[J]. Chemistry — A European Journal, 2009, 15(14): 3320 - 3334.

[9] Zhu M M, Liu L, Yu H T, et al. Alkenyl magnesium compounds: Generation and synthetic application[J]. Chemistry — A European Journal, 2018, 24(72): 19122 - 19135.

[10] Wu G, Huang M S. Organolithium reagents in pharmaceutical asymmetric processes[J]. Chemical Reviews, 2006, 106(7): 2596 - 2616.

[11] Manßen M, Schafer L L. Titanium catalysis for the synthesis of fine chemicals — development and trends[J]. Chemical Society Reviews, 2020, 49(19): 6947 - 6994.

[12] Gandeepan P, Müller T, Zell D, et al. 3d transition metals for C—H activation[J]. Chemical Reviews, 2019, 119(4): 2192 - 2452.

[13] Mulvey R E. Avant-garde metalating agents: Structural basis of alkali-metal-mediated metalation [J]. Accounts of Chemical Research, 2009, 42(6): 743 - 755.

[14] Harrison-Marchand A, Mongin F. Mixed aggregate (MAA): A single concept for all dipolar organometallic aggregates. 1. Structural data[J]. Chemical Reviews, 2013, 113(10): 7470 - 7562.

[15] Mongin F, Harrison-Marchand A. Mixed aggregate (MAA): A single concept for all dipolar organometallic aggregates. 2. Syntheses and reactivities of homo/heteroMAAs [J]. Chemical Reviews, 2013, 113(10): 7563 - 7727.

[16] Haag B, Mosrin M, Ila H, et al. Regio- and chemoselective metalation of arenes and heteroarenes using hindered metal amide bases[J]. Angewandte Chemie International Edition, 2011, 50(42): 9794 - 9824.

[17] Robertson S D, Uzelac M, Mulvey R E. Alkali-metal-mediated synergistic effects in polar main group organometallic chemistry[J]. Chemical Reviews, 2019, 119(14): 8332 - 8405.

[18] Campos J. Bimetallic cooperation across the periodic table[J]. Nature Reviews Chemistry, 2020, 4 (12): 696 - 702.

[19] Xi Z F. 1, 4 - dilithio - 1, 3 - dienes: Reaction and synthetic applications[J]. Accounts of Chemical Research, 2010, 43(10): 1342 - 1351.

[20] Zhang W X, Xi Z F. Organometallic intermediate-based organic synthesis: Organo-di-lithio reagents and beyond[J]. Organic Chemistry Frontiers, 2014, 1(9): 1132 - 1139.

[21] Xi Z F. Organo-di-metallic compounds (or reagents): Synergistic effects and synthetic applications[M]. Cham: Springer, 2014.

[22] Xi Z F, Song Q L. Efficient synthesis of cyclopentadienone derivatives by the reaction of carbon dioxide with 1, 4 - dilithio - 1, 3 - dienes[J]. The Journal of Organic Chemistry, 2000, 65(26): 9157 - 9159.

[23] Xi Z F, Song Q L, Chen J L, et al. Dialkenylation of carbonyl groups by alkenyllithium

compounds: Formation of cyclopentadiene derivatives by the reaction of 1, 4 - dilithio - 1, 3 - dienes with ketones and aldehydes[J]. Angewandte Chemie International Edition, 2001, 40(10): 1913 - 1916.

[24] Saito M. Transition-metal complexes featuring dianionic heavy group 14 element aromatic ligands [J]. Accounts of Chemical Research, 2018, 51(1): 160 - 169.

[25] Agou T, Wasano T, Jin P, et al. Syntheses and structures of an "alumole" and its dianion[J]. Angewandte Chemie International Edition, 2013, 52(38): 10031 - 10034.

[26] Heitkemper T, Sindlinger C P. Electronic push-pull modulation by peripheral substituents in pentaaryl boroles[J]. Chemistry — A European Journal, 2019, 25(26): 6628 - 6637.

[27] Schlenk W, Bergmann E. The products of the addition of alkali metals on multiple carbon-carbon fusions[J]. Justus Liebigs Annalen der Chemie, 1928, 463: 2 - 97.

[28] Smith L I, Hoehn H H. The reaction between lithium and diphenylacetylene[J]. Journal of the American Chemical Society, 1941, 63(5): 1184 - 1187.

[29] Kos A J, von Ragué Schleyer P. Cyclic 4π stabilization. Combined Möbius-Hückel aromaticity in doubly lithium bridged $R_4 C_4 Li_2$ systems[J]. Journal of the American Chemical Society, 1980, 102 (27): 7928 - 7929.

[30] Schubert U, Neugebauer W, von Ragué Schleyer P. Symmetrical double lithium bridging in 2, 2'- di (lithium-tmeda) biphenyl (tmeda = $MeNCH_2 CH_2 NMe_2$): Experimental confirmation of theoretical predictions[J]. Journal of the Chemical Society, Chemical Communications, 1982 (20): 1184 - 1185.

[31] Saito M, Nakamura M, Tajima T, et al. Reduction of phenyl silyl acetylenes with lithium: Unexpected formation of a dilithium dibenzopentalenide[J]. Angewandte Chemie International Edition, 2007, 46(9): 1504 - 1507.

[32] Liu L T, Zhang W X, Luo Q, et al. Isolation and X-ray structure of a trimeric 1, 4 - dilithio - 1, 3 - butadiene and a dimeric $Me_3 Si$-substituted 1, 4 - dilithio - 1, 3 - butadiene[J]. Organometallics, 2010, 29(1): 278 - 281.

[33] Zhang S G, Zhan M, Zhang W X, et al. 3 - D brick-wall polymeric structure of TMEDA-supported 1, 4 - dilithio - 1, 3 - butadiene[J]. Organometallics, 2013, 32(14): 4020 - 4023.

[34] Zhang Y L, Wei J N, Zhu M M, et al. Tetralithio metalla-aromatics with two independent perpendicular dilithio aromatic rings spiro-fused by one manganese atom[J]. Angewandte Chemie International Edition, 2019, 58(28): 9625 - 9631.

[35] Mondal B, Ye S F. Hidden ligand noninnocence: A combined spectroscopic and computational perspective[J]. Coordination Chemistry Reviews, 2020, 405: 213115.

[36] Broere D L J, Plessius R, van der Vlugt J I. New avenues for ligand-mediated processes — expanding metal reactivity by the use of redox-active catechol, o - aminophenol and o - phenylenediamine ligands[J]. Chemical Society Reviews, 2015, 44(19): 6886 - 6915.

[37] Chirik P J. Preface: Forum on redox-active ligands[J]. Inorganic Chemistry, 2011, 50(20): 9737 -9740.

[38] Luo Q, Wang C, Gu L, et al. Formation of α - lithio siloles from silylated 1, 4 - dilithio - 1, 3 - butadienes: Mechanism and applications[J]. Chemistry — An Asian Journal, 2010, 5(5): 1120 - 1128.

[39] Wang C, Luo Q, Sun H, et al. Lithio siloles: Facile synthesis and applications[J]. Journal of the American Chemical Society, 2007, 129(11): 3094 - 3095.

[40] Yamaguchi S, Xu C H, Okamoto T. Ladder π - conjugated materials with main group elements [J]. Pure and Applied Chemistry, 2006, 78(4): 721 - 730.

[41] Chen J L, Song Q L, Li P X, et al. Stereoselective synthesis of polysubstituted 2, 5 - dihydrofurans from reaction of 1, 4 - dilithio - 1, 3 - dienes with aldehydes[J]. Organic Letters, 2002, 4(13): 2269 - 2271.

[42] Wang C Y, Song Q L, Xi Z F. Reactions of 1, 4 - dilithiobutadienes with isothiocyanates: Preparation of iminocyclopentadiene derivatives *via* cleavage of the C=S double bond of a RN=C=S molecule[J]. Tetrahedron, 2004, 60(24): 5207 - 5214.

[43] Wakefield B J. Organolithium methods[M]. London: Academic Press, 1988.

[44] Zadel G, Breitmaier E. A one-pot synthesis of ketones and aldehydes from carbon dioxide and organolithium compounds[J]. Angewandte Chemie International Edition in English, 1992, 31(8): 1035 - 1036.

[45] Wang C Y, Chen J L, Song Q L, et al. Preparation of S-containing heterocycles *via* novel reaction patterns of carbon disulfide with 1 - lithiobutadienes and 1, 4 - dilithiobutadienes[J]. Arkivoc, 2003, 2003(ii): 155 - 164.

[46] Chen J L, Song Q L, Xi Z F. Novel reaction patterns of carbon disulfide with organolithium compounds *via* cleavage of C=S bonds or *via* cycloaddition reactions[J]. Tetrahedron Letters, 2002, 43(19): 3533 - 3535.

[47] Seyferth D, Weinstein R M. High-yield acyl-anion trapping reactions: A synthesis of acyltrimethylsilanes[J]. Journal of the American Chemical Society, 1982, 104(20): 5534 - 5535.

[48] Song Q L, Chen J L, Jin X L, et al. Highly regio- and stereoselective 1, 1 - cycloaddition of carbon monoxide with 1, 4 - dilithio - 1, 3 - dienes. Novel synthetic methods for 3 - cyclopenten - 1 - one derivatives[J]. Journal of the American Chemical Society, 2001, 123(42): 10419 - 10420.

[49] Liu L T, Zhang W X, Wang C, et al. Isolation, structural characterization, and synthetic application of oxycyclopentadienyl dianions[J]. Angewandte Chemie International Edition, 2009, 48(43): 8111 - 8114.

[50] Chen J L, Song Q L, Wang C Y, et al. Novel cycloaddition of nitriles with monolithio- and dilithiobutadienes[J]. Journal of the American Chemical Society, 2002, 124(22): 6238 - 6239.

[51] Yu N, Wang C Y, Zhao F, et al. Diverse reactions of 1, 4 - dilithio - 1, 3 - dienes with nitriles: Facile access to tricyclic Δ^1 - bipyrrolines, multiply substituted pyridines, siloles, and (Z, Z)- dienylsilanes by tuning of substituents on the butadienyl skeleton[J]. Chemistry — A European Journal, 2008, 14(18): 5670 - 5679.

[52] Zhao F, Zhan M, Zhang W X, et al. DFT studies on the reaction mechanisms of 1, 4 - dilithio 1, 3 - dienes with nitriles[J]. Organometallics, 2013, 32(7): 2059 - 2068.

[53] Williams R V. Homoaromaticity[J]. Chemical Reviews, 2001, 101(5): 1185 - 1204.

[54] Zhang S G, Zhang W X, Xi Z F. Semibullvalene and diazasemibullvalene: Recent advances in the synthesis, reaction chemistry, and synthetic applications[J]. Accounts of Chemical Research, 2015, 48(7): 1823 - 1831.

[55] Nyulászi L. Aromaticity of phosphorus heterocycles[J]. Chemical Reviews, 2001, 101(5): 1229 - 1246.

[56] Xu L, Chi Y, Du S S, et al. Direct synthesis of phospholyl lithium from white phosphorus[J]. Angewandte Chemie International Edition, 2016, 55(32): 9187 - 9190.

[57] Du S S, Hu J Y, Chai Z Q, et al. Isolation and characterization of four phosphorus cluster anions P_7^{3-}, P_{14}^{4-}, P_{16}^{2-} and P_{26}^{4-} from the nucleophilic functionalization of white phosphorus with 1, 4 - dilithio - 1, 3 - butadienes[J]. Chinese Journal of Chemistry, 2019, 37(1): 71 - 75.

[58] Negishi E I, Kondakov D Y, Choueiry D, et al. Multiple mechanistic pathways for zirconium-catalyzed carboalumination of alkynes. Requirements for cyclic carbometalation processes

involving C—H activation[J]. Journal of the American Chemical Society, 1996, 118(40): 9577 - 9588.

[59] Zhang Y L, Wei J N, Zhang W X, et al. Lithium aluminate complexes and alumoles from 1, 4 - dilithio - 1, 3 - butadienes and AlEt$_2$Cl[J]. Inorganic Chemistry, 2015, 54(22): 10695 - 10700.

[60] Wei J N, Liu L, Zhan M, et al. Magnesiacyclopentadienes as alkaline-earth metallacyclopentadienes: Facile synthesis, structural characterization, and synthetic application [J]. Angewandte Chemie International Edition, 2014, 53(22): 5634 - 5638.

[61] Richey H G. Grignard reagents: New developments [M]. Chichester: John Wiley & Sons, Ltd, 1999.

[62] Liu L, Wei J N, Chi Y, et al. Structure and reaction chemistry of magnesium organocuprates derived from magnesiacyclopentadienes and copper (I) salts [J]. Angewandte Chemie International Edition, 2016, 55(47): 14762 - 14765.

[63] Zhu M M, Liu L, Zhang Y L, et al. Selective transformation of well-defined alkenyllithiums to alkenylmagnesiums *via* transmetalation[J]. Chemistry — A European Journal, 2018, 24(13): 3186 - 3191.

[64] Westerhausen M, Digeser M H, Nöth H, et al. A unique barium-carbon bond: Mechanism of formation and crystallographic characterization[J]. Journal of the American Chemical Society, 1998, 120(27): 6722 - 6725.

[65] Li H, Wei B S, Xu L, et al. Barium dibenzopentalenide as a main-group metal η^8 complex: Facile synthesis from 1, 4 - dilithio - 1, 3 - butadienes and Ba[N(SiMe$_3$)$_2$]$_2$, structural characterization, and reaction chemistry[J]. Angewandte Chemie International Edition, 2013, 52(41): 10822 - 10825.

[66] Li H, Wang X Y, Wei B S, et al. Intramolecular C—F and C—H bond cleavage promoted by butadienyl heavy Grignard reagents[J]. Nature Communications, 2014, 5: 4508.

[67] Zhao J, Oniwa K, Asao N, et al. Pd-catalyzed cascade crossover annulation of *o* - alkynylarylhalides and diarylacetylenes leading to dibenzo [*a*, *e*] pentalenes[J]. Journal of the American Chemical Society, 2013, 135(28): 10222 - 10225.

[68] Wei B S, Liu L, Zhang W X, et al. Synthesis and structural characterization of butadienylcalcium-based heavy Grignard reagents and a Ca$_4$[O] inverse crown ether complex[J]. Angewandte Chemie International Edition, 2017, 56(31): 9188 - 9192.

[69] Jana R, Pathak T P, Sigman M S. Advances in transition metal (Pd, Ni, Fe)- catalyzed cross-coupling reactions using alkyl-organometallics as reaction partners[J]. Chemical Reviews, 2011, 111(3): 1417 - 1492.

[70] Zhou Y, Zhang W X, Xi Z F. 1, 3 - butadienylzinc trimer formed *via* transmetalation from 1, 4 -dilithio - 1, 3 - butadienes: Synthesis, structural characterization, and application in Negishi cross-coupling[J]. Organometallics, 2012, 31(15): 5546 - 5550.

[71] Zhang Y L, Liu L, Chen T Y, et al. Dilithio spiro zincacyclopentadienes and dizinca[10]cycles: Synthesis and structural characterization[J]. Organometallics, 2019, 38(9): 2174 - 2178.

[72] Geng W Z, Wei J N, Zhang W X, et al. Isolable and well-defined butadienyl organocopper(I) aggregates: Facile synthesis, structural characterization, and reaction chemistry[J]. Journal of the American Chemical Society, 2014, 136(2): 610 - 613.

[73] Ford P C, Cariati E, Bourassa J. Photoluminescence properties of multinuclear copper (I) compounds[J]. Chemical Reviews, 1999, 99(12): 3625 - 3648.

[74] Yam V W W, Lo K K W. Luminescent polynuclear d^{10} metal complexes[J]. Chemical Society Reviews, 1999, 28(5): 323 - 334.

[75] Liu L, Zhu M M, Yu H T, et al. Formation of a hexanuclear octatetraenyl organocopper(I) aggregate *via* oxidation of spiro butadienyl organocuprate[J]. Organometallics, 2018, 37(6): 845 – 847.

[76] Liu L, Zhu M M, Yu H T, et al. Organocopper(III) spiro complexes: Synthesis, structural characterization, and redox transformation[J]. Journal of the American Chemical Society, 2017, 139(39): 13688 – 13691.

[77] Lu E L, Chu J X, Chen Y F. Scandium terminal imido chemistry[J]. Accounts of Chemical Research, 2018, 51(2): 557 – 566.

[78] Qiao Y S, Schelter E J. Lanthanide photocatalysis[J]. Accounts of Chemical Research, 2018, 51(11): 2926 – 2936.

[79] Xu L, Wang Y C, Wei J N, et al. The first lutetacyclopentadienes: Synthesis, structure, and diversified insertion/C—H activation reactivity[J]. Chemistry — A European Journal, 2015, 21(18): 6686 – 6689.

[80] Xu L, Wei J N, Zhang W X, et al. Insertion/rearrangement reactivity of a lutetacyclopentadiene towards N, N'- diphenylcarbodiimide: Cooperative effect of the metal center, concentration of LiCl, and solvent[J]. Chemistry — A European Journal, 2015, 21(44): 15860 – 15866.

[81] Du S S, Yin J H, Chi Y, et al. Dual functionalization of white phosphorus: Formation, characterization, and reactivity of rare-earth-metal cyclo - P_3 complexes[J]. Angewandte Chemie International Edition, 2017, 56(50): 15886 – 15890.

[82] Xu L, Wang Y, Wang Y C, et al. Sandwich lutetacyclopentadiene with the coordination of lithium to the diene unit: Synthesis, structure, and transformation[J]. Organometallics, 2016, 35(1): 5 – 8.

[83] Ma W Y, Yu C, Chi Y, et al. Formation and ligand-based reductive chemistry of bridged bis-alkylidene scandium(III) complexes[J]. Chemical Science, 2017, 8(10): 6852 – 6856.

[84] Zheng Y, Cao C S, Ma W Y, et al. 2 - butene tetraanion bridged dinuclear samarium(III) complexes *via* Sm(II)-mediated reduction of electron-rich olefins[J]. Journal of the American Chemical Society, 2020, 142(24): 10705 – 10714.

[85] Wei J N, Zhang W X, Xi Z F. The aromatic dianion metalloles[J]. Chemical Science, 2018, 9(3): 560 – 568.

[86] Wei J N, Zhang W X, Xi Z F. Dianions as formal oxidants: Synthesis and characterization of aromatic dilithionickeloles from 1, 4 - dilithio - 1, 3 - butadienes and [Ni(cod)$_2$][J]. Angewandte Chemie International Edition, 2015, 54(20): 5999 – 6002.

[87] Wagner C D, Riggs W M, Davis L E, et al. Handbook of X-ray photoelectron spectroscopy[M]. Eden Prairie: Perkin-Elmer Corporation, 1979.

[88] von Ragué Schleyer P, Maerker C, Dransfeld A, et al. Nucleus-independent chemical shifts: A simple and efficient aromaticity probe[J]. Journal of the American Chemical Society, 1996, 118(26): 6317 – 6318.

[89] Huang Z, Zheng Y, Zhang W X, et al. Dinickelaferrocene: A ferrocene analogue with two aromatic nickeloles realized by electron back-donation from iron [J]. Angewandte Chemie International Edition, 2020, 59(34): 14394 – 14398.

[90] Wei J N, Zhang Y L, Zhang W X, et al. 1, 3 - butadienyl dianions as non-innocent ligands: Synthesis and characterization of aromatic dilithio rhodacycles [J]. Angewandte Chemie International Edition, 2015, 54(34): 9986 – 9990.

[91] Zhang Y L, Wei J N, Chi Y, et al. Spiro metalla-aromatics of Pd, Pt, and Rh: Synthesis and characterization[J]. Journal of the American Chemical Society, 2017, 139(14): 5039 – 5042.

[92] Wei J N, Zhang Y L, Chi Y, et al. Aromatic dicupra[10]annulenes[J]. Journal of the American Chemical Society, 2016, 138(1): 60 – 63.

[93] Grande-Aztatzi R, Mercero J M, Matito E, et al. The aromaticity of dicupra[10]annulenes[J]. Physical Chemistry Chemical Physics, 2017, 19(14): 9669 – 9675.

[94] An K, Shen T, Zhu J. Craig-type Möbius aromaticity and antiaromaticity in dimetalla[10] annulenes: A metal-induced yin-and-yang pair[J]. Organometallics, 2017, 36(17): 3199 – 3204.

[95] Rzepa H S, Taylor K R. Möbius and Hückel spiroaromatic systems[J]. Journal of the Chemical Society, Perkin Transactions 2, 2002(9): 1499 – 1501.

[96] Wan H C, Zhang J X, Leung C S, et al. Inter-ligand delocalisations in transition metal complexes containing multiple non-innocent ligands[J]. Dalton Transactions, 2019, 48(39): 14801 – 14807.

[97] Geuenich D, Hess K, Köhler F, et al. Anisotropy of the induced current density (ACID), a general method to quantify and visualize electronic delocalization[J]. Chemical Reviews, 2005, 105(10): 3758 – 3772.

[98] Yu C, Zhang W X, Xi Z F. Cyclobutadiene sandwich complexes of nickel and iron from cyclization of 1, 3 – butadiene dianions: Synthesis and structural characterization [J]. Organometallics, 2018, 37(21): 4100 – 4104.

[99] Argyropoulos D, Lyris E, Mitsopoulou C A, et al. Three-dimensional delocalization in tris(1, 2 – dithiolenes)[J]. Journal of the Chemical Society, Dalton Transactions, 1997(4): 615 – 622.

[100] Chen Z N, Fu G, Zhang I Y, et al. Understanding the nonplanarity in aromatic metallabenzenes: A σ – control mechanism[J]. Inorganic Chemistry, 2018, 57(15): 9205 – 9214.

[101] Yu C, Zhong M D, Zhang Y L, et al. Butadienyl diiron complexes: Nonplanar metalla-aromatics involving σ – type orbital overlap[J]. Angewandte Chemie International Edition, 2020, 59(43): 19048 – 19053.

[102] Klod S, Kleinpeter, E. *Ab initio* calculation of the anisotropy effect of multiple bonds and the ring current effect of arenes-application in conformational and configurational analysis[J]. Journal of the Chemical Society, Perkin Transactions 2, 2001(10): 1893 – 1898.

[103] Agou T, Wasano T, Sasamori T, et al. Syntheses and structures of a stable gallole free of Lewis base coordination and its dianion[J]. Journal of Physical Organic Chemistry, 2015, 28(2): 104 – 107.

[104] Saito M, Haga R, Yoshioka M, et al. The aromaticity of the stannole dianion[J]. Angewandte Chemie International Edition, 2005, 44(40): 6553 – 6556.

[105] Saito M, Sakaguchi M, Tajima T, et al. Dilithioplumbole: A lead-bearing aromatic cyclopentadienyl analog[J]. Science, 2010, 328(5976): 339 – 342.

[106] Dong Z W, Albers L, Müller T. Trialkylsilyl-substituted silole and germole dianions as precursors for unusual silicon and germanium compounds[J]. Accounts of Chemical Research, 2020, 53(2): 532 – 543.

[107] Zhang Y L, Chi Y, Wei J N, et al. Aromatic tetralithiodigalloles with a Ga—Ga bond: Synthesis and structural characterization[J]. Organometallics, 2017, 36(15): 2982 – 2986.

[108] Zhang Y L, Yang Z Q, Zhang W X, et al. Indacyclopentadienes and aromatic indacyclopentadienyl dianions: Synthesis and characterization[J]. Chemistry — A European Journal, 2019, 25(16): 4218 – 4224.

[109] Fustier-Boutignon M, Nebra N, Mézailles N. Geminal dianions stabilized by main group elements [J]. Chemical Reviews, 2019, 119(14): 8555 – 8700.

[110] Cavell R G, Babu R P K, Kasani A, et al. Novel metal-carbon multiply bonded twelve-electron complexes of Ti and Zr supported by a bis (phosphoranimine) chelate[J]. Journal of the

American Chemical Society, 1999, 121(24): 5805 - 5806.

[111] Cantat T, Ricard L, Mézailles N, et al. Synthesis, reactivity, and DFT studies of S—C—S zirconium(Ⅳ) complexes[J]. Organometallics, 2006, 25(26): 6030 - 6038.

[112] Kondo Y, Shilai M, Uchiyama M, et al. TMP-zincate as highly chemoselective base for directed *ortho* metalation[J]. Journal of the American Chemical Society, 1999, 121(14): 3539 - 3540.

[113] Uchiyama M, Naka H, Matsumoto Y, et al. Regio- and chemoselective direct generation of functionalized aromatic aluminum compounds using aluminum ate base [J]. Journal of the American Chemical Society, 2004, 126(34): 10526 - 10527.

[114] Naka H, Uchiyama M, Matsumoto Y, et al. An aluminum ate base: Its design, structure, function, and reaction mechanism[J]. Journal of the American Chemical Society, 2007, 129(7): 1921 - 1930.

[115] Martínez-Martínez A J, Kennedy A R, Mulvey R E, et al. Directed *ortho*-meta'- and meta-meta'-dimetalations: A template base approach to deprotonation[J]. Science, 2014, 346(6211): 834 - 837.

[116] Kennedy A R, Klett J, Mulvey R E, et al. Synergic sedation of sensitive anions: Alkali-mediated zincation of cyclic ethers and ethene[J]. Science, 2009, 326(5953): 706 - 708.

[117] Krasovskiy A, Knochel P. A LiCl-mediated Br/Mg exchange reaction for the preparation of functionalized aryl- and heteroarylmagnesium compounds from organic bromides [J]. Angewandte Chemie International Edition, 2004, 43(25): 3333 - 3336.

[118] Bao R L Y, Zhao R, Shi L. Progress and developments in the turbo Grignard reagent *i* - PrMgCl • LiCl: A ten-year journey[J]. Chemical Communications, 2015, 51(32): 6884 - 6900.

[119] Ren H J, Krasovskiy A, Knochel P. Preparation of cyclic alkenylmagnesium reagents *via* an iodine/magnesium exchange[J]. Chemical Communications, 2005(4): 543 - 545.

[120] Ren H J, Krasovskiy A, Knochel P. Stereoselective preparation of functionalized acyclic alkenylmagnesium reagents using *i* - PrMgCl • LiCl[J]. Organic Letters, 2004, 6(23): 4215 - 4217.

[121] Wei J N, Zhang Y L, Zhang W X, et al. Synthesis and applications of 1 - iodo - 4 - MgCl - 1, 3 - dienes and 1 - iodovinyl phenylmagnesium chlorides[J]. Organic Chemistry Frontiers, 2014, 1 (8): 983 - 987.

MOLECULAR SCIENCES

Chapter 2

锰金属有机催化

杨芸辉　王从洋

2.1 锰金属有机催化概述

过渡金属催化在现代有机合成领域有着举足轻重的作用。目前,在均相催化领域中占据主导地位的依然是后过渡金属催化体系。近年来,基于贵金属成本高及储量少等方面的原因,廉价和低毒的过渡金属替代物引起了学术界及工业界的持续关注。因此,以 3d 金属为代表的廉价金属催化剂得到了快速发展。金属锰因其储量丰富、毒性低及生物兼容性好等特点,在制药工业有着重要的潜在应用价值。另外,锰是正常机体必需的微量元素之一,它构成体内若干种具有重要生理作用的酶,同时也是细胞中许多酶的活化剂。

锰化合物有着丰富的氧化态,最低可以为 - 3 价,最高可以为 + 7 价,其中以 0、+ 1、+ 3、+ 4 及 + 7 价较为常见。锰化合物在有机合成领域早有应用,如卟啉锰、酞菁锰、Salen 锰、多元胺基锰等已被广泛用于烯烃化合物的环氧化反应及 C—H 键的氧化过程。尽管研究者已经对锰金属有机化合物(C—Mn 和 Mn—H 物种)参与的当量反应进行了较多的研究,但总体而言,其在催化反应方面的研究还相对较少。近年来,锰金属有机催化在许多重要的化学转化中逐渐崭露头角,并发挥着日益重要的作用,如惰性 C—H 键活化反应、不饱和化合物的硅氢化反应、氢化/脱氢反应、偶联反应、二氧化碳的还原反应、亲电取代反应、羰基化反应、烯烃的环丙烷化反应、烯烃异构化反应、聚合反应等。

本章的讨论范围主要集中于含有 C—Mn 键、Mn—H 键的有机锰中间体的催化过程,着重介绍羰基锰催化的惰性 C—H 键活化反应和不饱和化合物的硅氢化反应两部分内容。此外,本章还涉及少量非羰基锰化合物催化的相关类型反应。

2.2 惰性 C—H 键活化反应

2.2.1 当量反应

早在 1970 年,Stone 和 Bruce 等通过在石油醚中加热回流五羰基甲基锰 **Mn - 1** 和偶氮苯而成功获得了一种红色固体物质,该物质经核磁共振谱及红外光谱鉴定后被确认为五元环锰化合物 **Mn‑2**,这是首次通过 C—H 键活化反应合成环锰化合物的报道(图 2‑1)[1]。在这项工作后,经由 MnR(CO)$_5$(R 为甲基、苄基、苯基等)与芳烃的环金属化反应,多种环锰化合物相继被合成出来(图 2‑2)。在当量锰参与的环锰化反应中,通常需要底物上的导向基团与锰金属中心进行配位从而促进 C—H 键活化过程,同时导向基团也是决定 C—H 键活化反应的区域选择性的关键因素之一[2]。典型的导向基团主要包括含有氮原子、氧原子、硫原子、磷原子(P═X,X 可以是 O、N、NR、S、Se)及其他原子的给电子基团。目前,锰金属有机化合物参与的 C—H 键活化反应主要是芳烃类的 C_{sp^2}—H 键、少量的烯烃类的 C_{sp^2}—H 键及极少量的 C_{sp^3}—H 键的活化反应。

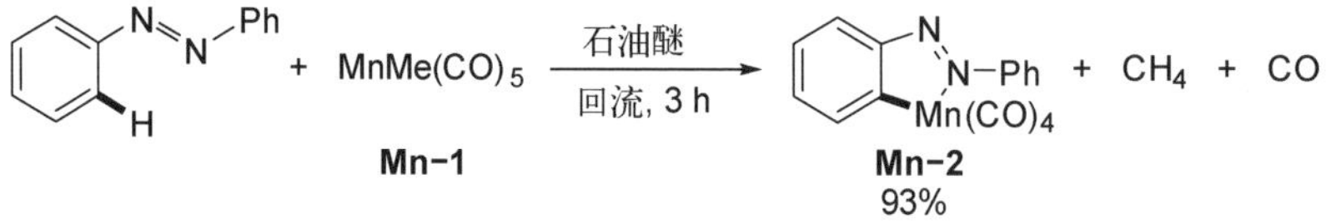

图 2‑1 首例五元环锰化合物的合成

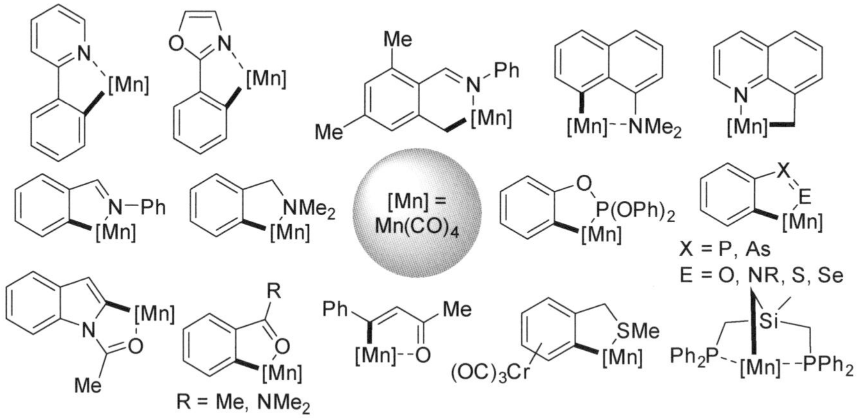

图 2‑2 已报道的代表性环锰化合物

当量锰参与的 C—H 键活化反应可以成功地将 C—H 键转化为相应的 C—Mn 键。在此基础上,Nicholson/Main[3]、Liebeskind[4] 和 Woodgate[5,6] 等课题组分别对环锰化合物中 C—Mn 键的反应性进行了深入的研究,相继实现了 C—Mn 键对 C═C 键和 C≡C 键的加成反应,成功将 C—Mn 键转化为相应的 C—C 键(图 2‑3)。至此,在当量锰参与下,C—H 键被转化成新的 C—C 键。

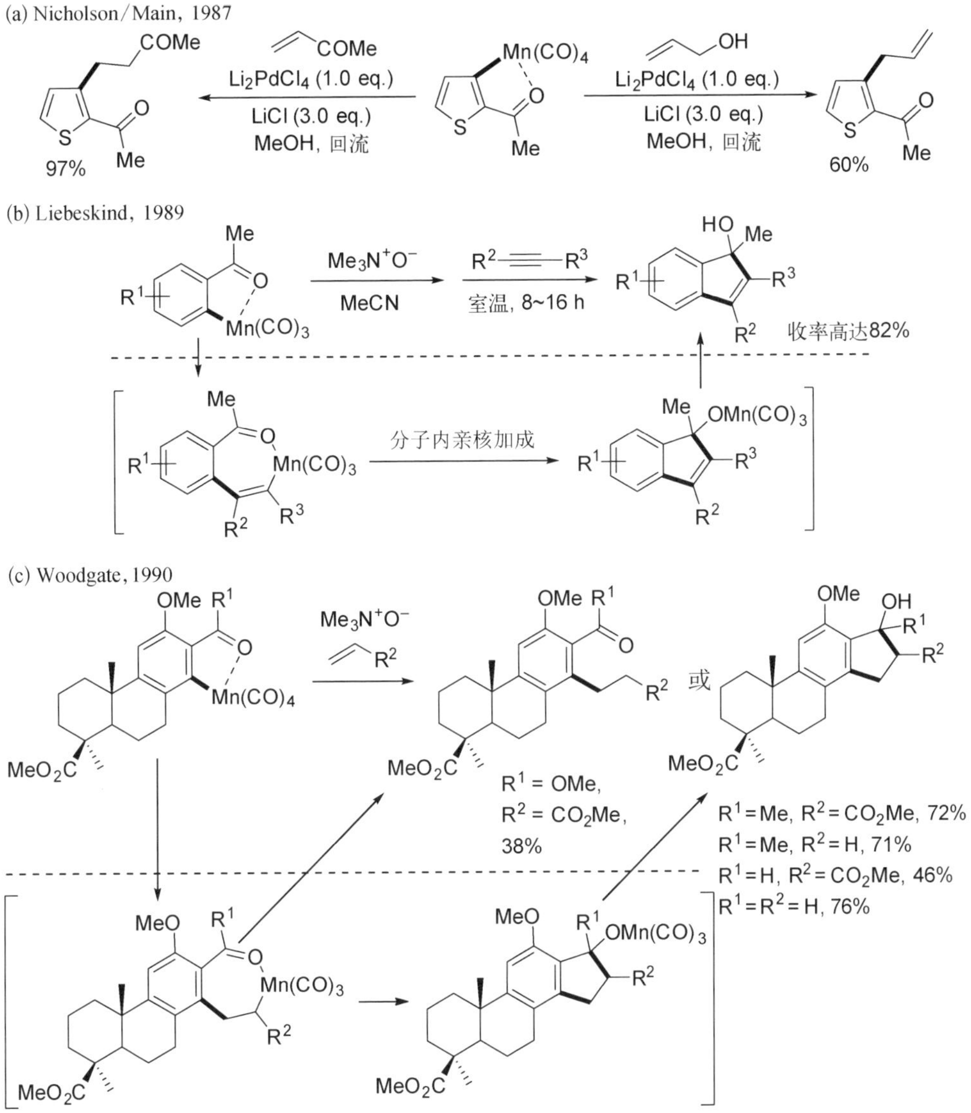
(a) Nicholson/Main, 1987
COMe
COMe
Li_2PdCl_4 (1.0 eq.)
LiCl (3.0 eq.)
MeOH, 回流
97%
Me
Mn(CO)4
OH
60%
(b) Liebeskind, 1989
$Me_3N^+O^-$
MeCN
室温, 8~16 h
收率高达82%
分子内亲核加成
OMn(CO)3
(c) Woodgate, 1990
或
R1 = OMe,
R2 = CO2Me,
38%
R1 = Me, R2 = CO2Me, 72%
R1 = Me, R2 = H, 71%
R1 = H, R2 = CO2Me, 46%
R1 = R2 = H, 76%

图 2-3　当量 C—Mn 键转化为 C—C 键的反应举例

2.2.2　羰基锰催化的 C—H 键对碳碳不饱和键的加成反应

经由锰金属有机中间体的当量 C—H 键转化反应研究，为进一步实现锰金属有机催化的 C—H 键官能化反应奠定了理论及实验基础。自 1989 以来，Liebeskind[4]，Nicholson/Main[7-9]，Woodgate[10] 及其他课题组[11,12] 陆续报道了当量锰金属有机中间体参与的芳烃C—H键对炔烃C≡C的加成反应。然而,锰催化的芳烃C—H键对炔烃的加成反应一直未见报道。2013年,王从洋课题组采用MnBr(CO)$_5$为催化剂,在催化量的二环己基胺(Cy$_2$NH)存在的条件下,首次实现了锰催化的苯基吡啶与端炔的邻位C—H键烯基化反应[13]。在锰-碱催化体系作用下,利用2-苯基吡啶邻位的C—H键对端炔进行反马氏加成,从而高化学选择性、高立体选择性地生成了 E -式烯烃。该反应具有良好的底物兼容性和官能团耐受性(图2-4)。

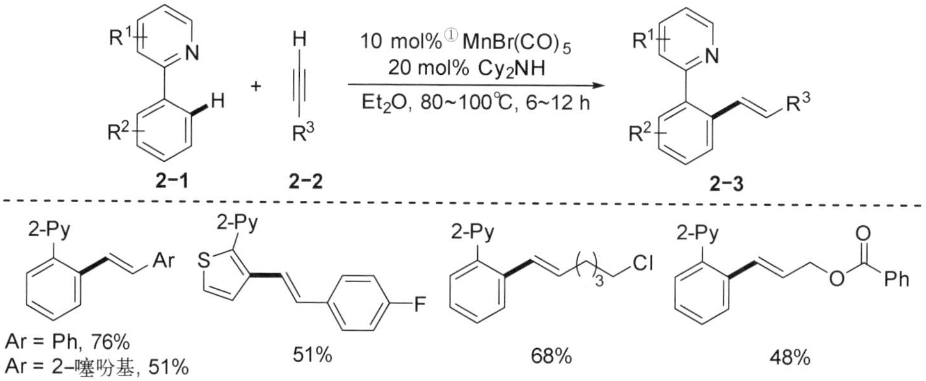

图2-4 首例锰-碱协同催化的 C_{sp^2}—H键烯基化反应

MnBr(CO)$_5$和2-苯基吡啶的当量实验结果表明,Cy$_2$NH的存在能有效促进C—H键环锰化反应[图2-5(a)]。而DFT计算结果也表明,在Cy$_2$NH存在的条件下,C—H键断裂的活化能仅为12.5 kcal/mol[图2-5(b)]。这说明碱的加入对于促进C—H键活化过程、降低C—H键断裂的活化能至关重要。在当量实验结果及理论计算结果的基础上,研究学者首次在锰促进C—H键活化反应中提出了锰-碱协同脱质子机制。如图2-5(b)所示,底物 2-1 在Cy$_2$NH辅助下脱除质子与MnBr(CO)$_5$形成环锰化合物 Mn-3,随后经炔烃可逆配位和迁移插入生成七元环锰化合物 Mn-5;另一分子炔烃与七元环锰化合物 Mn-5 配位后经配体间氢转移(ligand-to-ligand H-transfer,LLHT)形成邻位烯基化中间体 Mn-7;底物 2-1 与中间体 Mn-7 发生配体交换释放出终产物 2-3 并形成炔基锰中间体 Mn-8;最后中间体 Mn-8 经历分子内的 σ-键复分解过程实现C—H键活化,同时完成活性中间体 Mn-4 的再生。整个催化循环反应是个放热过程,这在能量上是有利于反应正向进行的。

---

① 特此说明:mol%表示物质的量分数,后文不再赘述。

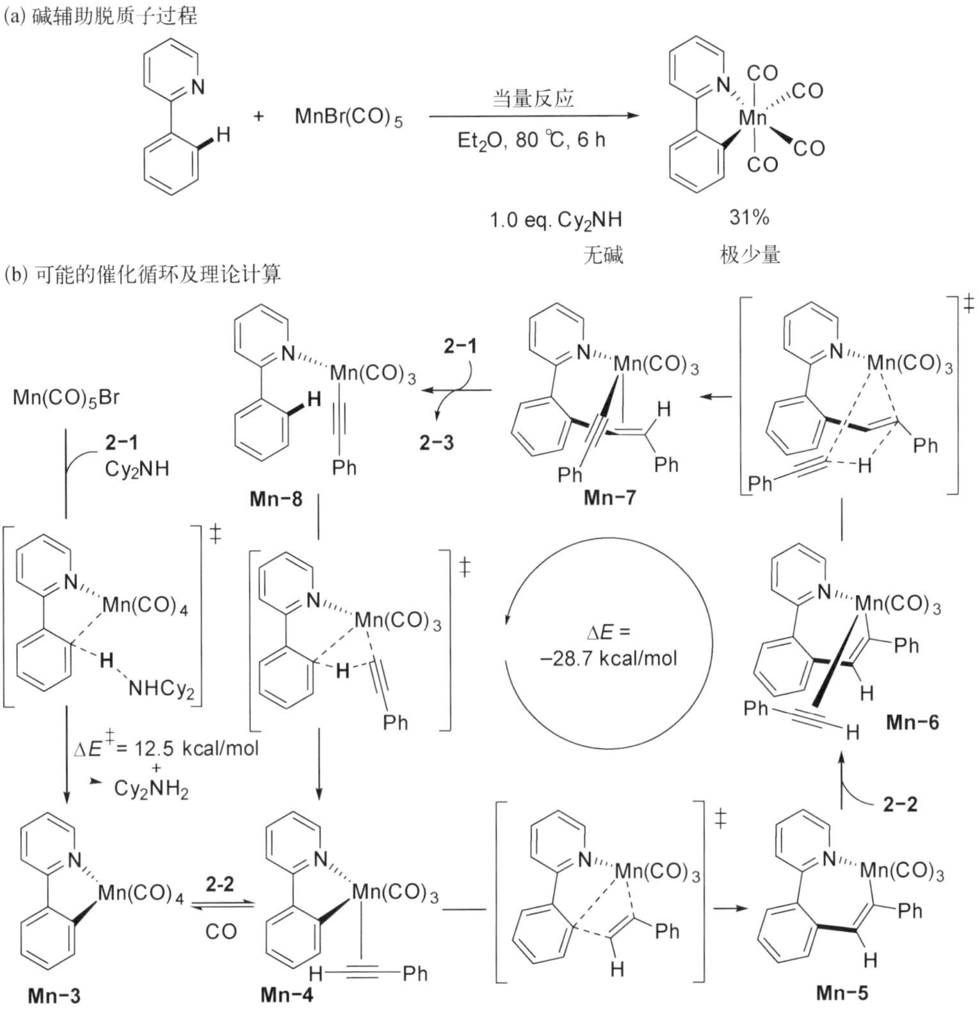

(a) 碱辅助脱质子过程

(b) 可能的催化循环及理论计算

图2-5　锰催化的2-苯基吡啶与端炔的邻位烯基化反应的机理研究

早期 Main/Nicholson[9] 和 Suárez[12] 课题组通过锰杂五元环与炔烃的当量反应制备了锰杂七元环,并对其进行了详细的结构表征。但在王从洋课题组报道的烯基化反应中,锰杂七元环中间体 **Mn-5** 因其与炔烃的快速氢转移过程而难以被表征。2016 年,Fairlamb 和 Lynam 等在低温光照条件下实现了当量锰杂五元环 **Mn-9** 与苯乙炔生成锰杂七元环 **Mn-10** 的反应(图2-6)[14]。他们发现在 100 ℃、无溶剂的条件下,锰杂七元环 **Mn-10** 与苯乙炔发生氢转移可以形成烯基化产物 **2-4**,而将反应温度升到室温后,锰杂七元环 **Mn-10** 则发生还原消除,得到吡啶盐类衍生物 **2-5**。

锰催化的 C_{aryl}—H 键对炔烃的加成反应是构建芳基烯烃的有效途径。2015 年,李福伟和雷自强课题组采用锰-碱-酸协同催化策略实现了吲哚 2-位的 C—H 键烯基化反应[15]。催化量的苯甲酸在催化循环过程中的质子传输作用是控制化学选择性的关键[图 2-7(a)]。在没有苯甲酸存在的条件下，吲哚底物与炔烃发生环化反应得到咔唑衍生物。随后，Ackermann 课题组采用流动化学的方法在锰-Brønsted 酸催化作用下也实现了类似的烯基化反应[图 2-7(b)][16]。他们认为，锰杂七元环与乙酸通过配位键和氢键形成六元环状过渡态 2-6 是生成烯基化产物的关键。而当没有苯甲酸加入时，反应则经历 β-氧消除过程生成联烯基化产物。鉴于芳杂环导向基在后续转化过程中所面临的困境，王从洋课题组发展了 Mn₂(CO)₁₀-NaOPiv·H₂O 协同催化的芳香亚胺酸酯与炔烃的邻位烯基化反应[17]。反应后，亚胺酸酯脱除一分子醇，最终生成了在合成上有用的单一反式邻氰基苯乙烯类衍生物[图 2-7(c)]。此外，他们在 MnBr(CO)₅-PhMgBr 协同催化作用下，还成功实现了脒导向的芳烃邻位烯基化反应，以中等到优秀的收率获得了 E-式苯乙烯类化合物[图 2-7(d)][18]。

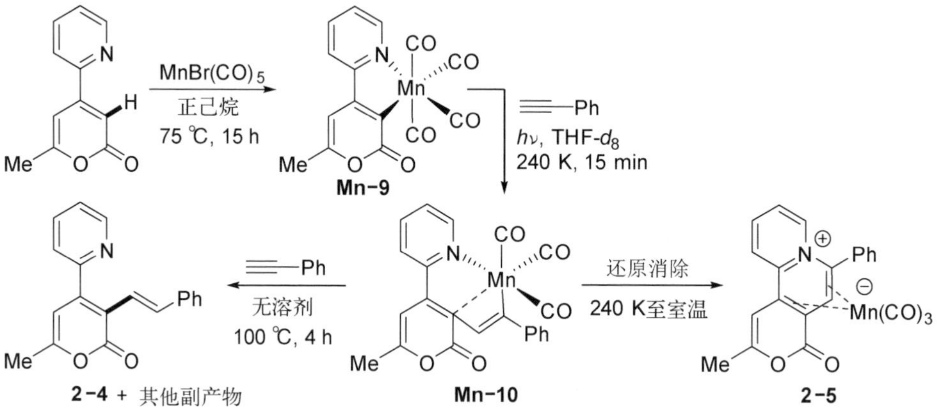

图 2-6　当量七元环锰化合物的监测与转化反应

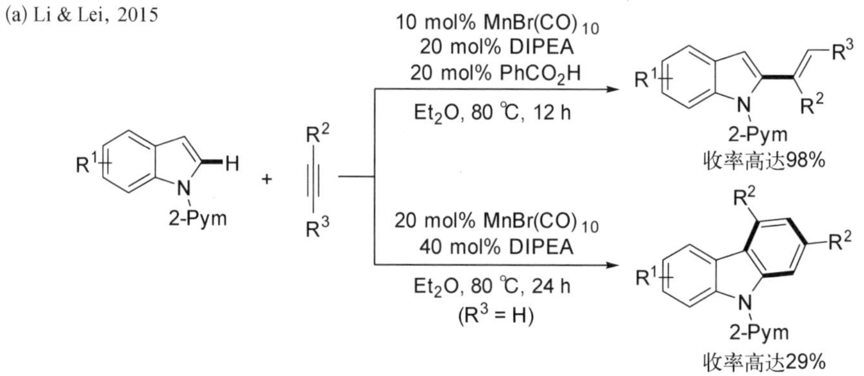

(a) Li & Lei, 2015

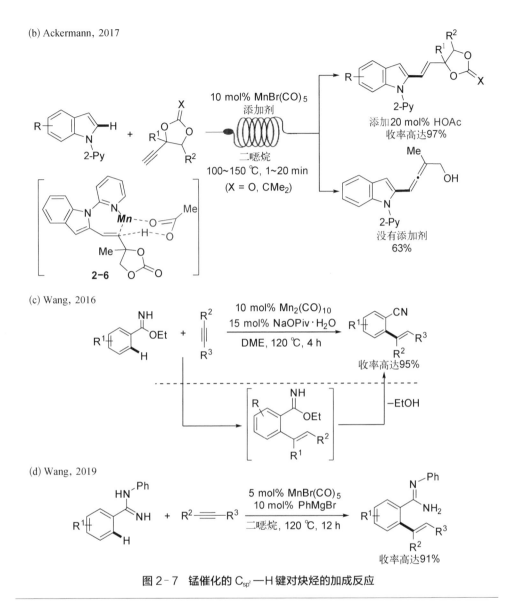

图 2-7　锰催化的 C_{sp^2}—H 键对炔烃的加成反应

锰金属有机化合物参与的当量反应[3,6]表明 C—Mn 键能够实现对 C≡C 键的加成反应。在前期研究结果[13]的基础上，王从洋课题组于2014年报道了首例锰-碱协同催化的芳烃 C_{sp^2}—H 键对 C≡C 键的加成反应[19]。在标准条件下，该反应具有广泛的底物适用性和官能团兼容性，以中等到优秀的收率、高选择性生成单烷基化产物[图 2-8(a)]。随后，宋毛平和龚军芳课题组以 $Mn_2(CO)_{10}$ 为催化剂，在没有添加剂的条件下实现了 N-吡啶导向的杂环芳烃 C_{sp^2}—H 键对缺电子烯烃的氢芳基化反应［图 2-8(b)］[20]。

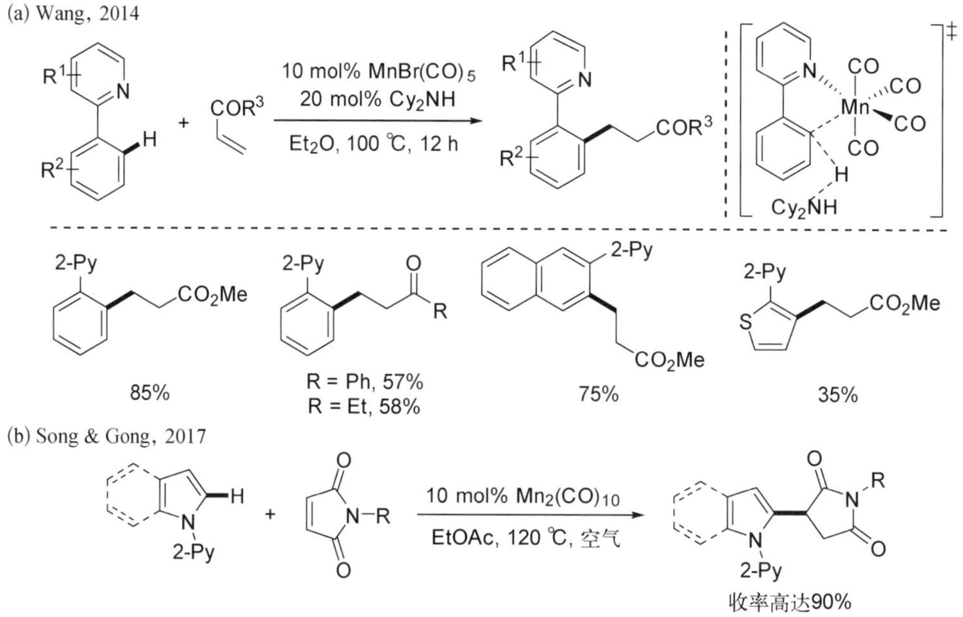

图 2-8　锰催化的 C_{sp^2}—H 键对烯烃的加成反应

联烯是另一类重要的含有碳碳不饱和键的化合物,控制 C—Mn 键对联烯加成反应的区域选择性是运用联烯构建新的 C—C 键的难点之一。2017 年,Rueping 课题组报道了锰催化的吲哚 2-位 C_{sp^2}—H 键对联烯的加成反应[21]。在 $MnBr(CO)_5$ 催化剂及过量 NaOAc 存在的条件下,C—Mn 键选择性地进攻联烯的中间碳,生成芳基烯烃类化合物［图 2-9(a)］。此外,该反应的化学选择性还受到底物结构的影响。1,3-二取代联烯与吲哚衍生物高立体选择性、高区域选择性地生成烯基化产物;而三取代联烯在插入 C—Mn 键后发生 Smiles 重排,最终形成吲哚并吡咯酮类衍生物。王洪根和李清江等同时发现,吲哚与三取代及四取代联烯在 $MnBr(CO)_5$ 的催化作用下能直接发生 C—H 官能化-Smiles 重排串联反应,生成多元并环类化合物,反应过程中无须任何添加剂［图 2-9(b)］[22]。他们还在锰-碱协同催化体系内实现了不同于上述反应的区域选择性控制,即 C—Mn 单键选择性进攻联烯的端位碳,最终获得了烯丙基芳烃化合物[23]。类似地,1,1-二取代联烯可以很好地参与反应并得到相应的目标产物,而三取代或四取代联烯则无法兼容于该反应［图 2-9(c)］。

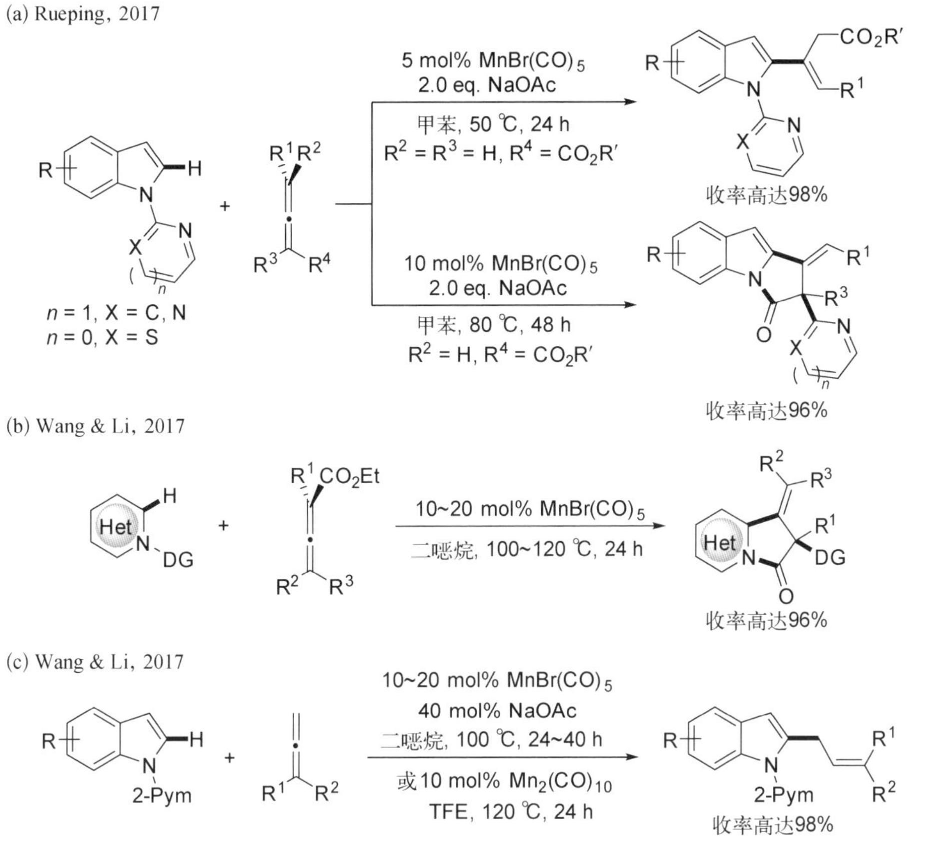

图 2-9　锰催化的芳烃 C_{sp^2}—H 键对联烯的加成反应

2.2.3　羰基锰催化的 C—H 键对碳杂不饱和键的加成反应

　　锰金属有机催化的 C—H 键活化反应不仅可以实现对碳碳不饱和键的加成反应,其对极性 C=X(X=O,N,⋯)不饱和键的加成反应也是可行的。2007 年,Kinunobu 和 Takai 课题组报道了首例 MnBr(CO)$_5$ 催化的 N-甲基咪唑导向的苯环邻位 C_{sp^2}—H 键对醛羰基的加成反应[24]。他们发现,在当量 MnBr(CO)$_5$ 存在的条件下,通过 C_{sp^2}—H 键直接对醛羰基进行加成,可以得到 52% 的醇类化合物[图 2-10(a)];而基于催化量 MnBr(CO)$_5$ 的反应只能得到极少量的加成产物,当向反应体系内引入过量硅烷(如三乙基硅烷)时能极大促进催化反应的进行[图 2-10(b)]。值得一提的是,含有手性导向基团的底物在该反应中能以较好的收率得到具有非对映体过量百分比(diastereomeric excess percent，*de*%）的硅醚类化合物。

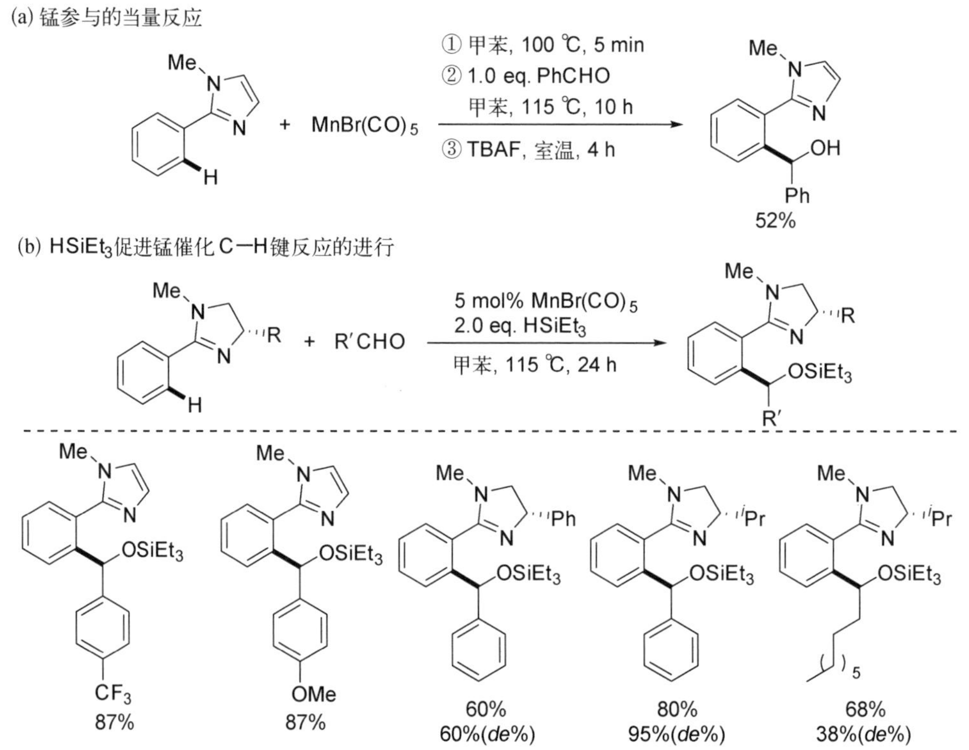

（a）锰参与的当量反应

（b）HSiEt₃促进锰催化C—H键反应的进行

图2-10 首例 MnBr（CO）₅催化的 C$_{sp^2}$—H键对醛羰基的加成反应

上述锰催化的惰性C—H键对C═O键的加成反应对过量硅烷的依赖使其难以被广泛应用。2015年，王从洋课题组在锰-碱协同催化[13]的基础上进一步发展了锰-酸"双活化模式"（图2-11），成功实现了锰催化的C$_{sp^2}$—H键对醛羰基的直接加成反应，以中等到优秀的收率生成醇类化合物［图2-12（a）］[25]。在该反应中，MnBr（CO）₅在二甲基锌的作用下活化芳烃邻位C$_{sp^2}$—H键形成C—Mn键；溴化锌作为Lewis酸，提升了醛羰基的亲电性，促进了C—Mn键对C═O键的加成反应过程。锰-酸体系能够很好地兼容富电子和缺电子的芳香醛及脂肪醛，比之前报道的铑催化体系具有更广阔的底物适用范围。此外，烯烃的C$_{sp^2}$—H键也能顺利地参与反应并给出单一 Z-式烯丙醇衍生物。2016年，Ackermann课题组报道了Mn₂（CO）₁₀催化的吲哚C$_{sp^2}$—H键对醛/酮化合物的加成反应，生成相应的醇类化合物［图2-12（b）］[26]。但该反应仅对缺电子的醛/酮具有较好的兼容性。值得一提的是，该反应具有专一的C2选择性，这明显区别于其他过渡金属的C3选择性。

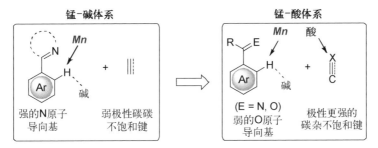

图 2-11 锰-酸"双活化模式"

(a) Wang, 2015

$$\text{DG} \quad + \quad \underset{H}{\overset{O}{\|}} R \quad \xrightarrow[\substack{1.5\ eq.\ Me_2Zn \\ 1.0\ eq.\ ZnBr_2 \\ DCE,\ 60\sim100\ ℃,\ 12\ h}]{5\sim10\ mol\%\ MnBr(CO)_5} \quad \text{DG} \quad \overset{OH}{\underset{R}{\|}}$$

2-Py $\overset{OH}{\|}$ R

R = OMe, 68%
R = CO_2Me, 65%

2-Py $\overset{OH}{\|}$ R

R = $^nC_9H_{19}$, 84%
R = Cy, 65%

2-Py $\overset{OH}{\|}$ Ph

62%

2-Py $\overset{OH}{\|}$ OTIPS $_3$

61%

2-Py $\overset{OH}{\|}$ Ph
S

78%

2-Py $\overset{OH}{\|}$ Ph
H

57%

2-Py $\overset{OH}{\|}$ $_8$
H

51%

2-Py $\overset{OH}{\|}$ Ph
Et

80%

2-Py $\overset{OH}{\|}$ Ph
Ph

65%

2-Py $\overset{OH}{\|}$ Ph

76%

2-Py $\overset{OH}{\|}$ Ph

85%

(b) Ackermann, 2016

$$R^1 \overset{}{\underset{N}{\|}} H \quad + \quad \underset{R^2}{\overset{O}{\|}} R^3 \quad \xrightarrow[\substack{甲苯或二噁烷 \\ 100\ ℃,\ 16\ h}]{5\sim10\ mol\%\ Mn_2(CO)_{10}} \quad R^1 \overset{}{\underset{N}{\|}} \overset{OH}{\underset{R^3}{\overset{}{\|}}} R^2$$
2-Py(m)   2-Py(m)

OH
CF_3
CO_2Et
N
2-Py

90%

O
HO
O
N
2-Py

78%

OH
C_4H_9
N
2-Py

70%

OH
CO_2Et
N
2-Pym

84%

图 2-12 锰催化的 C_{sp^2}—H 键对 C=O 键的加成反应

王从洋课题组进一步将锰-酸"双活化"体系拓展至更具有挑战性的腈类化合物[25]。他们发现,芳烃 C_{sp^2}—H 键与芳香腈或脂肪腈首先在 $MnBr(CO)_5$ - Me_2Zn - $ZnBr_2$ 体系内经加成反应形成亚胺类中间体,随后在酸性条件下水解可直接生成相应的芳香酮类化合物[图2-13(a)][25]。而 Ackermann 课题组则在 MnBr(CO)₅ 的催化作用下实现了吲哚化合物 2-位 C—H 键对异氰酸酯 C=N 键的选择性加成反应，能以中等到优秀的收率生成相应的芳香酰胺类衍生物[图2-13(b)][27]。2018 年，王彦广和吕萍课题组报道了 Mn₂(CO)₁₀ 催化的吲哚 C_{sp^2}—H 键对烯酮亚胺的选择性加成反应[28]。该反应在锰催化剂的作用下经 C—H 烯基化、分子内芳香亲核取代(S_NAr)串联过程生成 α-芳基-α-氨基烯烃化合物 2-7[图2-13(c)]。此外，产物 2-7 可经氧化环化反应转化成相应的 6-氨基苯并[c]咔唑衍生物。同年，Ackermann 课题组以 Mn₂(CO)₁₀ 为催化剂实现

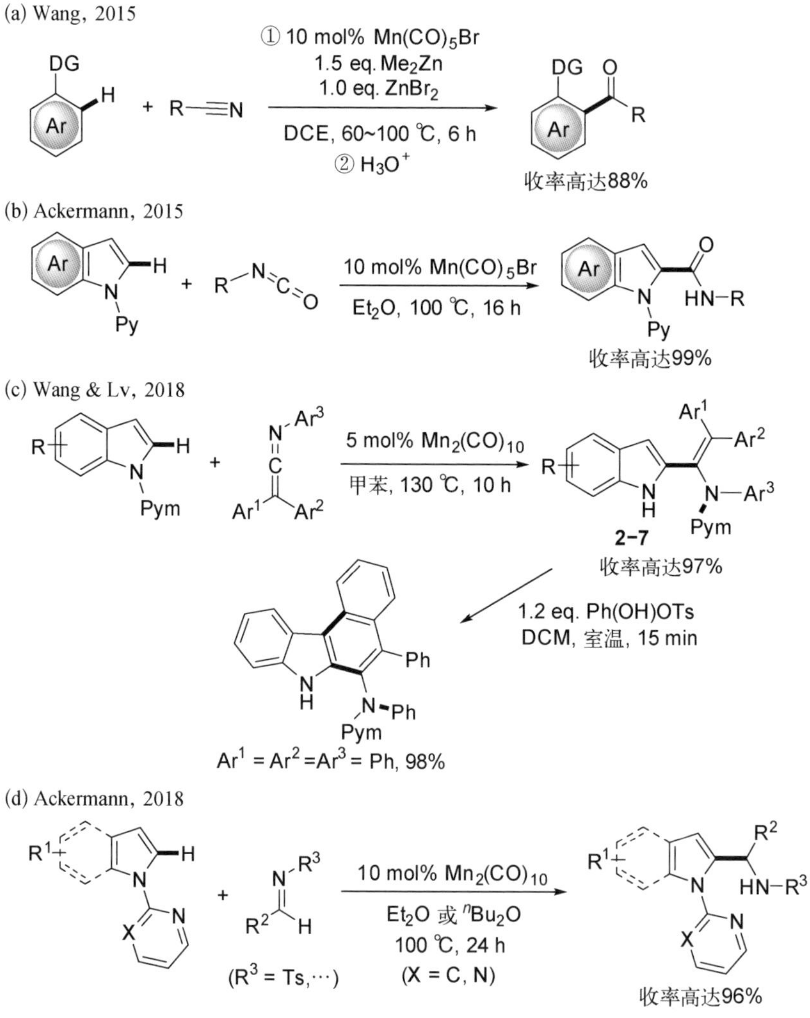

(a) Wang, 2015

(b) Ackermann, 2015

(c) Wang & Lv, 2018

(d) Ackermann, 2018

图2-13 锰催化的 C_{sp^2}—H 键对 C=N 键的加成反应

了 N-吡啶-1H-吲哚的 2-位 C—H 键对磺酰亚胺的加成反应,生成 N-烷基磺酰胺类化合物[图 2-13(d)][29]。

在上述反应中,通常使用配位能力较强的含氮原子的基团作为导向基团。芳香醛/酮化合物的广泛存在对实现以羰基为导向基团的 C—H 键活化反应具有重要意义。Kaesz[30] 和 Nicholson/Main[31] 报道的芳香酮化合物与锰金属有机化合物当量环锰化反应展示了以弱配位的氧原子为导向基团构建催化循环的可能性。2017 年,王从洋课题组成功地将锰-酸"双活化"体系应用到酮导向的 C_{sp^2}—H 键对醛亚胺的加成反应当中(图 2-14)[32]。通常酮羰基 α-位 C_{sp^3}—H 键比其邻位的 C_{sp^2}—H 键具有更高的反应活性,更容易进攻亚胺的 C=N 键而发生经典的 Mannich 反应。但 MnBr(CO)₅-Me₂Zn-ZnBr₂ 体系完全逆转了 C_{sp^3}—H 键与 C_{sp^2}—H 键的反应活性,成功实现了惰性 C_{sp^2}—H 键对 C=N 键的加成反应,生成了 N-烷基磺酰胺类化合物 **2-10**。有趣的是,当反应温度提升至 60 ℃时,含有 α-H 的芳基烷基酮与芳基醛亚胺发生环化反应生成了具有环外双键的异吲哚啉衍生物 **2-11**;继续微调反应条件,将反应温度进一步提升至 100 ℃并增加二甲基锌的用量,原来的两组分反应变成三组分反应,最终生成含有季碳中心的异吲哚啉衍生物 **2-12**。

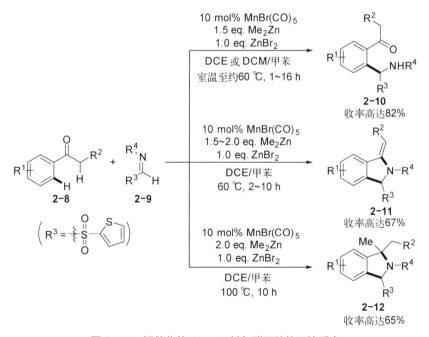

图 2-14　锰催化的 C_{sp^2}—H 键与醛亚胺的可控反应

在机理实验研究的基础上,研究者提出了图2-15所示的催化循环过程。锰催化剂前体与芳香酮邻位 C_{sp^2}—H 键通过 σ-键复分解机制形成五元环锰中间体 **Mn-11**;随后经亚胺配位及插入形成七元环锰中间体 **Mn-12**;二甲基锌与中间体 **Mn-12** 发生转金属化作用形成中间体 **Mn-13**;另一分子芳香酮与中间体 **Mn-13** 经配体交换形成中间体 **Mn-14** 和 **Zn-1**,其中中间体 **Mn-14** 发生分子内 C—H 键活化并实现活性催化物种 **Mn-11** 的再生。中间体 **Zn-1** 直接酸性水解得到加成产物 **2-10**;中间体 **Zn-1** 经分子内环化形成中间体 **Zn-2**,中间体 **Zn-2** 可以消除一分子碱式溴化锌生成含环外双键的产物 **2-11**;而当中间体 **Zn-2** 被过量二甲基锌亲核进攻时,则得到甲基化产物 **2-12**。

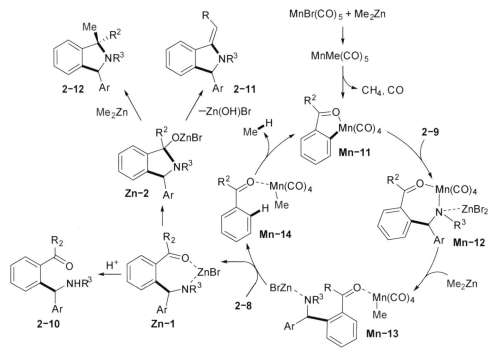

图2-15　锰催化的芳基酮与醛亚胺的反应机理推测

2.2.4　羰基锰催化的 C—H 键活化并环化反应

合成具有生化活性的异喹啉衍生物,对于开发具有抗疟和抗炎作用的药物具有十分重要的意义。2014年,王从洋课题组采用 $MnBr(CO)_5$ 为催化剂,首次实现了 N-H 亚胺导向的 C—H 键活化并环化反应,一步合成了异喹啉类化合物[图2-16(a)][33]。

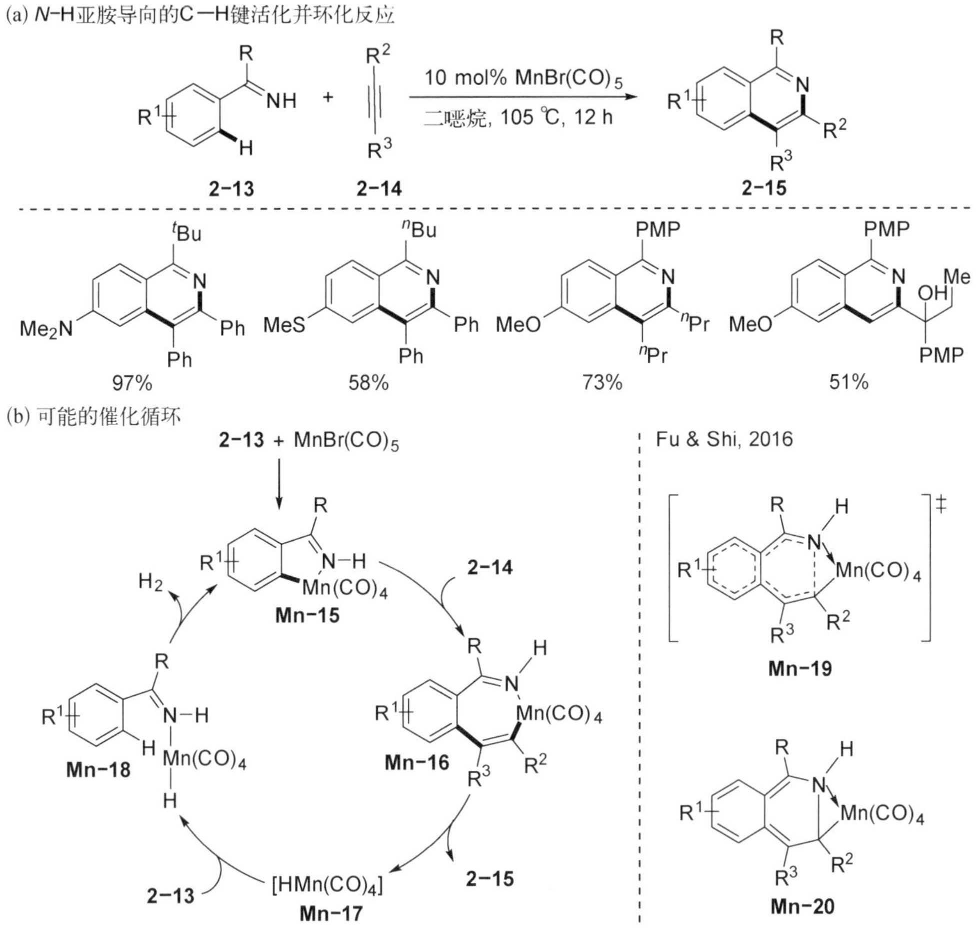

(a) N—H亚胺导向的C—H键活化并环化反应

(b) 可能的催化循环

图 2‑16 锰催化的 N‑H 亚胺与炔烃的 [4+2] 环化反应

该反应通过脱除氢气实现 C—H/N—H 键活化，不需要添加任何外源氧化剂、配体或其他类型的添加剂。相较于铑、钌、钯及镍等后过渡金属催化剂在类似反应中对氧化剂的依赖，锰催化剂实现了真正意义上的原子经济性。此外，该反应具有较好的底物兼容性和官能团耐受性。在机理实验的基础上，他们提出了一个可能的催化循环。亚胺首先与 $MnBr(CO)_5$ 反应形成锰杂五元环中间体 **Mn‑15**，随后经炔烃配位/迁移插入形成锰杂七元环中间体 **Mn‑16**；中间体 **Mn‑16** 脱除一分子锰氢物种（**Mn‑17**）后释放出异喹啉产物 **2‑15**；另一分子亚胺与中间体 **Mn‑17** 配位后经协同脱氢活化 C_{sp^2}—H 键并实现中间体 **Mn‑15** 的再生 [图 2‑20(b)]。傅尧和石景课题组对该反应过程进行了理论计算[34]，他们发现中间体 **Mn‑15** 形成的过程中可能

经历了溴负离子辅助脱质子过程，这区别于锰-碱协同脱质子过程[13]；此外，中间体**Mn‑16**可能经历了双键迁移成环/β-氢消除过程形成异喹啉产物并释放出锰氢中间体。

2017 年，Glorius 课题组在锰-碱协同催化条件下也实现了 N‑H 酮亚胺与炔烃的 C—H 键活化并环化反应，得到了异喹啉衍生物[35]。其中，不对称炔烃 **2‑16** 的 β-位的碳酸酯既可以作为配位基团实现反应的高区域选择性，也可以作为离去基团发生 β-氧消除生成 o‑联烯基中间体 **2‑18**，中间体 **2‑18** 发生分子内快速环化过程即可得到具有单一区域选择性的异喹啉类化合物[图 2‑17(a)]。同时，他们发现，芳基亚胺酸酯与丙炔醇碳酸酯经过两步环化反应可生成异喹啉酮类化合物[图 2‑17(b)]。2019年，李兴伟课题组报道了 $2H$‑[1,2′‑联吡啶]‑2‑酮及 N‑嘧啶吲哚与丙炔醇碳酸酯的环化反应[36]。该反应也经 β-氧消除形成了 o‑联烯基中间体 **2‑19**，随后分子内的联烯基团与吡啶基团通过 Diels‑Alder 和逆 Diels‑Alder 串联反应最终生成了吲哚酮生物碱衍生物[图 2‑17(c)]。吡啶作为一个可被转化的导向基团也是该反应的一大特色。与此同时，Ackermann 课题组采用相似的策略也实现了 $2H$‑[1,2′‑联吡啶]‑2‑酮与丙炔醇碳酸酯的环化反应[图 2‑17(d)][37]。

(a) Glorius, 2017

注：a 指投入了 10 mol% BPh3 和 DME。

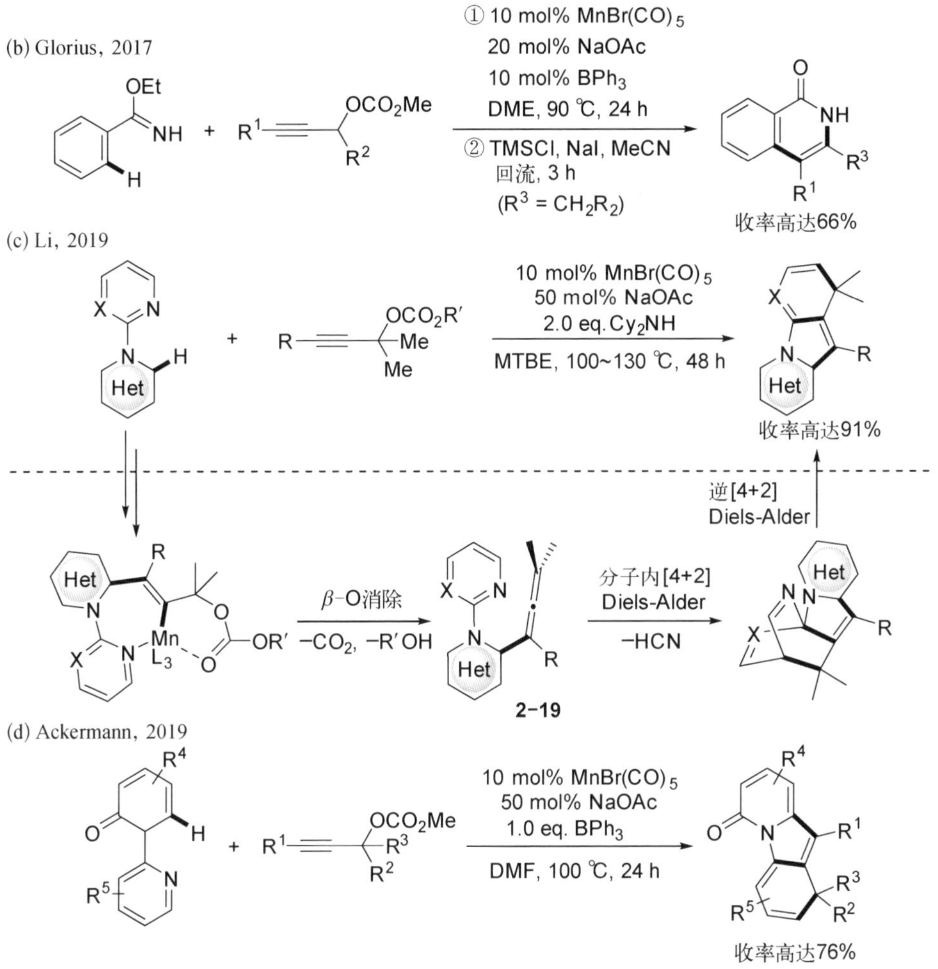

(b) Glorius, 2017

① 10 mol% MnBr(CO)$_5$
20 mol% NaOAc
10 mol% BPh$_3$
DME, 90 ℃, 24 h
② TMSCl, NaI, MeCN
回流, 3 h
(R^3 = CH$_2$R$_2$)

收率高达66%

(c) Li, 2019

10 mol% MnBr(CO)$_5$
50 mol% NaOAc
2.0 eq.Cy$_2$NH
MTBE, 100~130 ℃, 48 h

收率高达91%

β-O消除
−CO$_2$, −R′OH

2-19

分子内[4+2]
Diels-Alder
−HCN

逆[4+2]
Diels-Alder

(d) Ackermann, 2019

10 mol% MnBr(CO)$_5$
50 mol% NaOAc
1.0 eq. BPh$_3$
DMF, 100 ℃, 24 h

收率高达76%

图 2-17 锰-碱协同催化的 C$_{sp^2}$—H 键与丙炔醇碳酸酯的环化反应

2015 年,Ackermann 课题组报道了锰催化的芳香酮亚胺与丙烯酸酯的[3+2]环化反应,以专一的非对映选择性和区域选择性生成了顺式-β-氨基酸酯衍生物 2-22[38]。其中,亚胺基团和酯基对锰金属中心的螯合作用是控制立体选择性的关键因素。2016年,王从洋课题组报道了锰催化的酮亚胺与丙烯酸酯的双环化反应,一步高效构建单一的 cis-β-内酰胺衍生物 2-23[39]。需要指出的是,该反应也适用于醛亚胺,这与 Ackermann 的体系不同。两个反应经历相同的中间体 Mn-23:在 Mn$_2$(CO)$_{10}$ 催化作用下,中间体 Mn-23 经质子解直接生成氨基酸酯衍生物 2-22;在 MnBr(CO)$_5$-Me$_2$Zn 体系内,中间体 Mn-23 与二甲基锌经转金属化作用形成中间体 Zn-3 后再次发生环化反应得到内酰胺化合物 2-23(图 2-18)。

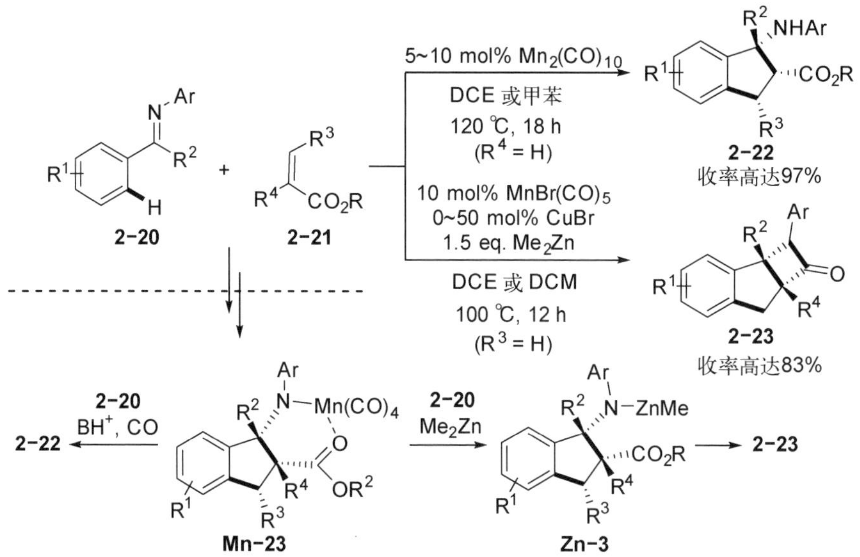

图 2-18　锰催化的亚胺与丙烯酸酯的环化反应

接力环化是构建多并环结构的重要合成手段之一。2017 年，Ackermann 课题组报道了一种多环芳胺类化合物的合成方法[40]。芳香亚胺与亚甲基环丙烷在锰-碱催化作用下形成茚衍生物，其随即在氯化锌的作用下发生 Povarov 环化反应得到目标产物[图2-19(a)]。该反应具有很好的位置选择性和非对映选择性，也能够兼容酯基、卤素等多种官能团并给出中等到优秀的收率。王洪根和李清江课题组通过锰-银接力催化也实现了多环芳胺的合成[41]。芳香亚胺与 1,1-二取代联烯在锰-碱催化作用下首先生成邻位 C—H 键烯基化产物，随后在三氟甲磺酸银的催化下原位发生分子内 Povarov 环化反应获得目标产物[图 2-19(b)]。该反应不仅具有较好的区域选择性和立体选择性，还具有 100% 的原子经济性。而丁克和彭丽洁课题组发现，芳香亚胺与 1,1,3-三取代联烯在锰-碱体系作用下只能发生一步环化反应[42]，以高度的区域选择性、非对映选择性和 E/Z 选择性获得了含有相邻季碳中心及环外双键的 1-氨基茚满衍生物[图 2-19(c)]。

2018 年，李兴伟课题组通过控制反应条件实现了锰催化的吲哚与 1,6-烯炔的选择性环化反应[43]。该反应在 MnBr(CO)₅-Zn(OAc)₂-PivOH 三组分催化体系内发生 C—H 键活化、分子内 Diels-Alder 及消除串联反应，生成稠合酚类化合物 2-26，而在 Mn₂(CO)₁₀-BPh₃ 催化作用下经 C—H 键活化以及两次迁移插入和质子解生成含有 exo-环外双键的呋喃并环类化合物 2-27[图 2-20(a)]。陈万芝课题组发现，吲哚与

1,6-二炔在锰-碱协同催化条件下也可经历两次迁移插入及还原消除得到咔唑衍生物 **2-28**［图 2-20(b)］[44]。

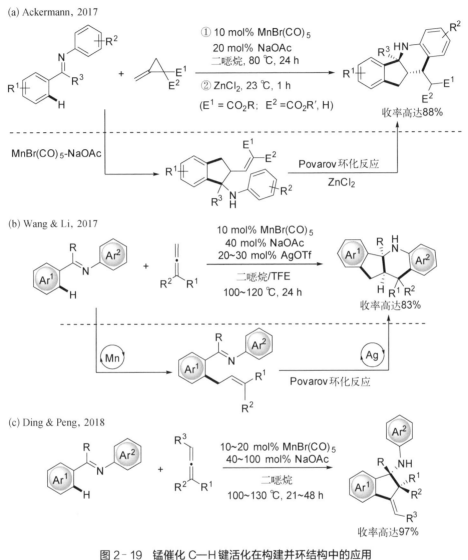

(a) Ackermann, 2017

① 10 mol% MnBr(CO)₅
20 mol% NaOAc
二噁烷, 80 ℃, 24 h
② ZnCl₂, 23 ℃, 1 h
(E¹ = CO₂R; E² = CO₂R′, H)
收率高达88%

MnBr(CO)₅-NaOAc

Povarov 环化反应
ZnCl₂

(b) Wang & Li, 2017

10 mol% MnBr(CO)₅
40 mol% NaOAc
20~30 mol% AgOTf
二噁烷/TFE
100~120 ℃, 24 h
收率高达83%

Povarov 环化反应

(c) Ding & Peng, 2018

10~20 mol% MnBr(CO)₅
40~100 mol% NaOAc
二噁烷
100~130 ℃, 21~48 h
收率高达97%

图 2-19　锰催化 C—H 键活化在构建并环结构中的应用

　　异苯并呋喃酮骨架广泛存在于多种天然产物分子之中。2016 年，Kuninobu 课题组实现了锰催化的芳香甲酸酯与环氧乙烷的环化反应[45]，成功合成了一系列异苯并呋喃酮类化合物 **2-29**（图 2-21）。他们在优化反应及机理研究过程中发现，当量的 Lewis 酸（BPh₃）可能和锰催化剂存在协同作用，对反应的顺利进行至关重要。

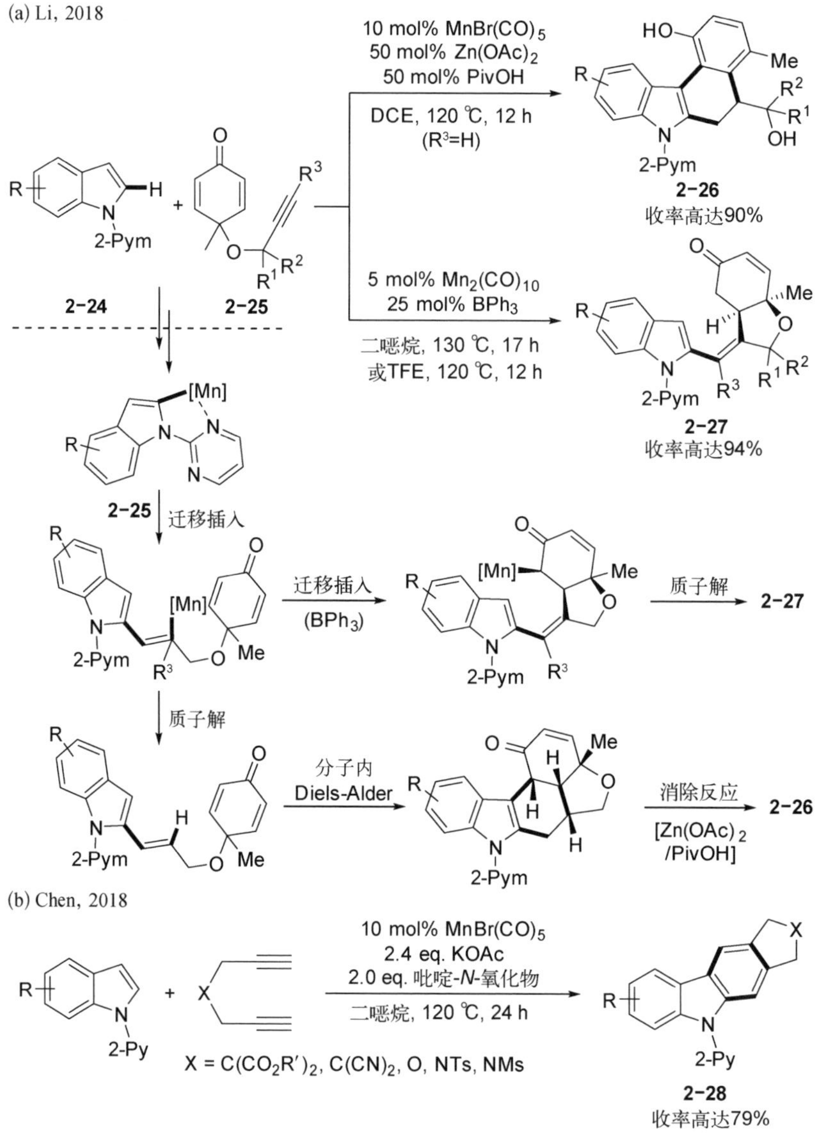

(a) Li, 2018

图 2-20 锰催化的吲哚与 1, 6-不饱和化合物的环化反应

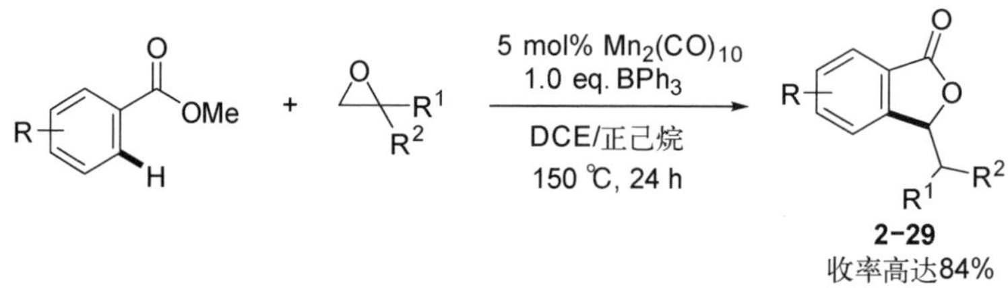

(b) Chen, 2018

图 2-21 锰催化的异苯并呋喃酮的合成

2.2.5 羰基锰催化的 C—H 键取代反应

2017 年，Ackermann 课题组采用廉价的 $MnCl_2$ 为催化剂前体，在过量 $^i PrMgBr$ 和四甲基乙二胺（TMEDA）存在的条件下，实现了苯甲酰胺与一级溴代烷烃的 C—H 键烷基化反应[图 2-22(a)][46]。值得一提的是，含有 β-氢的一级溴代烷烃在锰催化条件下高选择性地生成单烷基化产物，β-氢消除等副反应过程被完全抑制。此外，他们在外源氧化剂 2,3-二氯丁烷存在的条件下还实现了氧化型 C—H 键甲基化反应，生成了单甲基苯甲酰胺化合物。同年，Nakamura 课题组也独立报道了一例类似的氧化型甲基化反应[47]，其所使用的氧化剂为 1-氯-2-溴乙烷[图 2-22(b)]。该甲基化反应条件更温和，具有更广谱的底物适用性。然而，对于含有两个邻位 C_{sp^2}—H 的酰胺底物，单甲基化和双甲基化的选择性较差。在 C—H 键甲基化反应的机理研究方面，两个课题组都认为 C—H 键活化步骤很可能是反应的决速步骤，锰杂五元环的形成伴随着甲烷气体的释放，最后经还原消除过程形成了新的 C—C 键[图 2-22(c)]。甲基化反应在药物化学及药物研发领域中有着非常重要的应用，廉价锰催化的惰性 C—H 键甲基

(a) Ackermann, 2017

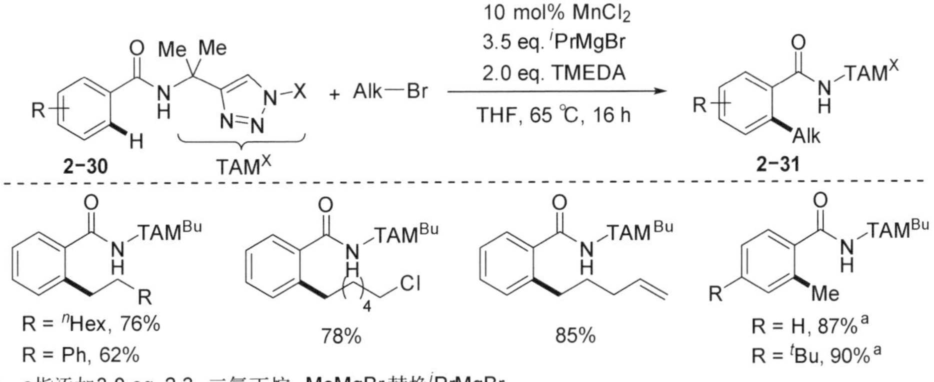

注：a 指添加 3.0 eq. 2,3-二氯丁烷，MeMgBr 替换 $^i PrMgBr$。

(b) Nakamura, 2017

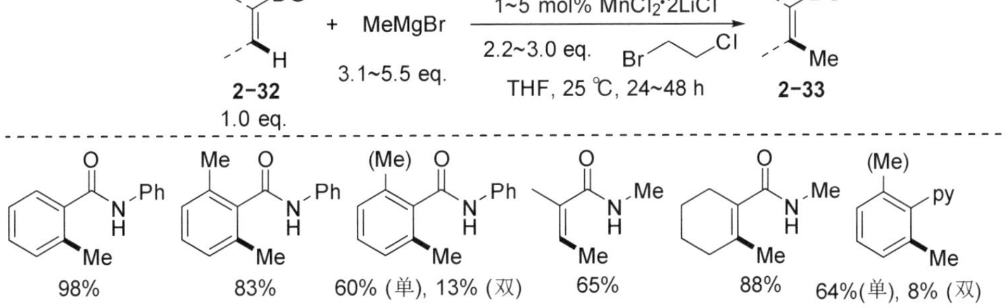

(c) C—H键甲基化反应可能的机理

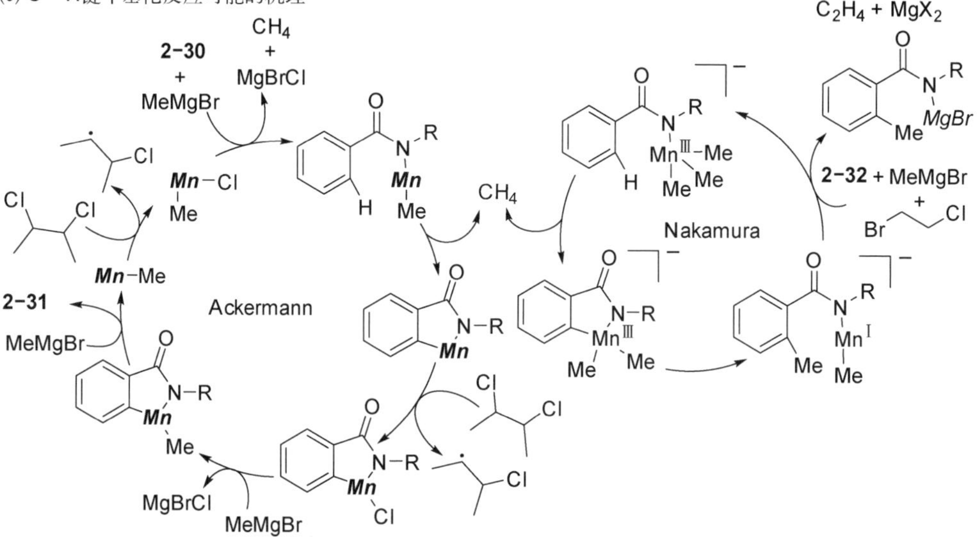

(d) Ackermann, 2019

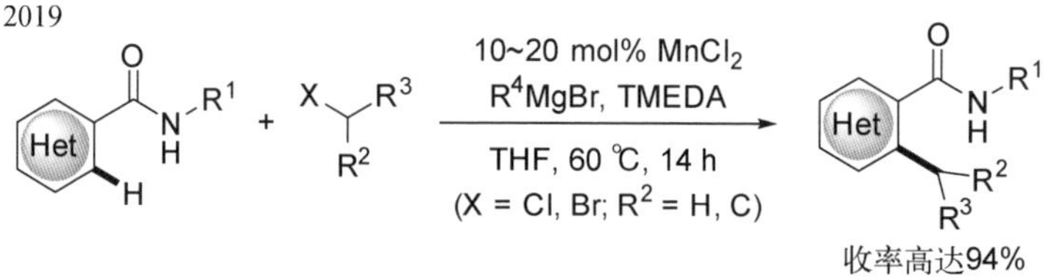

图 2-22 MnCl$_2$催化的 C$_{sp^2}$—H键烷基化反应

化反应[46,47]也为该领域发展提供了新的借鉴。2019 年，Ackermann 课题组又将 C—H
键烷基化反应拓展到了一级和二级氯代烷烃以及溴代烷烃，在 MnCl$_2$ 的催化作用下实
现了甲酰胺导向的杂芳烃邻位 C$_{sp^2}$—H 键的烷基化反应[图2-22（d）][48]。

　　重氮化合物作为卡宾单元前体可以插入 C—H 键中实现 C—H 键烷基化反应。
2016 年，Pérez 课题组报道了首例锰催化的非活化芳基 C$_{sp^2}$—H 键与重氮乙酸乙酯的直
接烷基化反应[49]。他们认为，该反应过程中经历了锰卡宾中间体的生成[图 2-23（a）]。
2018 年，Rueping 课题组利用重氮酯为烷基化试剂实现了羰基锰化合物催化的吲哚 2-
位 C—H 键的烷基化反应[50]。DFT 计算结果表明，MnBr(CO)$_5$ 与 NaOAc 首先形成真
正的催化活性物种 Mn(CO)$_3$(OAc)（Mn-24），随后经 C—H 键活化、锰卡宾物种的生成
及分子内卡宾插入得到最终的烷基化产物 2-37[图 2-23（b）]。而 Sen 课题组以乙酰
基为导向基团，在类似的条件下实现了吲哚 C2—C3 的环丙烷化反应[51]。他们认为，该
反应在催化活性物种 Mn(CO)$_4$(OAc) 的作用下首先与重氮酯形成锰卡宾中间体，随后
经乙酰基配位和环化过程形成环丙烷类产物 2-38[图 2-24（b）]。

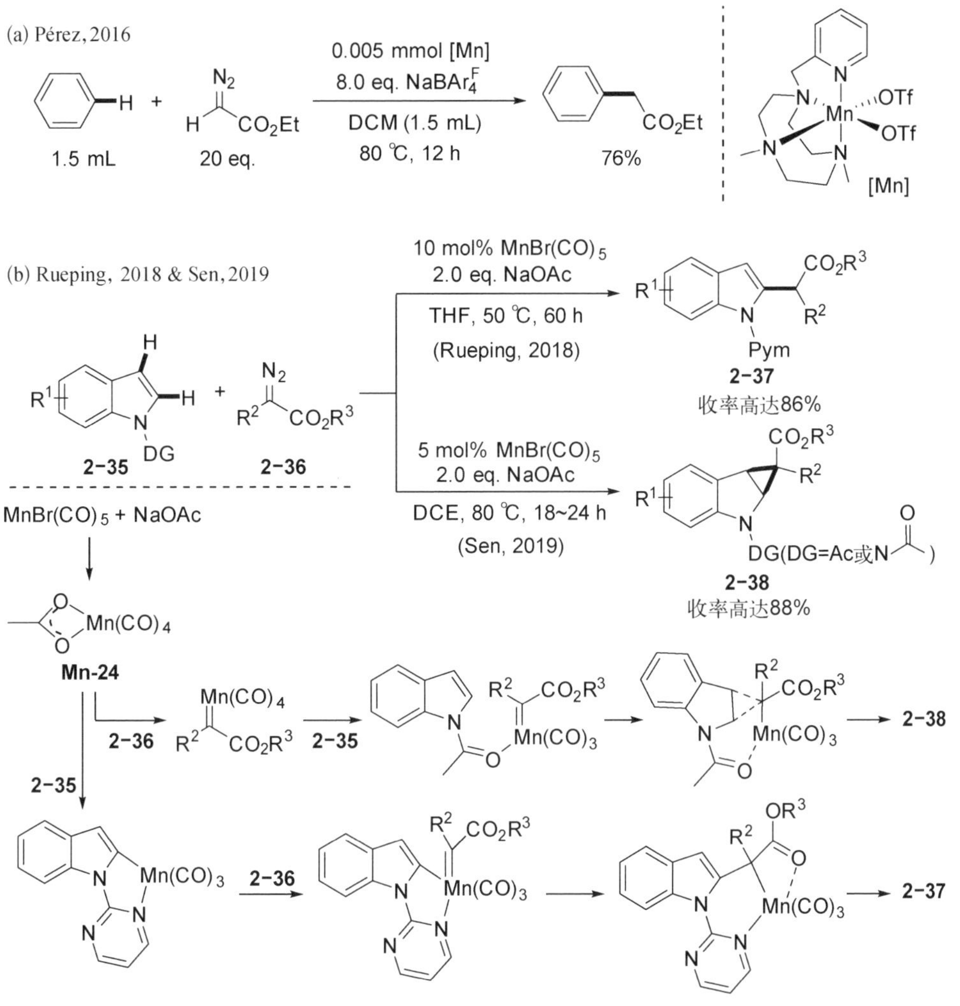

图2-23 锰催化的 C_{sp^2}—H 键与重氮酯的烷基化反应

2018 年，Ackermann 课题组采用流动化学的方法实现了 $MnCl_2$ 催化的杂芳环 C—H 键芳基化反应[52]。吡啶甲酰胺的邻位 C—H 键在配体和四甲基乙二胺(TMEDA)的共同作用下与芳基格氏试剂发生氧化型偶联反应，形成邻位芳基化产物，其中 1,2-二氯-2-甲基丙烷为反应过程中的外源氧化剂。机理研究表明，锰金属中心的氧化态经历了Ⅱ-Ⅲ-Ⅰ的变化过程[图2-24(a)]。此外，他们发展了流动化学与光化学的组合方法，实现了羰基锰化合物催化的芳基重氮盐与(杂)芳烃的 C—H 键芳基化反应[53]，成功获得了一系列的联芳烃化合物[图2-24(b)]。机理研究表明，该反应很可能经历了单电子转移(SET)过程。

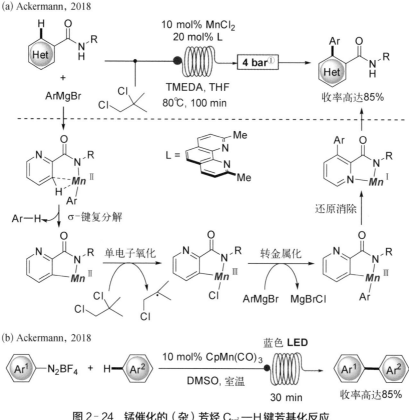

(a) Ackermann, 2018

(b) Ackermann, 2018

图 2 - 24　锰催化的（杂）芳烃 C_{sp^2}—H 键芳基化反应

　　2018 年,王从洋课题组报道了首例锰催化的芳香酮与简单烯烃的 C—H 键烯基化反应,一步生成邻位烯基苄醇衍生物[图 2 - 25(a)][54]。与铑催化的芳香酮与烯烃的脱氢偶联反应不同的是,锰-酸催化体系实现了氧化还原中性过程,无须添加外源氧化剂。机理研究表明,C—H 键活化步骤为 Mn - Zn 双金属协同脱质子过程,酮羰基在反应过程中经分子内氢转移被直接还原为醇羟基。Ackermann 课题组通过锰催化的 C—H/C—F 键活化过程能够实现芳烃 C_{sp^3}—H 键与多氟代烯烃的烯基化反应,得到一系列单氟代和多氟代的芳基烯烃衍生物,反应具有较好的区域选择性和化学选择性[图 2 - 25(b)][55]。冯超和 Teck-Peng Loh 课题组以 $Mn_2(CO)_{10}$ 为催化剂,也通过 C—H/C—F 键活化实现了类似的单氟代烯基化反应,但是反应的立体选择性稍差[图 2 - 25(c)][56]。

---

① 　 1 bar = 100 000 Pa。

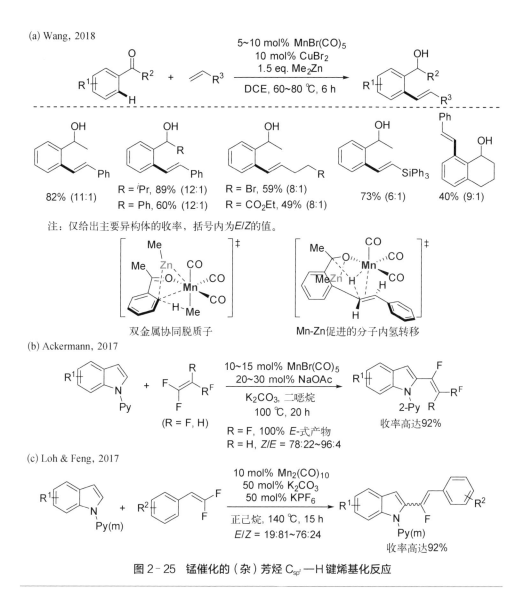

图 2-25　锰催化的（杂）芳烃 C_{sp^2} —H 键烯基化反应

　　烯丙基广泛存在于多种有机化合物当中，用途十分广泛，很容易被转化成其他多种官能团。通过惰性 C—H 键活化的方式实现烯丙基化反应一直是有机化学的热点研究领域之一。2016 年，Ackermann 课题组报道了首例锰催化的芳烃 C—H 键烯丙基化反应［图2-26(a)］[57]。酮亚胺及芳香杂环与碳酸烯丙醇酯 2-39 在锰-碱催化条件下经 C—H/C—O 双断裂过程，以优秀的区域选择性生成烯丙基芳香化合物 2-40 和 2-41。机理研究表明，C—H 键活化步骤为羧酸盐辅助的环金属化过程，而锰杂七元环经 β-氢消除和脱羧反应生成了目标产物。随后，他们使用乙烯基二氧环戊酮 2-42 为烯丙基化试剂,反应可在空气或水溶剂中经类似的 C—H 烯丙基化过程得到 4-芳基-2-烯-1-醇衍生物 2-43 和 2-44[58];而当芳香 C_{sp^2}—H 键与乙烯基环丙烷 2-45 反应时,则经 C—H/C—C 键官能化反应生成芳基烯丙基衍生物 2-46[59]。Glorius 课题组也在锰催化的 C—H 键烯丙基化反应方面做出了贡献,分别以乙烯基二氧环戊酮 2-42 和乙烯基环丙烷 2-45 为烯丙基化试剂实现了类似的锰催化 C—H 键烯丙基化反应[图 2-26(b)][60]。此外,他们还在 $MnBr(CO)_5$ - NaOAc 协同催化下,以二氮杂降冰片烯二羧酸酯 2-47 为烯丙基化试剂[60],通过 C—H/C—C/C—N 键官能化反应获得了 α-芳基-β-

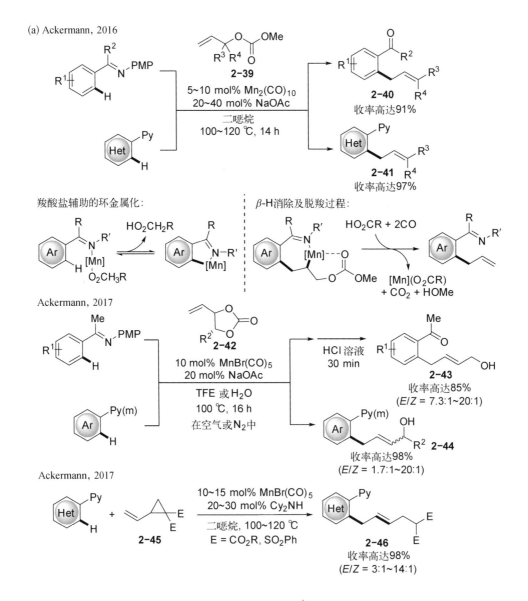

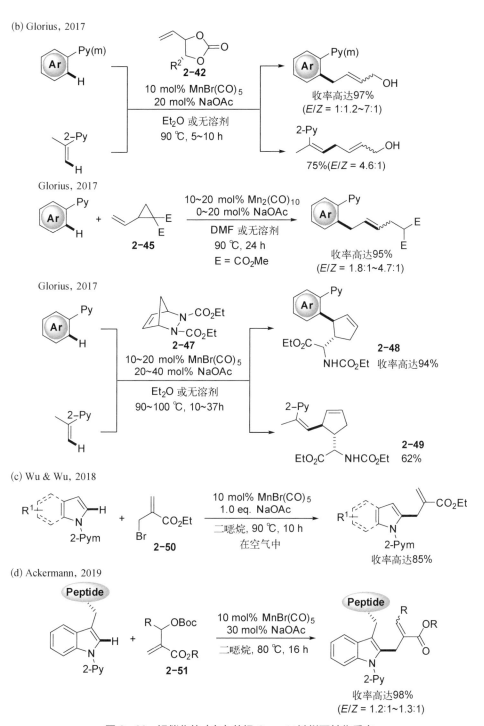

图 2‑26　锰催化的（杂）芳烃 C_{sp^2}—H 键烯丙基化反应

氨基环戊烯衍生物 **2‑48**；同样地，烯烃 C_{sp^2}—H 键亦适用于该反应体系，并可生成 α‑烯基‑β‑氨基环戊烯化合物 **2‑49**。2018 年，吴尚和乌兰课题组以 2‑溴甲基丙烯酸乙酯 **2‑50** 为烯丙基化试剂，通过 β‑溴消除过程实现了吲哚 2‑位的烯丙基化反应［图 2‑26(c)］[61]。2019 年，Ackermann 课题组又以 α‑取代的丙烯酸甲酯 **2‑51** 为烯丙基化试剂，在锰‑碱协同催化体系的作用下实现了结构较为复杂的肽的 C—H 键烯丙基化反应［图 2‑26(d)］[62]。

2017 年，Ackermann 课题组采用全氟代烷烃修饰的乙烯为烯丙基化试剂 **2‑52**，通过 C—H/C—F 键活化并以较好的区域选择性和化学选择性实现了吲哚及酮亚胺的烯丙基化反应，得到了一系列多氟代烯丙基芳烃衍生物［图 2‑27(a)］[55]。同年，张翱课题组以 3‑溴‑3,3‑二氟丙烯 **2‑53** 为烯丙基化试剂，在锰催化条件下完成了吡啶酮和吲哚的二氟代烯丙基化反应［图 2‑27(b)］[63]。机理研究表明，该反应可能是经过 β‑氟（Ackermann）和 β‑溴（张翱）消除过程得到最终产物的。

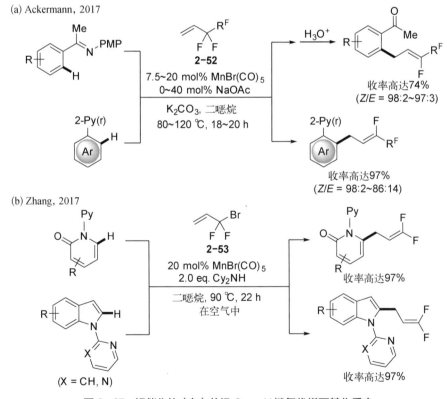

图 2‑27 锰催化的（杂）芳烃 C_{sp^2}—H 键氟代烯丙基化反应

2017 年，Ackermann 课题组报道了锰催化的卤代炔烃与吲哚衍生物的 C_{sp^2}—H 键炔基化反应［图 2-28(a)］[64]。在锰-碱条件下，硅基卤代炔烃具有较好的反应活性；向反应体系内引入催化量的 BPh$_3$ 后，烷基或芳基卤代炔烃也能作为炔基化试剂实现吲哚衍生物的炔基化反应。机理研究表明，BPh$_3$ 的加入可能加速了 β-溴消除过程。2018 年，Glorius 课题组实现了锰-碱协同催化的溴代联烯与杂环芳烃的 C_{sp^2}—H 键炔丙基化反应［图 2-28(b)］[65]。其中，目标产物的形成也是通过 β-溴消除过程实现的。当他们将反应底物拓展至乙炔基苯并噁嗪啉酮 2-54 时，反应经 β-氧消除后形成了联烯基中间体，随后经联烯插入/质子化或质子化/环化过程得到了二芳基甲烷类衍生物 2-55［图 2-28(c)］[66]。此外，Glorius 课题组还发现，碳酸炔丙醇酯与吲哚类化合物在锰-碱协同催化条件下形成环锰化合物，后经 β-氧消除过程可以实现 C_{sp^2}—H 键联烯基化反应，得到多取代联烯类化合物 2-56；当向反应体系引入催化量的对甲苯磺酸（PTSA）

(a) Ackermann, 2017

(b) Glorius, 2018

收率高达94%

(c) Glorius, 2018

2-54

2-55
收率高达96%

反应条件 a: 40 mol% Cy$_2$NH, DME, 80 ℃, 5 h
反应条件 b: 10 mol% BPh$_3$, HFIP, 70 ℃, 5 h

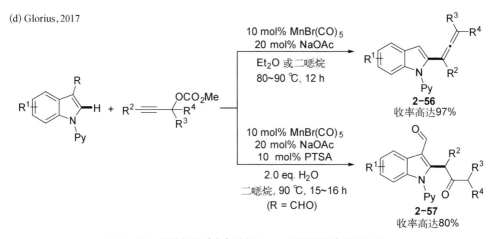

(d) Glorius, 2017

2-56
收率高达97%

2-57
收率高达80%
(R = CHO)

图2-28 锰催化的（杂）芳烃 C_{sp^2}—H 键其他官能化反应

时，3-甲酰基吲哚底物与碳酸炔丙醇酯在锰-碱-酸三组分催化条件下反应，可选择性地生成芳香酮化合物 **2-57**［图2-28(d)］[67]。

2016 年，Ackermann 课题组以 Mn-Zn 双金属协同催化实现了杂芳烃 C_{sp^2}—H 键氰基化反应[68]，吲哚、吡咯、噻吩在内的芳香杂环都能顺利地参与反应。机理研究表明，C—H 键断裂较为容易，而 C—C 键的形成可能是该反应的决速步骤。其中，氯化锌的加入活化了氰基，大幅降低了反应过渡态的能垒［图2-29(a)］。2018 年，包明课

(a) Ackermann, 2016

10 mol% MnBr(CO)$_5$
50 mol% ZnCl$_2$
20 mol% Cy$_2$NH

二噁烷, 100 ℃, 16 h
(X = N, S)

2-Py(m)

2-Py(m)
收率高达95%

46.7 kcal/mol

10.7 kcal/mol

0.0

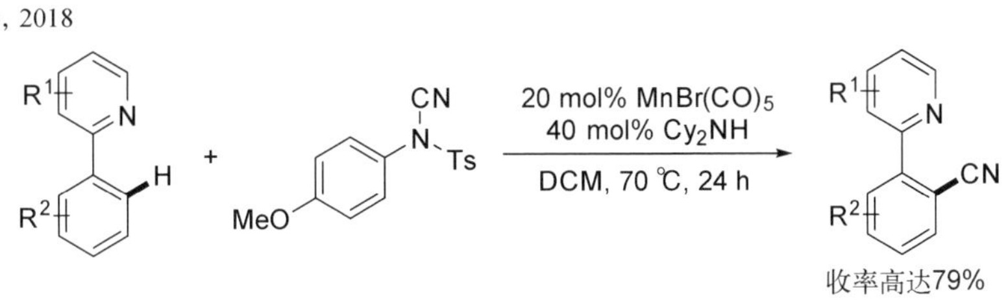

图 2-29　锰催化的（杂）芳烃 C_{sp^2}—H 键氰基化反应

题组采用更富电子的氰基化试剂，在没有氯化锌的条件下实现了类似的氰基化反应［图 2-29(b)］[69]。

　　锰金属有机催化的 C—H 键活化反应不仅能用来构建新的 C—C 键，还能实现 C—X 键的构建。1999 年，Hartwig 课题组首次以 Cp'Mn(CO)$_3$ 为催化剂，在 CO 氛围及高压汞灯照射的条件下实现了正戊烷和苯与联硼酸频那醇酯的硼化反应，分别经 C_{sp^3}—H 键和 C_{sp^2}—H 键的活化过程并以 36% 和 76% 的收率生成了正戊基硼酸频钠醇酯和苯硼酸频钠醇酯［图 2-30(a)］[70]。2018 年，胥波课题组在 MnBr(CO)$_5$ - Me$_2$Zn 体系中以磺酰叠氮化物为胺化试剂，通过芳香酮邻位 C—H 键的酰胺化反应成功将 C_{sp^2}—H 键转化为 C—N 键［图 2-30(b)］[71]。该反应具有较好的区域选择性和官能团耐受性。

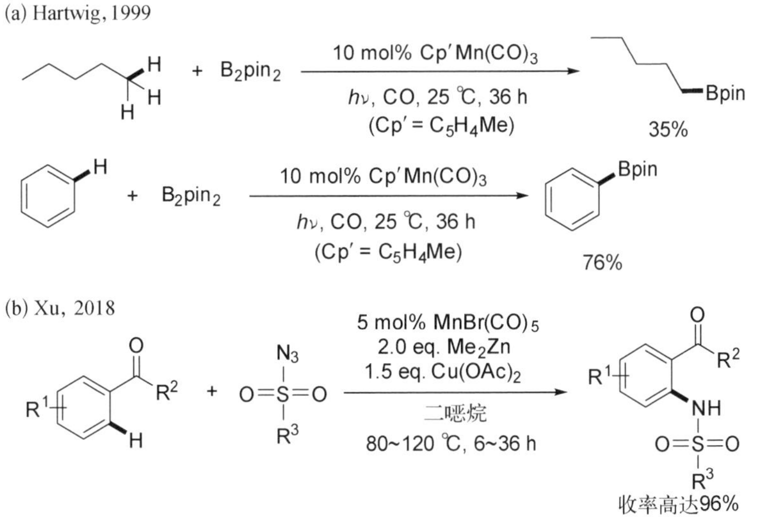

(a) Hartwig, 1999

(b) Xu, 2018

图 2-30　通过锰催化 C—H 键活化过程构建 C—X 键的反应

2.3 不饱和化合物的硅氢化反应

锰金属有机催化不饱和化合物的硅氢化反应,从产物结构角度可以分为两大类,即没有形成新的 C—Si 键的反应和形成新的 C—Si 键的反应;从反应物结构的角度来划分,主要包括醛/酮的硅氢化反应、羧酸及其衍生物的硅氢化反应、碳碳不饱和键的硅氢化反应。

2.3.1 醛/酮的硅氢化反应

由于硅的强亲氧特性,锰金属有机催化的羰基化合物硅氢化反应一般并不涉及新的 C—Si 键形成,而是生成硅醚类化合物。1982 年,Yates 课题组首次报道了羰基锰催化的酮的硅氢化反应(图 2 - 31)[72]。在紫外光照射条件下,丙酮与三乙基硅烷在 $Mn_2(CO)_{10}$ 催化作用下以 5% 的平均气相收率生成了异丙基三乙基硅醚。

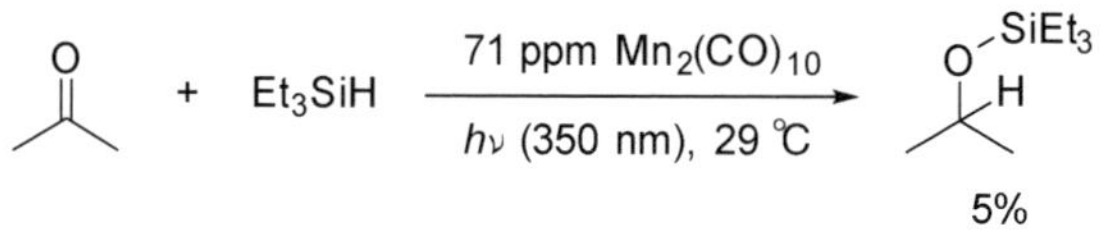

图 2 - 31 $Mn_2(CO)_{10}$ 催化的丙酮硅氢化反应

然而,直到 1991 年,Cutler 课题组的工作才给该领域带来突破性的进展。他们以 $(CO)_5MnC(O)Ph$ 为催化剂实现了酰基铁配合物中羰基的硅氢化反应,当酰基铁配合物与三级硅烷反应时得到单烷氧基硅烷产物,而与二级硅烷反应时则得到单/双烷氧基硅烷的混合物[图 2 - 32(a)][73]。此外,除了酰基锰,$Mn_2(CO)_{10}$、$(CO)_5MnSiMe_3$、$(CO)_5MnCHPh(OSiHR_2)$ 均可以催化酰基铁化合物的硅氢化反应。1996—1998 年,Cutler 课题组前后发表了三篇论文对锰催化的羰基类化合物硅氢化反应进行了更多阐述[74-76],主要包括醛、酮及酰基金属配合物的硅氢化反应。简单的羰基化合物和硅烷在羰基锰的催化作用下生成硅醚类化合物;α,β-不饱和酮可以与二级硅烷生成相应的硅醚化合物,但无法与三级硅烷反应[图 2 - 32(b)]。在反应所涉及的锰催化剂中,$(PPh_3)(CO)_4MnC(O)CH_3$ 表现出最好的催化活性。

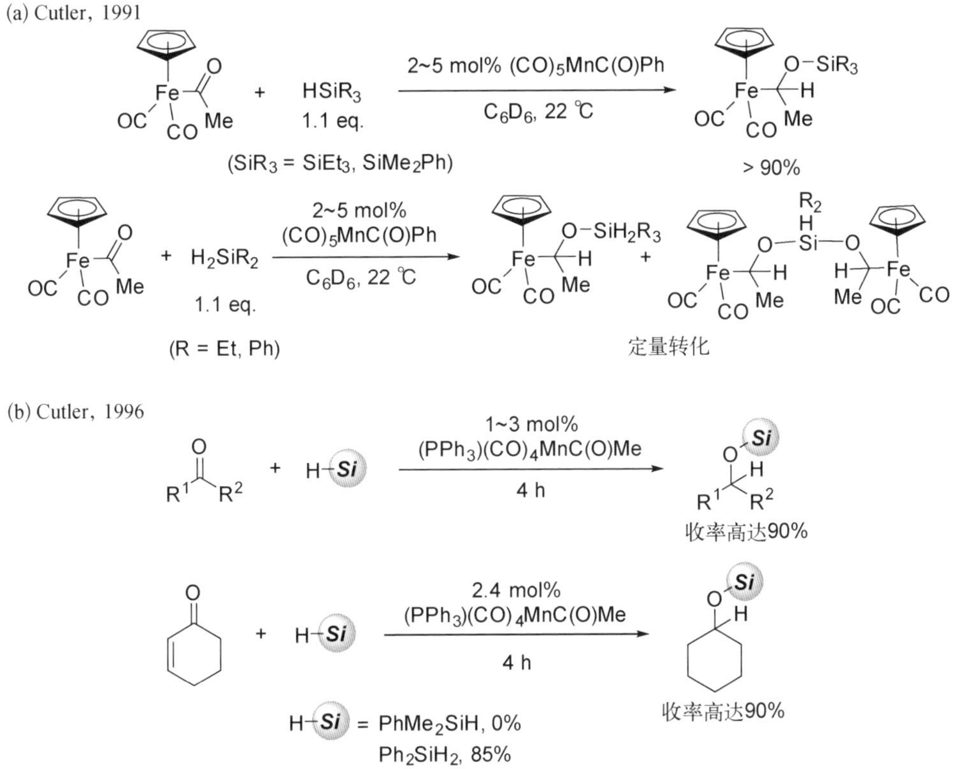

图 2‑32　（CO）₅MnC（O）R 催化的醛/酮化合物硅氢化反应

2.3.2　羧酸及其衍生物的硅氢化反应

　　锰金属有机化合物不仅可以催化醛/酮的硅氢化反应，还可以催化羧酸及其衍生物的硅氢化反应。1995 年，Cutler 课题组报道了乙酸乙酯与硅烷的硅氢化反应[77]。他们发现，羧酸酯与硅烷首先发生硅氢化反应生成硅基缩醛类化合物，而后被硅烷继续还原生成了醚类化合物（图 2‑33）。此外，他们还对醛/酮及羧酸酯的硅氢化反应机理进行了研究，发现催化循环中真正的催化活性物种为硅基锰物种 **Mn‑25**（图 2‑34）。底物中的羰基与 **Mn‑25** 中的锰金属中心发生配位形成 **Mn‑26** 后再插入 Mn—Si 键形成烷基锰中间体 **Mn‑27**；另一分子硅烷与 **Mn‑27** 经氧化加成/还原消除形成最终的硅醚产物 **2‑58**。当底物为羧酸酯时，首先形成硅基缩醛产物 **2‑59**，然后继续与硅基锰物种 **Mn‑28** 反应，最终生成两种醚类衍生物，即 **2‑60** 和 **2‑61**。

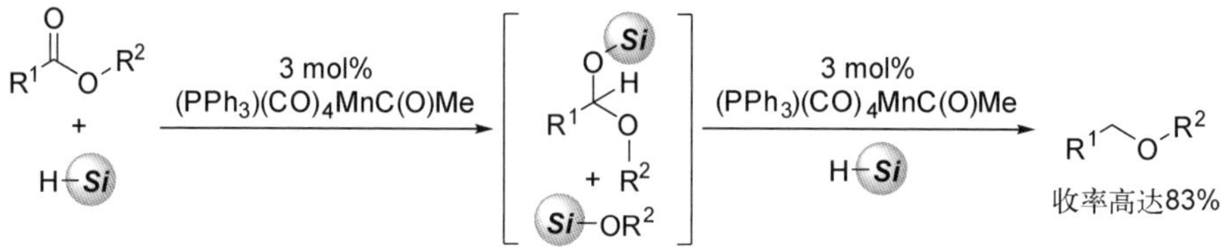

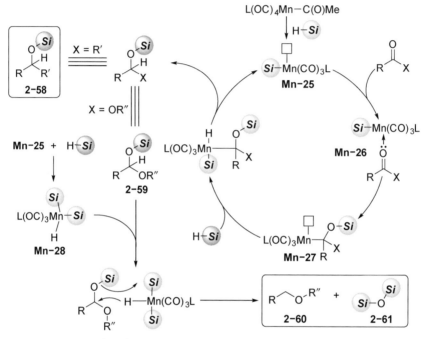

图 2-33 （CO）₅MnC（O）Me 催化的羧酸酯硅氢化反应

图 2-34 L（CO）₄MnC（O）Me 催化的醛/酮/酯硅氢化反应的可能机理

2001 年,Fuchikami 课题组报道了 $Mn_2(CO)_{10}$ 催化的 1-乙酰基哌啶与三乙基硅烷的硅氢化反应,最终得到了 *N*-乙基哌啶[图 2-35(a)][78]。理论上,硅烷将首先与酰胺的羰基发生加成反应得到同碳氨基硅醚中间体 **2-62**。2012 年,Pannell 课题组在研究 *N*,*N*-二甲基甲酰胺(DMF)的硅氢化反应中,观察并首次成功分离到了硅氧甲胺中间体 **2-63**,该中间体不稳定,与 DMF 和硅烷继续发生反应得到三甲胺和二硅醚化合物[图 2-35(b)][79]。

2013 年,Sortais 课题组报道了一例锰催化的羧酸与三乙基硅烷的反应[80]。以 $Mn_2(CO)_{10}$ 为催化剂,羧酸与三乙基硅烷在紫外光照条件下反应首先生成二硅基缩醛化合物 **2-64**,随后经水解得到醛(图 2-36)。

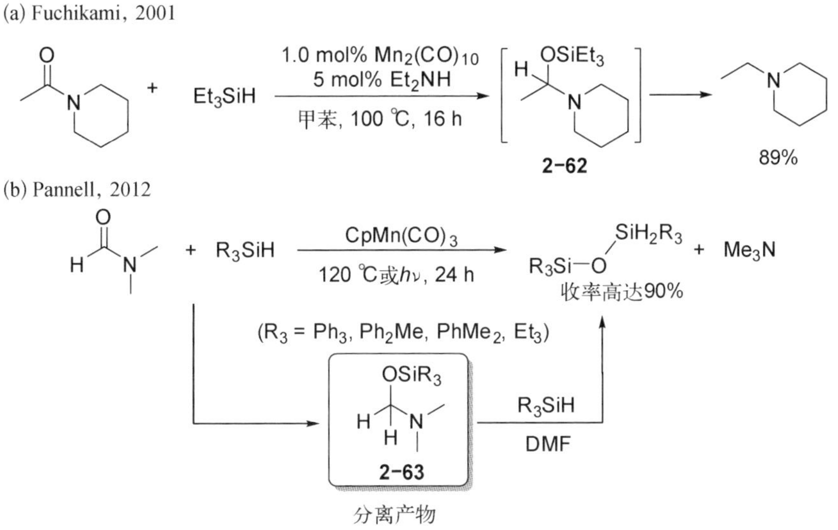

(a) Fuchikami, 2001

(b) Pannell, 2012

图 2-35 锰催化的酰胺类化合物硅氢化反应

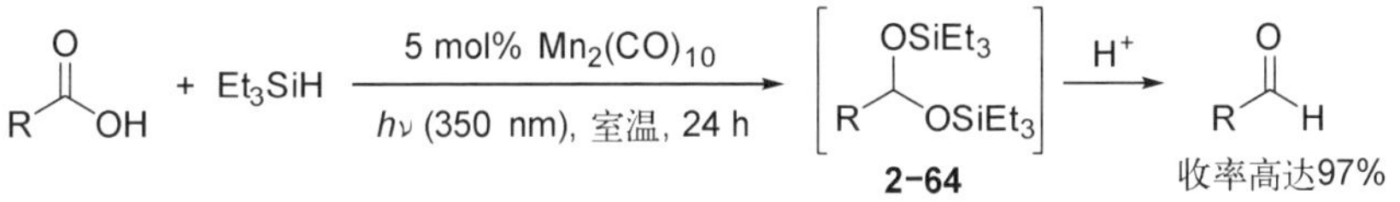

图 2-36 Mn₂（CO）₁₀催化的羧酸硅氢化反应

2.3.3 碳碳不饱和键的硅氢化反应

锰金属有机催化的硅烷与碳碳不饱和键的反应包括与 C═C 键的反应及与 C≡C 键的反应。1983 年，Faltynek 课题组首次以 Mn(CO)₅(SiPh₃)为催化剂实现了 1-戊烯的硅氢化反应[81]。加热或光照均可以促使该反应发生从而得到反马氏硅氢化产物。光照条件下该反应具有非常好的选择性，而加热条件下则有较多的副反应发生(图 2-37)。

1987 年，Hilal 课题组报道了 Mn₂(CO)₁₀ 催化的 1-己烯与三级硅烷的硅氢化反应[82]。三乙基硅烷在 40 ℃的条件下对 C═C 键进行加成得到反马氏硅氢化产物。其中，三乙基硅烷的反应速率比三乙氧基硅烷稍快[图 2-38(a)]。1999 年，Hilal 课题组实现了聚硅氧烷负载的锰化合物催化的 1-辛烯与三乙氧基硅烷的加成反应，最终高收率、高选择性地得到了正辛基三乙氧基硅烷[图 2-38(b)][83]。

2018 年，王从洋课题组报道了锰催化的炔烃硅氢化反应[84]。他们通过反应条件的调

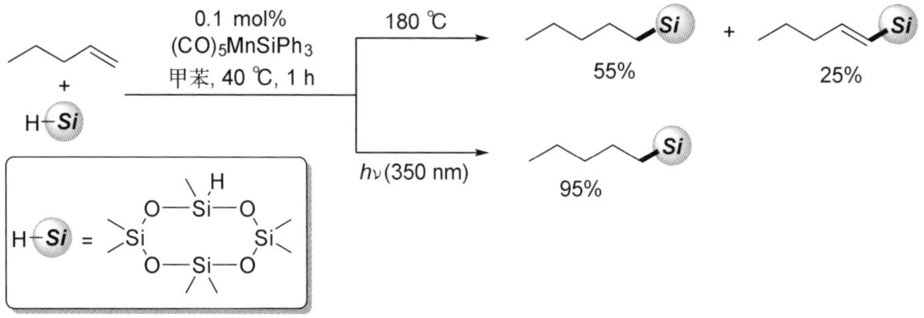

图 2-37　（CO）₅MnSiPh₃ 催化的 1-戊烯硅氢化反应

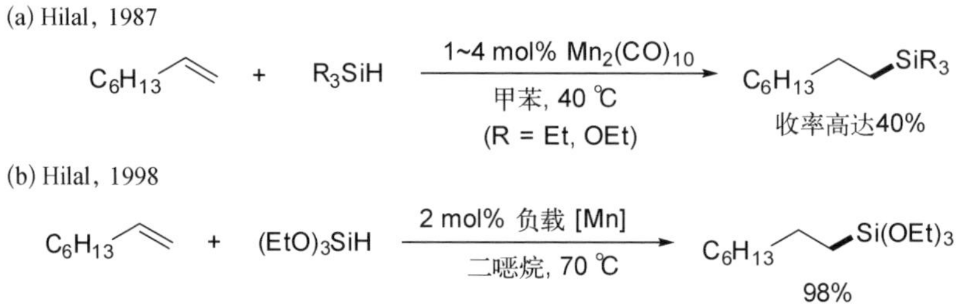

(a) Hilal，1987

(b) Hilal，1998

图 2-38　锰催化的烯烃的硅氢化反应

控,首次在锰催化体系内以高立体选择性和高区域选择性实现了硅烷对炔烃的 Z-/E-式加成反应[图 2-39(a)]。其中,单核 MnBr(CO)₅ 催化剂和三苯基砷(AsPh₃)配体可以给出 E-式硅氢化产物 **2-65**,而双核 Mn₂(CO)₁₀ 与过氧化月桂酰(LPO)则能实现 Z-式硅氢化产物 **2-66** 的生成。在机理实验研究的基础上,他们对选择性硅氢化的反应历程进行了推测。炔烃与硅烷在 MnBr(CO)₅-AsPh₃ 体系中以双电子转移的金属有机过程进行反应:锰配合物 **Mn-29** 首先与硅烷反应得到活性锰硅中间体 **Mn-30**;随后经配体交换及炔烃插入形成烯基锰中间体 **Mn-31**;另一分子硅烷与锰金属中心配位形成中间体 **Mn-32**,最后由 **Mn-32** 生成目标产物 **2-65**。而当在 Mn₂(CO)₁₀-LPO 体系中进行反应时,则经历单电子转移的自由基过程:双核锰在高温及 LPO 的作用下发生均裂,得到五羰基锰自由基 **Mn-33**;继而 **Mn-33** 诱导硅烷产生硅基自由基并生成锰氢物种 **Mn-17**;硅基自由基进攻 C≡C 键得到烯基自由基 **2-67**;最后 **2-67** 在锰氢物种的作用下发生氢原子转移得到目标产物 **2-66**。基于同样的机制,他们使用 Mn₂(CO)₁₀ 作为催化剂,在室温380 nm的光照下也可以实现二苯炔烃与硅烷的硅氢化反应,该反应具有单一的 Z-式选择性[23]。2019年,张博课题组以 Mn₂(CO)₁₀ 为催化剂,在蓝光照射下实现了炔烃的硅氢化反应[图 2-40

(b)][85]。该反应高区域选择性地生成反马氏加成产物，因位阻控制，产物主要以 Z-式结构为主($Z/E>92:8$)。机理研究表明，该反应可能是通过自由基链式反应完成的。

(a) Wang, 2017
E-式硅氢化反应
5 mol% MnBr(CO)5
0~50 mol% AsPh3
甲苯
150 ℃, 10 h
Z-式硅氢化反应
10 mol% Mn2(CO)10
20 mol% LPO
十氢萘
120 ℃, 10 h
2-65
收率高达92%
2-66
收率高达82%
Mn-32
Mn-29
Mn-33
HMn(CO)5
Mn-17
2-67
Mn-31
Mn-30
(b) Zhang, 2019
6 W 蓝色LED
10 mol% Mn2(CO)10
十氢萘, 室温, 12 h
收率高达98%

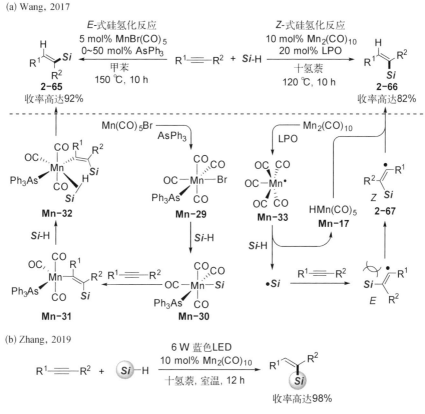

图 2-39　羰基锰催化的炔烃硅氢化反应

2018 年，王从洋课题组将锰催化的碳碳不饱和键的硅氢化反应进一步拓展到烯烃的硅氢化反应[86]。在 $MnBr(CO)_5$ 的催化作用下，硅烷对端烯进行反马氏加成，反应条件温和，底物适用范围广泛，且具有良好的官能团耐受性(图 2-40)。机理研究表明，该反应可能经历了自由基过程。此外，他们发现在高温条件下，$Mn_2(CO)_{10}$ 可以催化端烯

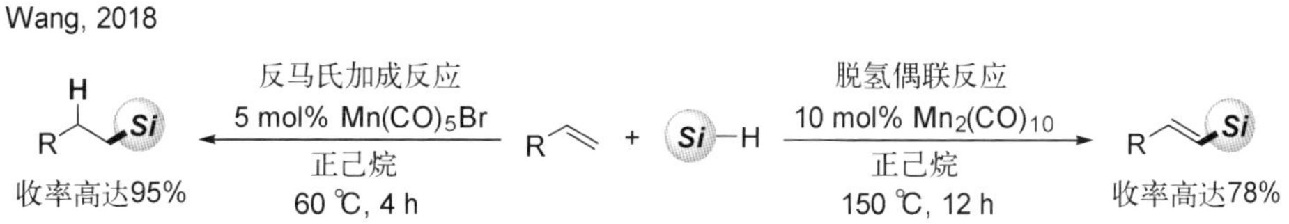

Wang, 2018
反马氏加成反应
5 mol% Mn(CO)5Br
正己烷
60 ℃, 4 h
收率高达95%
脱氢偶联反应
10 mol% Mn2(CO)10
正己烷
150 ℃, 12 h
收率高达78%

图 2-40　羰基锰催化的烯烃硅氢化反应

与硅烷的脱氢偶联反应,经历烷基锰中间体β-氢消除得到烯基硅烷化合物。

2.4 总结与展望

锰金属有机催化往往具有独特的催化活性,能够催化多种多样的有机转化过程,选择性地形成一个或多个 C—C 键或 C—X 键。在一些催化反应中,锰金属有机催化展现出可与传统的贵金属及其他 3d 金属催化相媲美甚至更优异的催化活性,尤其是在化学选择性及官能团耐受性方面。近年来,锰金属有机催化虽然受到了研究者越来越多的关注并取得了长足发展,但仍然存在一些亟待解决的问题,例如反应模式较为局限、催化机制不甚明晰等。

未来锰金属有机催化的发展方向应包括但不局限于如下三个方面:① 通过实验与理论计算、结合多种光谱表征手段来详细研究锰金属有机催化的基元反应,为新催化体系的设计提供新的思路;② 设计发展新型的双/多金属协同催化体系,丰富锰金属有机催化反应模式;③ 发展新型配体支撑的新型锰催化剂,拓宽锰金属有机催化的反应领域,特别是在高对映选择性手性合成领域中的应用范围。

参考文献

[1] Bruce M I, Iqbal M Z, Stone F G A. ortho-Metalation reactions. Part I. Reactions of azobenzene with some metal carbonyl complexes of sub-groups Ⅵ, Ⅶ, and Ⅷ[J]. Journal of the Chemical Society A: Inorganic, Physical, Theoretical, 1970: 3204 – 3209.

[2] Wang C Y. Manganese-mediated C—C bond formation via C—H activation: From stoichiometry to catalysis[J]. Synlett, 2013, 24(13): 1606 – 1613.

[3] Gommans L H P, Main L, Nicholson B K. ortho-Functionalisation of aryl ketones with alkenes: synthesis of 3 - methylindene - 2 - carboxylates and 3 - substituted - 2 - acetylthiophenes from η^2 - (o - acetylaryl)tetracarbonylmanganese compounds with alkenes in the presence of palladium(Ⅱ) [J]. Journal of the Chemical Society, Chemical Communications, 1987(10): 761 – 762.

[4] Liebeskind L S, Gasdaska J R, McCallum J S, et al. ortho-Functionalization of aromatic ketones via manganation. A synthesis of indenols[J]. The Journal of Organic Chemistry, 1989, 54(3): 669 – 677.

[5] Cambie R C, Metzler M R, Rutledge P S, et al. Synthesis and reactions of η^2 - (2 - formylphenyl)

tetracarbonylmanganese(I) complexes; cyclopentaanulation of a diterpenoid[J]. Journal of Organometallic Chemistry, 1990, 398(3): C22 - C24.

[6] Cambie R C, Metzler M R, Rutledge P S, et al. Cyclomanganation of diterpenoids; functionalization of C14[J]. Journal of Organometallic Chemistry, 1990, 381(1): C26 - C30.

[7] Robinson N P, Main L, Nicholson B K. Reactions of *ortho*-manganated aryl-ketones, aldehydes and amides with alkynes: a new synthesis of inden - 1 - ols and indenones[J]. Journal of Organometallic Chemistry, 1989, 364(3): C37 - C39.

[8] Grigsby W J, Main L, Nicholson B K. Photochemical reaction of (PhO)₂ P(OC₆H₄)Mn(CO)₄ with Ph₂ C₂; definitive characterisation of an insertion product with a seven-membered metallocyclic ring[J]. Bulletin of the Chemical Society of Japan, 1990, 63(2): 649 - 651.

[9] Grigsby W J, Main L, Nicholson B K. Orthomanganated arenes in synthesis. 9. Photochemical reactions of alkynes with orthomanganated triphenyl phosphite[J]. Organometallics, 1993, 12 (2): 397 - 407.

[10] Cambie R C, Metzler M R, Rutledge P S, et al. Coupling reactions of diterpenoid η^2 - tetracarbonylmanganese complexes with alkynes[J]. Journal of Organometallic Chemistry, 1992, 429(1): 41 - 57.

[11] Onaka S, Furuichi N, Tatematsu Y. Photochemical synthesis of η - acetylene complex of an orthometalated manganesecarbonyl derivatives, (PhO)₂ P(OC₆H₄)Mn(CO)₃ (PhC≡CPh), and its structural study by ¹³C and ³¹P NMR spectroscopies[J]. Bulletin of the Chemical Society of Japan, 1987, 60(6): 2280 - 2282.

[12] Suárez A, Faraldo F, Vila J M, et al. Coupling reactions of manganese(I) cyclometallated compounds derived from heterocyclic *N* - donor ligands with alkynes [J]. Journal of Organometallic Chemistry, 2002, 656(1): 270 - 273.

[13] Zhou B W, Chen H, Wang C Y. Mn-catalyzed aromatic C—H alkenylation with terminal alkynes [J]. Journal of the American Chemical Society, 2013, 135(4): 1264 - 1267.

[14] Yahaya N P, Appleby K M, Teh M, et al. Manganese(I)-catalyzed C—H activation: The key role of a 7 - membered manganacycle in H - transfer and reductive elimination[J]. Angewandte Chemie International Edition, 2016, 55(40): 12455 - 12459.

[15] Shi L J, Zhong X, She H D, et al. Manganese catalyzed C—H functionalization of indoles with alkynes to synthesize bis/trisubstituted indolylalkenes and carbazoles: The acid is the key to control selectivity[J]. Chemical Communications, 2015, 51(33): 7136 - 7139.

[16] Wang H, Pesciaioli F, Oliveira J C A, et al. Synergistic manganese(I) C—H activation catalysis in continuous flow: Chemoselective hydroarylation [J]. Angewandte Chemie International Edition, 2017, 56(47): 15063 - 15067.

[17] Yang X X, Jin X Q, Wang C Y. Manganese-catalyzed *ortho* - C—H alkenylation of aromatic N—H imidates with alkynes: Versatile access to *mono*-alkenylated aromatic nitriles[J]. Advanced Synthesis & Catalysis, 2016, 358(15): 2436 - 2442.

[18] Jia T, Wang C Y. Manganese-catalyzed *ortho*-alkenylation of aromatic amidines with alkynes *via* C—H activation[J]. ChemCatChem, 2019, 11(21): 5292 - 5295.

[19] Zhou B W, Ma P C, Chen H, et al. Amine-accelerated manganese-catalyzed aromatic C—H conjugate addition to α, β- unsaturated carbonyls[J]. Chemical Communications, 2014, 50(93): 14558 - 14561.

[20] Liu S L, Li Y, Guo J R, et al. An approach to 3 - (indol - 2 - yl)succinimide derivatives by manganese-catalyzed C—H activation[J]. Organic Letters, 2017, 19(15): 4042 - 4045.

[21] Wang C M, Wang A, Rueping M. Manganese-catalyzed C—H functionalizations: Hydroarylations and alkenylations involving an unexpected heteroaryl shift[J]. Angewandte Chemie International Edition, 2017, 56(33): 9935 – 9938.

[22] Chen S Y, Han X L, Wu J Q, et al. Manganese(Ⅰ)-catalyzed regio- and stereoselective 1, 2 – diheteroarylation of allenes: Combination of C—H activation and smiles rearrangement[J]. Angewandte Chemie International Edition, 2017, 56(33): 9939 – 9943.

[23] Chen S Y, Li Q, Wang H. Manganese(Ⅰ)-catalyzed direct C—H allylation of arenes with allenes [J]. The Journal of Organic Chemistry, 2017, 82(20): 11173 – 11181.

[24] Kuninobu Y, Nishina Y, Takeuchi T, et al. Manganese-catalyzed insertion of aldehydes into a C—H bond[J]. Angewandte Chemie International Edition, 2007, 46(34): 6518 – 6520.

[25] Zhou B, Hu Y, Wang C. Manganese-catalyzed direct nucleophilic C(sp^2)—H addition to aldehydes and nitriles[J]. Angewandte Chemie International Edition, 2015, 54(46): 13659 – 13663.

[26] Liang Y F, Massignan L, Liu W P, et al. Catalyst-guided C=Het hydroarylations by manganese-catalyzed additive-free C—H activation[J]. Chemistry — A European Journal, 2016, 22(42): 14856 – 14859.

[27] Liu W P, Bang J, Zhang Y J, et al. Manganese(Ⅰ)-catalyzed C—H aminocarbonylation of heteroarenes[J]. Angewandte Chemie International Edition, 2015, 54(47): 14137 – 14140.

[28] Zhou X R, Li Z M, Zhang Z Y, et al. Preparation of benzo[c]carbazol – 6 – amines *via* manganese-catalyzed enaminylation of 1 –(pyrimidin – 2 – yl)– 1H – indoles with ketenimines and subsequent oxidative cyclization[J]. Organic Letters, 2018, 20(5): 1426 – 1429.

[29] Liang Y F, Massignan L, Ackermann L. Sustainable manganese-catalyzed C—H activation/hydroarylation of imines[J]. ChemCatChem, 2018, 10(13): 2768 – 2772.

[30] McKinney R J, Firestein G, Kaesz H D. Metalation reaction. VII. Metalation of aromatic ketones and anthraquinone with methylmanganese and methylrhenium carbonyl complexes [J]. Inorganic Chemistry, 1975, 14(9): 2057 – 2061.

[31] Gommans L H P, Main L, Nicholson B K. Synthesis of *o* – deuterio- and *o* – halogeno-acetophenones *via* oxidation of η^2-(2 – acetylphenyl)tetracarbonylmanganese derivatives and the determination of a primary kinetic isotope effect in *ortho*-metallation of acetophenones[J]. Journal of the Chemical Society, Chemical Communications, 1986(1): 12 – 13.

[32] Zhou B W, Hu Y Y, Liu T, et al. Aromatic C—H addition of ketones to imines enabled by manganese catalysis[J]. Nature Communications, 2017, 8: 1169.

[33] He R, Huang Z T, Zheng Q Y, et al. Manganese-catalyzed dehydrogenative [4 + 2] annulation of N—H imines and alkynes by C—H/N—H activation[J]. Angewandte Chemie International Edition, 2014, 53(19): 4950 – 4953.

[34] Yang Y N, Zhang Q, Shi J, et al. Mechanism study of Mn(Ⅰ) complex-catalyzed imines and alkynes dehydrogenation coupling reaction[J]. Acta Chimica Sinica, 2016, 74(5): 422 – 428.

[35] Lu Q Q, Greßies S, Cembellín S, et al. Redox-neutral manganese(Ⅰ)-catalyzed C—H activation: Traceless directing group enabled regioselective annulation[J]. Angewandte Chemie International Edition, 2017, 56(41): 12778 – 12782.

[36] Zheng G F, Sun J Q, Xu Y W, et al. Mn-catalyzed dehydrocyanative transannulation of heteroarenes and propargyl carbonates through C—H activation: Beyond the permanent directing effects of pyridines/pyrimidines[J]. Angewandte Chemie International Edition, 2019, 58(15): 5090 – 5094.

[37] Zhu C J, Kuniyil R, Ackermann L. Manganese(Ⅰ)-catalyzed C—H activation/Diels-Alder/retro-

Diels-Alder domino alkyne annulation featuring transformable pyridines[J]. Angewandte Chemie International Edition, 2019, 58(16): 5338 – 5342.

[38] Liu W P, Zell D, John M, et al. Manganese-catalyzed synthesis of $cis-\beta$-amino acid esters through organometallic C—H activation of ketimines[J]. Angewandte Chemie International Edition, 2015, 54(13): 4092 – 4096.

[39] Hu Y Y, Wang C Y. Manganese-catalyzed bicyclic annulations of imines and α, β-unsaturated esters via C—H activation[J]. Science China Chemistry, 2016, 59(10): 1301 – 1305.

[40] Liang Y F, Müller V, Liu W P, et al. Methylenecyclopropane annulation by manganese(I)-catalyzed stereoselective C—H/C—C activation[J]. Angewandte Chemie International Edition, 2017, 56(32): 9415 – 9419.

[41] Chen S Y, Li Q, Liu X G, et al. Polycyclization enabled by relay catalysis: One-pot manganese-catalyzed C—H allylation and silver-catalyzed Povarov reaction[J]. ChemSusChem, 2017, 10(11): 2360 – 2364.

[42] Lei C, Peng L J, Ding K. Manganese-catalyzed C—H annulation of ketimines with allenes: Stereoselective synthesis of 1-aminoindanes[J]. Advanced Synthesis & Catalysis, 2018, 360(15): 2952 – 2958.

[43] Liu B X, Li J, Hu P J, et al. Divergent annulative C—C coupling of indoles initiated by manganese-catalyzed C—H activation[J]. ACS Catalysis, 2018, 8(10): 9463 – 9470.

[44] Yi X F, Chen K, Chen W Z. Manganese-catalyzed sequential annulation between indoles and 1, 6-diynes[J]. Advanced Synthesis & Catalysis, 2018, 360(23): 4497 – 4501.

[45] Sueki S, Wang Z J, Kuninobu Y. Manganese- and borane-mediated synthesis of isobenzofuranones from aromatic esters and oxiranes via C—H bond activation[J]. Organic Letters, 2016, 18(2): 304 – 307.

[46] Liu W P, Cera G, Oliveira J C A, et al. $MnCl_2$-catalyzed C—H alkylations with alkyl halides[J]. Chemistry — A European Journal, 2017, 23(48): 11524 – 11528.

[47] Sato T, Yoshida T, Al Mamari H H, et al. Manganese-catalyzed directed methylation of C(sp^2)—H bonds at 25℃ with high catalytic turnover[J]. Organic Letters, 2017, 19(19): 5458 – 5461.

[48] Shen Z G, Huang H W, Zhu C J, et al. $MnCl_2$-catalyzed C—H alkylation on azine heterocycles [J]. Organic Letters, 2019, 21(2): 571 – 574.

[49] Conde A, Sabenya G, Rodríguez M, et al. Iron and manganese catalysts for the selective functionalization of arene C(sp^2)—H bonds by carbene insertion[J]. Angewandte Chemie International Edition, 2016, 55(22): 6530 – 6534.

[50] Wang C M, Maity B, Cavallo L, et al. Manganese catalyzed regioselective C—H alkylation: Experiment and computation[J]. Organic Letters, 2018, 20(10): 3105 – 3108.

[51] Dutta P K, Chauhan J, Ravva M K, et al. Directing-group-assisted manganese-catalyzed cyclopropanation of indoles[J]. Organic Letters, 2019, 21(7): 2025 – 2028.

[52] Zhu C J, Oliveira J C A, Shen Z G, et al. Manganese(II/III/I)-catalyzed C—H arylations in continuous flow[J]. ACS Catalysis, 2018, 8(5): 4402 – 4407.

[53] Liang Y F, Steinbock R, Yang L, et al. Continuous visible-light photoflow approach for a manganese-catalyzed (het)arene C—H arylation[J]. Angewandte Chemie International Edition, 2018, 57(33): 10625 – 10629.

[54] Hu Y Y, Zhou B W, Chen H, et al. Manganese-catalyzed redox-neutral C—H olefination of ketones with unactivated alkenes[J]. Angewandte Chemie International Edition, 2018, 57(37): 12071 – 12075.

[55] Zell D, Dhawa U, Müller V, et al. C—F/C—H functionalization by manganese(Ⅰ) catalysis: Expedient (per) fluoro-allylations and alkenylations[J]. ACS Catalysis, 2017, 7(6): 4209 – 4213.

[56] Cai S H, Ye L, Wang D X, et al. Manganese-catalyzed synthesis of monofluoroalkenes *via* C—H activation and C—F cleavage[J]. Chemical Communications, 2017, 53(62): 8731 – 8734.

[57] Liu W P, Richter S C, Zhang Y J, et al. Manganese(Ⅰ)-catalyzed substitutive C—H allylation [J]. Angewandte Chemie International Edition, 2016, 55(27): 7747 – 7750.

[58] Wang H, Lorion M M, Ackermann L. Air-stable manganese(Ⅰ)-catalyzed C—H activation for decarboxylative C—H/C—O cleavages in water[J]. Angewandte Chemie International Edition, 2017, 56(22): 6339 – 6342.

[59] Meyer T H, Liu W P, Feldt M, et al. Manganese(Ⅰ)-catalyzed dispersion-enabled C—H/C—C activation[J]. Chemistry — A European Journal, 2017, 23(23): 5443 – 5447.

[60] Lu Q Q, Klauck F J R, Glorius F. Manganese-catalyzed allylation *via* sequential C—H and C—C/ C—Het bond activation[J]. Chemical Science, 2017, 8(5): 3379 – 3383.

[61] Wu S, Yang Q L, Hu Q Z, et al. Manganese-catalyzed direct C2 – allylation of indoles[J]. Organic Chemistry Frontiers, 2018, 5(19): 2852 – 2855.

[62] Kaplaneris N, Rogge T, Yin R, et al. Late-stage diversification through manganese-catalyzed C—H activation: Access to acyclic, hybrid, and stapled peptides[J]. Angewandte Chemie International Edition, 2019, 58(11): 3476 – 3480.

[63] Ni J B, Zhao H C, Zhang A. Manganese(Ⅰ)-catalyzed C—H 3, 3 – difluoroallylation of pyridones and indoles[J]. Organic Letters, 2017, 19(12): 3159 – 3162.

[64] Ruan Z X, Sauermann N, Manoni E, et al. Manganese-catalyzed C—H alkynylation: Expedient peptide synthesis and modification[J]. Angewandte Chemie International Edition, 2017, 56(12): 3172 – 3176.

[65] Zhu C, Schwarz J L, Cembellín S, et al. Highly selective manganese(Ⅰ)/Lewis acid cocatalyzed direct C—H propargylation using bromoallenes[J]. Angewandte Chemie International Edition, 2018, 57(2): 437 – 441.

[66] Lu Q Q, Cembellín S, Greßies S, et al. Manganese(Ⅰ)-catalyzed C—H (2 – indolyl)methylation: Expedient access to diheteroarylmethanes[J]. Angewandte Chemie International Edition, 2018, 57(5): 1399 – 1403.

[67] Lu Q, Greßies S, Klauck F J R, et al. Manganese(Ⅰ)-catalyzed regioselective C—H allenylation: Direct access to 2 – allenylindoles[J]. Angewandte Chemie International Edition, 2017, 56(23): 6660 – 6664.

[68] Liu W P, Richter S C, Mei R, et al. Synergistic heterobimetallic manifold for expedient manganese(Ⅰ)-catalyzed C—H cyanation[J]. Chemistry — A European Journal, 2016, 22(50): 17958 – 17961.

[69] Yu X Q, Tang J J, Jin X X, et al. Manganese-catalyzed C—H cyanation of arenes with *N* – cyano-*N* -(4 – methoxy)phenyl-p-toluenesulfonamide[J]. Asian Journal of Organic Chemistry, 2018, 7(3): 550 – 553.

[70] Chen H Y, Hartwig J F. Catalytic, regiospecific end-functionalization of alkanes: Rhenium-catalyzed borylation under photochemical conditions [J]. Angewandte Chemie International Edition, 1999, 38(22): 3391 – 3393.

[71] Kong X Q, Xu B. Manganese-catalyzed *ortho* – C—H amidation of weakly coordinating aromatic ketones[J]. Organic Letters, 2018, 20(15): 4495 – 4498.

[72] Yates R L. Photoactivated homogeneous catalytic hydrosilylation of carbonyl compounds[J]. Journal of Catalysis, 1982, 78(1): 111 – 115.

[73] Hanna P K, Gregg B T, Cutler A R. Manganese carbonyl compounds as hydrosilation catalysts for organoiron acyl complexes[J]. Organometallics, 1991, 10(1): 31–33.

[74] Gregg B T, Cutler A R. Hydrosilation of the manganese acetyl (CO)₅MnC(O)CH₃ with monohydrosilanes[J]. Journal of the American Chemical Society, 1996, 118(42): 10069–10084.

[75] DiBiase Cavanaugh M, Gregg B T, Cutler A R. Manganese carbonyl complexes as catalysts for the hydrosilation of ketones: Comparison with RhCl(PPh₃)₃[J]. Organometallics, 1996, 15(12): 2764–2769.

[76] Mao Z B, Gregg B T, Cutler A R. Manganese- and rhodium-catalyzed phenylsilane hydrosilation-deoxygenation of iron acyl complexes Cp(L)(CO)FeC(O)R (L = CO, PPh₃, P(OMe)₃, P(OPh)₃; R = CH₃, Ph, CHMe₂, CMe₃)[J]. Organometallics, 1998, 17(10): 1993–2002.

[77] Mao Z B, Gregg B T, Cutler A R. Catalytic hydrosilylation of organic esters using manganese carbonyl acetyl complexes, (L)(CO)₄MnC(O)CH₃(L = CO, PPh₃)[J]. Journal of the American Chemical Society, 1995, 117(40): 10139–10140.

[78] Igarashi M, Fuchikami T. Transition-metal complex-catalyzed reduction of amides with hydrosilanes: A facile transformation of amides to amines[J]. Tetrahedron Letters, 2001, 42(10): 1945–1947.

[79] Arias-Ugarte R, Sharma H K, Morris A L C, et al. Metal-catalyzed reduction of HCONR′₂, R′ = Me (DMF), Et (DEF), by silanes to produce R′₂NMe and disiloxanes: A mechanism unraveled[J]. Journal of the American Chemical Society, 2012, 134(2): 848–851.

[80] Zheng J X, Chevance S, Darcel C, et al. Selective reduction of carboxylic acids to aldehydes through manganese catalysed hydrosilylation[J]. Chemical Communications, 2013, 49(85): 10010–10012.

[81] Pratt S L, Faltynek R A. Hydrosilation catalysis via silylmanganese carbonyl complexes: Thermal vs. photochemical activation[J]. Journal of Organometallic Chemistry, 1983, 258(1): C5–C8.

[82] Hilal H S, Abu-Eid M, Al-Subu M, et al. Hydrosilylation reactions catalysed by decacarbonyldimanganese(0)[J]. Journal of Molecular Catalysis, 1987, 39(1): 1–11.

[83] Hilal H S, Suleiman M A, Jondi W J, et al. Poly(siloxane)-supported decacarbonyldimanganese (0) catalyst for terminal olefin hydrosilylation reactions: The effect of the support on the catalyst selectivity, activity and stability[J]. Journal of Molecular Catalysis A: Chemical, 1999, 144(1): 47–59.

[84] Yang X X, Wang C Y. Dichotomy of manganese catalysis via organometallic or radical mechanism: Stereodivergent hydrosilylation of alkynes[J]. Angewandte Chemie International Edition, 2018, 57(4): 923–928.

[85] Liang H, Ji Y X, Wang R H, et al. Visible-light-initiated manganese-catalyzed E-selective hydrosilylation and hydrogermylation of alkynes[J]. Organic Letters, 2019, 21(8): 2750–2754.

[86] Yang X X, Wang C Y. Diverse fates of β-silyl radical under manganese catalysis: Hydrosilylation and dehydrogenative silylation of alkenes[J]. Chinese Journal of Chemistry, 2018, 36(11): 1047–1051.

MOLECULAR SCIENCES

Chapter 3

第 3 章

基于金属卡宾的合成化学

周　奇　王剑波

3.1 金属卡宾简介

卡宾,又称碳烯,其表示形式通常为 $R_2C:$,是中心碳原子上含有六个价层电子的二价碳物种[1]。根据卡宾的六个电子在轨道中排布方式的不同,又可以将其分为单线态卡宾和三线态卡宾两种类型。单线态卡宾通常是指卡宾的一对电子占据一个 sp^2 轨道,剩余一个空的 p 轨道。三线态卡宾是指卡宾的一对电子采取自旋方向平行的方式分别占据两个 sp 轨道。根据洪特规则,两个电子采取自旋相反的方式分别占据两个轨道的能量更低,所以三线态卡宾通常比单线态卡宾更稳定(图 3-1)。

(a) 单线态卡宾 　　　(b) 三线态卡宾

图 3-1　自由卡宾的结构

自由卡宾寿命很短、非常活泼、活性不受控制,导致其可进行的反应多样,难以得到单一的产物。自由卡宾与金属配位后形成金属卡宾,在一定程度上稳定了卡宾物种,并且可以通过金属或者金属上的配体对卡宾的活性进行调节。根据反应性的不同,可以将金属卡宾分为 Fischer 卡宾[2]和 Schrock 卡宾[3]。对于 Fischer 卡宾而言,与卡宾碳原子相连的除了烷基或芳基,通常还有氧或者氮等杂原子,其中心金属一般是处于低氧化态的后过渡金属,形式上可以看成是单线态卡宾的孤对电子占据的 sp^2 轨道与中心金属的空轨道形成 σ 键,同时低氧化态的后过渡金属的 d 轨道中的电子与单线态卡宾的空 p 轨道形成反馈 π 键[图 3-2(a)]。在金属卡宾形成的过程中,卡宾碳的给电子程度比得电子程度大,使得卡宾碳上带有部分正电荷,从而体现出一定的亲电性。通常,稳定的 Fischer 卡宾需要卡宾碳上连接杂原子来稳定卡宾碳的 p 轨道,同时金属中心有强的 π-电子受体的配体(如 CO 等),例如常见的铬卡宾[图 3-2(a)]。对于 Schrock 卡宾而言,

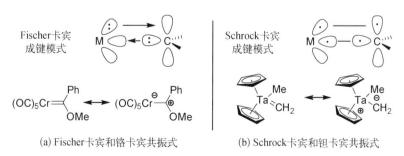

(a) Fischer卡宾和铬卡宾共振式　　　(b) Schrock卡宾和钽卡宾共振式

图 3-2　Fischer 卡宾和 Schrock 卡宾的结构

与卡宾碳直接相连的取代基一般只有碳原子或者氢原子,其中心金属一般处于高氧化态,形式上可以看成是三线态卡宾和金属成键,卡宾和金属各提供两个单电子来形成两个共价键[图3-2(b)]。由于碳的电负性比金属大,Schrock卡宾的卡宾碳带有部分负电荷,从而具有亲核性,例如钽卡宾[图3-2(b)]。

此外,前面介绍的自由卡宾通常是非常活泼的卡宾,一般都是反应过程中的中间体。但是有一类被杂原子和大位阻取代基稳定的自由卡宾,其卡宾碳具有明显的稳定性和亲核性,典型的代表是氮杂环卡宾。这类卡宾已被广泛研究,其主要应用是作为金属配体及作为有机小分子催化剂。有关氮杂环卡宾的进一步介绍可以参考相关文献[4]。

金属卡宾被发现至今,已经在有机反应中发挥了重要的作用。如烯烃复分解用到的催化剂就是一种Fischer卡宾,由于烯烃复分解反应在众多领域中的广泛应用,2005年诺贝尔化学奖授予了在这一领域做出重要贡献的Yves Chauvin、Robert H. Grubbs及Richard R. Schrock这三位科学家[5]。金属卡宾除了作为催化剂,其作为活性中间体参与反应也得到了蓬勃的发展。这些活泼的金属卡宾中间体一般由卡宾前体与过渡金属催化剂反应生成。最常见的金属卡宾前体是重氮化合物,其生成金属卡宾的过程如图3-3所示。重氮化合物中具有亲核性的碳与金属配位,金属中心进一步反馈电子,伴随氮气的离去,形成金属卡宾中间体。形成的金属卡宾由于具有很强的亲电性,随后可以发生非常丰富的化学转化。

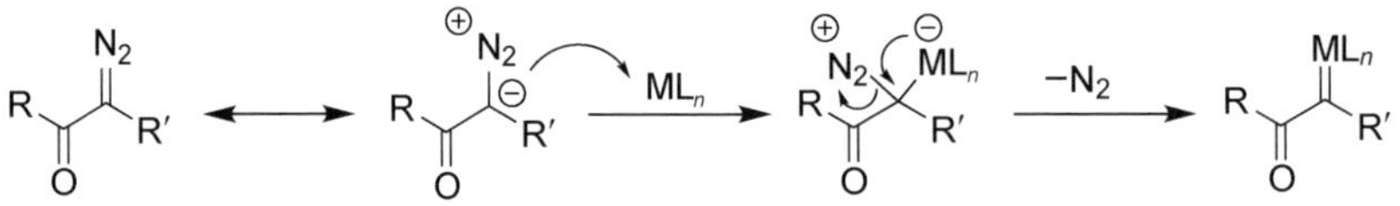

图3-3　由重氮化合物形成金属卡宾的过程

尽管过渡金属催化的经由金属卡宾中间体的反应已经得到了很大的发展,但是对于反应过程中金属卡宾中间体的分离和表征,长期以来都是一个很有挑战性的问题,主要是因为这些金属卡宾中间体在室温下太活泼,难以稳定存在。近年来,这方面的工作也得到了一定程度的发展[6]。例如,2002年,Mindiola和Hillhouse通过两步合成得到了镍卡宾,该镍卡宾是一种绿色的晶体[7]。此外,更加活泼的过渡金属卡宾,例如钯卡宾[8]、金卡宾[9-11]、银卡宾[12,13]、铑卡宾[14-17]等,都得到了单晶X射线衍射或者其他表征手段的证实(图3-4)。分离得到的这些活泼的中间体,为经过金属卡宾中间体的反应的机理研究提供了更加直接的表征手段。

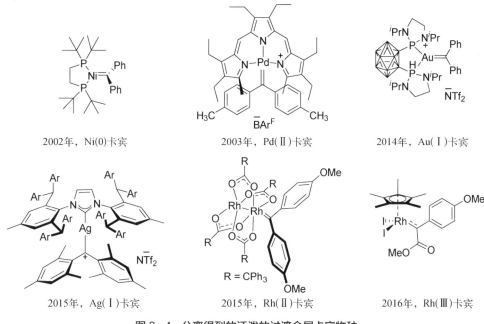

2002年，Ni(0)卡宾　　　　2003年，Pd(Ⅱ)卡宾　　　　2014年，Au(Ⅰ)卡宾

2015年，Ag(Ⅰ)卡宾　　　　2015年，Rh(Ⅱ)卡宾　　　　2016年，Rh(Ⅲ)卡宾

图3-4　分离得到的活泼的过渡金属卡宾物种

3.2　金属卡宾的经典反应模式

　　过渡金属催化下金属卡宾的经典反应模式，一般是金属卡宾的前体（如重氮化合物）和过渡金属作用形成金属卡宾中间体，由于该金属卡宾中间体有很高的亲电性，其很容易与富电子的亲核组分发生反应（图3-5）。这些亲核组分可以是硫亲核组分、氮亲核组分、氧亲核组分，也可以是碳亲核物种，如烯烃、炔烃、碳氢键等组分。

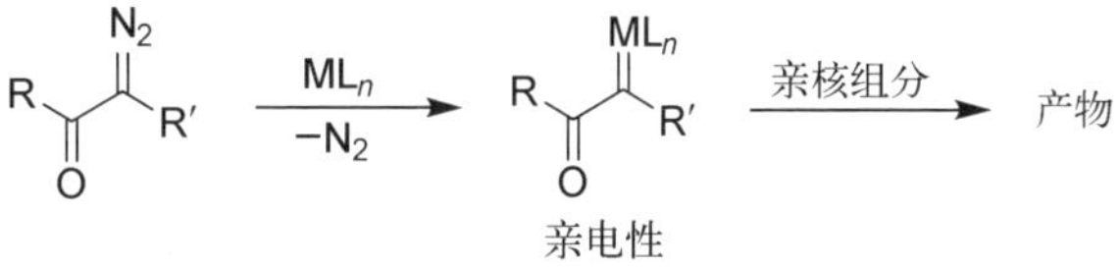

图3-5　金属卡宾的经典反应模式

　　金属卡宾的经典反应模式产生了丰富的化学转化，其中有些反应已经成为"人名反应"，在有机合成及制药工业上都有广泛的应用。基本上，后过渡金属都可以形成金属卡宾，并参与这类金属卡宾的经典反应模式。其中，最常用的催化剂是二价的羧酸铑催化剂或者一价的铜催化剂。除此之外，近年来，还有两类过渡金属卡宾的化学转化得到

了一定程度的发展，产生了一些新的反应模式。一类是二价钴卡宾，钴卡宾具有自由基的性质，与二价的铑卡宾或者一价的铜卡宾发生的反应不同（一般是协同或者经由离子型中间体），钴卡宾的反应一般是按照自由基的机理进行的。关注较多的另一类就是金卡宾，因为金催化剂具有较强的亲炔性，能有效地活化炔烃并从炔烃中产生卡宾，进而实现一系列高效的串联反应。

3.2.1 铑或者铜催化的卡宾的反应

自由卡宾可以发生多种类型的反应，但是反应往往不受控制，实用价值较小。直到铜催化剂和羧酸铑催化剂的发展，通过形成金属卡宾，极大地稳定了卡宾物种，使得很多反应可以高效地进行。其中，金属卡宾与杂原子亲核试剂发生叶立德形成反应是金属卡宾的一类经典反应（图 3-6）。

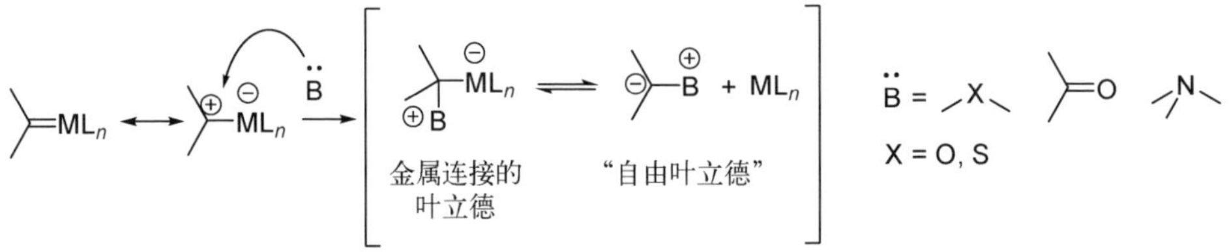

图 3-6　金属卡宾的叶立德形成反应

其中，金属卡宾与烯丙基硫醚的反应被称为 Doyle-Kirmse 反应。该反应最早是由 Kirmse 发现的[18]，随后 Doyle 对其进行了进一步的发展[19]。这个反应的历程一般如下：过渡金属催化剂首先分解重氮化合物形成金属卡宾，随后与烯丙基硫醚硫的孤对电子作用生成硫叶立德中间体，进一步发生 [2,3]-σ 重排得到最后的产物（图 3-7）。该反应将产生一个手性中心，因此实现不对称的 Doyle-Kirmse 反应成为进一步研究的焦点。Uemura 等最早对该反应的不对称过程进行了尝试[20]，虽然结果并不理想，但是为后来人们实现高对映选择性的不对称 Doyle-Kirmse 反应带来了希望。2005 年，王剑波课题组利用手性辅基的策略首次实现了高对映选择性的 Doyle-Kirmse 反应（图 3-8）[21]。他们采用手性辅基樟脑磺酰胺、一价铜催化剂和亚胺配体，可以顺利地实现重氮化合物形成卡宾后与烯丙基硫醚的高对映选择性反应。

除烯丙基硫醚以外，炔丙基硫醚也能很好地控制对映选择性。虽然利用辅基控制可以实现 Doyle-Kirmse 反应的高对映选择性,但是真正经过不对称催化过程的高对映选择性的 Doyle-Kirmse 反应一直没有被报道。2017 年,王剑波课题组在研究这一反应的不对称催化过程中取得了突破,首次实现了催化剂控制的高对映选择性的 Doyle-Kirmse 反应($ee\%$[①] $=67\%\sim98\%$)(图 3-9)[22]。硫三氟甲基的引入对于反应的对映选择性有着非常重要的影响。最开始他们采用手性的二价铑催化剂催化该反应,后来他们进一步发现利用更加廉价的一价铜催化剂,并加入手性配体,也可以很好地控制该反应的对映选择性。

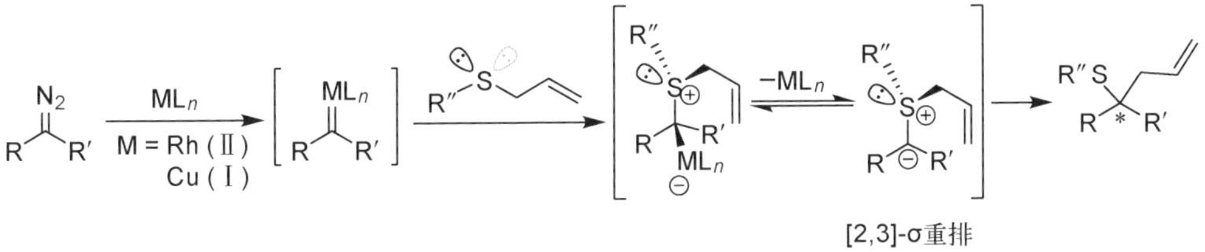

图 3-7　Doyle-Kirmse 反应的反应历程

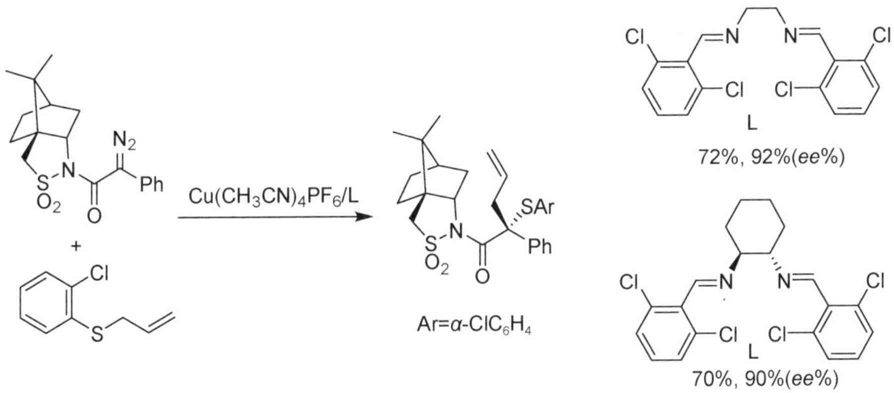

图 3-8　辅基控制的不对称 Doyle-Kirmse 反应

　　在上述的 Doyle-Kirmse 反应中,烯丙基或者炔丙基硫化合物的硫原子和金属卡宾先形成叶立德,再发生[2,3]-σ 重排得到产物。其实除烯丙基硫醚化合物以外,烯丙基醚类化合物[23,24]、烯丙基胺类化合物[25]都可以与金属卡宾发生类似的[2,3]-σ 重排反应并得到相应的产物。杂原子亲核试剂与金属卡宾形成叶立德后,除可以发生[2,3]-σ重排以外,也可以发生[1,2]-重排(Stevens 重排)[26]。其反应模式如图 3-10 所示。

---

① 　$ee\%$,enantiomeric excess percent,对映体过量百分比。

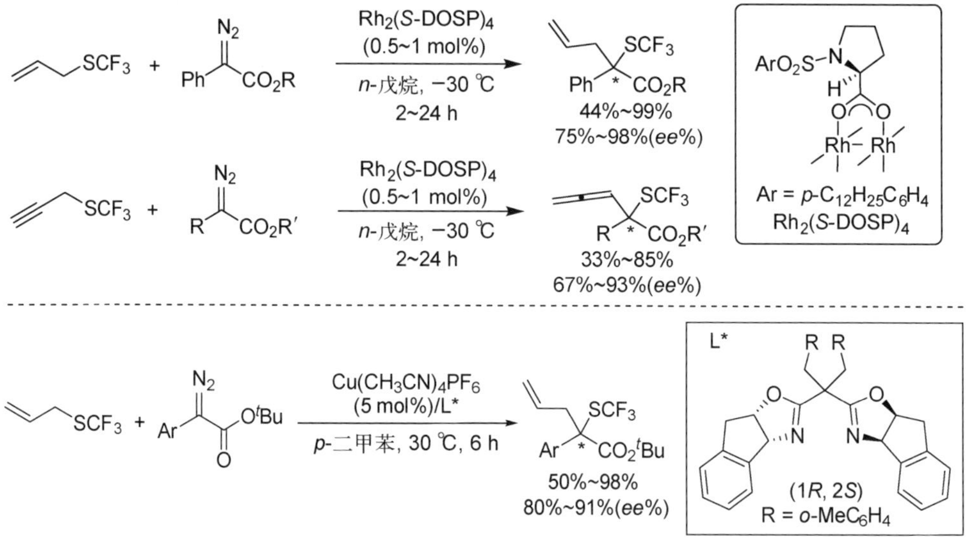

图 3‑9 首次不对称催化的高对映选择性的 Doyle-Kirmse 反应

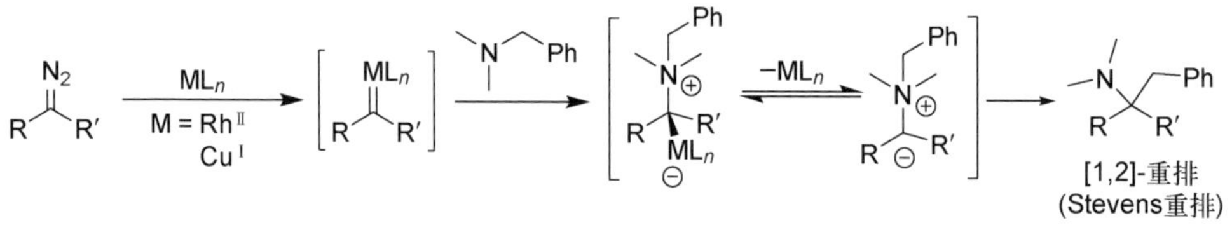

图 3‑10 Stevens 重排的反应历程

杂原子亲核试剂与金属卡宾形成叶立德后,除发生上述的重排反应以外,还可以发生环加成反应。一般是碳基的氧原子作为亲核试剂与金属卡宾反应形成羰基的叶立德,此时的叶立德作为一种 1,3 偶极子与烯烃或者炔烃发生环加成反应(图 3‑11)[27,28]。

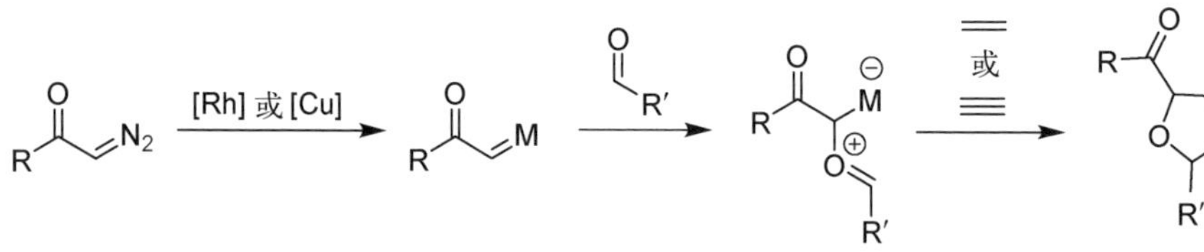

图 3‑11 金属卡宾的环加成反应

金属卡宾对于 X—H (X = C, B, Si, N, O, S)键的插入反应又是金属卡宾的一种反应类型,目前已经发展成构建碳杂键或者碳碳键的重要方式。对于极性的 X—H

（X＝O，N，S）键的插入反应，通常认为插入过程是亲电性的金属卡宾首先与杂原子形成叶立德中间体，随后发生质子1,2-迁移（图3-12）[29]。对于该类型的反应，发生质子1,2-迁移的中间体是带有金属的叶立德中间体，还是没有金属的叶立德中间体，这一直是研究者关注的焦点。如果是带有金属的叶立德中间体，就有希望通过金属上手性配体的控制来实现该反应的不对称催化过程。如果是不带金属的叶立德中间体，就需要采用其他的策略来实现不对称催化过程。最近，周其林课题组发展起来的手性螺环配体在这方面取得了很大的进展。他们使用的金属催化剂是一价铜和二价铁催化剂。对于金属卡宾对水的插入反应，DFT 计算表明[30]，在二价铑卡宾与杂原子形成的叶立德中间体中，金属可能优先离去，变成不带金属的叶立德后再发生质子1,2-迁移，所以有可能通过向体系中加入手性磷酸作为手性质子梭来控制反应的对映选择性。但是在铜催化的这类反应中，DFT 计算表明，铜可能是连在叶立德上的，所以通过选择合适的手性配体就能够很好地控制这类反应的对映选择性。

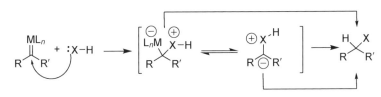

图3-12 金属卡宾插入杂原子 X—H 键的反应历程

金属卡宾插入 C—H 键的反应是按照完全不同的机理进行的。一般认为，金属卡宾插入烷基 C—H 键的反应是按照三元环的过渡态机理进行的（图3-13）[31]。在有机化合物中，烷基 C—H 键广泛存在，直接从 C—H 键出发并实现其官能团化具有重要的意义。对于金属卡宾插入烷基 C—H 键的反应，实现高区域选择性的反应具有挑战性。更进一步地，在实现高区域选择性的同时实现高对映选择性的插入反应就更具有挑战性了。最近，Davies 课题组通过催化剂的筛选，实现了利用不同的催化剂控制不同反应位点的 C—H 键的高对映选择性插入过程（图3-14）[32-34]。

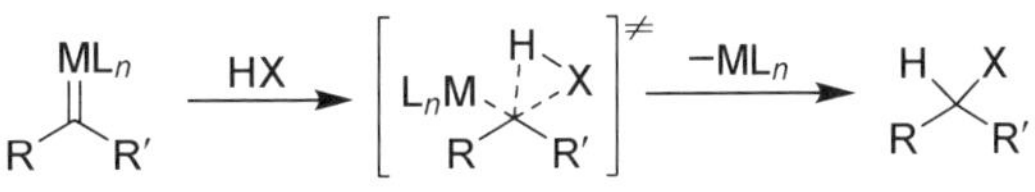

图3-13 金属卡宾插入烷基 C—H 键的反应历程

金属卡宾除可以插入烷基 C—H 键以外，也可以实现芳基 C—H 键的插入。此时反应机理又与烷基 C—H 键插入的反应机理不同。一般认为，金属卡宾插入芳基 C—H 键的反应是按照富电子的芳环进攻亲电性的卡宾中间体的过程进行的，类似于傅氏反应

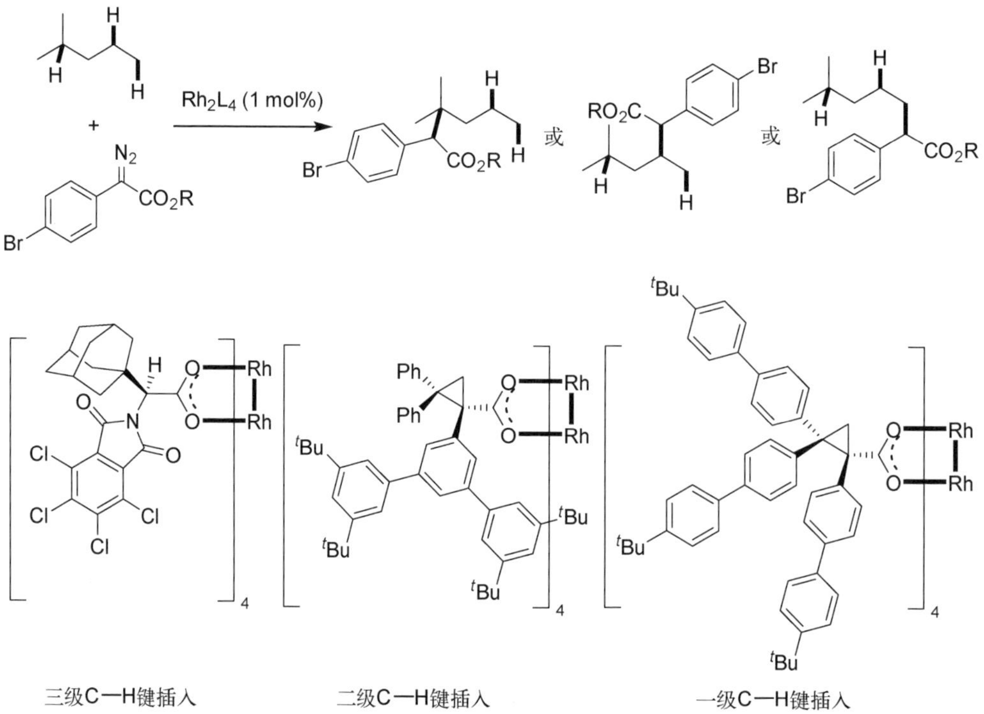

三级C—H键插入　　　　　二级C—H键插入　　　　　一级C—H键插入

图 3-14　金属卡宾高区域选择性和对映选择性插入烷基 C—H 键

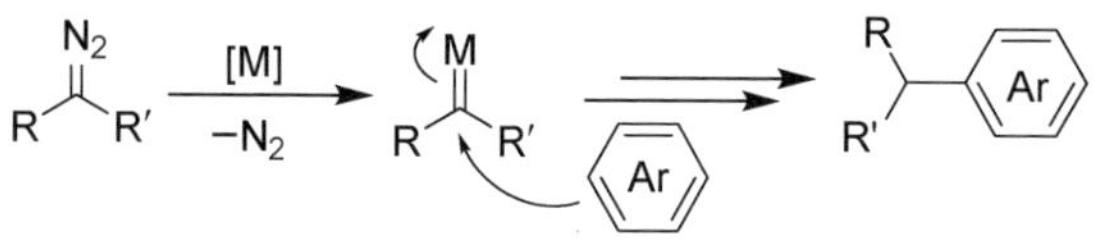

图 3-15　金属卡宾插入富电子芳基 C—H 键的反应历程

的机理(图 3-15)[35]。目前,利用金属卡宾插入芳基 C—H 键也发展成了实现芳环 C—H 键官能团化的一种重要的策略。但是对于缺电子的芳基 C—H 键,按照这种金属卡宾的经典反应模式是不能进行的。

除芳基 C—H 键以外,烯基 C—H 键也广泛存在。但是关于金属卡宾插入烯基 C—H 键的反应的报道却非常少。主要是因为烯烃很容易与金属卡宾发生环丙烷化的副反应,使得插入烯基 C—H 键的过程无法进行。2017 年,王剑波课题组通过分子内的策略探索了金属卡宾插入烯基 C—H 键的反应(图 3-16)[36]。应用羧酸二价铑催化剂或者廉价的碘化亚铜催化剂,均可以得到较好的收率。他们进行了较为详细的机理研究,认为该反应包括金属卡宾形成、双键亲核进攻卡宾发生环化、去芳构化、1,5-氢迁移等过程。从反应机理上看,该反应历程是一种金属卡宾形式上插入烯基 C—H 键的过程。但是实现具有普适性的金属卡宾插入烯基 C—H 键的反应仍然具有一定的挑战性。

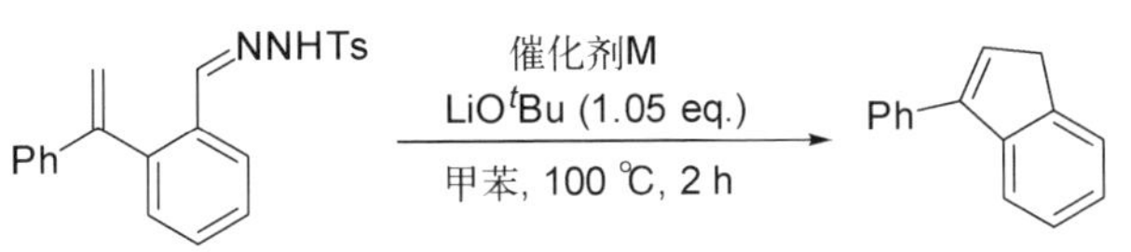

催化剂M	收率/%
Rh₂(OAc)₄	80
Rh₂(Oct)₄	95
CuI	81

图 3-16 Rh^{II} 或者 Cu^I 催化下金属卡宾形式上插入烯基 C—H 键的反应

金属卡宾与烯烃形成环丙烷的反应又是一类重要的反应。该反应最早可以追溯到 19 世纪 50 年代,其中二价铑和一价铜、二价铜是常用的环丙烷化反应的催化剂。随着手性二价铑催化剂的发展,特别是 Doyle[37] 和 Davies[38] 等的贡献,不对称的环丙烷化反应也已经发展得较成熟(图 3-17)。

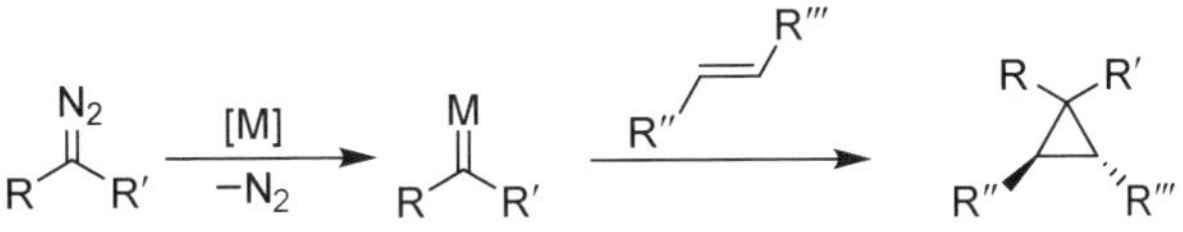

图 3-17 金属卡宾的环丙烷化过程

3.2.2 钴卡宾的反应

前面介绍的都是铑催化或者铜催化下金属卡宾的转化,所形成的铑卡宾或者铜卡宾都是亲电性的金属卡宾物种,发生的反应一般都是离子型的反应。二价钴也能与重氮化合物作用形成钴卡宾,但是此时形成的钴卡宾与铑卡宾或者铜卡宾不同,它具有自由基的性质,所发生的反应也是按照自由基的机理进行的。二价钴卡宾体现自由基性质的原因主要是二价钴是 d⁷ 电子构型,会有一个单电子排布在单占据分子轨道(single occupied molecular orbit,SOMO)轨道上,体现自由基的性质,其与重氮化合物作用形成卡宾物种后,该单电子会与卡宾碳上的一个单电子形成 σ 键,卡宾碳上的另外一个单电子仍然排布在 SOMO 轨道上,整个卡宾物种也会体现出自由基的性质(图 3-18)。

Peter Zhang 课题组在卟啉钴卡宾的反应领域做了很多重要的研究工作。2003 年,他们首次利用卟啉钴作为催化剂,实现了钴卡宾与烯烃的环丙烷化过程(图 3-19)[39]。随后,他们在卟啉环上引入不对称基团,实现了不对称环丙烷化过程[40]。形成的钴卡宾除可以发生环丙烷化反应以外,其他类型的反应也渐渐得到了发展[41-43]。由于钴卡宾的反应模式不同,往往可以得到不同于传统的铑卡宾或者铜卡宾的反应产物。例如在 2011 年,王剑波课题组使用一价的铜催化剂,利用邻羟基苯甲醛的对甲苯磺酰腙与端炔反应得到了苯并呋喃的结构[44]。

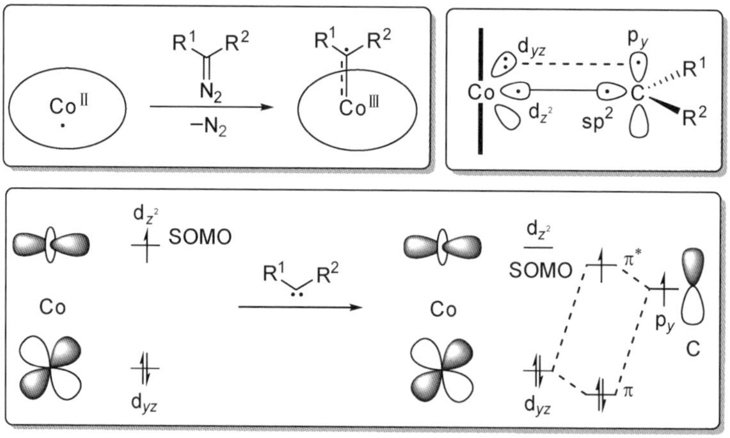

图 3-18　具有自由基性质的 Co^{II} 卡宾

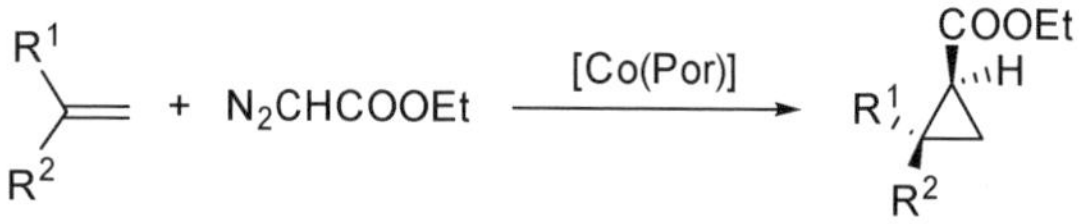

图 3-19　Co^{II} 卡宾的环丙烷化反应

然而 2014 年, de Bruin 课题组利用相同的底物在卟啉钴催化下却得到了 2H - Chromene 的结构(图 3-20)[45]。相同的反应底物,使用不同的催化剂,最后得到了两种不同的结构,这主要是由反应机理不同导致的。钴卡宾的自由基性质使得其发生了自由基类型的反应。钴卡宾除可以与烯烃或者炔烃发生反应以外,通过其插入烷基 C—H 键来实现不对称的烷基 C—H 键官能团化反应最近也得到了一定程度的发展[46]。

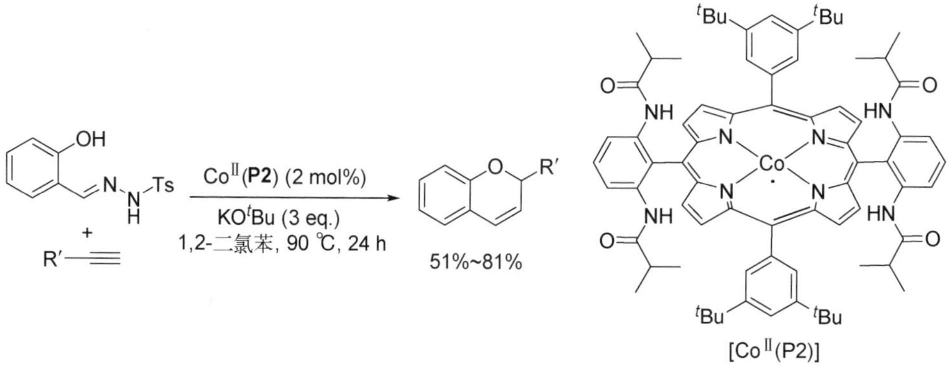

图 3-20　Co^{II} 卡宾与炔烃的串联反应

3.2.3　金卡宾的反应

Au(Ⅰ)的 s、p 轨道收缩使其 LUMO 轨道降低,所以相比于同族的其他元素,Au(Ⅰ)具有更强的 Lewis 酸性。由于 Au(Ⅰ)的体积较大,其是一个弥散的阳离子,具有较软的 Lewis 酸性,会优先与软的亲核试剂配合,例如烯烃或者炔烃。如果体系中同时存在烯烃和炔烃,金催化剂会优先促进炔烃发生转化,体现出强烈的亲炔性。这些转化中有一大类反应的过程中会经过金卡宾中间体。但是由于金上的 d 电子对于卡宾碳的反馈较弱,也有人认为金卡宾中间体其实是一种金稳定的碳正离子。最近有研究表明,金上的配体可以调控这两种中间体倾向的存在形式[47]。与铑或者铜催化的卡宾的转化相比,金卡宾的转化模式并没有大的变化,其最大的不同在于产生金属卡宾的方式。金催化下可以从炔烃中产生金卡宾物种,再结合金属卡宾丰富的转化类型,可以实现一系列新的化学转化。金催化下从炔烃中产生金卡宾物种的反应可以大致分为两类,一类是分子内的亲核试剂进攻炔烃,另一类是分子间的亲核试剂进攻炔烃。在分子内的策略中,第一种情况是烯烃作为亲核试剂去进攻被金催化剂活化的炔烃,接着发生环化,随后金上的电子反馈形成带有三元环的金卡宾物种[图 3-21(a)][48]。亲核试剂除烯烃以外,也可以是炔丙基酯的酯基,通过分子内的 1,2-酯基迁移得到金卡宾物种[图 3-21(b)][49]。

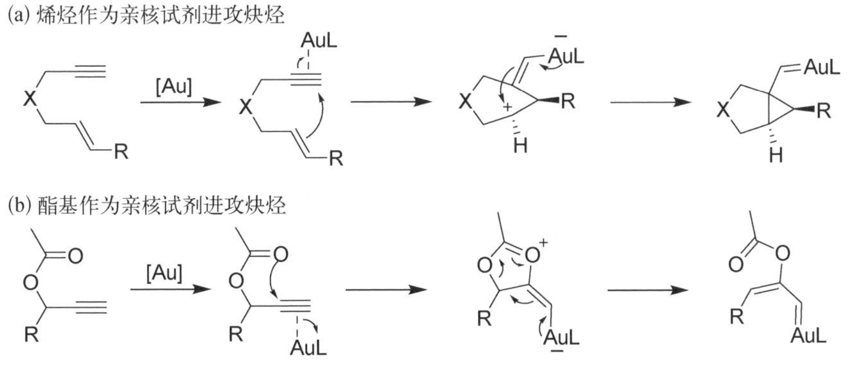

图 3-21　分子内的亲核试剂进攻炔烃产生金卡宾物种

可以看到,这类反应生成的金卡宾进攻炔烃的亲核试剂都是在分子内的,虽然利用这种方式可以实现很多串联反应,甚至构建复杂的天然产物,但是利用分子间的亲核试剂进攻炔烃仍然存在很大的挑战性。解决这个问题的一种主要的策略是利用带有离去基团的亲核试剂进攻炔烃产生金卡宾物种[50]。这种带有离去基团的亲核试剂进攻炔烃的策略最早是由 Toste 课题组在 2005 年报道的[51]。他们利用分子内叠氮基团作为亲核试剂进攻炔烃，最后可以得到吡咯的结构。在这个反应中，叠氮基团作为可以离去氮气的亲核试剂，其生成金卡宾的机理如图 3-22 所示。

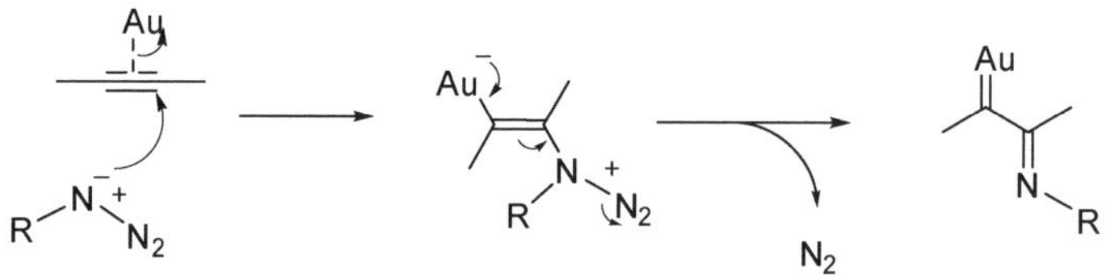

图 3-22　叠氮基团进攻炔烃产生金卡宾物种

但是利用叠氮基团作为亲核试剂一般生成邻亚胺基金卡宾，很多反应也都局限在分子内，分子间的反应只有较少的一部分。如果利用一种氧端的亲核试剂，和炔烃经过分子间的反应生成邻碳基金卡宾，那么其和从 α-羰基重氮化合物生成金卡宾的结果是类似的。2014 年，Zhang 课题组在这方面取得了重要进展。他们利用吡啶氮氧化合物作为亲核试剂，进攻金催化剂活化的炔烃，产生 α-羰基金卡宾，再实现后续的转化，实现了分子间的亲核试剂和炔烃生成金卡宾的过程（图 3-23）[52]。

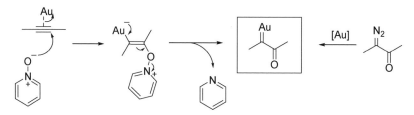

图 3-23　吡啶氮氧化合物进攻炔烃产生金卡宾物种

3.3　金属卡宾的偶联反应

前面介绍的金属卡宾的反应都是按照经典的反应模式进行的。金属卡宾的经典反应模式的特点是金属卡宾前体先和过渡金属催化剂作用生成亲电性的金属卡宾物种，随后和体系中的亲核试剂反应。近年来，发展起来了一类金属卡宾的新反应模式，即基于金属卡宾的偶联反应[53]。这两种反应模式从反应历程上看，主要区别在于过渡金属催化剂和金属卡宾前体生成金属卡宾的先后顺序。对于金属卡宾的经典反应模式，第一步是过渡金属先和金属卡宾前体作用生成金属卡宾，第二步是与另一组分反应。对于金属卡宾的偶联反应模式，第一步是另一组分先与过渡金属作用形成碳金属物种，第二步是与金属卡宾前体作用形成金属卡宾。我们以金属卡宾对 C—H 键的插入反应为例来分析这两种反应模式的区别（图 3-24）。富电子的烷基 C—H 键插入反应一般是按照金属卡宾的经典反应模式进行的。其反应历程是重氮化合物与过渡金属催化剂作用生成金属卡宾，随后经过三元环的过渡态插入富电子的 C—H 键得到产物。按照这种反应模式，无法实现缺电子的 C—H 键的插入，例如缺电子的炔基 C—H 键。其实金属卡宾插入炔基 C—H 键的反应是按照偶联反应模式进行的。首先是端炔与过渡金属催化剂作用生成炔基金属物种，再与重氮化合物作用生成金属卡宾，最后经过金属卡宾的迁移插入过程得到产物。可以看到，这两类反应模式是完全不一样的，也分别解决了不同的化学问题。

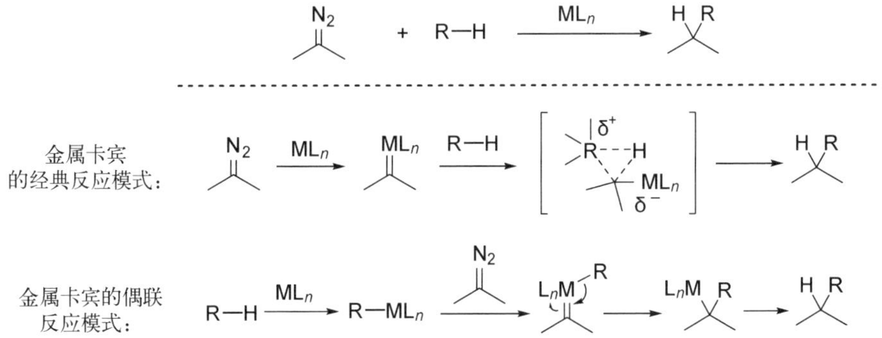

图 3-24　两种金属卡宾反应模式的区别

金属卡宾的偶联反应除进行 C—H 键的插入反应以外，还可以进行多种多样的反应，各种偶联反应的催化剂均可以催化该类反应，说明该反应模式具有非常好的普适性。在金属卡宾的偶联反应中，产生 R—[M]物种的方式有很多种可能性，生成R—[M]物种后与之反应生成的金属卡宾前体也有很多种，发生金属卡宾的迁移插入后重新生成的金属物种又可以串联很多过程，这些多样的组合使得金属卡宾的偶联反应可发展出很多不同类型的新反应（图 3-25）。

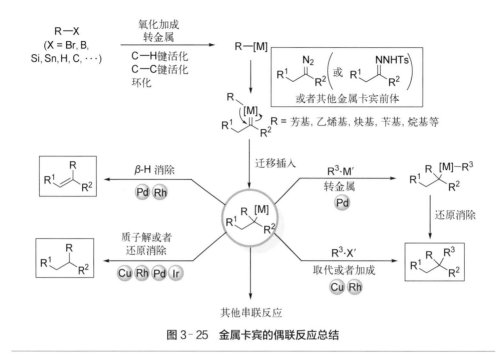

图 3-25　金属卡宾的偶联反应总结

3.3.1　钯催化的卡宾的偶联反应

2001 年,van Vranken 课题组首次报道了钯催化的卡宾的偶联反应[54]。他们采用苄基卤化物与三甲基硅基重氮甲烷在钯催化下反应,最后得到了苯乙烯产物。该反应的历程如下:苄基卤化物先与零价钯发生氧化加成形成苄基钯物种,随后去分解重氮化合物形成钯卡宾,发生迁移插入过程得到烷基钯物种,接着发生 β-H 消除后反插烯烃,再 β-Si 消除得到产物(图 3-26)。由于该反应的收率较低,底物普适性也很有限,并没有受到大家的广泛关注。

2007 年,Barluenga 课题组采用对甲苯磺酰腙作为金属卡宾前体,在钯催化下实现了与溴苯的高效偶联,最后得到了 1,1-二取代的烯烃(图 3-27)[55]。该反应特别高效,很多底物几乎可以得到定量的收率。这也是首次将金属卡宾的偶联反应模式发展成为一个较实用且较可靠的合成方法。几乎在同一时期,王剑波课题组利用重氮化合物作为卡宾的前体,实现了其与芳基硼酸的氧化偶联反应(图 3-28)[56]。该反应的历程如下:零价钯先被苯醌氧化成二价钯,随后与硼酸发生转金属过程并得到芳基钯物种,分解重氮化合物后形成钯卡宾物种,接着发生迁移插入过程,经 β-H 消除得到产物,消除

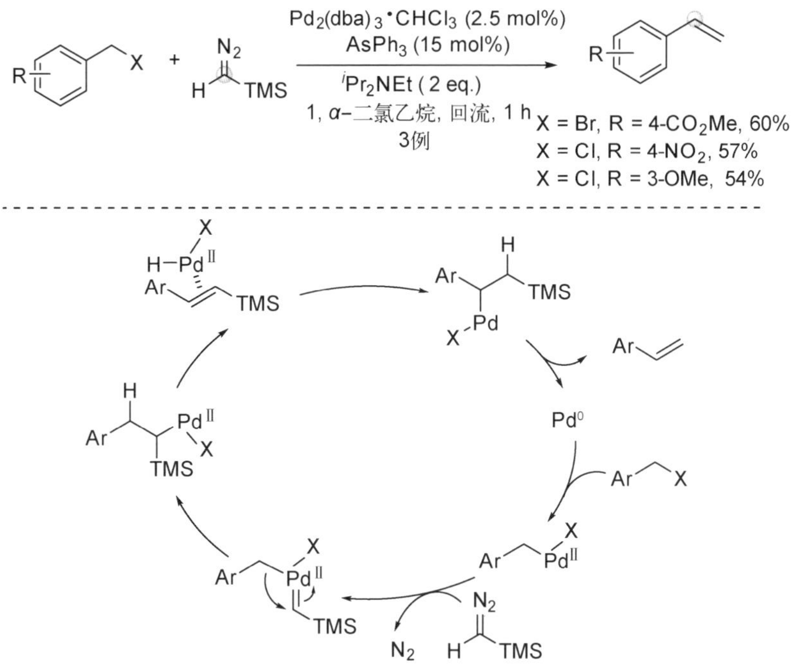

图 3‑26　早期钯卡宾的偶联反应报道

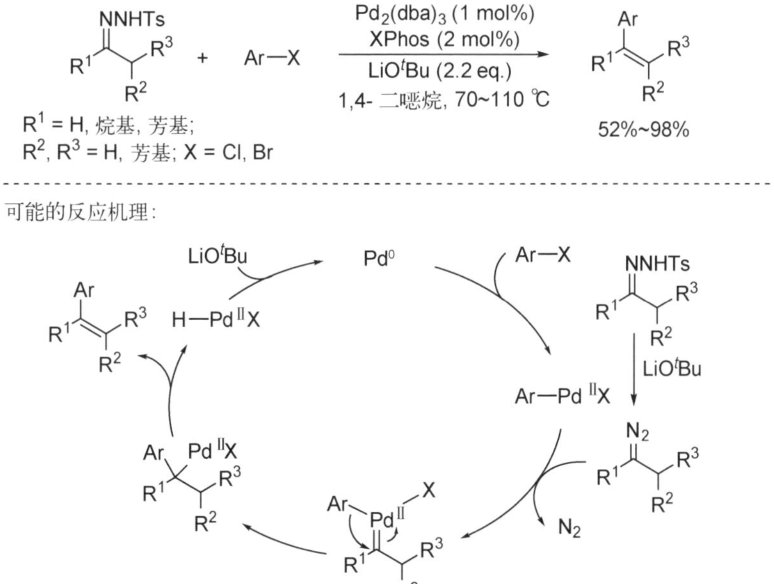

图 3‑27　钯催化下对甲苯磺酰腙与溴苯的偶联反应

的钯氢物种发生还原消除过程并生成零价钯,最终完成催化循环。以上工作基本上开启了金属卡宾偶联反应研究的热潮,后期许多课题组都在这个领域开展了研究工作,各式各样的金属卡宾的偶联反应也被发展出来。

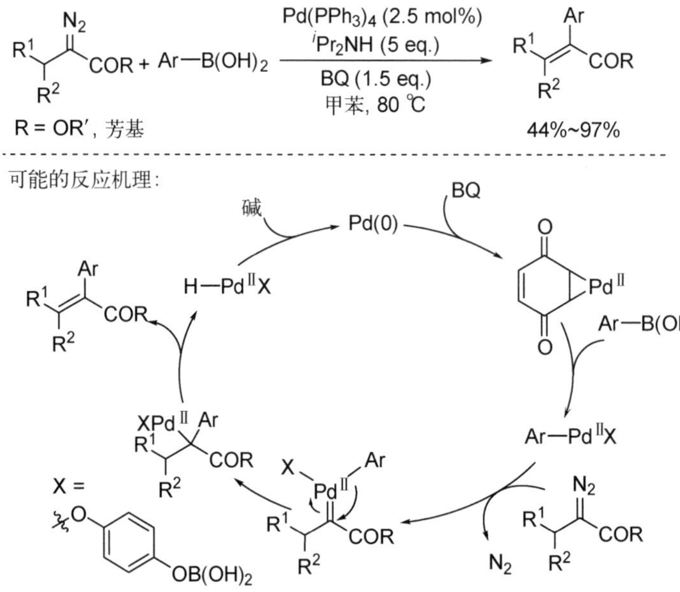

图 3-28 钯催化下重氮化合物与硼酸的氧化偶联反应

钯卡宾的偶联反应如图 3-29 所示。该类反应的变化特别多,我们分三个主要的部分来归纳。第一部分中产生 R—Pd 物种的方式有多种来源,可以是氧化加成、转金属等过程,也可以是 C—H 键活化或者其他串联过程。第二部分中金属卡宾前体的来源有多种不同的情况,最常见的金属卡宾前体是重氮化合物或者重氮化合物的前体——腙,但是最近发现除这些常见的金属卡宾前体以外,其他类型的金属卡宾前体也可以参与金属卡宾的偶联反应。第三部分是形成钯卡宾后发生迁移插入过程并形成新的钯物种的

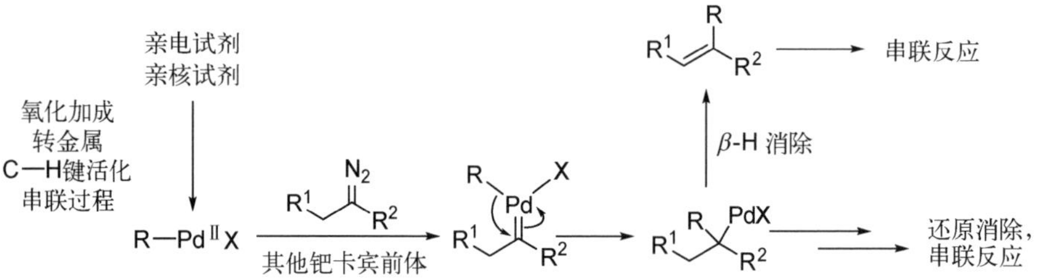

图 3-29 钯卡宾的偶联反应历程

结束步骤,可以发生β-H消除,也可以发生还原消除,还可能发生其他的串联反应。这些变化使得钯卡宾的偶联反应展现出多样性的特点。

前面介绍的 R—Pd 物种都是通过卤化物的氧化加成或者有机硼酸的转金属等过程得到的。2011 年,王剑波课题组发展了由端炔产生炔基钯物种与腙的氧化偶联反应(图 3-30)[57]。该反应的第一步是端炔在碱的作用下去质子形成炔基钯物种,随后分解重氮化合物形成钯卡宾,接着发生炔基的迁移插入过程,最后通过β-H消除的过程得到产物。通过这种方法可以方便地生成烯炔的结构。除腙以外,稳定的酯基重氮化合物也可以顺利地进行该反应,这也是首次报道了形成金属卡宾物种后炔基的迁移插入过程。除氧化加成、转金属的过程形成碳钯物种参与钯卡宾的偶联反应以外,从 C—H 键活化产生的碳钯物种也能实现与钯卡宾的偶联反应。2014年,龚流柱课题组报道了烯丙基 C—H 键活化产生烯丙基钯物种,随后分解重氮化合物生成钯卡宾,接着发生烯丙基的转移插入过程,最后经β-H消除得到共轭的1,3-丁二烯产物(图 3-31)[58]。值得一提的是,该反应中(R,R)-(salen)CrCl 的加入非常关键,他们认为其作用是增加了重氮化合物的亲核性,促进了生成烯丙基配位的钯卡宾的过程。从生成 R—Pd 物种的角度来看,除氧化加成、转金属、C—H 键活化等过程外,通过串联反应产生的钯物种也可以与重氮化合物反应得到相应的产物。

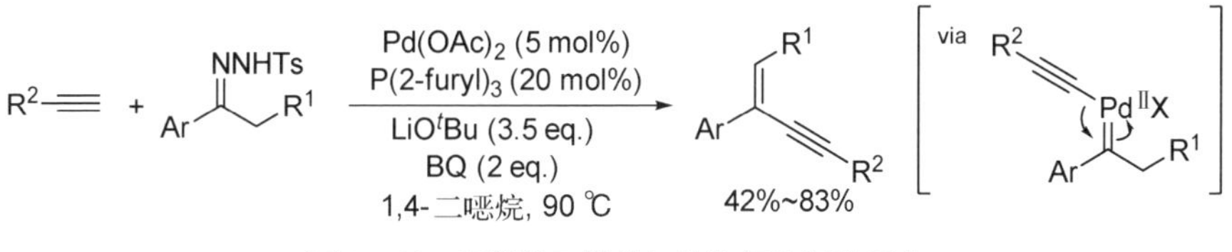

图 3-30　钯催化下端炔与腙的氧化偶联反应

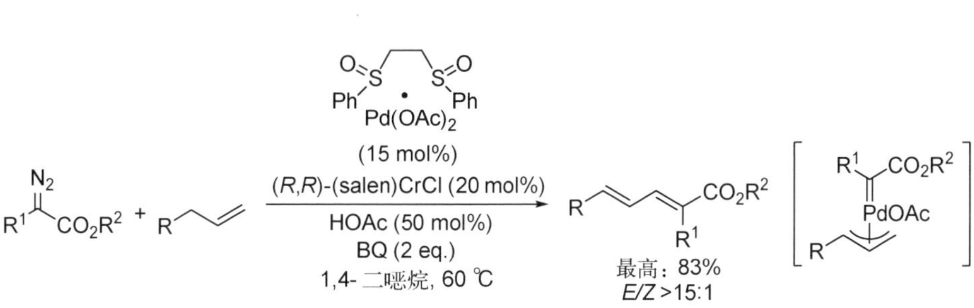

图 3-31　钯催化下烯丙基 C—H 键活化与重氮化合物的氧化偶联反应

2013年,王剑波和陈树峰课题组报道了碘苯、联烯与重氮化合物或者腙的串联反应(图3-32)[59]。利用该反应也可以顺利地得到取代的1,3-丁二烯产物。该反应的历程如下:碘苯与零价钯发生氧化加成生成芳基钯物种后,插入联烯生成烯丙基钯物种。通过这种串联反应生成的烯丙基钯物种可以进一步分解重氮化合物生成钯卡宾,随后发生迁移插入过程,再进行β-H消除过程,最后得到产物。这种串联过程先生成钯物种,再和重氮化合物反应生成钯卡宾,最后通过迁移插入过程的反应模式具有一定的普适性。同年,该课题组发展了利用分子内溴苯与炔烃环化产生烯基钯,再与腙偶联生成烯基取代的吲哚和苯并呋喃的反应(图3-33)[60]。该反应的一大亮点是,反应中的腙底物可以直接从酮或者醛原位生成,不但简化了反应步骤,还增加了反应的实用性。

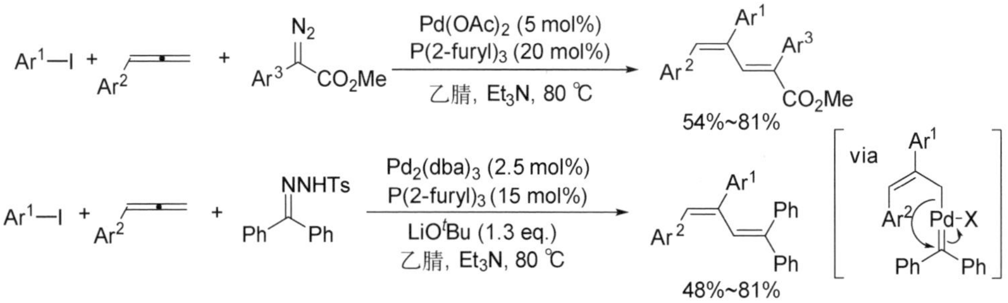

图3-32 钯催化下碘苯、联烯与重氮化合物的串联反应

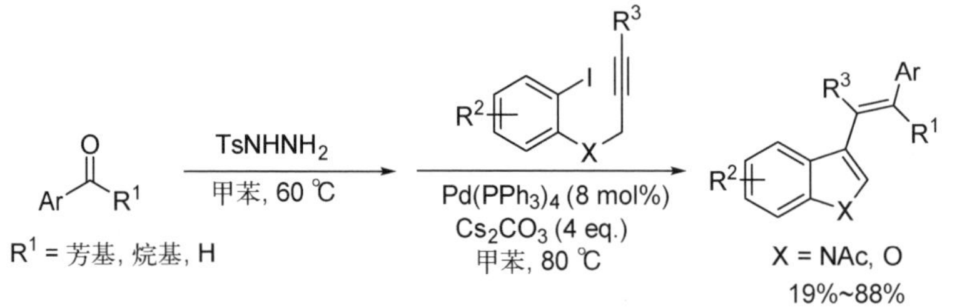

图3-33 钯催化下分子内碘苯与炔烃环化再与腙偶联的串联反应

前面介绍的这些钯卡宾的偶联反应都是通过β-H消除过程得到产物的。我们知道在传统的钯偶联反应中,最后生成钯物种的结束步骤可以是多种多样的。同样,在钯卡宾的偶联反应中,最后生成钯物种的结束步骤也有很多种可能的情况。2012年,王剑波课题组报道了环丙烷基取代的腙与溴苯的偶联反应,最后可以生成取代的1,3-丁二烯的结构(图3-34)[61]。该反应的历程如下:溴苯首先和零价钯氧化加成生成芳基钯物种,随后分解从腙产生的重氮化合物形成钯卡宾,接着通过迁移插入过程得到新的钯物种,此时由于邻位是一个具有很大环张力的环丙烷,其会优先地发生β-C消除过程,最后再发生β-H消除过程得到产物。除β-H消除过程、β-C消除过程以外,还可通过还原消除过程来结束钯的循环,这是另一大类反应。2010年,该课题组报道了溴苯、腙及端炔的三组分偶联反应(图3-35)[62]。该反应一个很大的挑战性问题是要避免溴苯与端炔的 Sonogashira 偶联反应,他们通过条件的控制来顺利地实现上述偶联反应。该反应的历程如下:溴苯与零价钯氧化加成生成芳基钯物种,分解重氮化合物形成钯卡宾,经过转移插入过程形成新的钯物种,由于此时没有β-H,所以不能通过β-H消除过程来结束反应,而会发生与炔基铜的转金属过程,最后还原消除得到产物。这种还原消除的过程同样可以用来合成三芳基甲烷。2013年,该课题组利用溴苯与二芳基甲酮的腙偶联实现了这一反应(图3-36)[63]。该反应的历程如下:首先是溴苯与零价的钯氧化

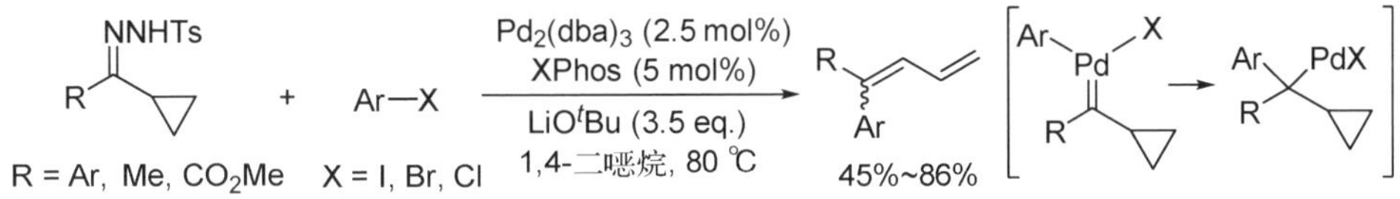

图3-34 钯卡宾的偶联反应过程中的 β-C 消除过程

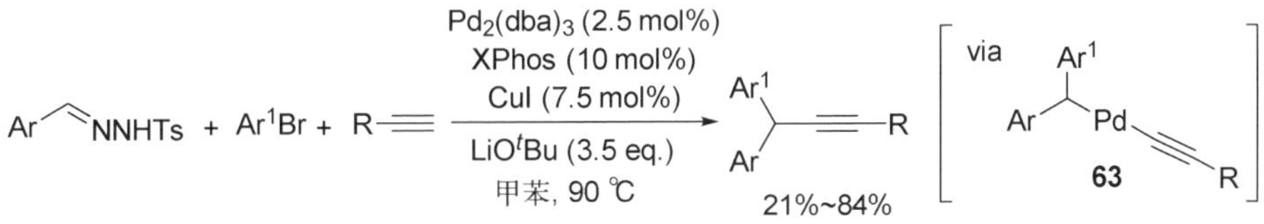

图3-35 钯催化下溴苯、腙及端炔的三组分偶联反应

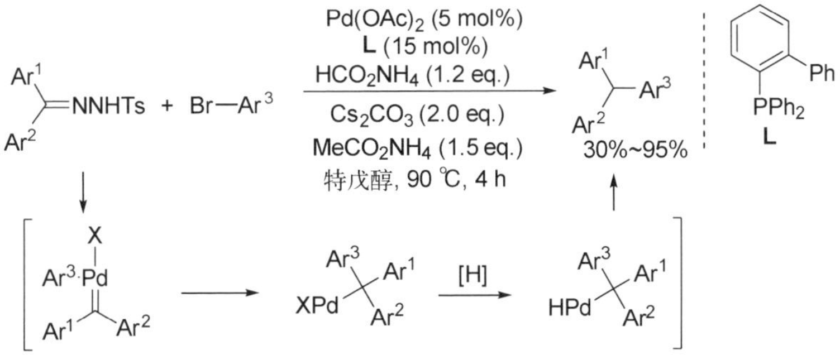

图3-36 钯催化下溴苯与二芳基甲酮的腙偶联合成三芳基甲烷

加成生产芳基钯物种,分解重氮化合物形成新的钯物种,此时同样没有 β-H,不能发生 β-H 消除过程,通过在反应体系中加入甲酸铵作为负氢的来源,与钯配位后发生还原消除过程得到最后的产物。

在前面介绍的钯卡宾的偶联反应中,迁移插入的基团都是碳基团,除此之外,杂原子基团也可以发生类似的反应。2015 年,王剑波课题组报道了联硅类化合物、联锡类化合物与腙的偶联反应(图 3-37)[64]。该反应也是首次实现了金属卡宾插入 σ 键的过程。该反应的历程如下:首先是 Si—Si 键和零价钯发生氧化加成,随后分解重氮化合物生成钯卡宾,接着发生硅基的迁移插入过程得到新的钯物种,最后通过 C—Si 键还原消除得到最后的产物。金属卡宾插入 Sn—Sn 键的机理一般被认为与插入 Si—Si 键的机理类似。

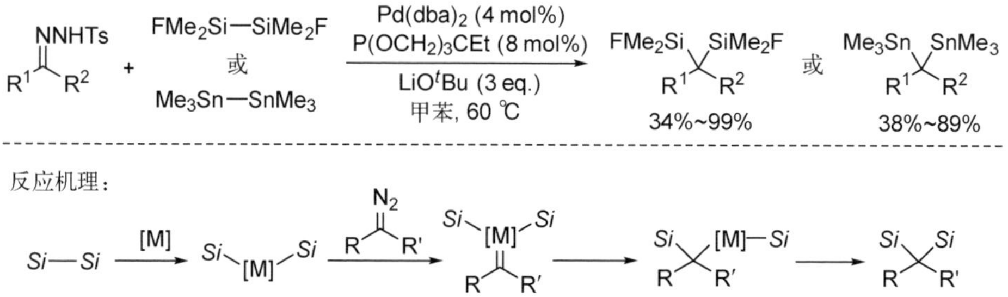

反应机理:

图 3-37　钯催化下金属卡宾插入 Si—Si 键或者 Sn—Sn 键

对于钯卡宾的偶联反应,最常见的钯卡宾单体就是重氮化合物或者能够产生重氮化合物的前体腙。王剑波课题组研究发现,钯卡宾的偶联反应模式也适用于其他非重氮类的前体。2013 年,他们报道了烯炔酮作为钯卡宾前体与卤化物的偶联反应,可以合成烯基取代的呋喃类产物(图 3-38)[65]。该反应有较好的底物普适性,苄基卤化物、芳基卤化物和烯丙基卤化物都可以顺利地兼容该反应体系。该反应的历程如下:卤化物与零价钯氧化加成生成芳基、苄基或者烯丙基钯物种,随后该物种活化烯炔酮的三键,接受分子内羰基的进攻而发生环化,随后钯上的电子反馈,形成呋喃基取代的钯卡宾,然后发生钯卡宾的迁移插入过程,最后通过 β-H 消除过程来结束反应。对于该机理,通过 DFT 计算的手段进行了证实,发现形成钯卡宾后发生迁移插入过程的这一步能量很低,反应很容易发生。此后,该课题组又发展了联烯酮作为钯卡宾的前体,与芳基硼酸或者烯基硼酸的氧化偶联反应(图 3-39)[66]。该反应的历程如下:芳基硼酸或者烯基硼酸先和钯催化剂发生转金属的过程,形成芳基钯物种或者烯基钯物种,随后该钯物种活化联烯,接受分子内羰基的进攻,随后钯上的电子反馈,形成钯卡宾,然后发生钯卡宾的迁移插入过程,最后发生 β-H 消除过程得到多取代的呋喃产物。

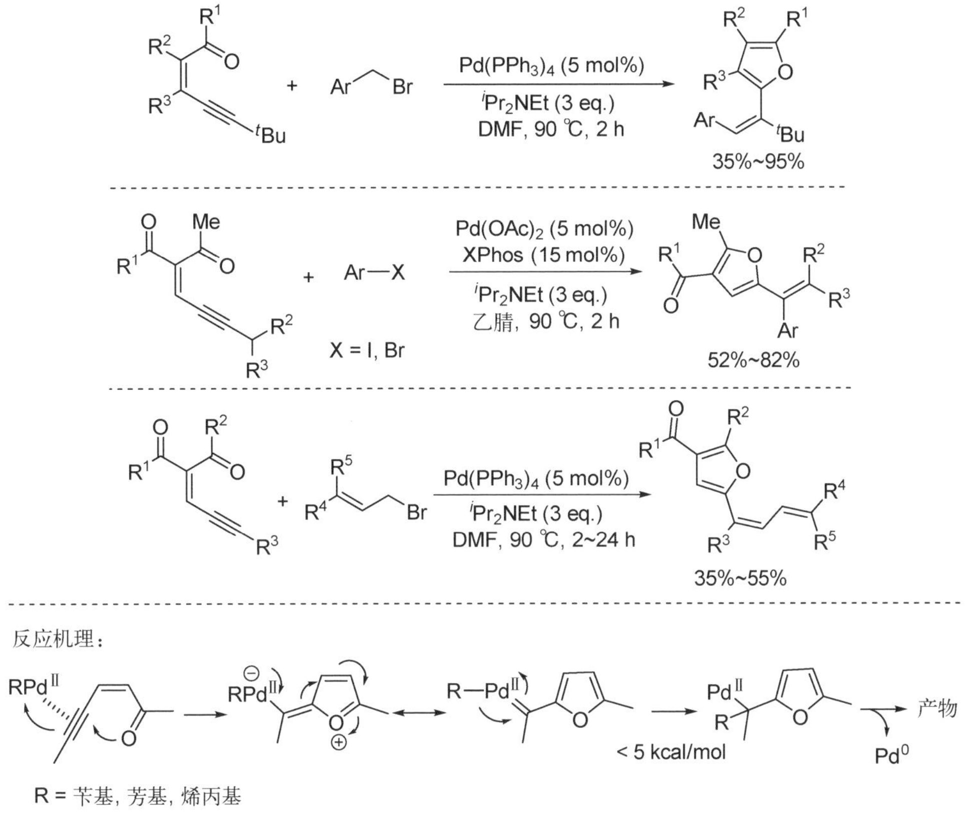

图 3-38 钯催化下烯炔酮作为钯卡宾前体与卤化物的偶联反应

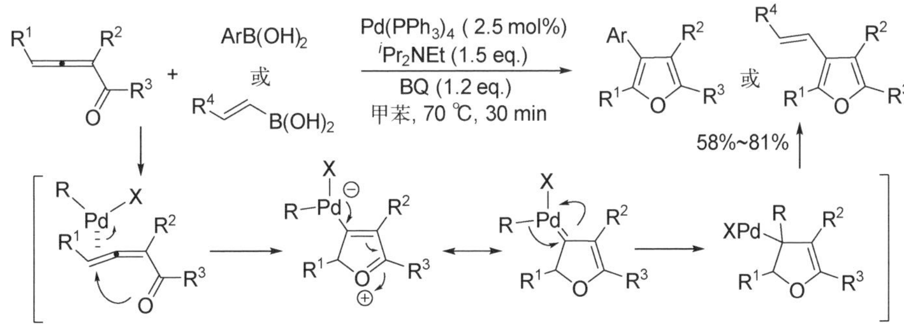

图 3-39 钯催化下联烯酮作为钯卡宾前体与芳基硼酸或者烯基硼酸的偶联反应

根据前面金卡宾的反应模式介绍,我们知道吡啶氮氧化合物可以作为带有离去基团的亲核试剂进攻被金催化剂活化的炔烃,随后金上的电子反馈,导致氮气的离去,生成 α-羰基金卡宾。最近,王剑波课题组发现,钯催化剂也可以顺利地实现该过程。他们报道了钯催化下苄基卤化物、炔胺及吡啶氮氧化合物的偶联反应(图3-40)[67]。该反应的历程如下:苄溴与零价钯发生氧化加成生成苄基钯物种,接着该物种活化炔胺的三键,接受吡啶氮氧化合物的进攻,随后钯上的电子反馈,导致吡啶的离去生成钯卡宾,然后发生转移插入过程,最后经 β-H 消除过程完成催化循环。

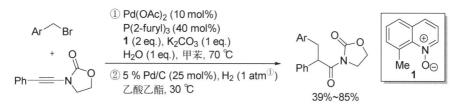

图3-40 钯催化下炔胺作为钯卡宾前体与苄基卤化物的偶联反应

除这些不饱和体系可以作为钯卡宾前体以外,王剑波课题组也进一步报道了铬卡宾通过转卡宾的方式生成钯卡宾的偶联反应。常见的稳定的铬卡宾上的卡宾碳一般被甲氧基取代,该杂原子上的孤对电子填充到卡宾碳上的空轨道中,起到稳定铬卡宾的作用。虽然铬卡宾相比于重氮化合物或者腙等金属卡宾前体,其制备过程和试剂的安全性都不占优势,但是它的结构特性赋予了其不可取代的特点。对于带有杂原子取代基的重氮化合物或者腙,往往不能制备得到或者反应性很差。因此,如果需要得到卡宾碳上有杂原子取代基的金属卡宾的偶联组分,从传统的重氮化合物或者腙出发是无法实现的。该课题组采用烯基铬卡宾作为钯卡宾前体与邻碘苯酚或者邻碘苯胺反应,分别得到二氢黄酮类产物或者取代的喹啉类产物(图3-41)[68]。该反应的历程如下:碘苯与零价钯氧化加成生成芳基钯物种,随后与铬卡宾发生转卡宾的反应形成钯卡宾,接着发生钯卡宾的迁移插入过程,得到烯丙基钯物种,随后与邻位的羟基或者胺基配位并发生还原消除得到最后的产物。选用特定的反应底物,利用这种方式可以一步生成天然产物芸香碱。

① 1 atm = 101 325 Pa。

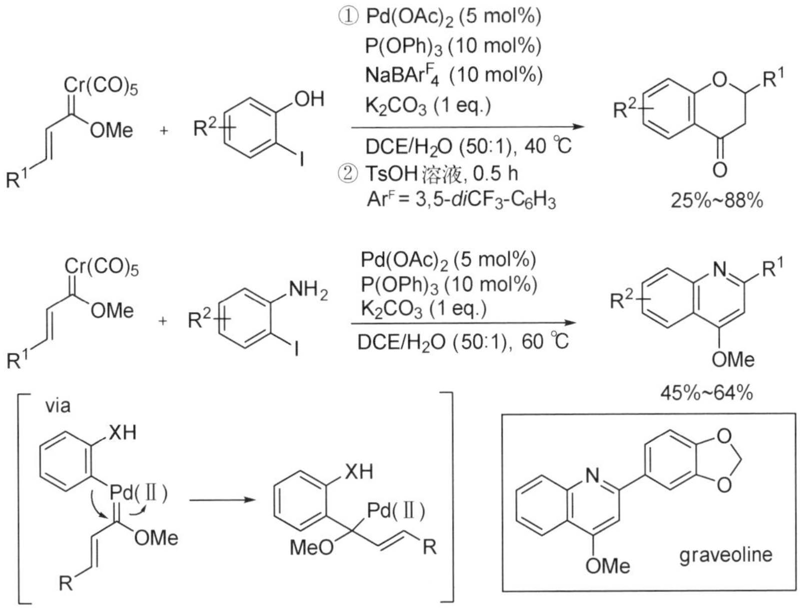

图 3-41 钯催化下铬卡宾作为钯卡宾前体的串联反应

3.3.2 铜催化的卡宾的偶联反应

除钯催化的卡宾的偶联反应以外，关于铜催化的卡宾的偶联反应的研究工作也得到了蓬勃的发展。其反应的历程如下：首先产生 R—Cu 物种，随后与铜卡宾前体反应生成铜卡宾物种，接着发生铜卡宾的迁移插入过程产生新的铜物种，最后发生质子解或者被其他的亲电试剂捕获得到产物（图 3-42）。

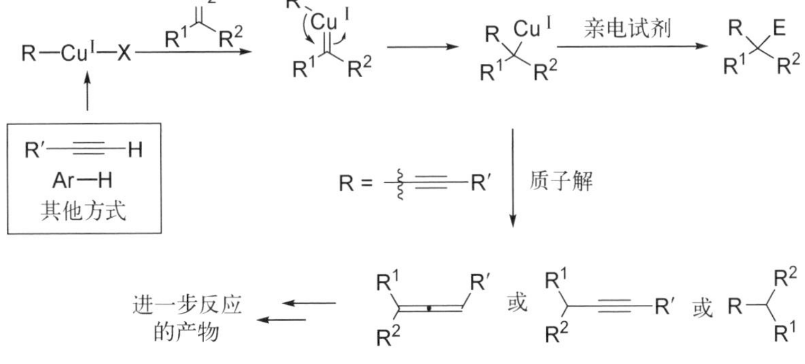

图 3-42 铜催化的卡宾的偶联反应

其中，研究最多的是端炔与金属卡宾前体的偶联反应。2004 年，Fu 课题组首次报道了端炔与 α-重氮酯或者 α-重氮酰胺的偶联反应（图 3-43）[69]。该反应条件特别简单，但是最后得到了两种产物，一种是炔丙基酯或者炔丙基酰胺，另一种是少量的联烯类产物。该反应已经被实际用于合成炔丙基酯或者酰胺。

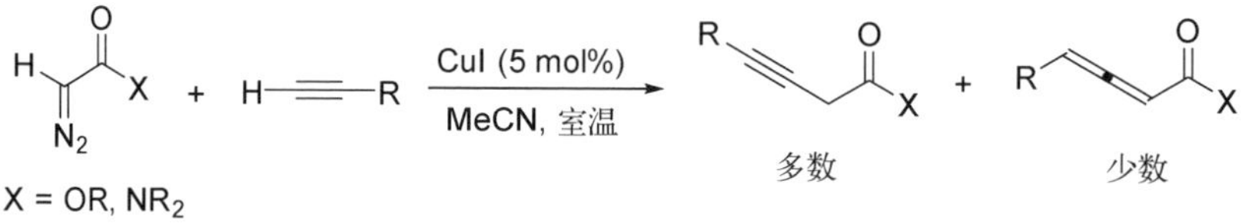

图 3-43 CuI 催化下端炔与 α-重氮酯或者 α-重氮酰胺的偶联反应

2011 年，王剑波课题组首次报道了端炔与腙的偶联反应生成联烯（图 3-44）[70]。在该反应中，腙需要采用由酮衍生的对甲苯磺酰腙。该反应的历程如下：首先是端炔在碱的存在下生成炔基铜物种，随后与从腙生成的重氮化合物反应，得到铜卡宾，接着发生铜卡宾的迁移插入过程得到新的铜物种，最后发生 1,3-质子解的过程得到联烯产物。在这个条件下，使用由醛衍生的腙的反应效果并不好，随后他们又通过条件的筛选，使得该反应也能够很好地兼容由醛衍生的腙的底物[71]。

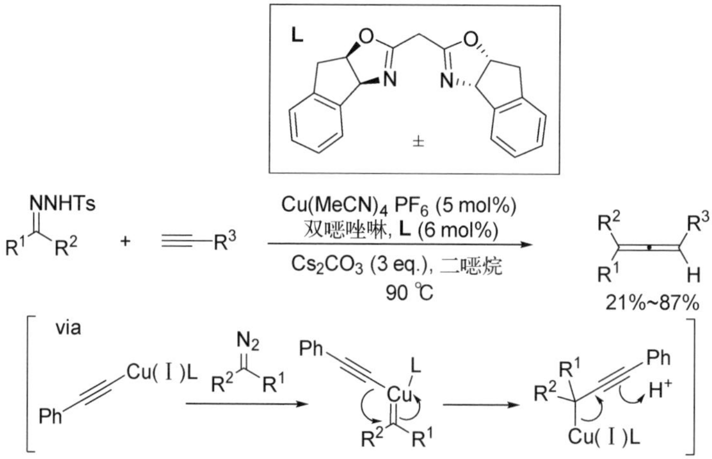

图 3-44 CuI 催化下端炔与腙的偶联反应生成联烯

之后，他们发现，该反应有优良的底物普适性，可以与乙炔气体反应生成 1,1-二取代的联烯（图 3-45）[72]。之前的反应过程中最后生成的碳铜键都是通过质子解的过程结束的。如果在反应体系中加入亲电试剂，最后的碳铜键也可以被亲电试剂捕获。通过这种策略,三取代的联烯或者四取代的联烯都可以合成得到(图 3 - 45)[73]。由于腙的底物制备特别简单,大部分腙都不需要分离纯化,直接从甲醇中析出后过滤即可使用,各种各样的端炔是常用的试剂,该反应的催化体系也很简单,使用廉价的 CuI 作为催化剂即可,所以该方法有希望发展成一种合成各种取代基联烯的实用方法。2016 年,他们采用手性的 BOX 配体,实现了该反应的不对称催化过程(图 3 - 46)[74]。

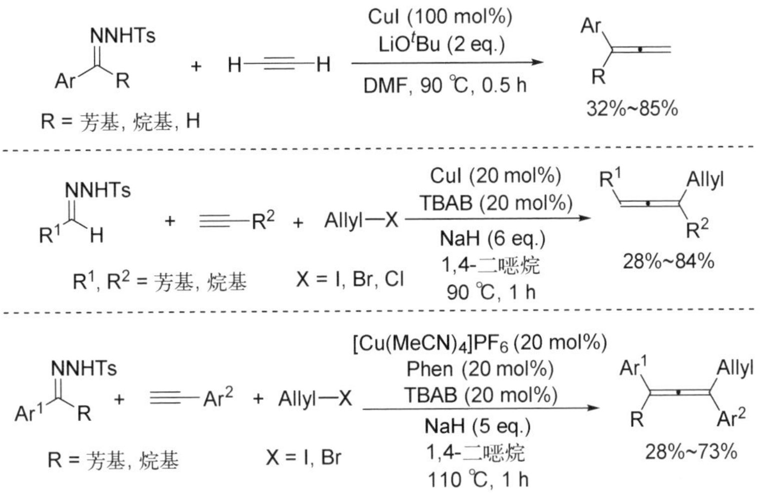

图 3 - 45　CuI 催化下端炔与腙的偶联反应生成多取代的联烯

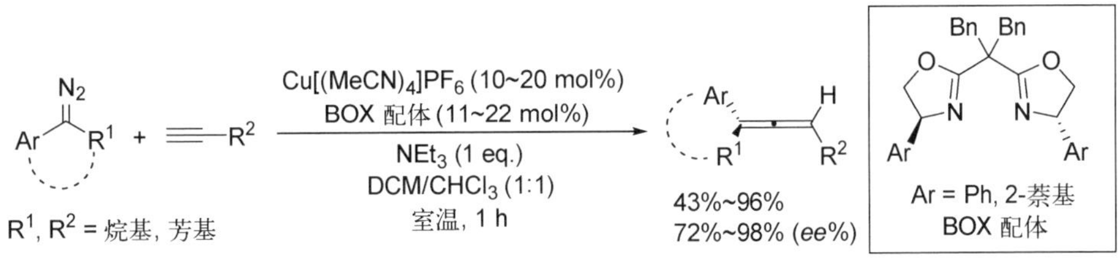

图 3 - 46　CuI 催化下端炔与腙的偶联反应对映选择性地生成联烯

由于联烯是有一定反应活性的官能团,在利用铜卡宾的偶联反应生成联烯后,还可以进行很多的串联反应得到各种各样的结构。2011 年,王剑波课题组报道了邻位带有酚羟基或者胺基取代的苯甲醛类型的腙与端炔的偶联反应,最后得到了取代的吲哚和苯并呋喃(图 3 - 47)[75]。该反应的历程如下:端炔首先和腙反应生成联烯,然后在铜的活化下,邻位的亲核试剂会进攻联烯发生环化,最后生成吲哚和苯并呋喃。同年,他们利用相似的策略还合成了取代的菲环(图 3 - 48)[76]。该反应的第一步也是端炔与苯甲醛类型的腙的偶联反应生产联烯,此时邻位的苯环会和联烯发生 6π 电子环化得到菲环。通过上述反应模式的研究,进一步证实了端炔与腙或者重氮化合物在廉价的铜作为催化剂的条件下生成联烯这一反应的实用性和可靠性。

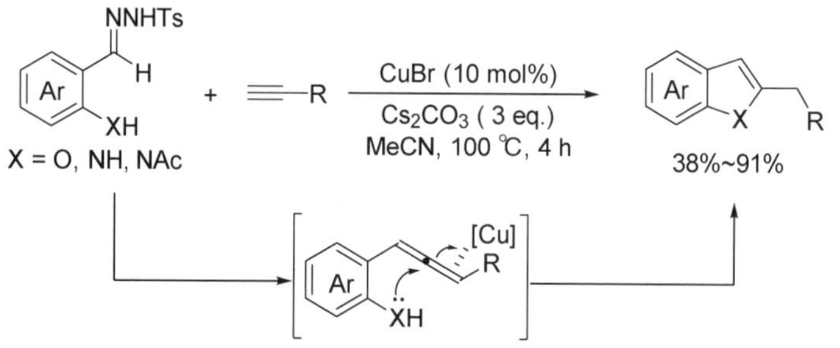

图 3-47 铜卡宾的偶联反应生成取代的吲哚和苯并呋喃

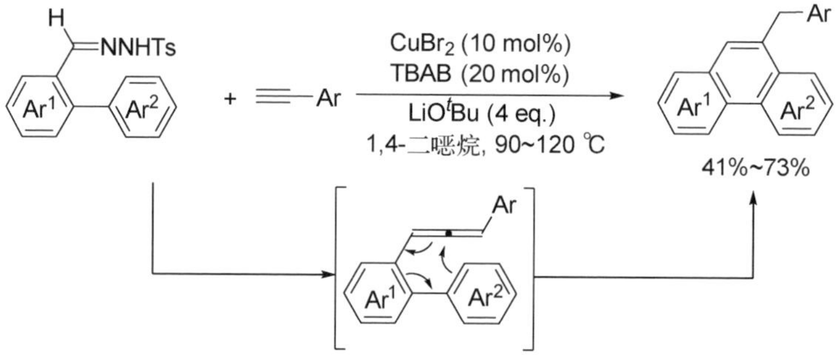

图 3-48 铜卡宾的偶联反应生成取代的菲环

铜催化的卡宾的偶联反应除可以高效地合成联烯以外,还可以高效地插入炔基 C—H 键。我们知道经典的金属卡宾插入 C—H 键的反应,不管是烷基 C—H 键或者是芳基 C—H 键,都需要 C—H 键具有一定的富电性,才可以有效地与亲电性的金属卡宾发生反应。因此对于缺电子的炔基 C—H 键,经典的金属卡宾反应模式是无法实现 C—H 键的插入反应的。2012 年,王剑波课题组报道了铜催化下硅基取代的端炔与腙的偶联反应,实现了形式上卡宾插入炔基 C—H 键的反应(图 3-49)[77]。与之前端炔与腙或者重氮化合物反应都是生成联烯产物不同,当端炔上的取代基是硅基时,最后得到的产物都是铜卡宾形式上插入炔基 C—H 键的产物,并没有生成联烯。这主要是因为硅基的位阻效应影响了铜的 1,3-质子解生成联烯的过程,反应历程变成了直接原位质子解得到插入炔基 C—H 键的产物。除炔基 C—H 键以外,缺电子的芳基 C—H 键也可以利用这种策略进行反应。2011 年，他们报道了苯并噁唑或者苯并噻唑与腙的偶联反应。该反应的历程如下：苯并噁唑或者苯并噻唑在碱存在的条件下去质子形成芳基铜物种，随后分解重氮化合物形成铜卡宾，接着通过铜卡宾的迁移插入过程形成新的铜物种，最后再质子解得到产物（图 3-50）[78]。

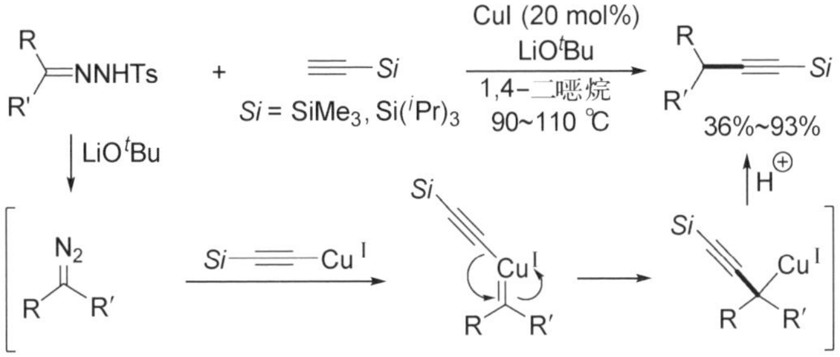

图 3-49　铜卡宾形式上插入炔基 C—H 键的反应

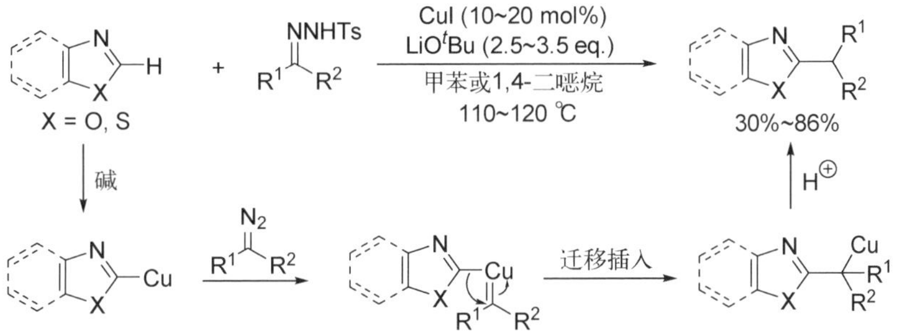

图 3-50　铜卡宾形式上插入苯并噁唑 C—H 键的反应

　　除苯并噁唑或者苯并噻唑以外，他们发现多氟苯由于其芳基 C—H 键也具有一定的酸性，故可以通过这种方式得到铜卡宾插入 C—H 键的产物（图 3-51）[79]。除具有一定酸性的 C—H 键在碱存在的条件下形成 C—Cu 物种可以与重氮化合物发生偶联反应以外，其他方式形成的 C—Cu 物种也可以参与这种铜卡宾的偶联反应。2015 年，该课题组报道了端炔、叠氮与腙的三组分偶联反应生成了多取代的三唑产物（图 3-52）[80]。该反应存在一定的挑战性，主要是端炔与叠氮化合物形成三氮唑的铜物种后有可能会发生质子解，端炔也有可能直接和腙发生反应。最后，他们通过条件的筛选成功地实现了上述过程。该反应的历程如下：端炔与叠氮发生 Click 反应生成三氮唑的铜物种，该物种会分解重氮化合物，随后发生铜卡宾的转移插入过程得到新的铜物种，最后再质子解得到产物。

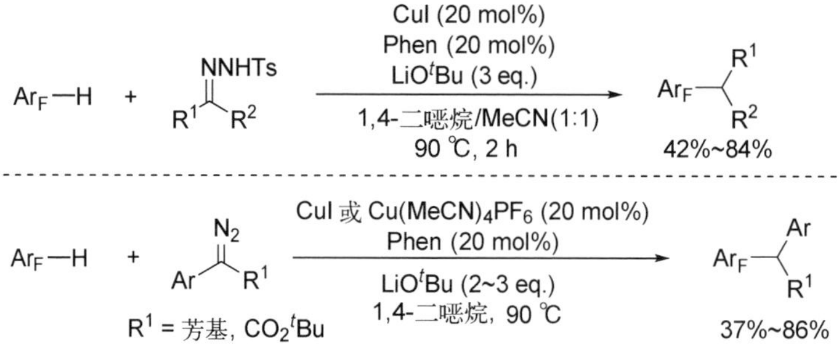

图 3 - 51　铜卡宾形式上插入多氟苯 C—H 键的反应

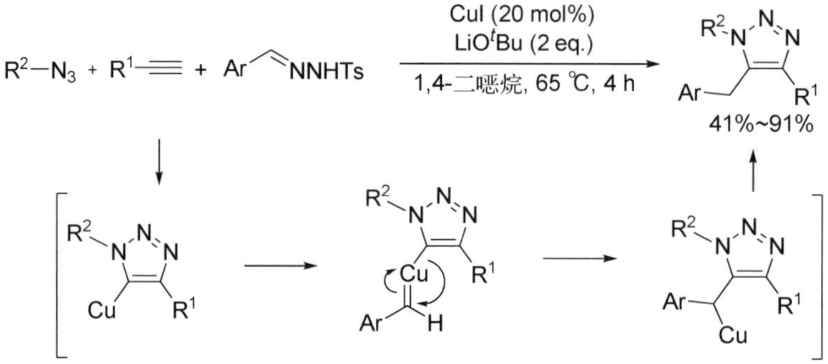

图 3 - 52　端炔、叠氮与腙的三组分偶联反应

3.3.3　铑催化的卡宾的偶联反应

除钯催化或者铜催化的卡宾的偶联反应以外,关于铑催化的卡宾的偶联反应的研究工作近年来也得到了很大发展。根据金属价态的不同,大致可将其分为 Rh^I 或者 Rh^{III} 催化的卡宾的偶联反应。在 Rh^I 催化的卡宾的偶联反应中,R—Rh^I 物种一般是通过转金属或者 C—C 键切断得到的。对于 Rh^{III} 催化剂,一般都是通过 C—H 键活化产生 R—Rh^{III} 物种(图 3 - 53)。

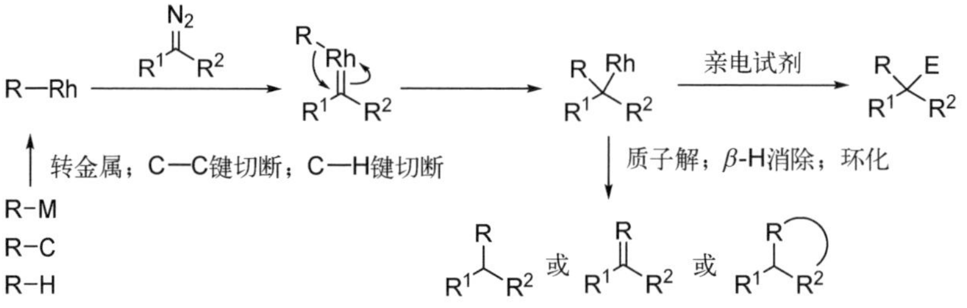

图 3 - 53　Rh^I 或者 Rh^{III} 催化的卡宾的偶联反应

2011 年，Yu 课题组首次报道到 Rh[I] 催化下芳基硼酸、重氮化合物及卤化物的三组分偶联反应（图 3 - 54）[81]。该反应的历程如下：首先芳基硼酸与 Rh[I] 发生转金属过程，随后分解重氮化合物形成铑卡宾，接着发生铑卡宾的转移插入过程得到氧杂的烯丙基铑物种，该物种会在碱辅助下与卤化物发生亲核取代反应生成最后的产物。控制实验表明，叔丁醇钾在烷基化的过程中起到了关键的作用，主要是促进了形成烯醇负离子的过程。苄基卤化物、碘甲烷、烯丙基溴化物都可以作为合适的亲电试剂参与该反应。该反应的过程中构筑了两个 C—C 键，提供了一种构建季碳中心的有效方法。除硼试剂以外，其他的偶联试剂也可以发生这种类型的偶联反应。2015 年，王剑波课题组首次报道了芳基硅试剂与重氮化合物的偶联反应（图 3 - 55）[82]。该反应展现出很好的底物普适性，特别是烷基取代的 α-重氮酯，在之前铑卡宾的偶联反应中的效果并不好，利用芳基硅试剂却可以得到很好的收率。该反应的克级实验也展现出很好的效果。除芳基硅试剂以外，2015 年，他们进一步研究发现，利用芳基锡试剂也能顺利地进行该反应（图 3 - 55）[83]。

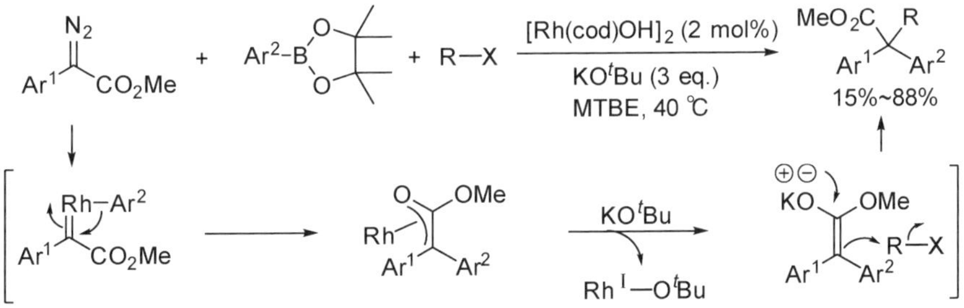

图 3 - 54 Rh[I] 催化下重氮化合物、芳基硼酸及卤化物的三组分偶联反应

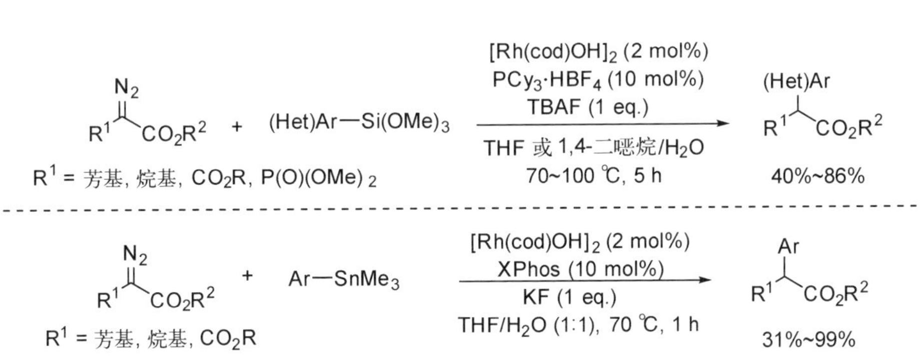

图 3 - 55 Rh[I] 催化下芳基硅试剂或者芳基锡试剂与重氮化合物的偶联反应

对于 Rh^I 而言,R—Rh^I 物种除可以从金属试剂产生以外,还可以通过 β-C 消除过程得到。2014 年,王剑波课题组首次报道了环丁醇作为底物与重氮化合物的偶联反应,最后发生扩环得到苯并五元环的结构,在反应的过程中还产成了两个手性中心(图 3-56)[84]。该反应的历程如下:首先环丁醇的羟基与铑配位发生 β-C 消除过程生成芳基铑物种,随后分解重氮化合物形成铑卡宾,接着发生铑卡宾的迁移插入过程,产生的新的铑物种进攻羰基得到最后的产物。利用三级醇 β-C 消除过程产生的 R—Rh^I 物种与重氮化合物的偶联反应具有一定的普适性。

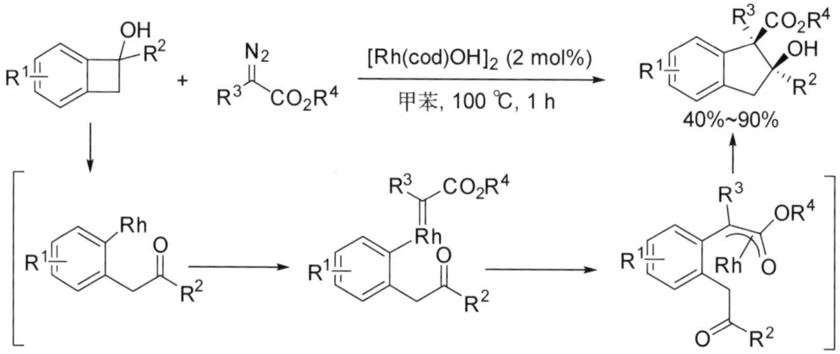

图 3-56　Rh^I 催化下环丁醇与重氮化合物的偶联反应

2015 年,该课题组进一步发展了炔基取代的四级醇,通过 β-C 消除过程产生炔基铑物种,随后与重氮化合物、卤化物发生三组分偶联反应构建四级碳中心(图 3-57)[85]。对于该反应,采用大位阻的硅基取代的炔基三级醇作为底物是反应顺利进行的关键,当采用其他类型的炔基底物时,则得到的收率较低或者反应根本不能进行。Rh^I 催化剂除能够通过 β-C 消除过程活化 C—C 键后与重氮化合物反应以外,也可以通过氧化加成

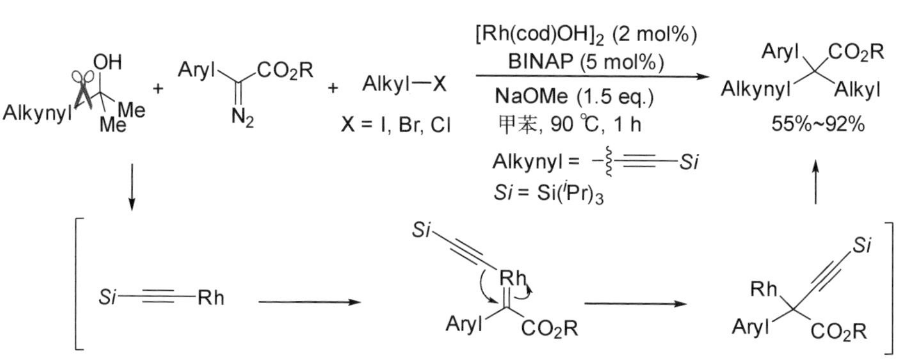

图 3-57　Rh^I 催化下炔丙醇与重氮化合物的偶联反应

过程来实现与重氮化合物的偶联反应。

2016年,王剑波课题组报道了Rh[I]催化下乙烯基环丙烷与重氮化合物的偶联反应[86]。如图3-58所示,一般在Rh[I]催化下,发生反应的位点一般是C1—C3键或者C1—C2键。他们报道了比较罕见的C2—C3位点反应的例子。造成这种区域选择性的原因主要是反应机理不同。他们认为在该反应中,重氮化合物会先与Rh[I]形成金属卡宾,此时由于一定的位阻作用,乙烯基环丙烷会优先在位阻更小的C2—C3键位点发生氧化加成,再经过金属卡宾的迁移插入、β-H消除和还原消除等过程得到产物。

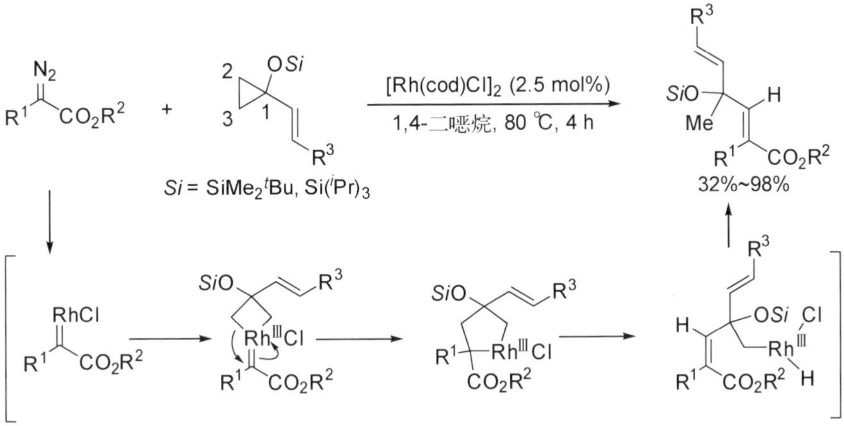

图3-58 Rh[I]催化下乙烯基环丙烷与重氮化合物的偶联反应

导向基辅助下Rh[III]催化的C—H键活化已经发展成修饰C—H键的重要方法之一。将其与金属卡宾的偶联反应相结合,可以发展出一类新型的偶联反应,并得到C—H键烷基化的产物。2012年,Yu课题组报道了芳基C—H键与重氮化合物的金属卡宾的偶联反应(图3-59)[87]。该反应有非常好的底物普适性,各种官能团、肟、吡啶、羧酸、胺都可以作为导向基实现该反应,而且最后都可以实现较好的收率。对于该反应的历程,他们认为首先是导向基辅助下芳基C—H键活化得到芳基铑物种,随后分解重氮化合物形成三价的铑卡宾,接着发生迁移插入过程,最后质子解得到产物。根据前面的介绍,我们知道对于金属卡宾插入芳基C—H键,如果是经典的反应模式,一般需要富电子的芳基C—H键才可以发生反应,而利用缺电子的芳基C—H键是不能得到产物的。这类导向基导向的C—H键活化与金属卡宾的偶联结合的新反应模式,成为金属卡宾插入缺电子的芳基C—H键的一种新反应策略。前面Rh[III]催化的反应历程中金属并没有价态的变化,最后金属的结束步骤是通过质子解的过程。如果重氮化合物中卡宾碳的邻位有β-H存在,则此时

可能会发生 β-H 消除过程,随后发生还原消除过程生成 Rh^{I} 物种,如果要回到催化循环,则需要加入氧化剂将 Rh^{I} 氧化回三价,这是 Rh^{III} 催化的 C—H 键活化反应中的氧化偶联类型。

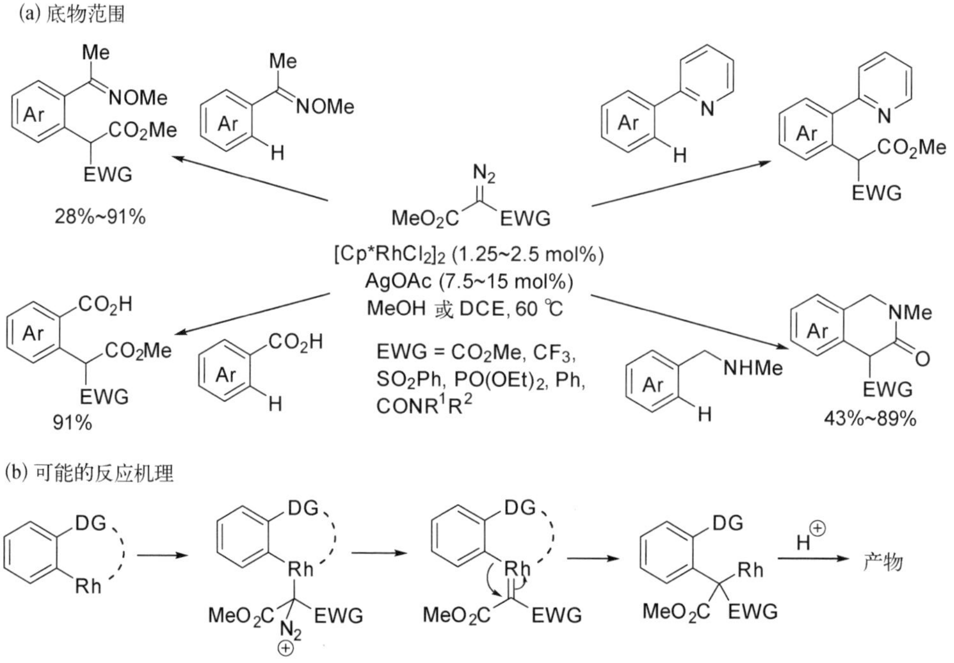

(a) 底物范围

(b) 可能的反应机理

图 3-59　Rh^{III} 催化下芳基 C—H 键活化与金属卡宾的偶联反应

2014 年,王剑波课题组报道了 C—H 键与腙的氧化偶联反应。他们利用 N-氧酰胺作为导向基,该基团在反应的过程中不仅起到了导向基团的作用,还作为内氧化剂将最后的一价铑氧化回三价,从而完成催化循环(图 3-60)[88]。

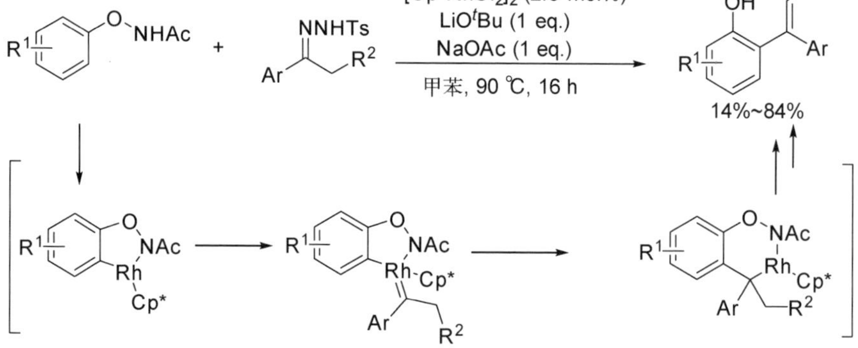

图 3-60　氧化性导向基导向下 C—H 键与腙的氧化偶联反应

对于该类导向基,除利用腙作为金属卡宾前体可以参与反应以外,同年,该课题组发展了利用环丙烯作为金属卡宾前体的偶联反应(图3-61)[89]。对于该反应,他们提出了两种可能的机理。第一种机理是在C—H键活化形成芳基铑物种后,其与环丙烯反应形成烯基铑卡宾中间体,随后发生铑卡宾的迁移插入过程,接着发生烯丙基铑的迁移过程,最后与氧化性导向基反应得到最后的产物。第二种机理是在形成芳基物种后插入环丙烯,随后发生β-C消除过程形成烯丙基铑物种,后面的反应过程与第一种机理类似。现在有理论计算表明,该反应按照第二种机理进行的可能性更大。

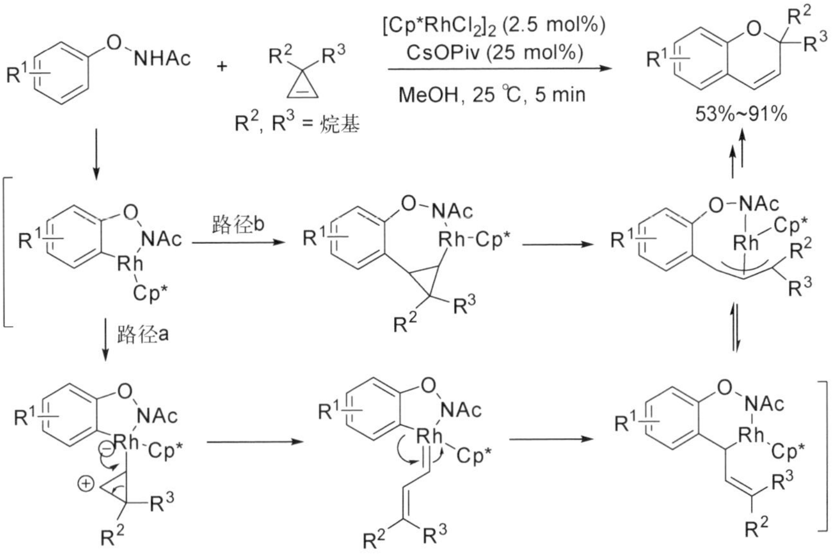

图3-61　氧化性导向基导向下C—H键与环丙烯的偶联反应

3.3.4　其他金属催化的卡宾的偶联反应

除前面介绍的Pd、Cu、Rh这三种卡宾的偶联反应中常见的金属催化剂以外,其他金属催化剂催化的卡宾的偶联反应也有一些报道。前面介绍了王剑波课题报道的铜催化下卡宾插入苯并噁唑或者苯并噻唑C—H键的反应。2012年,Miura课题组报道了Ni[II]或者Co[II]催化下也能实现类似的反应,该反应能解决之前铜催化的体系中烷基腙不能兼容的问题(图3-62)[90]。另外,前面介绍了Rh[III]催化下导向基导向的C—H键与重氮化合物的偶联反应,Ir[III]催化剂与Rh[III]催化剂有类似的性质,甚至具有更高的反应活性。2015年,王剑波课题组报道了 Ir^Ⅲ 催化下酰胺作为导向基与重氮化合物的偶联反应,该反应的底物普适性较好,并且可以通过控制重氮化合物的当量来实现两次 C—H 键官能团化(图 3 - 63)[91]。

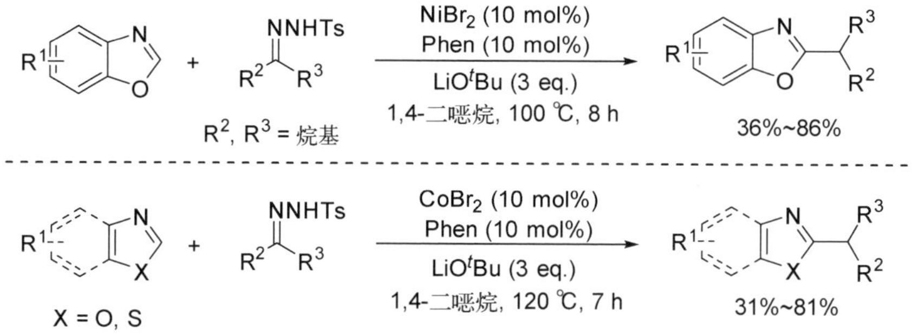

图 3 - 62 Ni^Ⅱ 或者 Co^Ⅱ 催化下卡宾插入苯并噁唑或者苯并噻唑 C—H 键

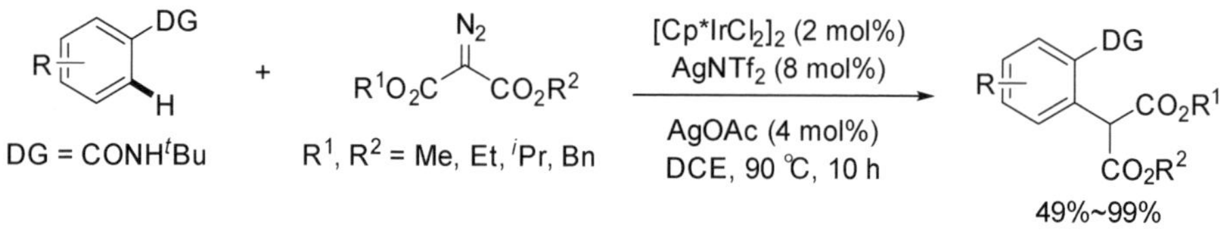

图 3 - 63 Ir^Ⅲ 催化下 C—H 键与重氮化合物的偶联反应

除 Ir^Ⅲ 催化剂以外,Co^Ⅲ 催化剂也能催化该类型的反应。对于用吡啶作为导向基的反应,与此前 Rh^Ⅲ 催化下的反应活性不同的是,当使用 Co^Ⅲ 催化剂时,吡啶的氮与酯基进一步发生加成消除反应,从而得到不一样的产物,这与 Co^Ⅲ 的 Lewis 酸性有很大的关系(图 3 - 64)[92]。另外,Ru^Ⅱ 也是 C—H 键活化反应中的常见催化剂。2016 年,李兴伟

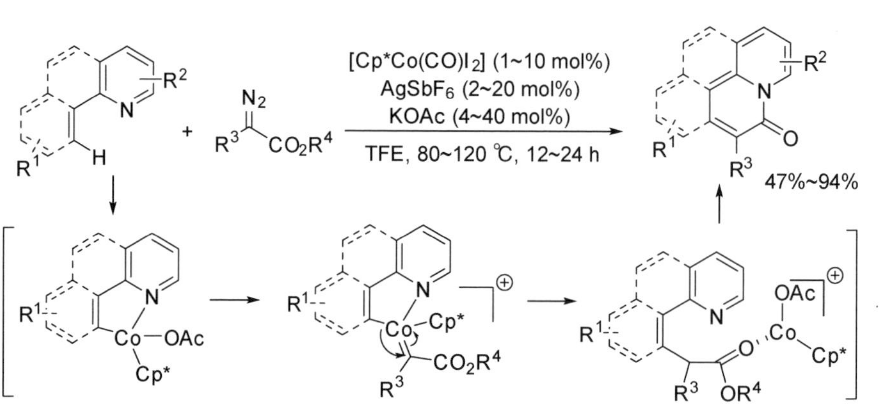

图 3 - 64 Co^Ⅲ 催化下 C—H 键与重氮化合物的偶联反应

课题组首次报道了 Ru^{II} 催化下 C—H 键与重氮化合物的偶联反应,该反应与 Co^{III} 的催化模式比较类似,在形成卡宾并完成迁移插入过程后,新生成的 Ru^{II} 物种并不会质子解,而是发生后续的串联反应,得到最后的产物(图 3 - 65)[93]。

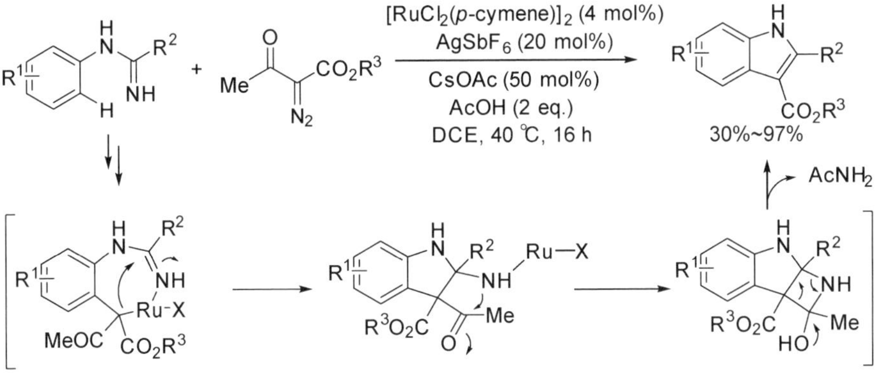

图 3 - 65　Ru^{II} 催化下 C—H 键与重氮化合物的偶联反应

3.4　金属卡宾的聚合

　　聚合反应按照反应机理的不同可以分为逐步聚合和链式聚合。逐步聚合一般都是 A、B 两种官能团反应发生的聚合。在逐步聚合中,只有单体与单体之间或者单体与多聚体之间反应,反应的过程中不会有活性中心的产生。在链式聚合中,一般有活性中心的产生,反应的过程中只存在活性中心与单体发生反应,单体与单体之间不发生反应。对于金属卡宾的聚合,按照上述分类也可以分为两种情况,一种是金属卡宾的链式聚合,另一种是金属卡宾的逐步聚合。

3.4.1　金属卡宾的链式聚合

　　烯烃的聚合已经发展得较为成熟,其产物在生活的方方面面得到了应用。在烯烃聚合的过程中,每个烯烃对主链贡献两个碳原子,被称为 C2 聚合。相应地,如果金属卡宾发生聚合,则每个金属卡宾对主链贡献一个碳原子,被称为 C1 聚合。目前,烯烃的聚合单体一般是一取代的端烯。对于1,2-二取代的烯烃,聚合效果较差,特别是带有极性官能团的1,2-二取代的烯烃,不管是利用自由基聚合还是利用金属催化剂配位聚合,都无法得到高分子量的聚合物。因此,想利用1,2-二取代的烯烃发生聚合得到每个碳上都带有极性取代基的聚合物是不可能的。若带有取代基的金属卡宾发生聚合,得到的聚合物中每个碳上也都带有取代基,所以金属卡宾的C1聚合刚好弥补了烯烃的C2聚合中1,2-二取代的单体无法聚合的不足(图3-66)。

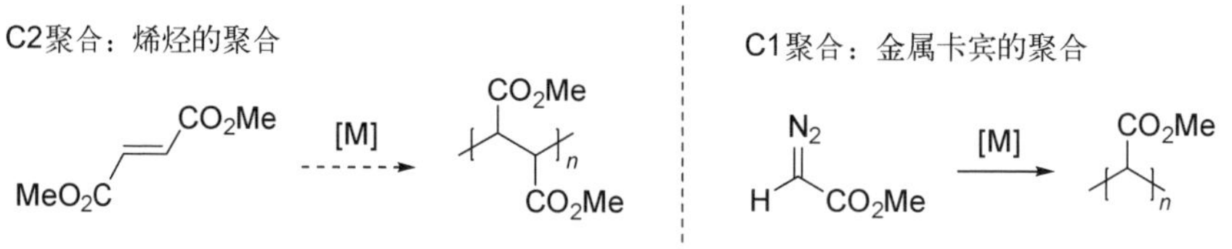

图3-66　C1聚合与C2聚合示意图

金属卡宾的前体中最常见的是比较稳定的 α-重氮酯。2002年,刘立建课题组首次报道了铜粉催化的 α-重氮酯的聚合,但是得到聚合物的分子量并不高[94]。随后,Ihara课题组[95]和de Bruin课题组[96]分别发展了钯催化剂和铑催化剂催化的 α-重氮酯的聚合,均可以得到分子量较大的聚合物。最近,吴宗铨课题组在Ihara课题组发展的钯催化的 α-重氮酯聚合的基础上加入手性亚磺酰胺的双齿膦配体,实现了金属卡宾的活性聚合,使用手性的配体,最后得到的聚合物也具有手性[97]。

3.4.2　金属卡宾的逐步聚合

金属卡宾的聚合除链式聚合以外,另外一种就是逐步聚合。金属卡宾具有很高的反应活性,使得经过金属卡宾中间体的有机反应往往都非常高效。这些反应不仅在有机合成领域受到了广泛的关注,也引起了高分子合成化学家的注意。将这些高效的反应发展成逐步聚合的方法,可以合成各种各样带有新型结构的聚合物。目前,经典的金属卡宾反应,如环丙烷化反应[98,99]、杂原子 X—H 键插入反应[100-102]等,都已经被发展成聚合的方法。最近,王剑波课题组将钯催化下溴苯与腙的偶联反应引入高分子聚合,发展了一种合成交叉共轭聚合物的方法(图3-67)[103]。

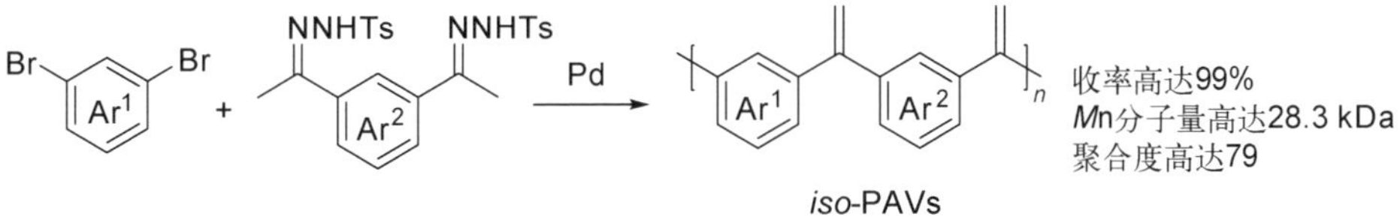

图 3-67　钯催化下溴苯与腙的偶联反应合成交叉共轭聚合物

3.5　总结与展望

综上所述,经由金属卡宾可以实现多种化学转化,这些化学转化在有机合成新方法的开拓方面意义重大。尽管金属卡宾相关的研究已经开展得十分深入,但仍存在许多重要且具有挑战性的问题。例如,许多重要的催化反应是基于 Pd、Rh、Cu、Fe 等金属卡宾的过程,而这些金属卡宾中间体很少被分离和清楚表征。因此,需要进一步探索其稳定化的关键因素,从而设计、合成、表征稳定的这些金属卡宾,并深入研究其反应性。另外,一些性质独特的金属卡宾结构(如含氟金属卡宾、金属烷基卡宾)的探索仍处于刚刚起步阶段。金属卡宾参与的反应具有反应活性高、反应时间短、反应类型丰富、选择性可控等特点。这些特点不仅在有机合成方面具有重要意义,并且在高分子合成等方面也发挥着重要作用。此外,充分开发生物兼容性的高效金属卡宾反应,可以为生物大分子化学修饰提供新工具和新技术,为新药研发提供基础性的科学技术储备。同时,利用近年来金属卡宾化学的最新发展以设计不同的金属卡宾前体,开发新颖的小分子探针,结合蛋白质组学,有望进一步拓展金属卡宾化学在化学生物学尤其是在化学蛋白质组学中的应用。

参考文献

[1] Bertrand G. Carbene chemistry：From fleeting intermediates to powerful reagents［M］. New York：Marcel Dekker，Inc.，2002.

[2] Fischer E O，Maasböl A. On the existence of a tungsten carbonyl carbene complex［J］. Angewandte Chemie International Edition in English，1964，3(8)：580‐581.

［3］ Guggenberger L J, Schrock R R. Structure of bis (cyclopentadienyl) methylmethylenetantalum and the estimated barrier to rotation about the tantalum-methylene bond［J］. Journal of the American Chemical Society, 1975, 97(22): 6578 - 6579.

［4］ Hopkinson M N, Richter C, Schedler M, et al. An overview of N - heterocyclic carbenes［J］. Nature, 2014, 510(7506): 485 - 496.

［5］ Trnka T M, Grubbs R H. The development of $L_2 X_2 Ru = CHR$ olefin metathesis catalysts: An organometallic success story［J］. Accounts of Chemical Research, 2001, 34(1): 18 - 29.

［6］ Peloso R, Carmona E. Non-heteroatom-substituted alkylidene complexes of groups 10 and 11［J］. Coordination Chemistry Reviews, 2018, 355: 116 - 132.

［7］ Mindiola D J, Hillhouse G L. Synthesis, structure, and reactions of a three-coordinate nickel-carbene complex, {1, 2 - bis (di-$tert$-butylphosphino) ethane} Ni = CPh$_2$ ［J］. Journal of the American Chemical Society, 2002, 124(34): 9976 - 9977.

［8］ Bröring M, Brandt C D, Stellwag S. The first Pd^{II} complex of a non-heteroatom stabilised carbene ligand［J］. Chemical Communications, 2003(18): 2344 - 2345.

［9］ Seidel G, Fürstner A. Structure of a reactive gold carbenoid ［J］. Angewandte Chemie International Edition, 2014, 53(19): 4807 - 4811.

［10］ Harris R J, Widenhoefer R A. Synthesis, structure, and reactivity of a gold carbenoid complex that lacks heteroatom stabilization［J］. Angewandte Chemie International Edition, 2014, 53(35): 9369 - 9371.

［11］ Zeineddine A, Rekhroukh F, Carrizo E D S, et al. Isolation of a reactive tricoordinate α - oxo gold carbene complex［J］. Angewandte Chemie International Edition, 2018, 57(5): 1306 - 1310.

［12］ Hussong M W, Hoffmeister W T, Rominger F, et al. Copper and silver carbene complexes without heteroatom-stabilization: Structure, spectroscopy, and relativistic effects［J］. Angewandte Chemie International Edition, 2015, 54(35): 10331 - 10335.

［13］ Tskhovrebov A G, Goddard R, Fürstner A. Two amphoteric silver carbene clusters ［J］. Angewandte Chemie International Edition, 2018, 57(27): 8089 - 8094.

［14］ Kornecki K P, Briones J F, Boyarskikh V, et al. Direct spectroscopic characterization of a transitory dirhodium donor-acceptor carbene complex［J］. Science, 2013, 342(6156): 351 - 354.

［15］ Werlé C, Goddard R, Fürstner A. The first crystal structure of a reactive dirhodium carbene complex and a versatile method for the preparation of gold carbenes by rhodium-to-gold transmetalation［J］. Angewandte Chemie International Edition, 2015, 54(51): 15452 - 15456.

［16］ Werlé C, Goddard R, Philipps P, et al. Stabilization of a chiral dirhodium carbene by encapsulation and a discussion of the stereochemical implications ［J］. Angewandte Chemie International Edition, 2016, 55(36): 10760 - 10765.

［17］ Werlé C, Goddard R, Philipps P, et al. Structures of reactive donor/acceptor and donor/donor rhodium carbenes in the solid state and their implications for catalysis［J］. Journal of the American Chemical Society, 2016, 138(11): 3797 - 3805.

［18］ Kirmse W, Kapps M. Reaktionen des diazomethans mit diallylsulfid und allyläthern unter kupfersalz-katalyse［J］. Chemische Berichte, 1968, 101(3): 994 - 1003.

［19］ Doyle M P, Tamblyn W H, Bagheri V. Highly effective catalytic methods for ylide generation from diazo compounds. Mechanism of the rhodium- and copper-catalyzed reactions with allylic compounds［J］. The Journal of Organic Chemistry, 1981, 46(25): 5094 - 5102.

［20］ Nishibayashi Y, Ohe K, Uemura S. The first example of enantioselective carbenoid addition to organochalcogen atoms: Application to ［2, 3］sigmatropic rearrangement of allylic chalcogen ylides［J］. Journal of the Chemical Society, Chemical Communications, 1995(12): 1245 - 1246.

[21] Ma M, Peng L L, Li C K, et al. Highly stereoselective [2, 3]- sigmatropic rearrangement of sulfur ylide generated through Cu(I) carbene and sulfides[J]. Journal of the American Chemical Society, 2005, 127(43): 15016 - 15017.

[22] Zhang Z K, Sheng Z, Yu W Z, et al. Catalytic asymmetric trifluoromethylthiolation *via* enantioselective [2, 3]- sigmatropic rearrangement of sulfonium ylides[J]. Nature Chemistry, 2017, 9(10): 970 - 976.

[23] Pirrung M C, Werner J A. Intramolecular generation and [2, 3]- sigmatropic rearrangement of oxonium ylides[J]. Journal of the American Chemical Society, 1986, 108(19): 6060 - 6062.

[24] Roskamp E J, Johnson C R. Generation and rearrangements of oxonium ylides[J]. Journal of the American Chemical Society, 1986, 108(19): 6062 - 6063.

[25] Roberts E, Sançon J P, Sweeney J B, et al. First efficient and general copper-catalyzed [2, 3]- rearrangement of tetrahydropyridinium ylids[J]. Organic Letters, 2003, 5(25): 4775 - 4777.

[26] Vanecko J A, Wan H, West F G. Recent advances in the Stevens rearrangement of ammonium ylides. Application to the synthesis of alkaloid natural products[J]. Tetrahedron, 2006, 62(6): 1043 - 1062.

[27] Padwa A, Weingarten M D. Cascade processes of metallo carbenoids[J]. Chemical Reviews, 1996, 96(1): 223 - 270.

[28] Padwa A. Intramolecular cycloaddition of carbonyl ylides as a strategy for natural product synthesis[J]. Tetrahedron, 2011, 67(42): 8057 - 8072.

[29] Zhu S F, Zhou Q L. Transition-metal-catalyzed enantioselective heteroatom-hydrogen bond insertion reactions[J]. Accounts of Chemical Research, 2012, 45(8): 1365 - 1377.

[30] Liang Y, Zhou H L, Yu Z X. Why is copper(I) complex more competent than dirhodium(II) complex in catalytic asymmetric O—H insertion reactions? A computational study of the metal carbenoid O—H insertion into water[J]. Journal of the American Chemical Society, 2009, 131 (49): 17783 - 17785.

[31] Wang B, Qiu D, Zhang Y, et al. Recent advances in C(sp³)—H bond functionalization *via* metal-carbene insertions[J]. Beilstein Journal of Organic Chemistry, 2016, 12: 796 - 804.

[32] Liao K B, Negretti S, Musaev D G, et al. Site-selective and stereoselective functionalization of unactivated C—H bonds[J]. Nature, 2016, 533(7602): 230 - 234.

[33] Liao K B, Pickel T C, Boyarskikh V, et al. Site-selective and stereoselective functionalization of non-activated tertiary C—H bonds[J]. Nature, 2017, 551(7682): 609 - 613.

[34] Liao K B, Yang Y F, Li Y Z, et al. Design of catalysts for site-selective and enantioselective functionalization of non-activated primary C—H bonds[J]. Nature Chemistry, 2018, 10(10): 1048 - 1055.

[35] Cui Y, Jiao Z D, Gong J X, et al. Development of new stereodiverse diaminocyclitols as inhibitors of influenza virus neuraminidase[J]. Organic Letters, 2010, 12(1): 4 - 7.

[36] Zhou Q, Li S C, Zhang Y, et al. Rhodium(II)- or copper(I)-catalyzed formal intramolecular carbene insertion into vinylic C(sp²)—H bonds: Access to substituted 1*H* - indenes [J]. Angewandte Chemie International Edition, 2017, 56(50): 16013 - 16017.

[37] Doyle M P, Brandes B D, Kazala A P, et al. Chiral rhodium(II) carboxamides. A new class of catalysts for enantioselective cyclopropanation reactions[J]. Tetrahedron Letters, 1990, 31(46): 6613 - 6616.

[38] Hansen J, Davies H M L. High symmetry dirhodium (II) paddlewheel complexes as chiral catalysts[J]. Coordination Chemistry Reviews, 2008, 252(5 - 7): 545 - 555.

[39] Huang L Y, Chen Y, Gao G Y, et al. Diastereoselective and enantioselective cyclopropanation of

alkenes catalyzed by cobalt porphyrins[J]. The Journal of Organic Chemistry, 2003, 68(21):
8179 - 8184.

[40] Chen Y, Fields K B, Zhang X P. Bromoporphyrins as versatile synthons for modular construction of chiral porphyrins: Cobalt-catalyzed highly enantioselective and diastereoselective cyclopropanation[J]. Journal of the American Chemical Society, 2004, 126(45): 14718 - 14719.

[41] Zhang J, Jiang J W, Xu D M, et al. Interception of cobalt-based carbene radicals with α - aminoalkyl radicals: A tandem reaction for the construction of β - ester - γ - amino ketones[J]. Angewandte Chemie International Edition, 2015, 54(4): 1231 - 1235.

[42] Das B G, Chirila A, Tromp M, et al. Co^{III}-carbene radical approach to substituted $1H$ - indenes [J]. Journal of the American Chemical Society, 2016, 138(28): 8968 - 8975.

[43] Roy S, Das S K, Chattopadhyay B. Cobalt (II)-based metalloradical activation of 2 - (diazomethyl) pyridines for radical transannulation and cyclopropanation [J]. Angewandte Chemie International Edition, 2018, 57(8): 2238 - 2243.

[44] Zhou L, Shi Y, Xiao Q, et al. CuBr-catalyzed coupling of N - tosylhydrazones and terminal alkynes: Synthesis of benzofurans and indoles[J]. Organic Letters, 2011, 13(5): 968 - 971.

[45] Paul N D, Mandal S, Otte M, et al. Metalloradical approach to $2H$ - chromenes[J]. Journal of the American Chemical Society, 2014, 136(3): 1090 - 1096.

[46] Wang Y, Wen X, Cui X, et al. Enantioselective radical cyclization for construction of 5 - membered ring structures by metalloradical C—H alkylation [J]. Journal of the American Chemical Society, 2018, 140(14): 4792 - 4796.

[47] Benitez D, Shapiro N D, Tkatchouk E, et al. A bonding model for gold(I) carbene complexes [J]. Nature Chemistry, 2009, 1(6): 482 - 486.

[48] Obradors C, Echavarren A M. Gold-catalyzed rearrangements and beyond[J]. Accounts of Chemical Research, 2014, 47(3): 902 - 912.

[49] Shiroodi R K, Gevorgyan V. Metal-catalyzed double migratory cascade reactions of propargylic esters and phosphates[J]. Chemical Society Reviews, 2013, 42(12): 4991 - 5001.

[50] Davies P W, Garzón M. Nucleophilic nitrenoids through π - acid catalysis: Providing a common basis for rapid access into diverse nitrogen heterocycles[J]. Asian Journal of Organic Chemistry, 2015, 4(8): 694 - 708.

[51] Gorin D J, Davis N R, Toste F D. Gold(I)-catalyzed intramolecular acetylenic Schmidt reaction [J]. Journal of the American Chemical Society, 2005, 127(32): 11260 - 11261.

[52] Zhang L M. A non-diazo approach to α - oxo gold carbenes *via* gold-catalyzed alkyne oxidation [J]. Accounts of Chemical Research, 2014, 47(3): 877 - 888.

[53] Xia Y, Qiu D, Wang J B. Transition-metal-catalyzed cross-couplings through carbene migratory insertion[J]. Chemical Reviews, 2017, 117(23): 13810 - 13889.

[54] Greenman K L, Carter D S, van Vranken D L. Palladium-catalyzed insertion reactions of trimethylsilyldiazomethane[J]. Tetrahedron, 2001, 57(24): 5219 - 5225.

[55] Barluenga J, Moriel P, Valdés C, et al. N - tosylhydrazones as reagents for cross-coupling reactions: A route to polysubstituted olefins[J]. Angewandte Chemie International Edition, 2007, 46(29): 5587 - 5590.

[56] Peng C, Wang Y, Wang J B. Palladium-catalyzed cross-coupling of α - diazocarbonyl compounds with arylboronic acids[J]. Journal of the American Chemical Society, 2008, 130(5): 1566 - 1567.

[57] Zhou L, Ye F, Ma J C, et al. Palladium-catalyzed oxidative cross-coupling of N - tosylhydrazones or diazoesters with terminal alkynes: A route to conjugated enynes[J]. Angewandte Chemie International Edition, 2011, 50(15): 3510 - 3514.

[58] Wang P S, Lin H C, Zhou X L, et al. Palladium(II)/Lewis acid synergistically catalyzed allylic C—H olefination[J]. Organic Letters, 2014, 16(12): 3332 – 3335.

[59] Xiao Q, Wang B L, Tian L M, et al. Palladium-catalyzed three-component reaction of allenes, aryl iodides, and diazo compounds: Approach to 1, 3 – dienes[J]. Angewandte Chemie International Edition, 2013, 52(35): 9305 – 9308.

[60] Liu Z X, Xia Y, Zhou S Y, et al. Pd-catalyzed cyclization and carbene migratory insertion: New approach to 3 – vinylindoles and 3 – vinylbenzofurans[J]. Organic Letters, 2013, 15(19): 5032 – 5035.

[61] Zhou L, Ye F, Zhang Y, et al. Cyclopropylmethyl palladium species from carbene migratory insertion: New routes to 1, 3 – butadienes[J]. Organic Letters, 2012, 14(3): 922 – 925.

[62] Zhou L, Ye F, Zhang Y, et al. Pd-catalyzed three-component coupling of N – tosylhydrazone, terminal alkyne, and aryl halide[J]. Journal of the American Chemical Society, 2010, 132(39): 13590 – 13591.

[63] Xia Y, Hu F D, Liu Z X, et al. Palladium-catalyzed diarylmethyl C(sp³)—C(sp²) bond formation: A new coupling approach toward triarylmethanes[J]. Organic Letters, 2013, 15(7): 1784 – 1787.

[64] Liu Z X, Tan H C, Fu T R, et al. Pd(0)-catalyzed carbene insertion into Si—Si and Sn—Sn bonds[J]. Journal of the American Chemical Society, 2015, 137(40): 12800 – 12803.

[65] Xia Y, Qu S L, Xiao Q, et al. Palladium-catalyzed carbene migratory insertion using conjugated ene-yne-ketones as carbene precursors[J]. Journal of the American Chemical Society, 2013, 135 (36): 13502 – 13511.

[66] Xia Y, Xia Y M, Ge R, et al. Oxidative cross-coupling of allenyl ketones and organoboronic acids: Expeditious synthesis of highly substituted furans[J]. Angewandte Chemie International Edition, 2014, 53(15): 3917 – 3921.

[67] Gao Y P, Wu G J, Zhou Q, et al. Palladium-catalyzed oxygenative cross-coupling of ynamides and benzyl bromides by carbene migratory insertion[J]. Angewandte Chemie International Edition, 2018, 57(10): 2716 – 2720.

[68] Wang K, Ping Y F, Chang T W, et al. Palladium-catalyzed [3 + 3] annulation of vinyl chromium(0) carbene complexes through carbene migratory insertion/tsuji-trost reaction[J]. Angewandte Chemie International Edition, 2017, 56(42): 13140 – 13144.

[69] Suárez A, Fu G C. A straightforward and mild synthesis of functionalized 3 – alkynoates[J]. Angewandte Chemie International Edition, 2004, 43(27): 3580 – 3582.

[70] Xiao Q, Xia Y, Li H, et al. Coupling of N – tosylhydrazones with terminal alkynes catalyzed by copper(I): Synthesis of trisubstituted allenes[J]. Angewandte Chemie International Edition, 2011, 50(5): 1114 – 1117.

[71] Hossain M L, Ye F, Zhang Y, et al. CuI-catalyzed cross-coupling of N – tosylhydrazones with terminal alkynes: Synthesis of 1, 3 – disubstituted allenes[J]. The Journal of Organic Chemistry, 2013, 78(3): 1236 – 1241.

[72] Ye F, Wang C P, Ma X S, et al. Synthesis of terminal allenes through copper-mediated cross-coupling of ethyne with N – tosylhydrazones or α – diazoesters[J]. The Journal of Organic Chemistry, 2015, 80(1): 647 – 652.

[73] Ye F, Hossain M L, Xu Y, et al. Synthesis of allyl allenes through three-component cross-coupling reaction of N – tosylhydrazones, terminal alkynes, and allyl halides[J]. Chemistry — An Asian Journal, 2013, 8(7): 1404 – 1407.

[74] Chu W D, Zhang L, Zhang Z K, et al. Enantioselective synthesis of trisubstituted allenes *via*

Cu(Ⅰ)-catalyzed coupling of diazoalkanes with terminal alkynes[J]. Journal of the American Chemical Society, 2016, 138(44): 14558 – 14561.

[75] Hossain M L, Ye F, Liu Z X, et al. Synthesis of phenanthrenes through copper-catalyzed cross-coupling of N-tosylhydrazones with terminal alkynes[J]. The Journal of Organic Chemistry, 2014, 79(18): 8689 – 8699.

[76] Ye F, Shi Y, Zhou L, et al. Expeditious synthesis of phenanthrenes *via* CuBr$_2$ – catalyzed coupling of terminal alkynes and N – tosylhydrazones derived from O – formyl biphenyls[J]. Organic Letters, 2011, 13(19): 5020 – 5023.

[77] Ye F, Ma X S, Xiao Q, et al. C(sp)—C(sp^3) bond formation through Cu-catalyzed cross-coupling of N – tosylhydrazones and trialkylsilylethynes[J]. Journal of the American Chemical Society, 2012, 134(13): 5742 – 5745.

[78] Zhao X, Wu G J, Zhang Y, et al. Copper-catalyzed direct benzylation or allylation of 1, 3 – azoles with N – tosylhydrazones[J]. Journal of the American Chemical Society, 2011, 133(10): 3296 – 3299.

[79] Xu S, Wu G J, Ye F, et al. Copper(Ⅰ)-catalyzed alkylation of polyfluoroarenes through direct C—H bond functionalization[J]. Angewandte Chemie International Edition, 2015, 54(15): 4669 –4672.

[80] Zhang Z K, Zhou Q, Ye F, et al. Copper (Ⅰ)-catalyzed three-component coupling of N – tosylhydrazones, alkynes and azides: Synthesis of trisubstituted 1, 2, 3 – triazoles[J]. Advanced Synthesis & Catalysis, 2015, 357(10): 2277 – 2286.

[81] Tsoi Y T, Zhou Z Y, Yu W Y. Rhodium-catalyzed cross-coupling reaction of arylboronates and diazoesters and tandem alkylation reaction for the synthesis of quaternary α, α – heterodiaryl carboxylic esters[J]. Organic Letters, 2011, 13(19): 5370 – 5373.

[82] Xia Y, Liu Z, Feng S, et al. Rh(Ⅰ)-catalyzed cross-coupling of α – diazoesters with arylsiloxanes [J]. Organic Letters, 2015, 17(4): 956 – 959.

[83] Liu Z, Xia Y, Feng S, et al. Rh^Ⅰ-catalyzed stille-type coupling of diazoesters with aryl trimethylstannanes[J]. Australian Journal of Chemistry, 2015, 68(9): 1379 – 1384.

[84] Xia Y, Liu Z X, Liu Z, et al. Formal carbene insertion into C—C bond: Rh(Ⅰ)-catalyzed reaction of benzocyclobutenols with diazoesters[J]. Journal of the American Chemical Society, 2014, 136(8): 3013 – 3015.

[85] Xia Y, Feng S, Liu Z, et al. Rhodium(Ⅰ)-catalyzed sequential C(sp)—C(sp^3) and C(sp^3)—C (sp^3) bond formation through migratory carbene insertion[J]. Angewandte Chemie International Edition, 2015, 54(27): 7891 – 7894.

[86] Feng S, Mo F Y, Xia Y, et al. Rhodium (Ⅰ)-catalyzed C—C bond activation of siloxyvinylcyclopropanes with diazoesters[J]. Angewandte Chemie International Edition, 2016, 55(49): 15401 – 15405.

[87] Chan W W, Lo S F, Zhou Z Y, et al. Rh-catalyzed intermolecular carbenoid functionalization of aromatic C—H bonds by α – diazomalonates[J]. Journal of the American Chemical Society, 2012, 134(33): 13565 – 13568.

[88] Hu F D, Xia Y, Ye F, et al. Rhodium (Ⅲ)-catalyzed *ortho* alkenylation of N – phenoxyacetamides with N – tosylhydrazones or diazoesters through C—H activation [J]. Angewandte Chemie International Edition, 2014, 53(5): 1364 – 1367.

[89] Zhang H, Wang K, Wang B, et al. Rhodium(Ⅲ)-catalyzed transannulation of cyclopropenes with N – phenoxyacetamides through C—H activation[J]. Angewandte Chemie International Edition, 2014, 53(48): 13234 – 13238.

[90] Yao T, Hirano K, Satoh T, et al. Nickel- and cobalt-catalyzed direct alkylation of azoles with *N* - tosylhydrazones bearing unactivated alkyl groups[J]. Angewandte Chemie International Edition, 2012, 51(3): 775 - 779.

[91] Xia Y, Liu Z, Feng S, et al. Ir(Ⅲ)-catalyzed aromatic C—H bond functionalization *via* metal carbene migratory insertion[J]. The Journal of Organic Chemistry, 2015, 80(1): 223 - 236.

[92] Zhao D B, Kim J H, Stegemann L, et al. Cobalt(Ⅲ)-catalyzed directed C—H coupling with diazo compounds: Straightforward access towards extended π - systems[J]. Angewandte Chemie International Edition, 2015, 54(15): 4508 - 4511.

[93] Li Y Y, Qi Z S, Wang H, et al. Ruthenium(Ⅱ)-catalyzed C—H activation of imidamides and divergent couplings with diazo compounds: Substrate-controlled synthesis of indoles and 3*H* - indoles[J]. Angewandte Chemie International Edition, 2016, 55(39): 11877 - 11881.

[94] Liu L J, Song Y, Li H. Carbene polymerization: Characterization of poly (carballyloxycarbene) [J]. Polymer International, 2002, 51(10): 1047 - 1049.

[95] Ihara E, Akazawa M, Itoh T, et al. π - AllylPdCl - based initiating systems for polymerization of alkyl diazoacetates: Initiation and termination mechanism based on analysis of polymer chain end structures[J]. Macromolecules, 2012, 45(17): 6869 - 6877.

[96] Hetterscheid D G H, Hendriksen C, Dzik W I, et al. Rhodium-mediated stereoselective polymerization of "carbenes"[J]. Journal of the American Chemical Society, 2006, 128(30): 9746 - 9752.

[97] Chu J H, Xu X H, Kang S M, et al. Fast living polymerization and helix-sense-selective polymerization of diazoacetates using air-stable palladium (Ⅱ) catalysts [J]. Journal of the American Chemical Society, 2018, 140(50): 17773 - 17781.

[98] Miki K, Washitake Y, Ohe K, et al. Polyaddition and polycondensation reactions of (2 - furyl) carbenoid as step-growth polymerization strategies: Synthesis of furylcyclopropane- and furfurylidene-containing polymers[J]. Angewandte Chemie International Edition, 2004, 43(14): 1857 - 1860.

[99] Nzulu F, Bontemps A, Robert J, et al. Gold-catalyzed polymerization based on carbene polycyclopropanation[J]. Macromolecules, 2014, 47(19): 6652 - 6656.

[100] Ihara E, Saiki K, Goto Y, et al. Polycondensation of bis (diazocarbonyl) compounds with aromatic diols and cyclic ethers: Synthesis of new type of polyetherketones[J]. Macromolecules, 2010, 43(10): 4589 - 4598.

[101] Ihara E, Hara Y, Itoh T, et al. Three-component polycondensation of bis (diazoketone) with dicarboxylic acids and cyclic ethers: Synthesis of new types of poly (ester ether ketone)s[J]. Macromolecules, 2011, 44(15): 5955 - 5960.

[102] Shimomoto H, Mukai H, Bekku H, et al. Ru-catalyzed polycondensation of dialkyl 1, 4 - phenylenebis (diazoacetate) with dianiline: Synthesis of well-defined aromatic polyamines bearing an alkoxycarbonyl group at the adjacent carbon of each nitrogen in the main chain framework[J]. Macromolecules, 2017, 50(23): 9233 - 9238.

[103] Zhou Q, Gao Y P, Xiao Y Y, et al. Palladium-catalyzed carbene coupling of *N* - tosylhydrazones and arylbromides to synthesize cross-conjugated polymers[J]. Polymer Chemistry, 2019, 10(5): 569 - 573.

MOLECULAR SCIENCES

Chapter 4

氮杂环卡宾催化

高中华　叶　松

4.1 氮杂环卡宾及其催化反应概述

4.1.1 氮杂环卡宾概述

卡宾(carbene)是一类二价中性碳物种。卡宾碳最外层分布六个电子,不满足稳定的"八隅体"结构要求,通常稳定性差,只作为反应的中间体存在。制备可分离纯化的稳定卡宾化合物成为有机化学的难题之一。1988 年,Bertrand 课题组通过引入磷硅取代基提高了卡宾的稳定性[图 4-1(a)][1]。1991 年,Arduengo 课题组首次实现了一类含氮杂环稳定卡宾的制备[图 4-1(b)][2]。这类氮杂环卡宾(N-heterocyclic carbene,NHC)结构稳定、合成相对简单,为其后氮杂环卡宾化学的蓬勃发展奠定了基础。

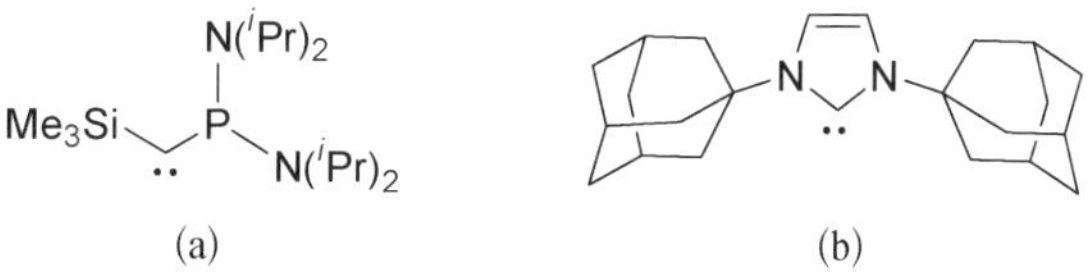

图 4-1 稳定的卡宾化合物

位阻效应和电子效应对氮杂环卡宾的稳定性起到重要作用。通常,与卡宾中心碳原子相连的氮原子上连有大位阻基团,能有效阻止卡宾自身的二聚反应。氮杂环卡宾是一种结构独特的单线态卡宾,中心碳原子采用 sp^2 杂化,两个未成键电子位于同一个 sp^2 杂化轨道,形成孤对电子。未参与杂化的 p 轨道垂直于三个 sp^2 杂化轨道构成的平面,未被电子占据,是空轨道。氮原子电负性较大,对其相连的卡宾碳原子上孤对电子具有吸电子诱导效应;同时,氮原子上的孤对电子对碳原子的空 p 轨道具有给电子共轭效应(图 4-2)。

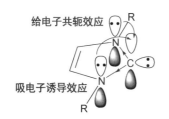

给电子共轭效应

吸电子诱导效应

图 4-2 氮杂环卡宾结构中的电子效应

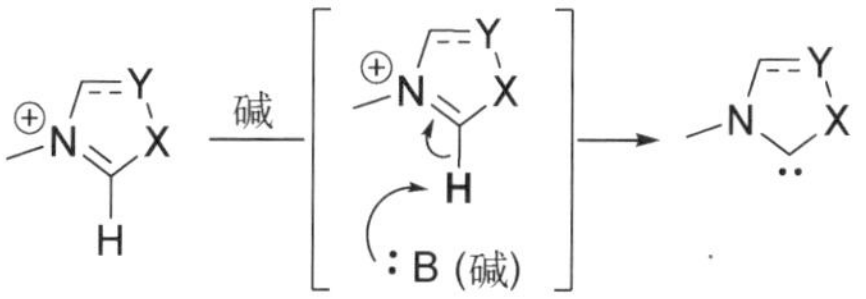

图 4-3 唑盐在碱作用下生成氮杂环卡宾

虽然氮杂环卡宾的稳定性较好,但在实际应用中,通常将其制备成更稳定的前体——唑盐来保存,在使用前或反应现场生成卡宾。唑盐中与前体碳相连的质子具有较强酸性($pK_a = 16 \sim 29$),通过向反应体系内加入碱即可生成氮杂环卡宾(图 4-3)。

氮杂环卡宾种类繁多，环系大小从四元至七元不等，其中以五元氮杂环卡宾的应用最为广泛（图4-4）。按照环系骨架可将其进一步细分：来源于芳杂环的氮杂环卡宾的稳定性得益于其部分的芳香特性，如咪唑型氮杂环卡宾、三唑型氮杂环卡宾等；卡宾中心碳一边与氮原子相连，另一边也可以与其他杂原子相连，如噁唑型氮杂环卡宾和噻唑型氮杂环卡宾等；另外，也存在饱和型的氮杂环卡宾，如二氢咪唑型氮杂环卡宾。近年来，Bertrand课题组[3]发展了只连有一个氮原子的环状烷基氨基卡宾（CAAC卡宾）等非常规卡宾，也逐渐引起了有机化学家的关注。

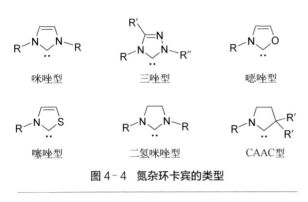

咪唑型　　　　三唑型　　　　噁唑型

噻唑型　　　二氢咪唑型　　　CAAC型

图4-4　氮杂环卡宾的类型

4.1.2　氮杂环卡宾催化反应概述

氮杂环卡宾是一类重要的有机小分子催化剂，可实现高效、高选择性的化学转化。从结构上看，卡宾中心碳上处于氮杂环平面内 sp^2 杂化轨道上的孤对电子使其具有较强的亲核性，可以与亲电试剂作用，实现亲核催化反应。

氮杂环卡宾作为有机小分子催化剂最早可以追溯到20世纪40年代，人们发现噻唑盐可以代替氰根催化安息香缩合反应，但当时并不清楚具体的催化机制。1958年，Breslow阐述了该反应的机理，认为噻唑盐在碱作用下可以游离出具有亲核性的卡宾，其先与醛加成，再经质子迁移、异构化，最后形成羟基烯胺中间体[4]。由此，反应物中亲电性的缺电子醛基碳转变成亲核性的富电子羟基烯胺碳，可以进攻另一分子的醛而生成加合物。加合物消除卡宾后得到 α-羟基酮产物，同时再生成卡宾催化剂，从而完成催化循环（图4-5）。上述反应机理揭示了氮杂环卡宾作为有机小分子催化剂如何实现醛的极性翻转，反应所经历的羟基烯胺关键中间体也因此被称为Breslow中间体。

早期化学家基于噻唑骨架设计了一系列手性氮杂环卡宾前体用于实现不对称的安息香缩合反应，但对映选择性一直不太理想（ee%＜60%）。其中，天然氨基酸及手性氨基醇衍生的三唑型氮杂环卡宾因来源广泛且易于制备，加之良好的可修饰性，在氮杂环卡宾催化中发挥着越来越重要的作用（图4-6）。

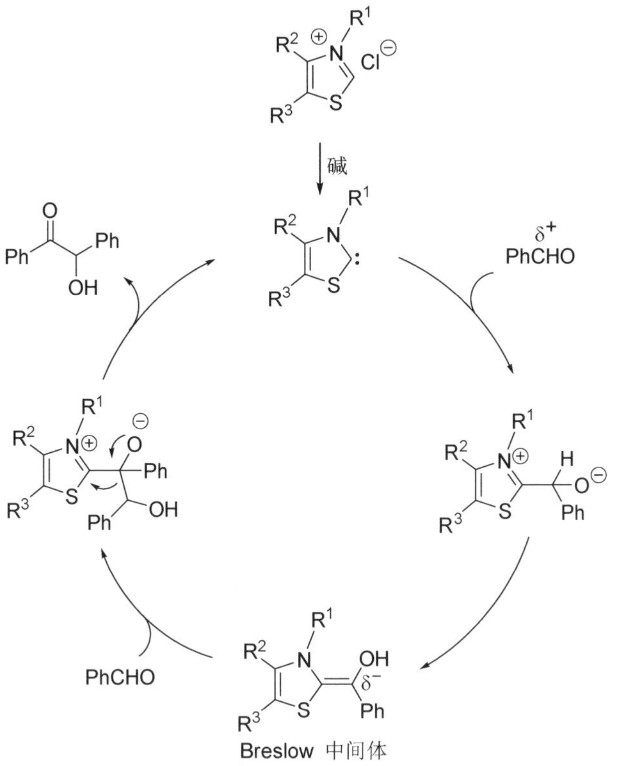

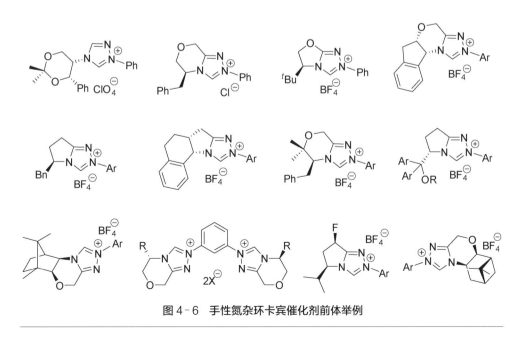

图 4-5　氮杂环卡宾催化安息香缩合反应机理

图 4-6　手性氮杂环卡宾催化剂前体举例

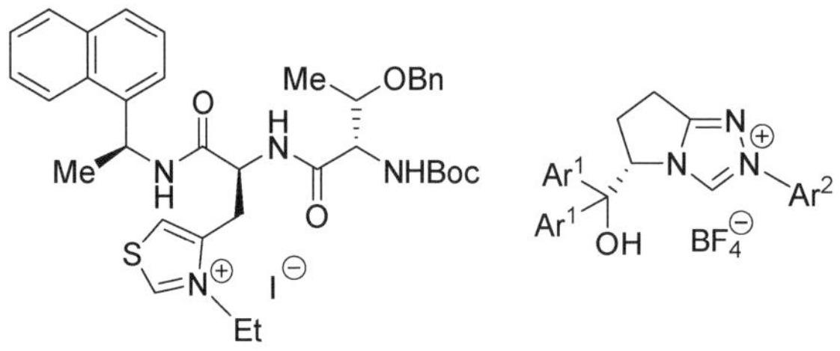

图 4-7 双功能氮杂环卡宾催化剂前体举例

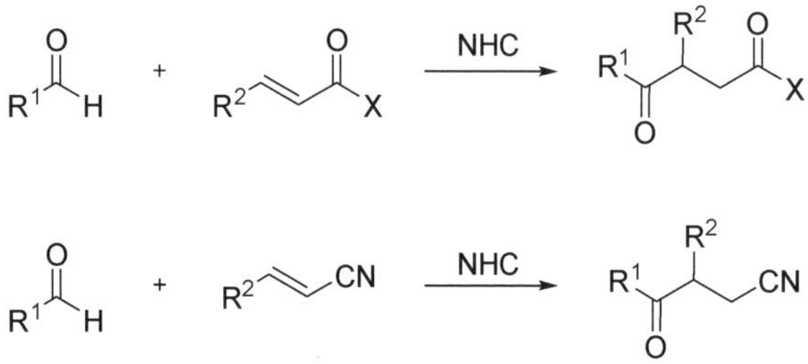

图 4-8 氮杂环卡宾催化的 Stetter 反应

向氮杂环卡宾催化剂中引入氢键供体(如羟基或氨基等)可以实现对底物的双重活化,这一类催化剂被称为双功能催化剂(图 4-7)。例如,Miller 课题组设计了一类含有二肽片段的噻唑型双功能催化剂;叶松课题组发展了基于 L-焦谷氨酸骨架的含有三级醇结构的三唑型双功能催化剂,在一些不对称催化过程中表现出优异的催化性能。

氮杂环卡宾与醛作用形成的 Breslow 中间体除了可以与醛、酮反应,还可以与其他的亲电试剂发生加成反应。20 世纪 70 年代早期,Stetter 等利用噻唑型催化剂实现了醛与 Michael 受体的 1,4-加成,此类反应被称为 Stetter 反应(图 4-8)。1,4-双官能团化合物是构建杂环的重要原料,氮杂环卡宾催化的分子内及分子间的 Stetter 反应为合成 1,4-双官能团化合物提供了一条有效途径。

最近二十年,氮杂环卡宾催化发展迅猛,其涉及的底物类型非常丰富,许多新型中间体、新颖反应相继被报道,氮杂环卡宾催化已成为有机小分子催化的重要分支。

4.2 氮杂环卡宾催化醛及亚胺经 C1 位极性翻转的反应

4.2.1 氮杂环卡宾催化醛与亚胺的氮杂安息香缩合反应

早期,有机化学家对安息香缩合反应,特别是对不对称安息香缩合反应的研究,促进了新型氮杂环卡宾催化剂的开发,推动了氮杂环卡宾化学的快速发展,但是对于氮杂环卡宾催化醛与亚胺的氮杂安息香缩合反应的研究起步较晚。

1988 年,López-Calahorra 课题组实现了首例氮杂安息香缩合反应(图 4-9)[5]。他们利用二级胺与多聚甲醛形成亚胺盐,氮杂环卡宾催化醛形成的 Breslow 中间体对其进攻,得到了氨基酮类化合物。

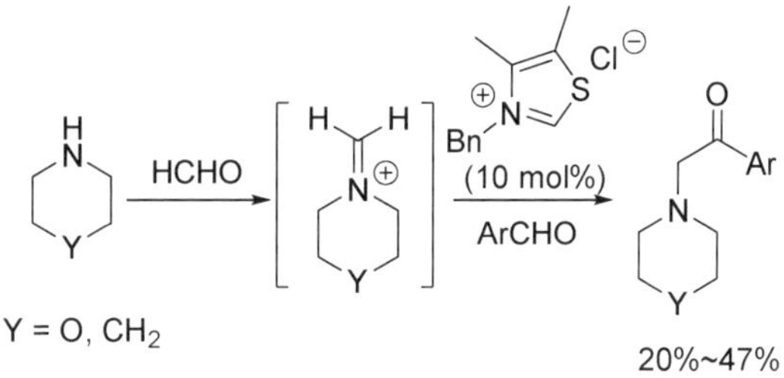

2012 年,Rovis 课题组报道了首例氮杂环卡宾催化脂肪醛与醛亚胺的氮杂安息香缩合反应(图 4-10)[6]。直链醛的反应以良好的收率和优异的对映

图 4-9　氮杂环卡宾催化醛与亚胺的氮杂安息香缩合反应

选择性得到了目标产物,而支链醛反应的对映选择性优秀,但反应效率较差。

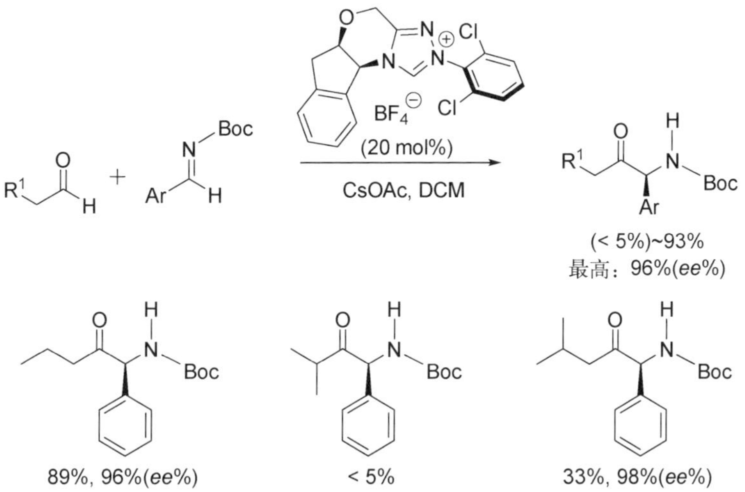

图 4-10　氮杂环卡宾催化脂肪醛与醛亚胺的氮杂安息香缩合反应

同年,Rovis 课题组还报道了一例有意思的"接力催化",实现了醛与三级胺的对映选择性偶联反应(图 4-11)[7]。其机理是以联吡啶钌为光催化剂、间二硝基苯为氧化剂将三级胺现场氧化为亚胺正离子,再利用氮杂环卡宾催化醛形成的 Breslow 中间体对其进行亲核加成。该反应对空气具有很好的耐受性。

2013 年,叶松课题组实现了氮杂环卡宾催化烯醛与酮亚胺的不对称氮杂安息香缩合反应,取得了优异的对映选择性和良好的底物普适性(图 4-12)[8]。其机理是以含有游离羟基的三唑型氮杂环卡宾为催化剂,反应位点只发生在醛的 C1 位,没有检测到高烯醇或烯醇负离子对酮亚胺的加成产物,他们推测氮杂环卡宾氮原子上苄基取代的位阻较小,因此有利于 C1 位的反应。

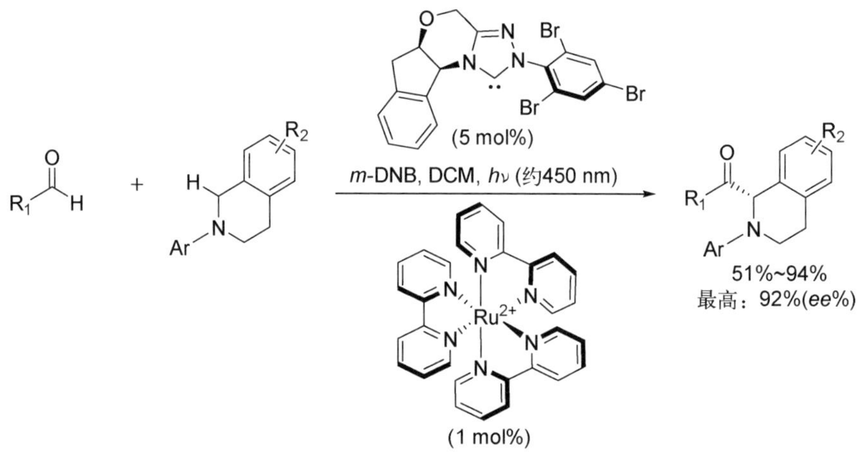

图 4‑11 氮杂环卡宾催化醛与四氢异喹啉衍生物的反应

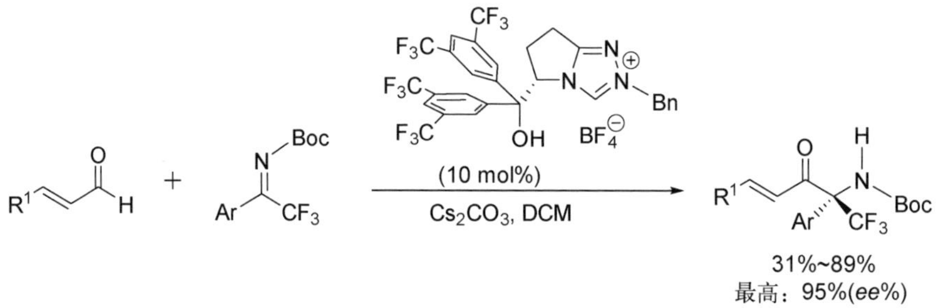

图 4‑12 氮杂环卡宾催化烯醛与酮亚胺的不对称氮杂安息香缩合反应

4.2.2 氮杂环卡宾催化醛亚胺的极性翻转

氮杂环卡宾与醛结合后可以实现醛的极性翻转,醛亚胺在氮杂环卡宾催化中通常作为亲电试剂参与反应,氮杂环卡宾对醛亚胺的活化始于一个意外发现。Bode 课题组[9]在研究氮杂环卡宾催化烯醛与 N‑Ts 醛亚胺的[3 + 2]环加成反应时,检测到了氮杂环卡宾与醛亚胺的直接加成物。随后,叶松课题组[10]在开展氮杂环卡宾催化环戊烯酮与 N‑Ts 醛亚胺的 aza‑Morita‑Baylis‑Hillman(aza‑MBH)反应时,以 82% 的收率分离得到了氮杂环卡宾与醛亚胺的加成物,并且从该加成物、N‑Ts 醛亚胺、环戊烯酮三者的交叉反应中得到了两种 aza‑MBH 反应产物,这说明氮杂环卡宾与醛亚胺的加成反应是可逆的,其加成物可在反应体系内分解为氮杂环卡宾和醛亚胺(图 4‑13)。Rovis 等在上述氮杂环卡宾催化脂肪醛与醛亚胺的氮杂安息香缩合反应中也检测到了氮杂环卡宾与醛亚胺的加成物[6]。

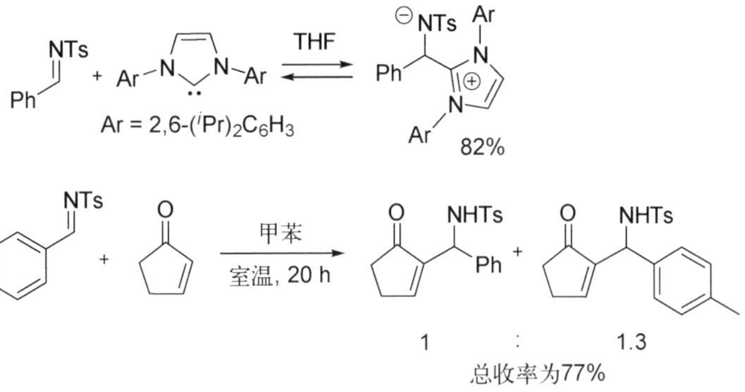

图 4‑13 氮杂环卡宾对醛亚胺的加成反应及应用

侯雪龙课题组[11]和 Chi 课题组[12]分别报道了氮杂环卡宾催化 N‑Ts 芳香醛亚胺的磺酰基转移反应，其涉及了氮杂 Breslow 中间体的生成（图 4‑14）。其反应机理如下：氮杂环卡宾与 N‑Ts 芳香醛亚胺加成后形成氮杂 Breslow 中间体，实现了对醛亚胺的活化，C—S 键断裂所形成的亚磺酸根进一步对不同亲电试剂进行了加成。

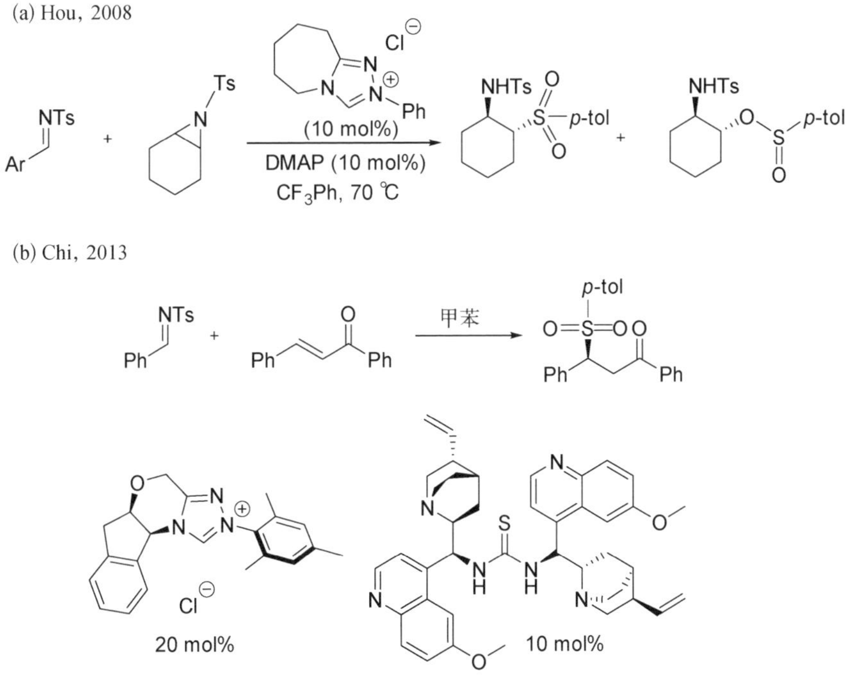

(a) Hou, 2008

(b) Chi, 2013

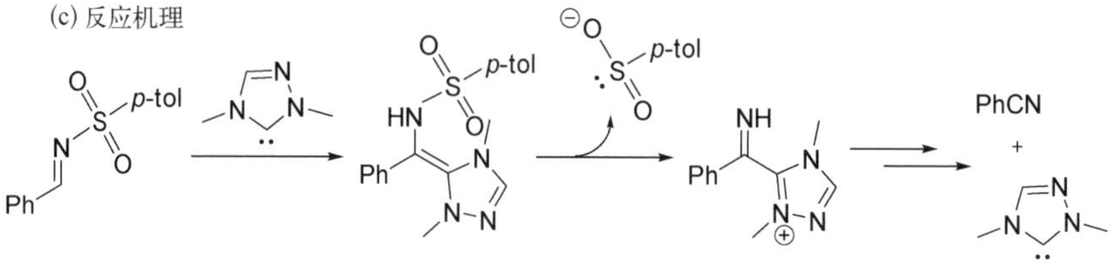

(c) 反应机理

图 4-14 氮杂环卡宾催化醛亚胺与亲电试剂的反应

这些氮杂环卡宾活化醛亚胺的实例激励着化学家探索更多具有挑战性的课题。2017 年，Biju 课题组[13]和 Suresh 课题组[14]分别报道了氮杂环卡宾催化醛亚胺与分子内 Michael 受体的加成反应（氮杂 Stetter 反应），可用于构建吲哚骨架[图 4-15(a)(b)]。2019 年，Lupton 课题组[15]和 Biju[16]课题组又分别实现了氮杂环卡宾催化醛亚胺极性翻转的不对称反应，均取得了优异的对映选择性[图 4-15(c)(d)]。

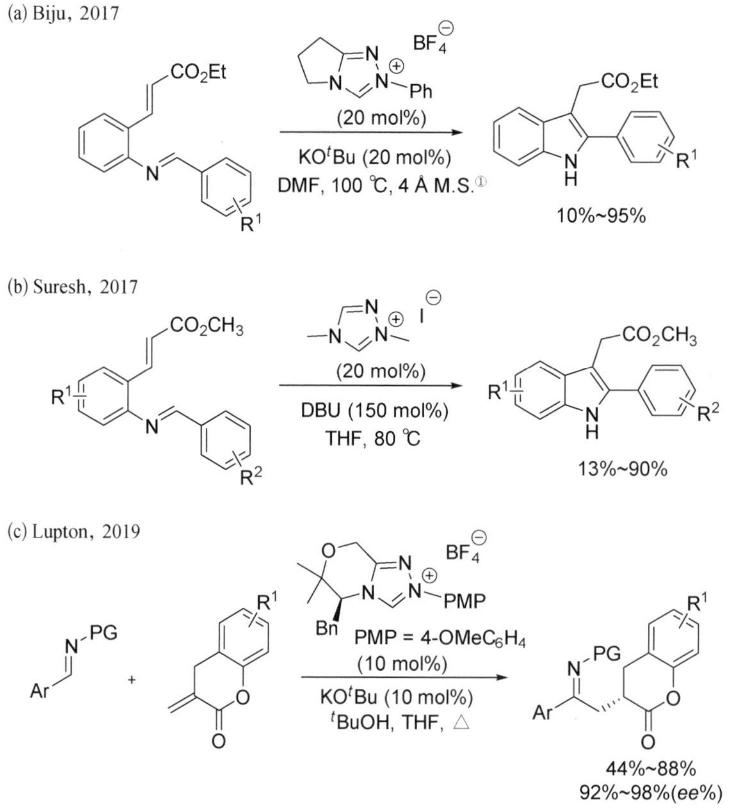

(a) Biju, 2017

(20 mol%)

KO^{t}Bu (20 mol%)
DMF, 100 ℃, 4 Å M.S.①

10%~95%

(b) Suresh, 2017

(20 mol%)

DBU (150 mol%)
THF, 80 ℃

13%~90%

(c) Lupton, 2019

PMP = 4-OMeC$_6$H$_4$
(10 mol%)

KO^{t}Bu (10 mol%)
^{t}BuOH, THF, △

44%~88%
92%~98%(ee%)

---

① M. S.，molecular sieve，分子筛。

(d) Biju, 2019

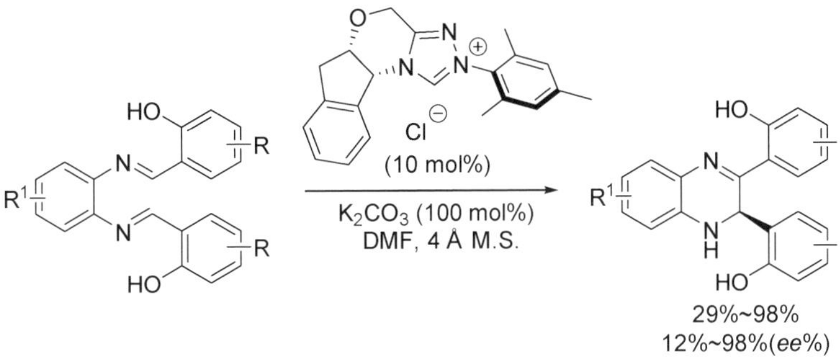

图 4-15　氮杂环卡宾催化醛亚胺极性翻转的反应

4.3　氮杂环卡宾催化经烯醇负离子中间体的反应

2006 年，Glorius 课题组在研究氮杂环卡宾催化烯醛的反应时，发现体系内所产生的高烯醇负离子可以转化为烯醇负离子，从而与活泼酮发生[2 + 2]环加成反应(图 4-16)[17]。此后氮杂环卡宾催化不同底物形成的烯醇负离子作为 C2 单元所发生的[2 + n]反应及 α-位的其他官能化反应得以迅速发展。

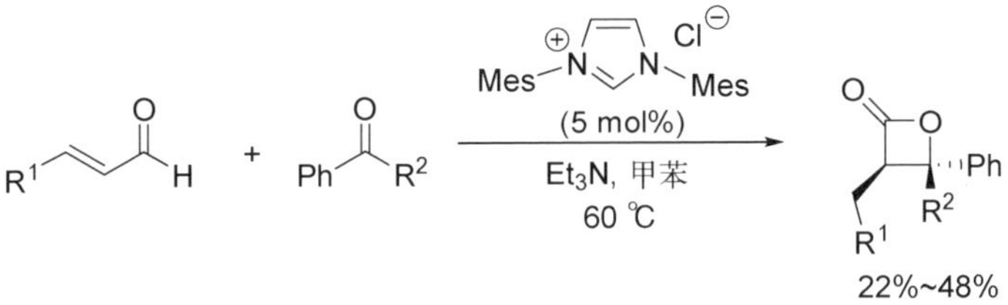

图 4-16　氮杂环卡宾催化经烯醇负离子中间体的反应

4.3.1　氮杂环卡宾催化联烯酮的反应

联烯酮分子内含有一对累积双键，中间碳采用 sp 杂化，既参与 C═C 键的形成，又参与 C═O 键的形成，且两个 π 键相互垂直(图 4-17)。联烯酮具有较强

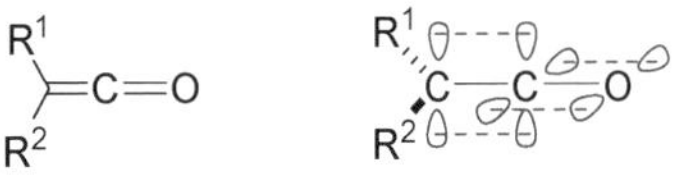

图 4-17　联烯酮的结构

的亲电性,易接受亲核试剂的进攻。

联烯酮化学始于20世纪初期,Staudinger首次制备了稳定的联烯酮类化合物,并开展了其反应性研究。联烯酮能够很好地与双键,如C═C键、C═O键及C═N键等发生环加成反应。

叶松课题组首先将联烯酮引入氮杂环卡宾催化。他们认为,氮杂环卡宾作为一种Lewis碱可以进攻联烯酮,形成一种活泼的两性离子中间体——与唑盐键合的烯醇负离子,并有望与不同试剂发生反应。基于此设想,该课题组系统地开展了氮杂环卡宾催化联烯酮的反应研究。

1. 氮杂环卡宾催化联烯酮的 [2+2] 环加成反应

2008年,叶松课题组首次实现了氮杂环卡宾催化联烯酮与醛亚胺的[2+2]环加成反应,高对映选择性地合成了β-内酰胺类化合物(图4-18)[18]。他们对反应机理进行研究时,提出了氮杂环卡宾进攻联烯酮得到了烯醇负离子中间体,再进一步与醛亚胺发生了环化反应。此外,Smith课题组[19]也随后报道了类似的工作,取得了中等到良好的对映选择性。

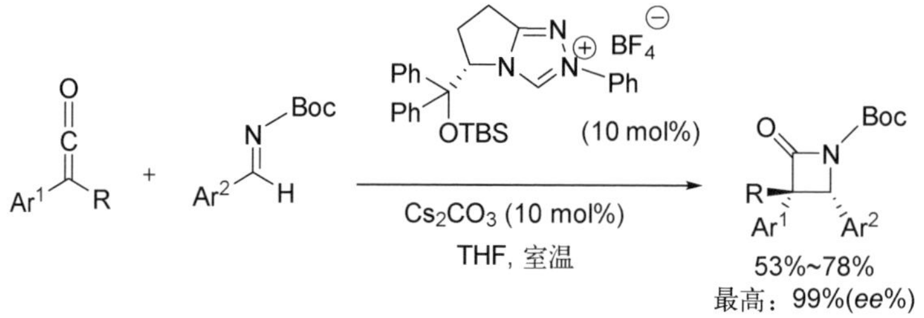

图4-18 氮杂环卡宾催化联烯酮与醛亚胺的 [2+2] 环加成反应

相比于醛亚胺,酮亚胺的反应活性则较低。叶松课题组利用基于 L-焦谷氨酸骨架的三唑型双功能氮杂环卡宾催化剂,实现了联烯酮与酮亚胺的[2+2]环加成反应,以优异的对映选择性和非对映选择性得到了含有螺环结构的β-内酰胺(图4-19)[20]。

2009年,叶松课题组报道了一例氮杂环卡宾催化联烯酮与偶氮二羧酸酯的[2+2]环加成反应,可用于合成手性氮杂β-内酰胺类化合物(图4-20)[21]。

β-磺内酰胺是一类结构新颖的四元含氮杂环,含有该类骨架的化合物多具有良好的生理活性。β-磺内酰胺经还原开环后可以转化为α-巯基酰胺,可用作手性配体或手性试剂参与不对称转化。2011 年,叶松课题组实现了氮杂环卡宾催化联烯酮与亚磺酰亚氨基苯类化合物的[2 + 2]环加成反应,可用于合成β-亚磺内酰胺类化合物(图4-21)[22]。需要指出的是,分别采用基于 L-焦谷氨酸骨架及氨基茚醇骨架的氮杂环卡宾催化剂均能够以优异的对映选择性得到构型相反的环加成产物。β-亚磺内酰胺类化合物可以实现一系列结构转化,例如在 m-CPBA 氧化下可转化为β-磺内酰胺,其在碱性条件下可醇解得到磺酸酯;在低温(-78 ℃)条件下,利用 DIBAL-H 还原β-亚磺内酰胺可以得到α-巯基酰胺。以上转化中产物的对映选择性均能很好地保持。

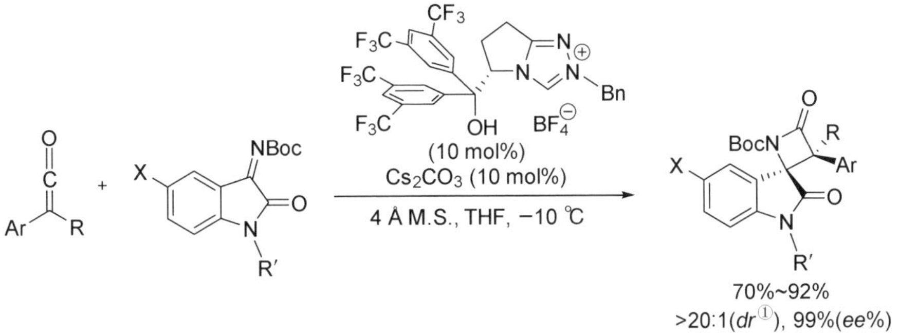

图 4-19　氮杂环卡宾催化联烯酮与酮亚胺的 [2+2] 环加成反应

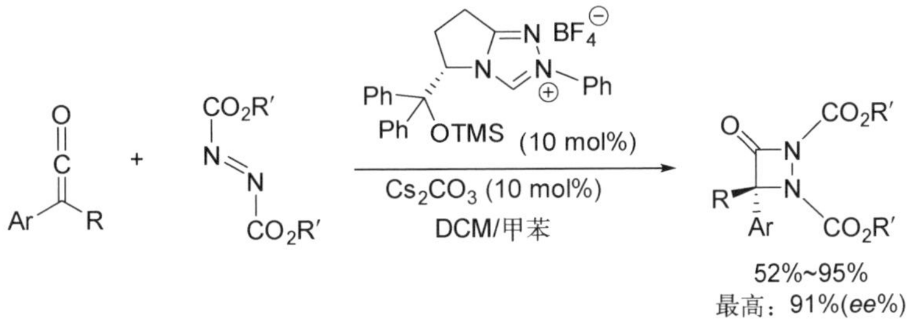

图 4-20　氮杂环卡宾催化联烯酮与偶氮二羧酸酯的 [2+2] 环加成反应

2. 氮杂环卡宾催化联烯酮的 [2+2+2] 环加成反应

如前文所述,在氮杂环卡宾催化下,联烯酮能够高效地与累积双键发生[2 + 2]环加成反应并构建手性四元杂环。2011 年,叶松课题组在研究联烯酮与异硫氰酸酯的反应

---

① 　dr,diastereomeric ratio,非对映体比例。

时,意外发现了苯基取代的异硫氰酸酯可以发生[2+2]环加成反应,而当选用苯甲酰基取代的异硫氰酸酯时,则得到的是[2+2+2]环加成产物(图4-22)[23]。他们认为,苯甲酰基对烯醇负离子与异硫氰酸酯的加成中间体可能具有一定的稳定作用,可以使其有足够长的寿命去进攻另一分子的联烯酮后进行关环。

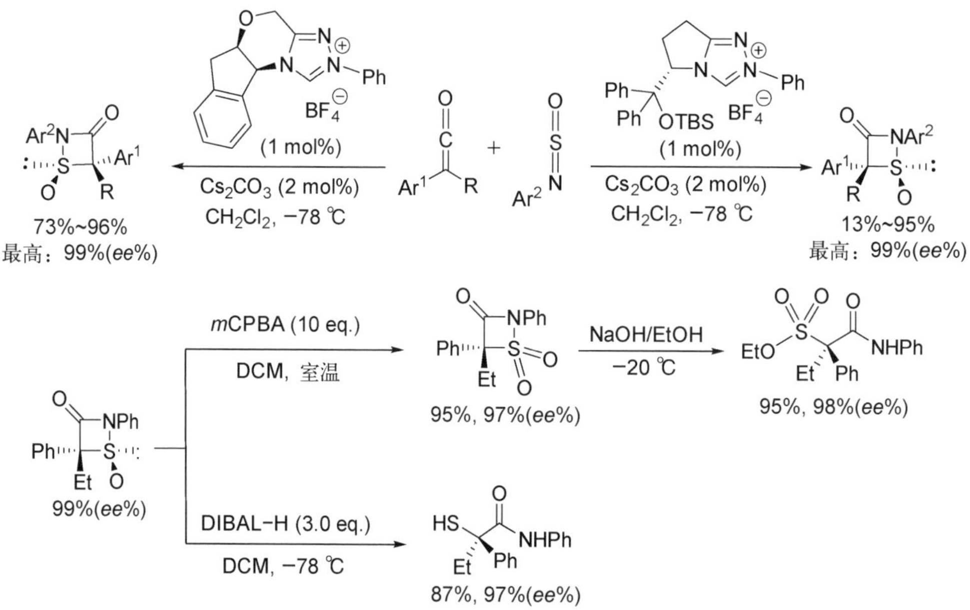

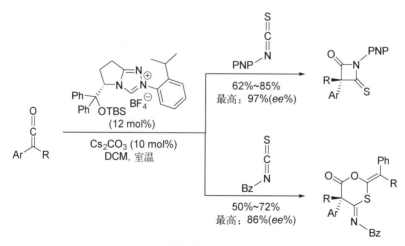

图4-21　氮杂环卡宾催化联烯酮与亚磺酰亚氨基苯类化合物的［2+2］环加成反应及结构转化

图4-22　氮杂环卡宾催化联烯酮与异硫氰酸酯的环加成反应

有趣的是,同年,他们还发现了在氮杂环卡宾催化联烯酮与二硫化碳的[2+2+2]环加成反应中,同样是两分子联烯酮参与反应,能够以良好的收率和优异的对映选择性得到六元环产物(图 4-23)[24]。

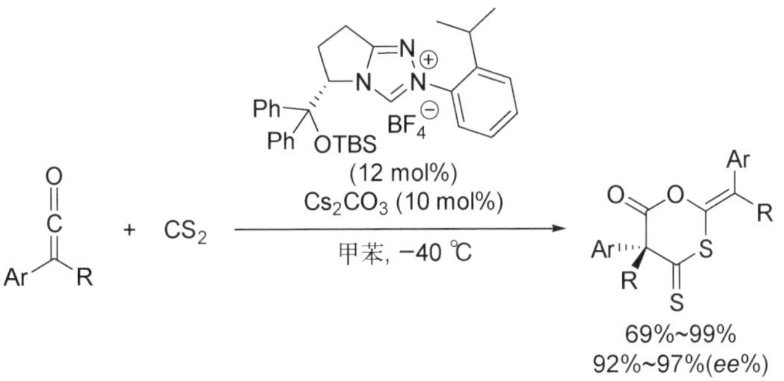

图 4-23　氮杂环卡宾催化联烯酮与二硫化碳的[2+2+2]环加成反应

3. 氮杂环卡宾催化联烯酮的[2+3]环加成反应

20 世纪 80 年代,Davis 发展了一类氮氧环丙烷类氧化剂,可用于烯醇的氧化合成 α-羟基取代的羰基化合物,但不对称的 Davis 氧化反应通常需要当量的手性氮氧环丙烷或手性辅基,因而催化不对称 Davis 氧化反应具有重要意义。

氮杂环卡宾催化联烯酮的反应中会形成烯醇负离子,如果利用 Davis 氧化剂先将其氧化形成环氧中间体、再经环氧开环,则有可能进一步与现场生成的亚胺反应(图 4-24)。基于此设想,叶松课题组对联烯酮与 Davis 氧化剂之间的反应开展了研究(图 4-25)[25]。实验表明,L-焦谷氨酸衍生的三唑型氮杂环卡宾可以高效地催化该反应,取得了良好的收率和优异的立体选择性。所获得的噁唑啉酮可以转化为 α-羟基酸和 1,2-二醇,并且产物的对映选择性均没有下降。

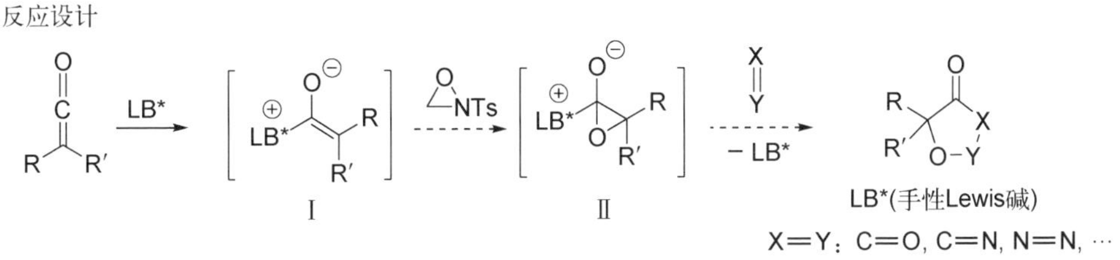

反应设计

图 4-24　氮杂环卡宾催化联烯酮与氮氧环丙烷的反应设计

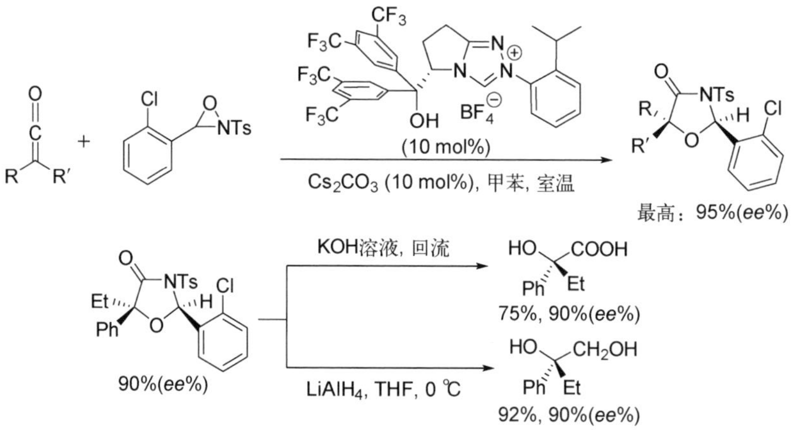

图 4-25 氮杂环卡宾催化联烯酮与氮氧环丙烷的［2+3］环加成反应及结构转化

4. 氮杂环卡宾催化联烯酮的［2+4］环加成反应

［2+4］环加成反应是构建六元碳环或杂环化合物的重要途径,如经典的 Diels-Alder 反应及 aza-Diels-Alder 反应等。叶松课题组对氮杂环卡宾催化联烯酮与不同 Michael 受体间的［2+4］环加成反应也进行了较多研究。

2008 年,他们报道了联烯酮与不饱和酮的［2+4］环加成反应,可以获得含有 α-季碳、β-叔碳的手性 δ-内酯(图 4-26)[26]。该反应主要得到反式产物,但是当碱过量时,可以通过先现场去质子再动力学质子化得到顺式产物。

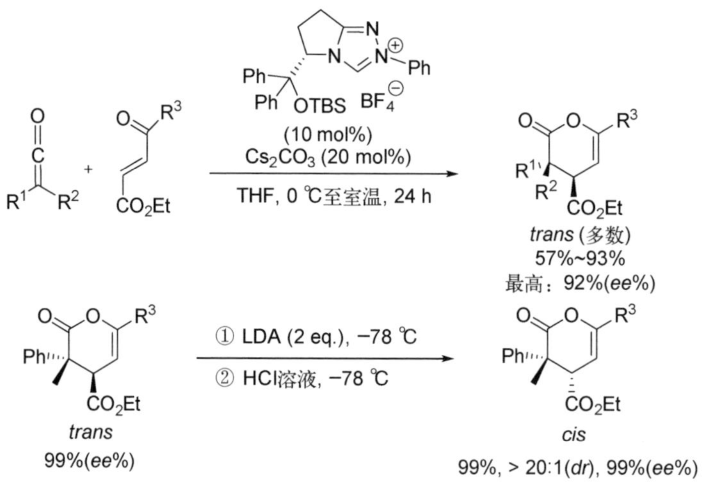

图 4-26 氮杂环卡宾催化联烯酮与不饱和酮的［2+4］环加成反应

二氢香豆素类化合物是许多传统中药的活性成分。研究发现,含有大位阻保护基的三唑型氮杂环卡宾可以高效地催化联烯酮与邻亚甲基醌的环加成反应,得到二氢香豆素类化合物(图 4-27)[27]。有意思的是,微量甲醇的加入对于稳定实验结果具有积极效应,但具体机制仍不清楚。

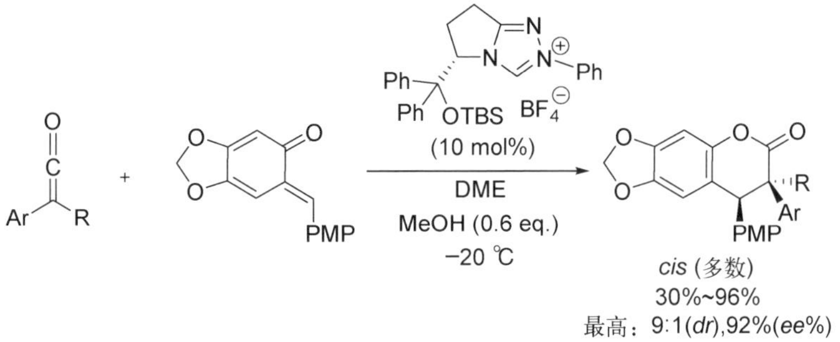

图 4-27　氮杂环卡宾催化联烯酮与邻亚甲基醌的环加成反应

氮杂环卡宾催化联烯酮与 3-亚烷基氧化吲哚的环加成反应,能够以良好的收率和优异的立体选择性合成吲哚并二氢吡喃酮类骨架的杂环化合物(图 4-28)[28]。

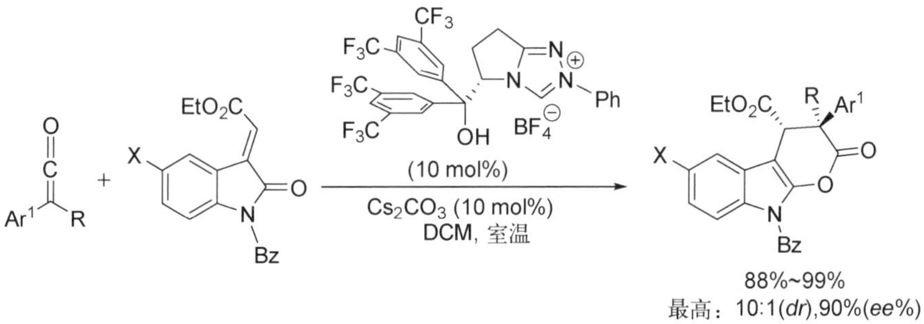

图 4-28　氮杂环卡宾催化联烯酮与 3-亚烷基氧化吲哚的环加成反应

如前文所述,氮杂环卡宾催化联烯酮与偶氮二羧酸酯可以发生[2+2]环加成反应得到手性氮杂 β-内酰胺类化合物[21]。但是当改用苯甲酰基取代的偶氮类化合物时,并没有得到四元环产物,而是得到了六元环产物,酰基也参与了环化(图 4-29)[29]。采用 L-焦谷氨酸衍生的含有不同取代基的氮杂环卡宾催化剂可以得到绝对构型相反的产物,并且均表现出优异的对映选择性。研究学者推测,这可能是催化剂中 2,4,6-三甲苯基的大位阻效应及游离羟基的氢键作用引起的。所获得的手性噁二嗪类化合物可在室

温下快速醇解得到 α-氨基酸酯类衍生物。

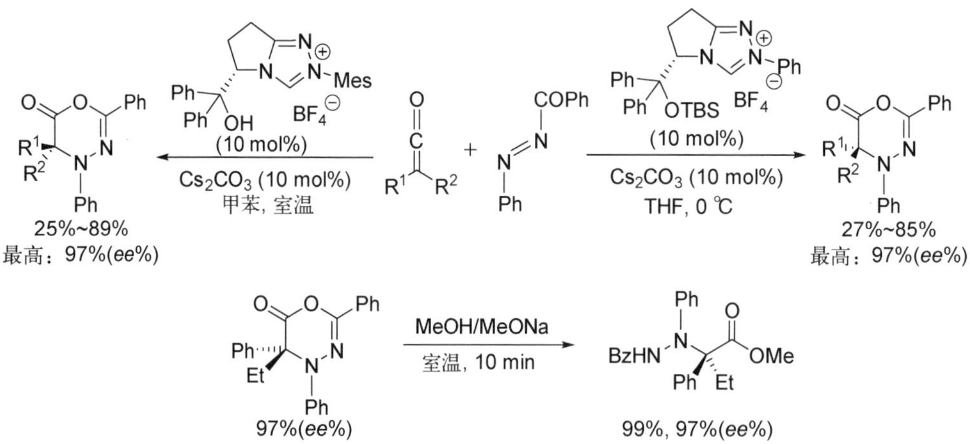

图 4-29 氮杂环卡宾催化联烯酮与偶氮类化合物的［2+4］环加成反应

4.3.2 氮杂环卡宾催化官能化醛的反应

Bode 课题组发现，α-氯代醛在氮杂环卡宾作用下可以形成烯醇负离子中间体，并实现了其与氧杂二烯的［2+4］环加成反应（图 4-30）[30]。在这一反应中，他们对 Rovis 等发展的基于氨基茚醇骨架的三唑型氮杂环卡宾进行了改进，将氮上苯基替换为位阻更大的 2,4,6-三甲苯基，催化剂载量只有 0.5 mol%，也能以优秀的对映选择性得到二氢吡喃酮类化合物。

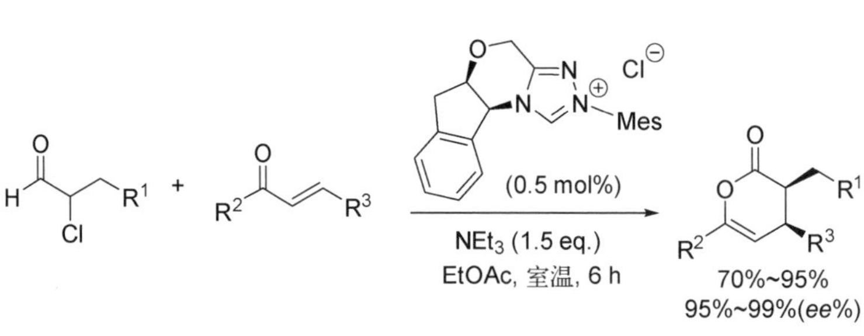

图 4-30 氮杂环卡宾催化 α-氯代醛的［2+4］环加成反应

Enders 课题组发展了氮杂环卡宾催化 α-氯代醛与 2-吲哚硝基烯烃类化合物的［2+3］环加成反应（图 4-31）[31]。该反应的机理如下：氮杂环卡宾活化 α-氯代醛形成的烯醇负离子与 2-吲哚硝基烯烃发生 Michael 加成反应,吲哚上的氮原子对酰基唑进行进攻,从而实现关环。

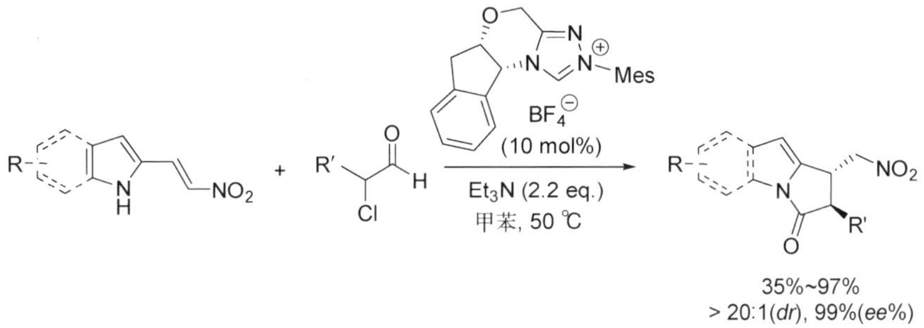

图 4-31　氮杂环卡宾催化 α-氯代醛与 2-吲哚硝基烯烃的 [2+3] 环加成反应

2015 年,叶松课题组也报道了一类氮杂环卡宾催化的[2+3]环加成反应(图 4-32)[32]。1,3-偶极环加成反应是构建五元杂环化合物的重要途径,他们利用氮杂环卡宾催化 α-氯代醛与偶氮次甲基亚胺来实现不对称环化,能够以良好的收率和优异的立体选择性得到四氢异喹啉并吡唑啉酮类化合物。

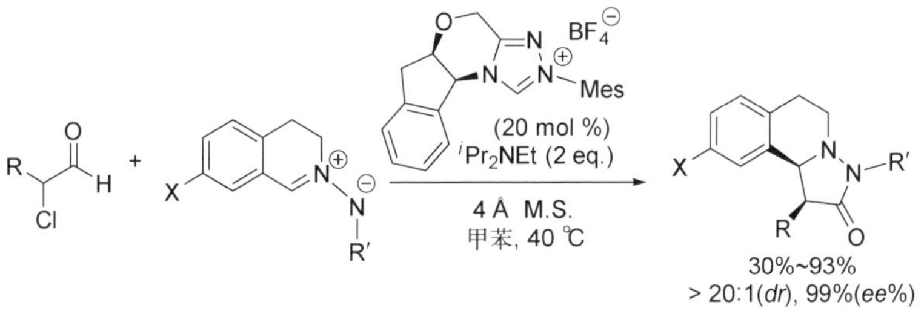

图 4-32　氮杂环卡宾催化 α-氯代醛与偶氮次甲基亚胺的 [2+3] 环加成反应

4.3.3　氮杂环卡宾催化其他底物的 [2+n] 环加成反应

在氮杂环卡宾催化反应中,联烯酮和 α-氯代醛是非常优异的烯醇负离子前体,但这类底物对水比较敏感,不易保存。

Smith 课题组[33]开发了一类 α-芳酰氧基醛作为底物,在氮杂环卡宾作用下也可以形成烯醇负离子中间体。他们利用此类底物实现了氮杂环卡宾催化的酯化反应及与不饱和酮的[2+4]环加成反应(图 4-33)。

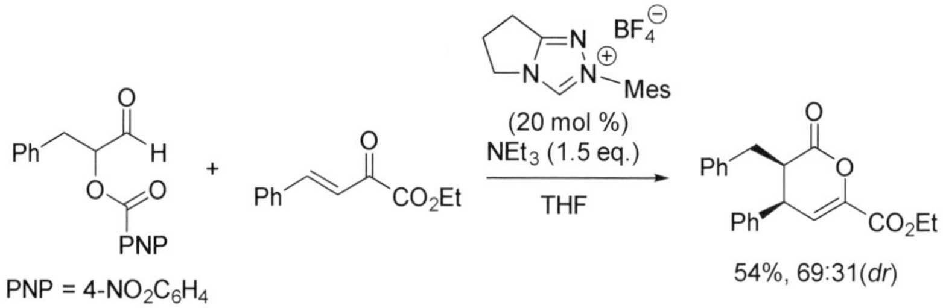

图 4‑33　氮杂环卡宾催化 α‑芳酰氧基醛与不饱和酮的［2＋4］环加成反应

Rovis 课题组[34]利用维生素 B$_2$ 衍生物作为氧化剂，将 Breslow 中间体氧化为酰基唑，实现了氮杂环卡宾催化脂肪醛与不饱和酮及不饱和亚胺的［2＋4］环加成反应，取得了良好的收率和优异的立体选择性，所得的 δ‑内酯以顺式为主，而 δ‑内酰胺则以反式为主（图 4‑34）。

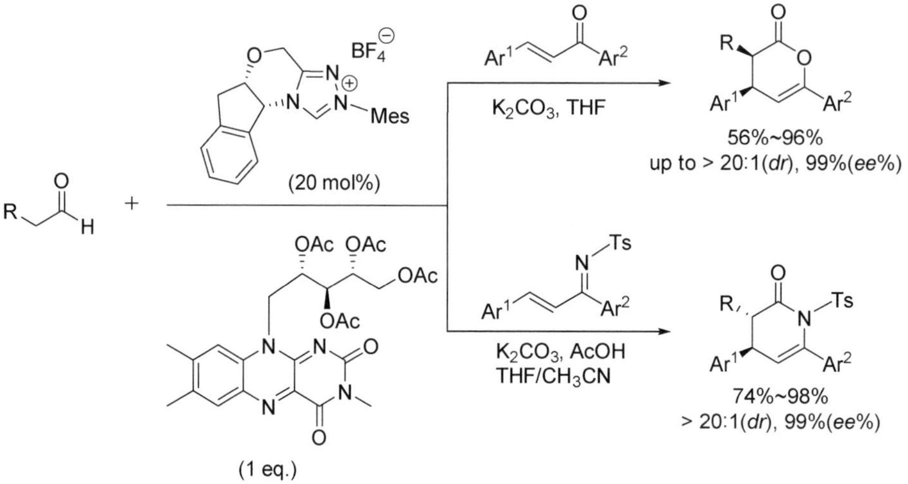

图 4‑34　氮杂环卡宾催化脂肪醛与不饱和酮及不饱和亚胺的［2＋4］环加成反应

氮杂环卡宾催化 α‑氯代醛或 α‑芳酰氧基醛的反应都是通过醛的预官能化经离去基团的离去形成酰基唑中间体，本质上是醛的 α‑位预先氧化的机制。羧酸及其衍生物的氧化态比醛高，许多课题组基于这一思想展开了研究。例如，Chi 课题组[35]开发了一类缺电子的苯酚酯，它们在氮杂环卡宾作用下经加成消除、酚氧负离子离去可以形成酰基唑中间体，唑盐的存在增强了 α‑氢的酸性，在碱作用下易于转化为烯醇负离子中间体。他们利用这一类底物实现了与不饱和亚胺的不对称环加成反应，并取得了优异的立体选择性（图 4‑35）。

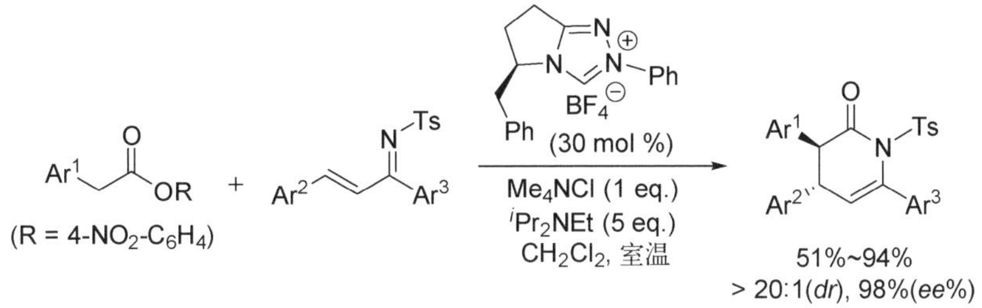

图 4-35　氮杂环卡宾催化苯酚酯与不饱和亚胺的不对称环加成反应

4.4　氮杂环卡宾催化经高烯醇负离子中间体的反应

2004 年,Glorius 和 Bode 课题组分别报道了氮杂环卡宾催化烯醛的[3+2]环加成反应,并阐释了经高烯醇负离子中间体加成的反应机理。自此,烯醛作为高烯醇负离子前体与不同亲电试剂的加成反应成为氮杂环卡宾催化领域的一大研究热点[36,37]。

4.4.1　氮杂环卡宾催化烯醛的［3+2］环加成反应

Nair 课题组首先报道了氮杂环卡宾催化烯醛与靛红的环加成反应,可以合成螺 γ-内酯类化合物,但非对映选择性只有 1∶1[图 4-36(a)][38]。2011 年,叶松课题组利用 L-焦谷氨酸衍生的含有羟基取代的三唑型氮杂环卡宾实现了该反应的不对称催化,取得了优异的立体选择性[图 4-36(b)][39]。需要指出的是,当催化剂中的羟基被硅基保护时,反应不能发生,由此可见催化剂中游离羟基的重要性。基于此,他们提出了该反应的过渡态模型,即氮杂环卡宾与烯醛作用形成 Breslow 中间体,催化剂中羟基与靛红 3-位羰基之间的氢键作用一方面提高了羰基的亲电性,另一方面诱导了高烯醇负离子从羰基 Si 面进攻。简言之,催化剂中羟基的存在提高了反应的效率和立体选择性。

为进一步提高该反应的普适性,Scheidt 采用了氮杂环卡宾与 Lewis 酸协同催化的策略(图 4-37)[40]。实验表明,当底物为 β-芳基烯醛时,氯化锂的加入能够明显提高反应的立体选择性,但该条件不适用于 β-烷基烯醛类底物,其立体选择性会大幅下降。通过进一步的催化剂筛选,他们发现当基于 1,2-二苯基氨基醇骨架的三唑型氮杂环卡宾作为催化剂时，无须额外添加剂便可大幅提升此类底物反应的立体选择性。此外，他们还利用所发展的方法、经历 5 步反应实现了 maremycin B 的首次不对称全合成，总收率为 17%。

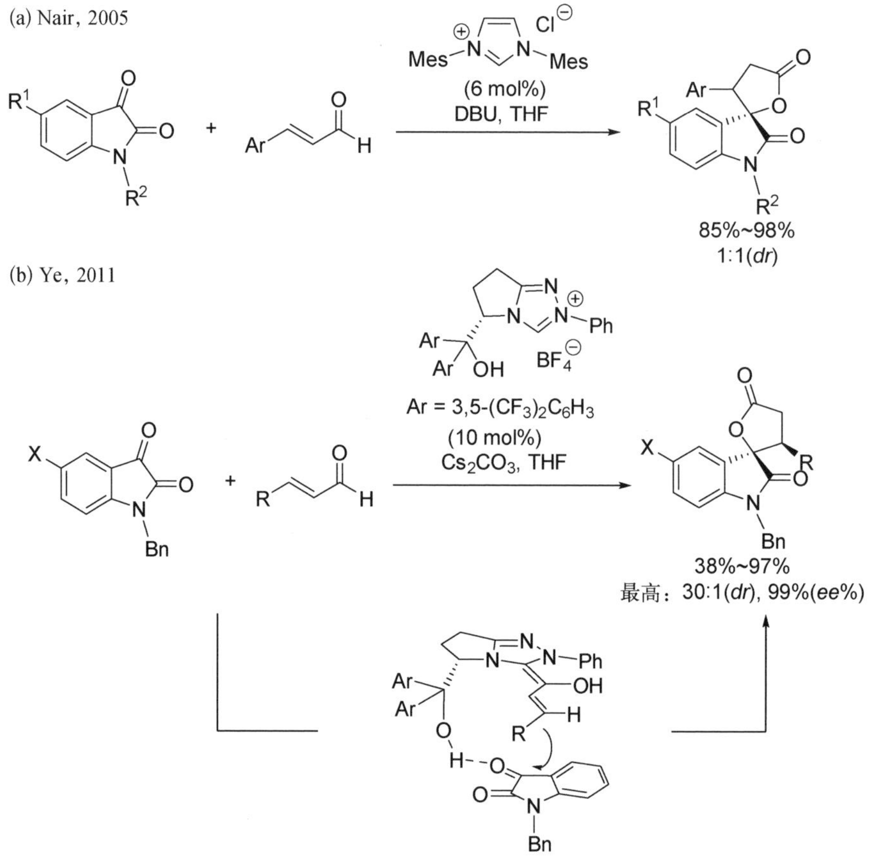

图 4-36　氮杂环卡宾催化烯醛与靛红的环加成反应

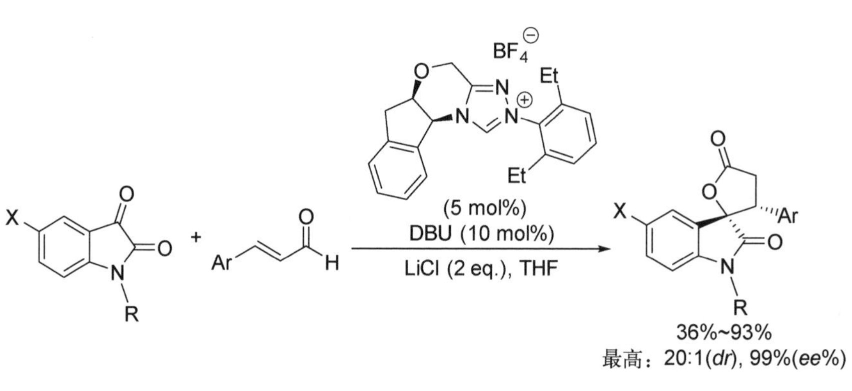

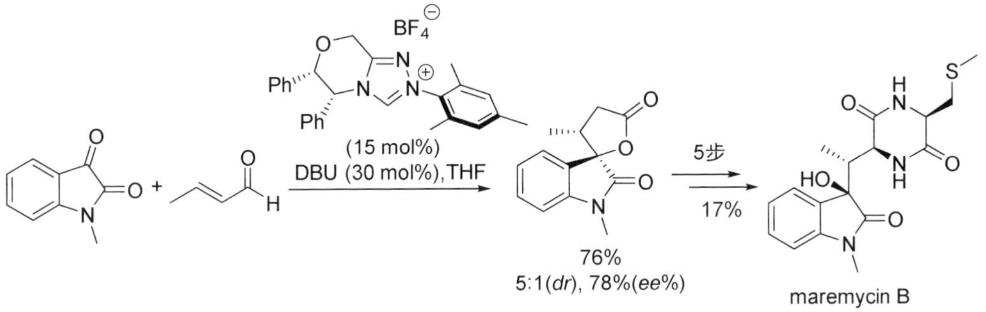

图 4-37　氮杂环卡宾与 Lewis 酸协同催化烯醛与靛红的环加成反应

4.4.2　氮杂环卡宾催化烯醛的［3+4］环加成反应

七元杂环化合物广泛存在于天然产物和药物分子中。相比于五元环、六元环,七元杂环化合物在合成上主要依赖于分子内的扩环或重排反应,而直接利用分子间反应一步构建七元杂环化合物的报道较少。2013 年,Scheidt 课题组[41]和叶松课题组[42]同时报道了氮杂环卡宾催化烯醛与邻亚甲基醌的［3+4］环加成反应,可以高效地合成七元内酯类化合物(图 4-38)。

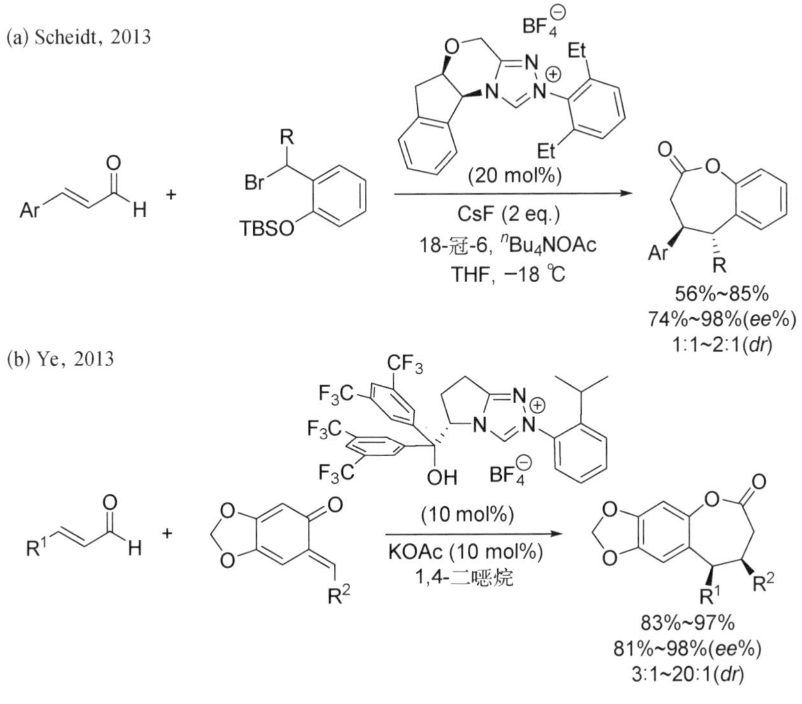

图 4-38　氮杂环卡宾催化烯醛与邻亚甲基醌的［3+4］环加成反应

其反应机理如下：氮杂环卡宾与烯醛作用形成高烯醇负离子中间体并对邻亚甲基醌进行 Michael 加成，在芳构化驱动力作用下形成的酚氧负离子进攻酰基唑，实现关环并再生催化剂，从而完成催化循环（图 4-39）。这两例反应均具有良好的底物普适性，芳基和烷基取代的烯醛均能参与反应。值得一提的是，叶松课题组所选用的催化剂是含有游离羟基的三唑型氮杂环卡宾，当羟基被保护后，反应几乎不能发生，充分展示了这类双功能催化剂的特殊性能。

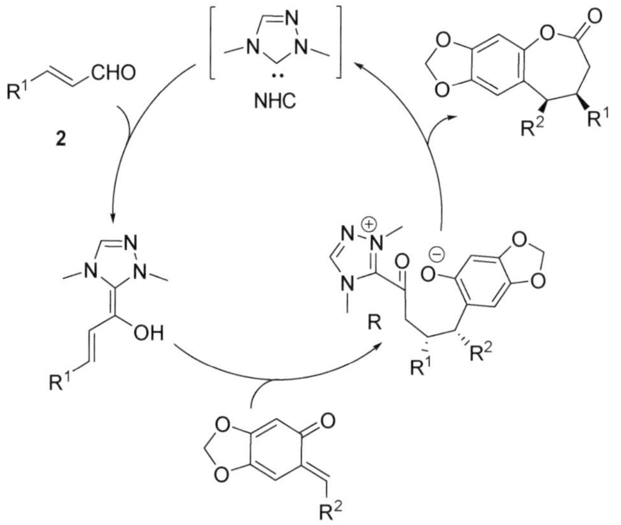

图 4-39　氮杂环卡宾催化烯醛与邻亚甲基醌的反应机理

随后，Zhao 课题组[43]和叶松课题组[44]又分别将氮杂环卡宾催化的[3+4]环加成反应扩展至橙酮及吲哚酮底物，均取得了良好的收率和优异的立体选择性（图 4-40）。

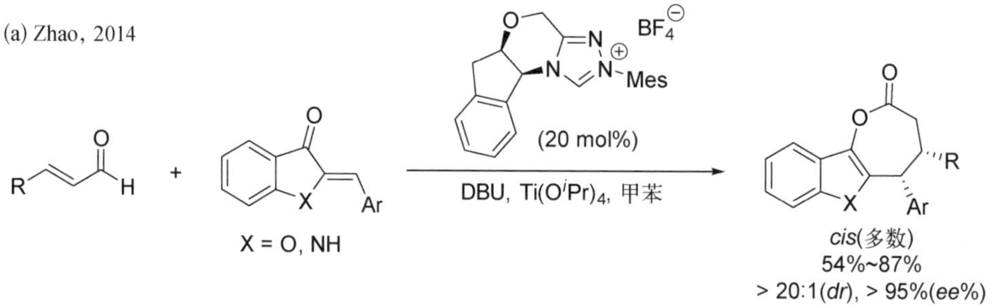

(a) Zhao, 2014

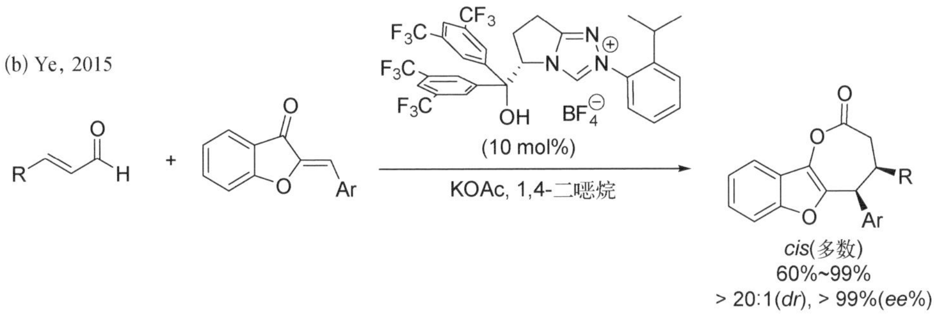

图 4-40　氮杂环卡宾催化烯醛与橙酮及吲哚酮的［3+4］环加成反应

需要指出的是，先前 Glorius 课题组报道的氮杂环卡宾催化烯醛与亚烷基吲哚酮的反应主要发生在 C＝C 键上，是形式上的［3＋2］环加成反应（图 4-41）[45]。而在上述两例反应中，通过选用不同催化剂可以实现反应位点的调控，这也体现了氮杂环卡宾在催化反应中的微妙之处。

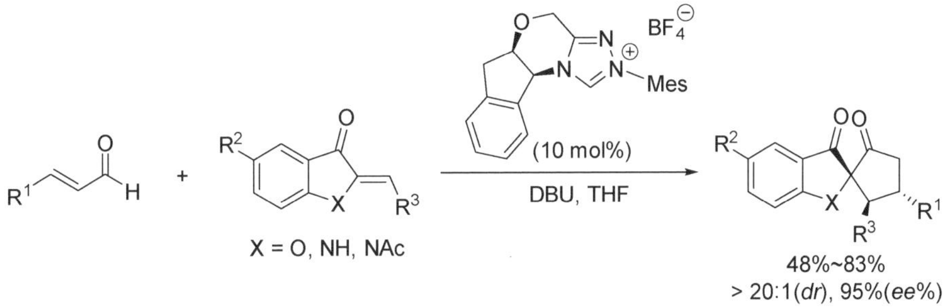

图 4-41　氮杂环卡宾催化烯醛与橙酮及吲哚酮的［3+2］环加成反应

叶松课题组[46,47]在后续的工作中又相继实现了氮杂环卡宾催化烯醛及氧化吲哚衍生的烯醛与橙酮亚胺的［3＋4］环加成反应，可以高效地构建手性七元内酰胺类化合物（图 4-42）。在催化剂的筛选上，他们发现对于普通烯醛与亚胺的反应，双功能催化剂表现出优异的催化活性，而对于氧化吲哚衍生的烯醛，选用硅基保护的催化剂则能取得好的结果，这可能是由于氧化吲哚衍生的烯醛中 1,4-二羰基结构的特殊性。氧化吲哚骨架在药物分子及先导化合物中广泛存在，许多含有氧化吲哚骨架的分子表现出优异的药理活性。基于此，他们对氧化吲哚螺七元内酰胺类化合物的抗肿瘤活性进行了筛选，结果表明 6-位含有卤素取代、氮原子裸露或甲基保护的化合物对六株人肿瘤细胞具有显著的细胞毒性。

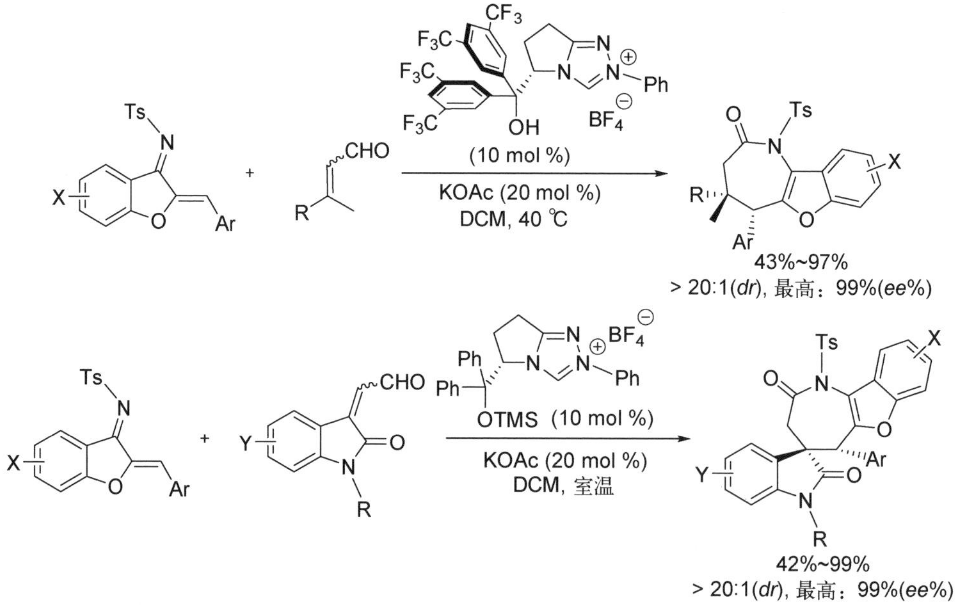

图 4-42 氮杂环卡宾催化烯醛与橙酮亚胺的［3+4］环加成反应

4.5 氮杂环卡宾催化经双烯醇负离子中间体的反应

当烯醇负离子直接与双键共轭时，其反应位点可能由原来的 α-位延伸至 γ-位，氮杂环卡宾催化经双烯醇负离子中间体的反应可以实现远端位点的官能化。

2011年，叶松课题组发现 β-甲基取代的不饱和酰氯可以作为烯基联烯酮的前体，在氮杂环卡宾作用下形成双烯醇负离子中间体，能够与活化羰基发生[4+2]环加成反应得到二氢吡喃酮类化合物（图 4-43）[48]。他们指出，当选用奎宁作为催化剂时，反应并不能发生。经过反应条件的优化，他们发现当以四氢呋喃作为溶剂、L-焦谷氨酸衍生的三唑型氮杂环卡宾作为催化剂、催化量的碳酸铯和5.0当量的三乙胺作为碱，在 $-78\ ^{\circ}\text{C}$ 的条件下反应时，可以高对映选择性地得到目标产物。他们除考察了不饱和酰氯与三氟甲基酮的反应以外，还利用相同条件实现了不饱和酰氯与靛红的反应，均取得了优异结果，并且对所得到的含有三氟甲基取代的二氢吡喃酮进行了丰富的化学转化，得到了多种类型的含氟化合物。

他们提出了可能的反应机理，即不饱和酰氯在碱性条件下转化为烯基联烯酮，氮杂环卡宾与其结合形成了双烯醇负离子中间体,此时 γ-位进攻活化羰基,经内酯化环化并再生氮杂环卡宾,从而完成催化循环(图 4-44)。

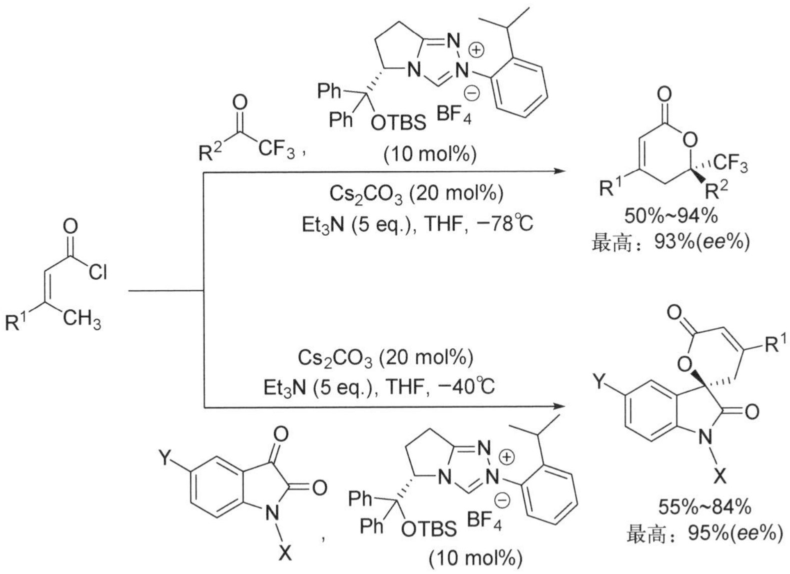

图 4-43　氮杂环卡宾催化不饱和酰氯与活化酮的 [4+2] 环加成反应

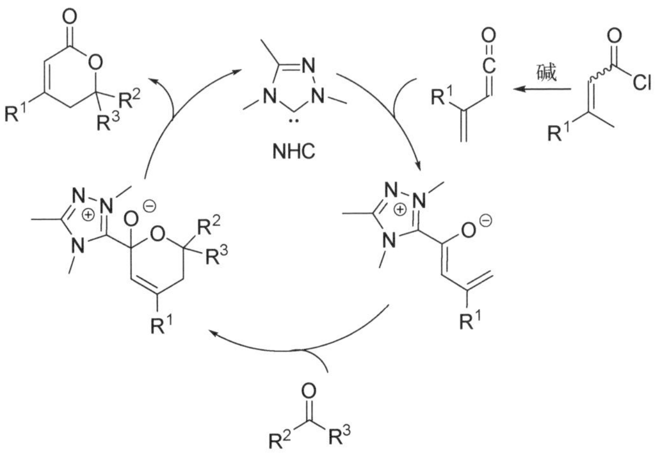

图 4-44　氮杂环卡宾催化不饱和酰氯与活化酮的反应机理

2012 年,Chi 课题组利用烯醛氧化的策略也实现了氮杂环卡宾催化经双烯醇负离子中间体与活化酮的[4+2]环加成反应,催化量的三氟甲磺酸镁和三氟甲磺酸钪的加入可以大幅提高反应的收率和对映选择性(图 4-45)[49]。他们推测,可能是钪和双烯醇负离子及活化羰基间的多位点配位,使得两种底物在空间上更加接近,并且促使双烯醇负离子从某一特定方向进攻活化羰基,更好地实现了不对称诱导。

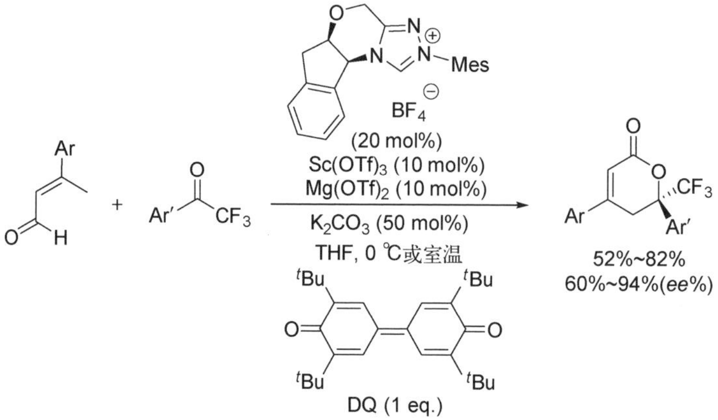

图 4-45　氮杂环卡宾与 Lewis 酸协同催化烯醛与活化酮的 [4+2] 环加成反应

2013 年,叶松课题组利用预氧化的烯醛同样实现了 γ-位的反应(图 4-46)[50]。他们设想,γ-位含有离去基团的烯醛与氮杂环卡宾结合后可以转化为双烯醇负离子中间体,其可能与偶氮二羧酸酯发生 [4+2] 环加成反应,实现 γ-位氨化,得到二氢哒嗪酮类化合物。通过对反应条件的尝试和进一步优化,他们以 82% 的收率和 99%(ee%)的高对映选择性得到了目标产物。利用最优条件,他们还对底物的普适性进行了考察。结果表明,烯醛芳环上邻位、间位及对位上含有不同取代基时均能很好地参与反应,1-萘基和 2-萘基取代的烯醛也能以优异的对映选择性得到目标产物。值得一提的是,当使用烷基(如异丙基、环丙基等)取代的烯醛时,反应也能够顺利地发生。偶氮上的保护基对反应的影响不显著,能以良好的收率得到近乎光学纯的二氢哒嗪酮类化合物。

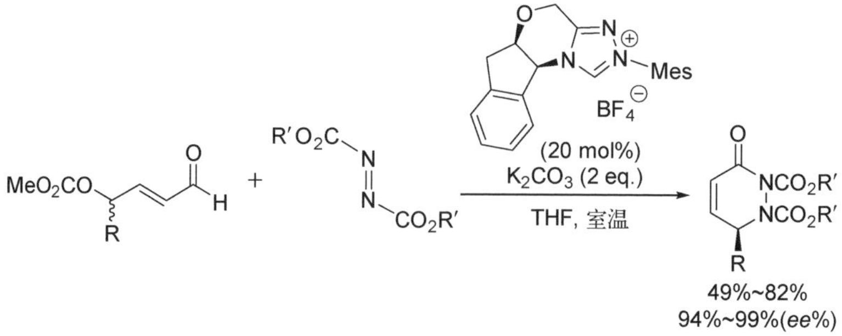

图 4-46　氮杂环卡宾催化烯醛与偶氮二羧酸酯的 [4+2] 环加成反应

他们提出了该反应可能的机理(图 4-47)。首先，含有 γ-位碳酸酯的烯醛与氮杂环卡宾结合后形成烯基 Breslow 中间体，离去基团脱除后得到双烯醇负离子中间体；随后，双烯醇负离子进攻偶氮二羧酸酯，实现 γ-位氨化；最后，氮负离子进攻酰基唑，氮杂环卡宾离去后得到二氢哒嗪酮类化合物。

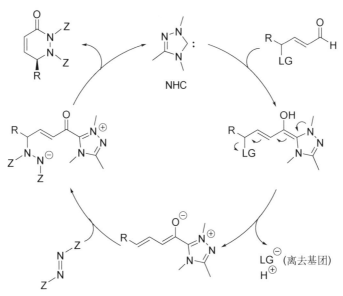

图 4-47　氮杂环卡宾催化烯醛与偶氮二羧酸酯的反应机理

γ-氨基酸是一类重要的非天然氨基酸，许多 γ-氨基酸类衍生物参与人类的代谢活动，因此具有重要的生理活性。该课题组利用所获得的二氢哒嗪酮类化合物经 5 步转化，能够以 77%～78% 的收率得到几乎手性纯的 γ-氨基酸酯类化合物，为 γ-氨基酸类衍生物的不对称合成提供了一条有效路径(图 4-48)。

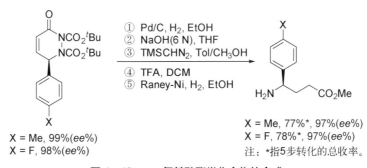

图 4-48　γ-氨基酸酯类化合物的合成

4.6 氮杂环卡宾催化经不饱和酰基唑中间体的反应

4.6.1 不饱和酰基唑中间体

与 Breslow 中间体类似,不饱和酰基唑中间体也是生物化学中一类重要的反应中间体。2007 年,Townsend 课题组在研究 β-内酰胺酶抑制剂 Clavulanic 酸的生物合成时,发现不饱和酰基唑是反应的关键中间体(图 4-49)[51]。这一结果对氮杂环卡宾催化经不饱和酰基唑中间体的反应研究具有重要的启示作用。

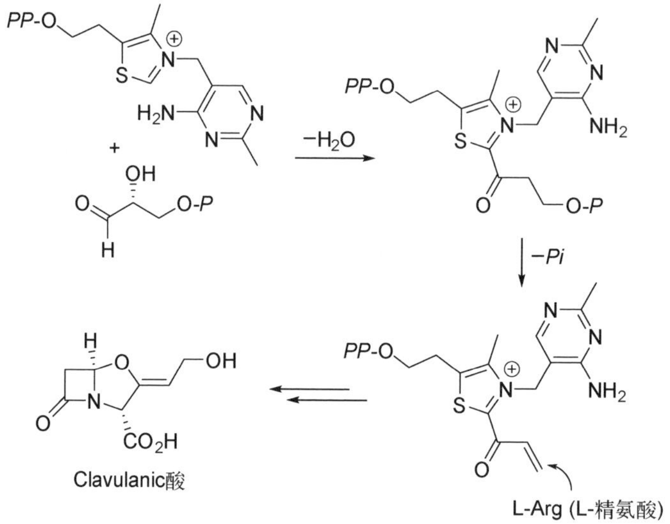

图 4-49 Clavulanic 酸的生物合成

4.6.2 氮杂环卡宾催化 α-溴代烯醛的反应

2011 年,叶松课题组发现 α-溴代烯醛在氮杂环卡宾作用下可以形成不饱和酰基唑中间体[52]。其过程是氮杂环卡宾与 α-溴代烯醛结合形成烯基 Breslow 中间体,经溴离子离去后转化为不饱和酰基唑中间体。氮杂环卡宾催化 α-溴代烯醛与1,3-二羰基类化合物的[3+3]环加成反应,可以实现 δ-内酯的对映选择性合成,并且当使用 L-焦谷氨酸衍生的含有游离羟基的双功能氮杂环卡宾催化剂与硅基保护的常规氮杂环卡宾催化剂时，得到了构型相反的产物，但均取得了优异的对映选择性（图 4-50）。

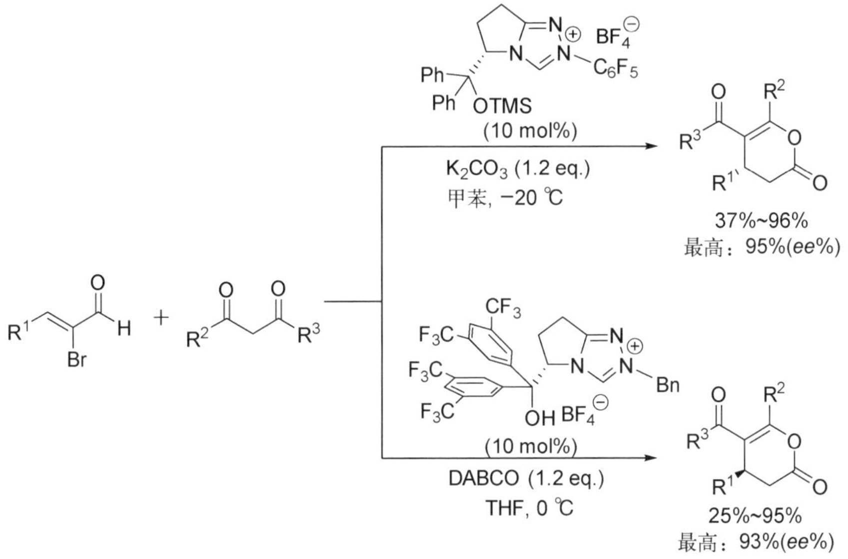

图 4-50　氮杂环卡宾催化 α-溴代烯醛与 1，3-二羰基类化合物的［3+3］环加成反应

对此，他们提出了两种过渡态模型（图 4-51）：① 当选用双功能催化剂时，催化剂中的羟基与 1，3-二羰基类底物之间形成氢键作用，既实现对底物的活化，又能够诱导烯醇负离子从三级醇的同侧进攻不饱和酰基唑中间体（TS B）；② 当选用硅基保护的催化剂时，三级醇硅醚的大位阻效应迫使烯醇负离子从远离三级醇的一侧进攻，所以造成了使用同一骨架类型催化剂时却得到构型相反的产物（TS A）。

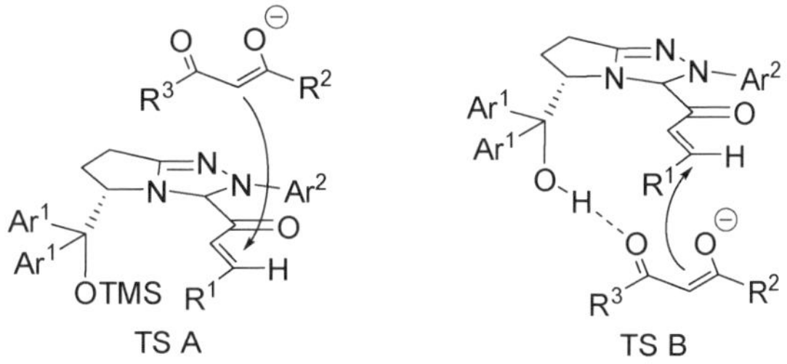

图 4-51　氮杂环卡宾催化 α-溴代烯醛与 1，3-二羰基环加成反应的过渡态模型

α-溴代烯醛在合成上非常方便，一些 α-溴代烯醛可以直接通过商业渠道购买，因而在氮杂环卡宾催化中有较多的应用。叶松课题组利用氮杂环卡宾催化 α-溴代烯醛与环状及非环状亚胺的［3+3］环加成反应，高对映选择性地合成了二氢吡啶酮类化合物，但所选用的亚胺受限于芳基酮亚胺（图 4-52）[53]。

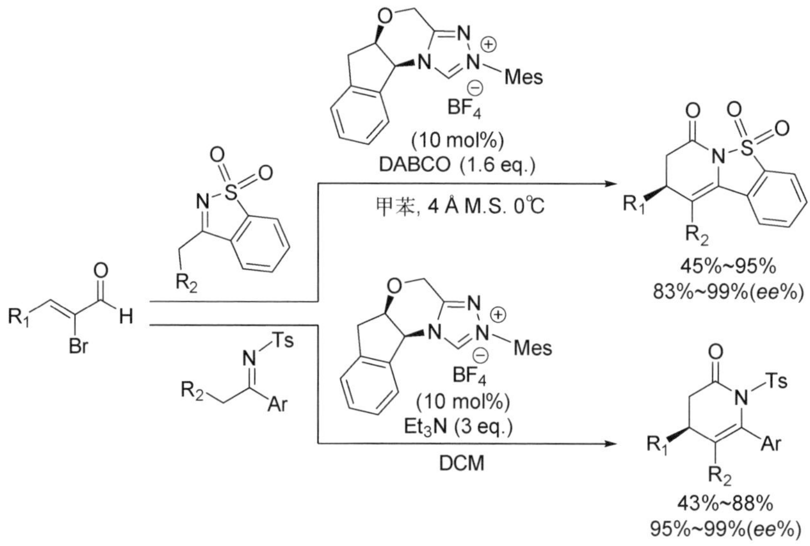

图 4‑52　氮杂环卡宾催化 α‑溴代烯醛与芳基酮亚胺的［3+3］环加成反应

随后，该课题组又对具有一定挑战性的醛亚胺进行了尝试，虽然 α‑溴代烯醛在氮杂环卡宾作用下可以与醛亚胺反应，但通过对催化剂、溶剂、反应温度等的筛选，反应收率一直较低。考虑到醛亚胺的不稳定性，他们采用将醛亚胺溶液缓慢注入反应体系的方法，大幅提高了反应收率，并且取得了优异的对映选择性（图 4‑53）[54]。此外，他们还在最优条件的基础上对反应底物进行了拓展，发现该反应具有良好的普适性。

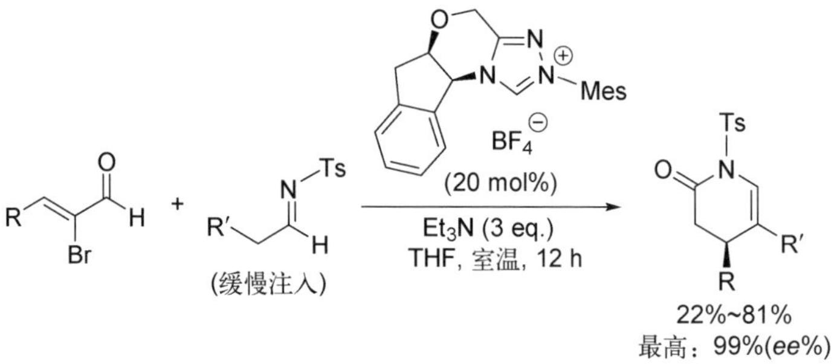

图 4‑53　氮杂环卡宾催化 α‑溴代烯醛与醛亚胺的［3+3］环加成反应

动力学拆分（kinetic resolution，KR）是指在手性试剂的作用下，外消旋体中一对对映体由于反应速率的差异，反应快的一种对映体快速消耗，而另一种对映体大量剩余，从而到达拆分的目的。动态动力学拆分（dynamic kinetic resolution，DKR）是指在动力学拆分的基础上，反应慢的一种对映体可以在反应体系内异构化为另一种对映体，从而实现底物的完全转化。

2019年,叶松课题组报道了首例利用氮杂环卡宾催化实现对烯胺的动态动力学拆分和对亚胺的动力学拆分的工作,而这一工作恰恰利用了烯胺和亚胺的互变特性(图4-54)[55]。他们首先对烯胺上的保护基进行了筛选,发现磺酰基保护的烯胺能够与 α-溴代烯醛在氮杂环卡宾作用下发生[3+3]环加成反应,并实现对烯胺的动态动力学拆分。通过对反应条件的进一步优化,他们发现当以 2-异丙基苯基取代的三唑型氮杂环卡宾作为催化剂、三乙胺作为碱、乙腈作为溶剂时,能够以良好的收率和优异的立体选择性得到二氢吡啶酮类化合物,含有不同取代基的烯胺及溴代烯醛在该条件下均表现出良好的反应性。当选用 α,α-双取代的亚胺作为底物时,利用该反应条件可以实现对亚胺的动力学拆分,反应的产物和原料都具有优异的对映选择性,并且 S 值可达 83。

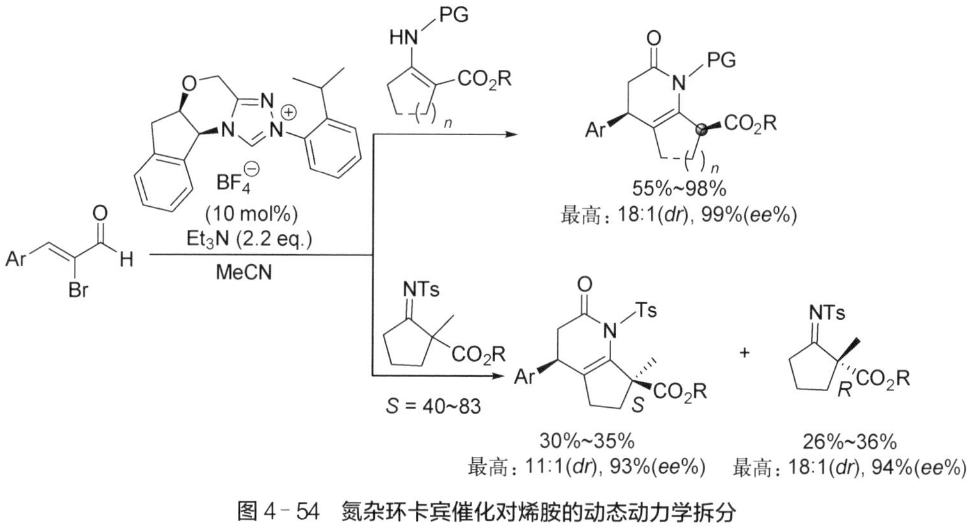

图 4-54　氮杂环卡宾催化对烯胺的动态动力学拆分

他们提出了该反应可能的机理(图 4-55)。首先,氮杂环卡宾与溴代烯醛作用形成烯基 Breslow 中间体,经溴离子离去后转化为不饱和酰基唑中间体。随后,烯胺或亚胺底物经过互变异构转化为两种构型相反的烯胺中间体,且这两种烯胺中间体与不饱和酰基唑中间体的氢键效应诱使加成反应在烯胺的 Si 面发生。此时,R 构型烯胺中酯基与茚骨架中直立氢之间的互斥效应使得该过渡态的能量较高,而 S 构型烯胺与不饱和酰基唑之间不存在这种互斥效应,因而更加有利。最后,烯胺与不饱和酰基唑中间体发生 Michael 加成反应,再经异构化、酰胺化来实现关环并游离出氮杂环卡宾,从而完成催化循环。

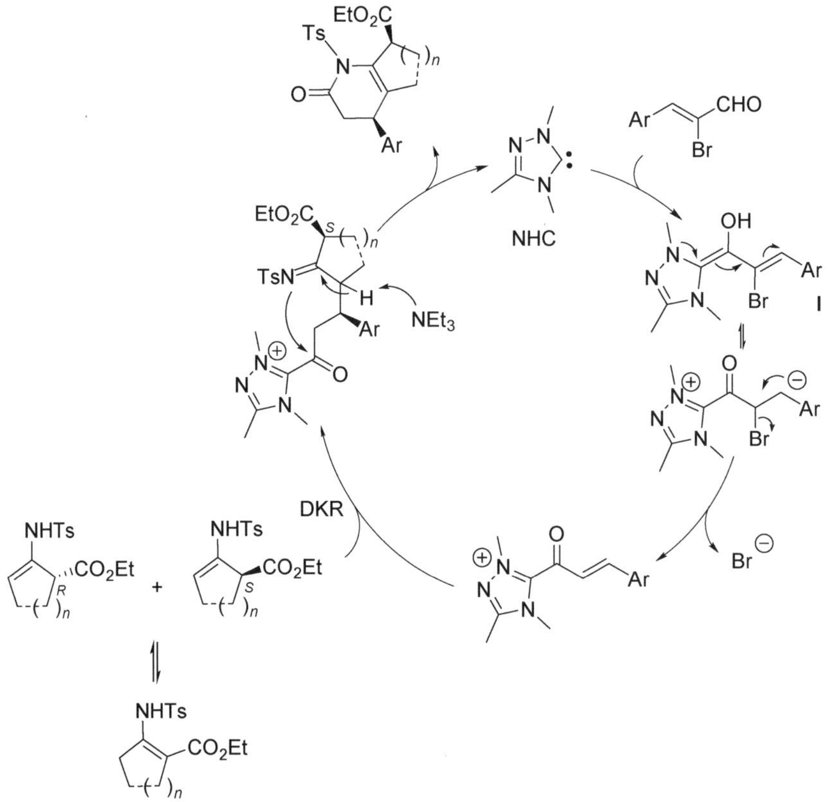

图 4‑55　氮杂环卡宾催化烯胺的动态动力学拆分的反应机理

4.6.3　氮杂环卡宾催化不饱和羧酸的反应

  不饱和酰基唑中间体具有丰富的来源,如氮杂环卡宾催化作用下 α,β‑不饱和酰氟、酯、炔醛、溴代烯醛,或烯醛经氧化都可以形成不饱和酰基唑中间体。但这些底物通常需要预官能化或外加当量氧化剂,并且不饱和羧酸衍生物在合成上大多来源于羧酸。羧酸廉价易得,且性质稳定、易于保存,若直接选用羧酸作为底物来形成不饱和酰基唑中间体,则具有更高的原子经济性和步骤经济性。

  2014 年,叶松课题组直接选用不饱和羧酸作为底物,利用羧酸与特戊酰氯在碱性条件下现场生成混酐,再利用氮杂环卡宾对其加成,经特戊酸根离去后可以转化为不饱和酰基唑中间体[56]。他们起初在尝试不饱和羧酸与 α‑氨基酮的反应时,发现异硫脲型 Lewis 碱催化剂作用下只能得到酰胺化产物,而改用氮杂环卡宾作为催化剂则可以得到吡咯烷酮类化合物,并可以取得优异的对映选择性(图4-56)。他们推测,相比于酰基-异硫脲而言,氮杂环卡宾键合形成的不饱和酰基唑中间体不易与α-氨基酮直接发生酰胺化反应,这可能对环加成反应的发生更加有利。

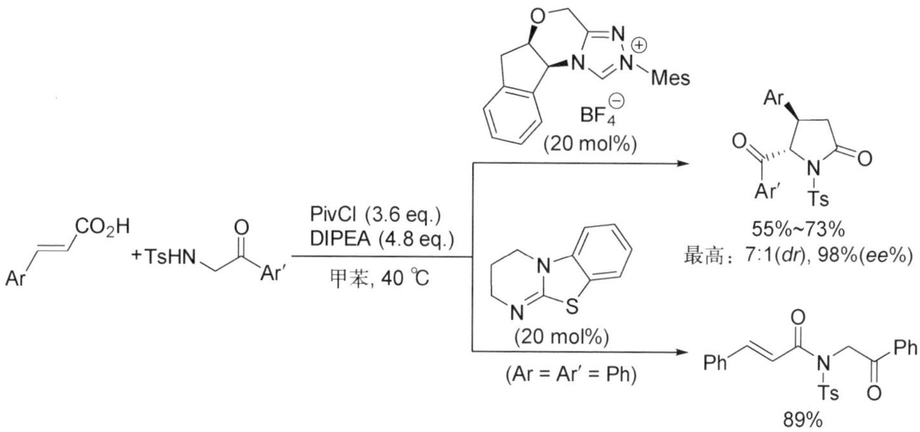

图4-56 Lewis碱催化不饱和羧酸与 α-氨基酮的反应

为进一步考察氮杂环卡宾催化不饱和羧酸的反应性,该课题组又将底物拓展至环状亚胺(图4-57)。他们发现,在同样的反应条件下,不饱和羧酸与环状亚胺的[3+3]环加成反应可以顺利进行,同样可以取得优异的立体选择性。

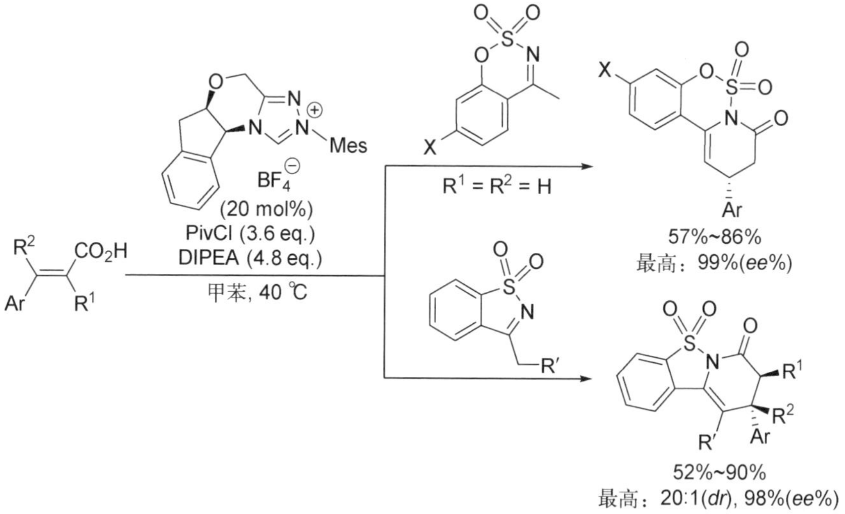

图4-57 氮杂环卡宾催化不饱和羧酸与环状亚胺的 [3+3] 环加成反应

对于氮杂环卡宾催化不饱和羧酸的环加成反应，该课题组提出了可能的反应机理（图 4-58）。不饱和羧酸在碱性条件下与特戊酰氯现场生成混酐，氮杂环卡宾对其加成，消除一分子特戊酸根后得到不饱和酰基唑中间体，α-氨基酮在碱性条件下形成的烯醇负离子中间体与不饱和酰基唑中间体发生 Michael 加成反应，经质子转移、酰胺化后关环并再生氮杂环卡宾，从而完成催化循环。

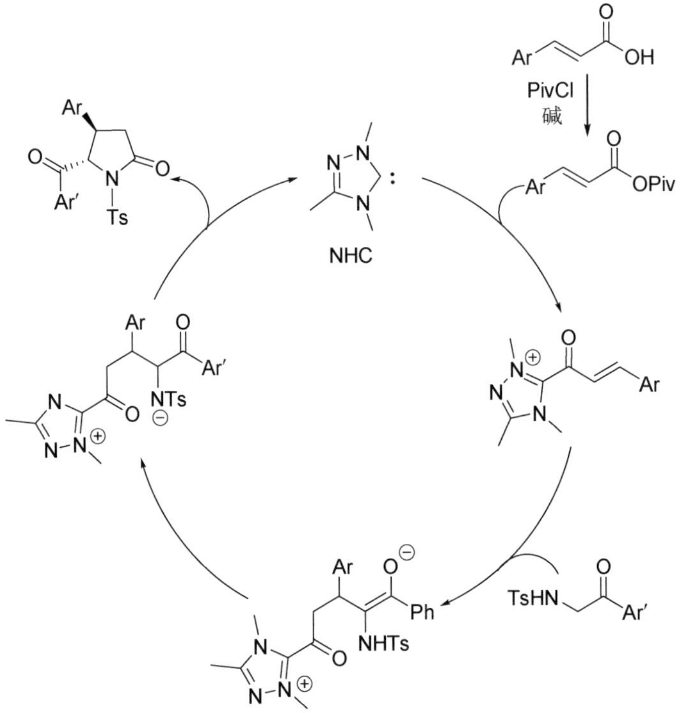

图 4-58　氮杂环卡宾催化不饱和羧酸的环加成反应机理

4.7　氮杂环卡宾催化经自由基中间体的反应

生物体内的生化反应对于新型催化反应的发展具有指导意义。焦磷酸硫胺素是 α-酮酸脱氢酶的辅因子，在 α-酮酸的脱羧反应中具有重要作用。噻唑环上的氮杂环卡宾结构是焦磷酸硫胺素催化反应的核心位点，其进攻 α-酮酸后经质子转移、脱羧后转化为 Breslow 中间体,丙酮酸铁氧化还原酶中的铁硫簇进一步将其氧化为自由基正离子和酰基唑中间体,最终实现酰基转移(图 4 - 59)。

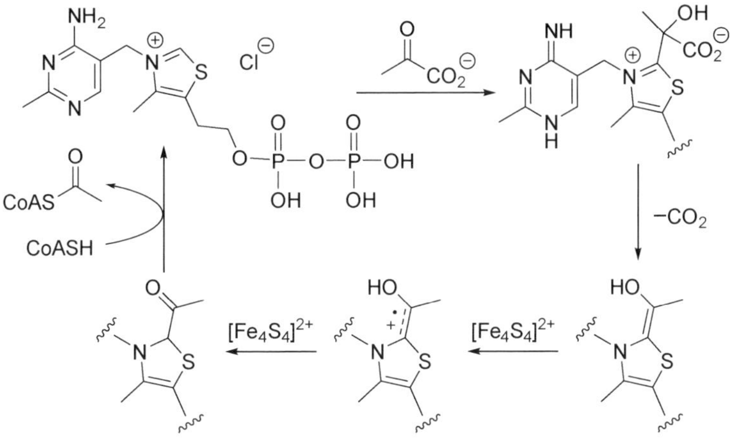

图 4-59　生物体内焦磷酸硫胺素催化的酰基转移反应

受上述生化反应的启发,Studer 课题组设想 Breslow 中间体有可能被单电子氧化剂氧化,实现无过渡金属参与的、仿生有机小分子催化的醛氧化反应。他们采用 2,2,6,6-四甲基哌啶氮氧化物(TEMPO)作为氧化剂以代替丙酮酸铁氧化还原酶中的铁硫簇,成功实现了氮杂环卡宾催化醛的氧化酯化反应(图 4 - 60)[57]。这一工作也开启了关于氮杂环卡宾催化经自由基中间体反应研究的热潮。

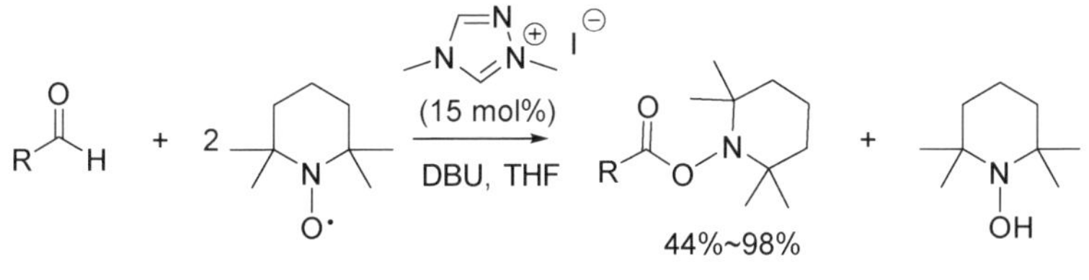

图 4-60　氮杂环卡宾催化醛的氧化酯化反应

2019 年,Ohmiya 课题组报道了氮杂环卡宾催化醛与 N-羟基邻苯二甲酰亚胺酯的自由基偶联反应,得到一系列烷基芳基酮(图 4 - 61)[58]。N-羟基邻苯二甲酰亚胺酯是一类氧化还原活性酯,易接受电子,脱除一分子 CO_2 后可形成自由基物种。他们认为,氮杂环卡宾与醛作用生成的 Breslow 中间体可将 N-羟基邻苯二甲酰亚胺酯还原生成烷基自由基,而其本身被氧化为 C1 位自由基,这两种自由基的偶联实现了 C—C 键的构筑。

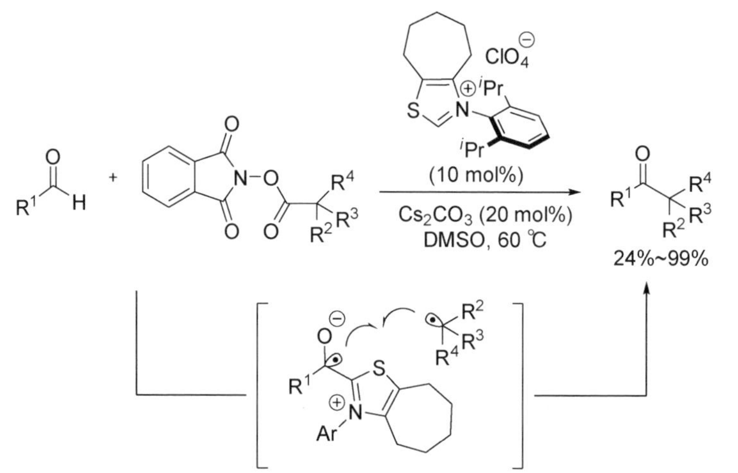

图 4-61　氮杂环卡宾催化醛与 N-羟基邻苯二甲酰亚胺酯的自由基偶联反应

氮杂环卡宾催化烯醛形成的烯基 Breslow 中间体同样可以发生自由基偶联反应。几乎同一时间,Rovis 课题组[59]和 Chi 课题组[60]也分别报道了氮杂环卡宾催化烯醛经高烯醇氧化的 β-位羟基化反应,所使用的氧化剂均为硝基苯类化合物(图 4-62)。

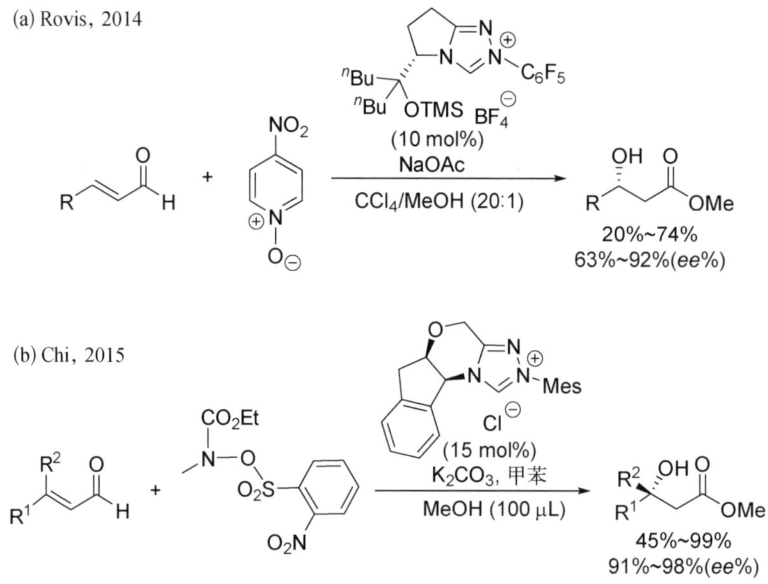

(a) Rovis, 2014

(b) Chi, 2015

图 4-62　氮杂环卡宾催化烯醛的 β-位羟基化反应

下面以 Rovis 课题组的工作为例介绍其反应机理(图 4-63)。首先烯醛与氮杂环卡宾结合后形成烯基 Breslow 中间体,硝基苯类化合物将其氧化为自由基正离子,而其本身则被还原为自由基负离子,此时原硝基上的氧自由基与烯醛的β-位偶联,经 N—O 键断裂、质子化后实现β-位羟基化,最后甲醇作为亲核试剂进攻酰基唑,游离出氮杂环卡宾,从而完成催化循环。

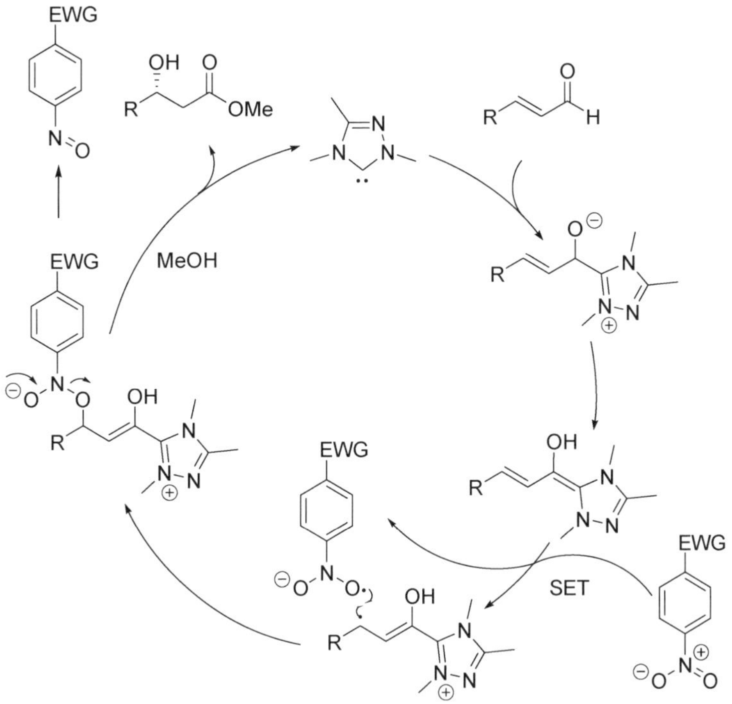

图 4-63　氮杂环卡宾催化烯醛的 β-位羟基化反应机理

上述两组工作实现了烯基 Breslow 中间体的β-位羟基化,但反应本质仍是 Breslow 中间体与氧化剂间的偶联反应。Rovis 课题组[61]发现,在他们之前报道的烯醛的β-位羟基化体系中,如果将溶剂改为甲苯,则可以发生烯醛的双分子偶联反应,得到环戊酮类化合物(图 4-64)。他们认为,当缺少外加亲核试剂时,Breslow 中间体氧化后所形成的自由基正离子可以与另一分子的烯基 Breslow 中间体发生β,β-偶联,再经分子内环化、水解、脱羧后形成最终产物。控制实验排除了形成不饱和酰基唑中间体的可能性,即当选用烯醛与炔醛进行反应时,并不能得到环戊酮类化合物,而采用吩嗪氧化烯醛形成不饱和酰基唑中间体的反应同样不能发生。对底物的考察表明,不但单一烯醛可以发生反应,不同烯醛间的反应也可以得到交叉偶联产物。

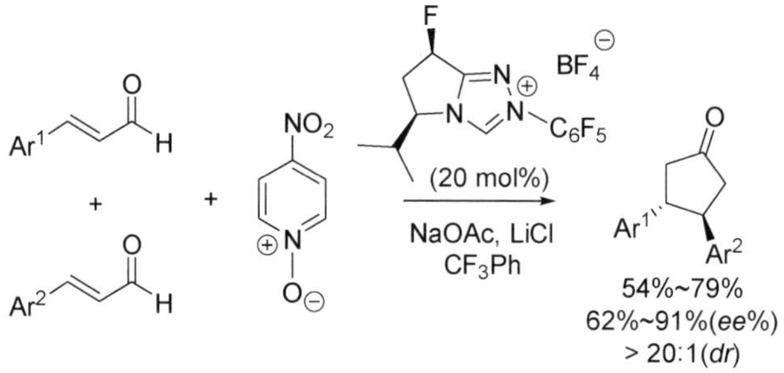

图4-64 氮杂环卡宾催化烯醛的双分子偶联反应

多卤烷基是一类重要的官能团,在一些天然产物或具有生物活性的分子中广泛存在。多卤烷烃在光催化下易形成烷基自由基,基于此,Sun课题组[62]设计了光催化和氮杂环卡宾催化协同的方案,以实现烷基自由基与双烯醇负离子中间体的偶联反应。他们发现,在光催化体系内,CCl$_4$可被还原为自由基,并且能够与双烯醇负离子中间体发生γ-位偶联,脱去一分子HCl后得到偕二氯产物。然而,经过一系列条件优化,其反应收率仍较差。他们改用更活泼的CBr$_4$作为底物,在没有光源和光催化剂的条件下便可高效地得到偶联产物(图4-65)。

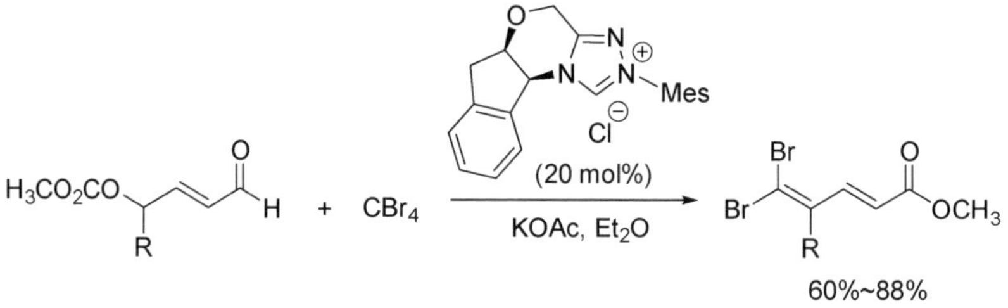

图4-65 氮杂环卡宾催化烯醛的γ-位偶联反应

对此,他们提出了两种可能的反应机理(图4-66):① 双烯醇负离子中间体被CBr$_4$氧化,得到的两种类型自由基间发生偶联反应(路径a);② 体系内产生的三溴甲基自由基直接与双烯醇负离子中间体进行偶联,新生成的自由基中间体进一步被CBr$_4$氧化,并再生一分子三溴甲基自由基(路径b)。上述研究工作验证了氮杂环卡宾催化的自由基反应以及光和氮杂环卡宾协同催化的新颖自由基反应的可行性。

2017年,叶松课题组利用氮杂环卡宾催化的自由基反应首次实现了高烯醇负离子与烯醇负离子之间的不对称氧化偶联[63]。双氧化吲哚在碱性条件下形成的烯醇负离子易被氧化为自由基物种,烯醛与氮杂环卡宾结合形成的烯基 Breslow 中间体可以被单电子氧化剂氧化为自由基正离子,他们设想能否通过选用合适的氧化剂来得到两种自由基中间体,并实现两者的偶联。基于这一设计思路,他们对该反应进行了尝试,即以硝基苯作为氧化剂实现了氮杂环卡宾催化烯醛与双氧化吲哚的氧化偶联反应,并得到了 γ-内酯类化合物(图 4-67)。他们发现,DBU/DABCO 混合碱的使用可以提高反应的立体选择性。在最优条件下,他们还对该反应的底物进行了考察。双氧化吲哚及烯醛芳环上不同位置、不同电性的取代基对反应没有显著影响,均能够以良好的收率和优异的立体选择性得到目标产物。

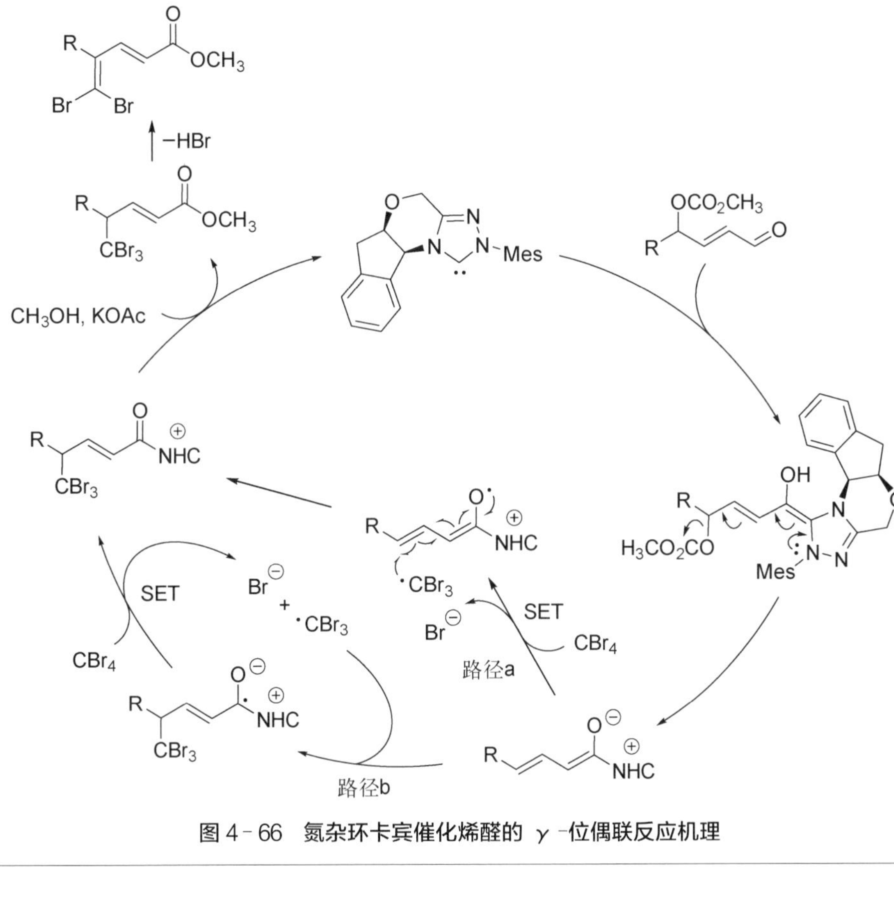

图 4-66　氮杂环卡宾催化烯醛的 γ-位偶联反应机理

为探究该反应可能的机理,该课题组开展了一系列的控制实验:① 双氧化吲哚在标准条件下被氧化为二聚产物靛红偶(53%),并且靛红偶的生成是不可逆的,而当以烯醛与靛红偶作为底物时,在标准条件下不能生成目标产物,因而双氧化吲哚被硝基苯氧化为靛红、高烯醇负离子与靛红之间发生环加成反应的可能性被排除;② 联苯醌可以将

Breslow 中间体氧化为酰基唑,当改用联苯醌代替硝基苯作为氧化剂时,得到的主要产物是靛红,而没有环加成产物的生成,当改用溴代烯醛作为底物时,也只能得到痕量的环加成产物,因而排除了 3-羟基氧化吲哚与不饱和酰基唑中间体反应的可能性;③ 当加入自由基捕获剂 TEMPO 后,反应几乎不能发生,这表明反应中可能有自由基中间体的参与。

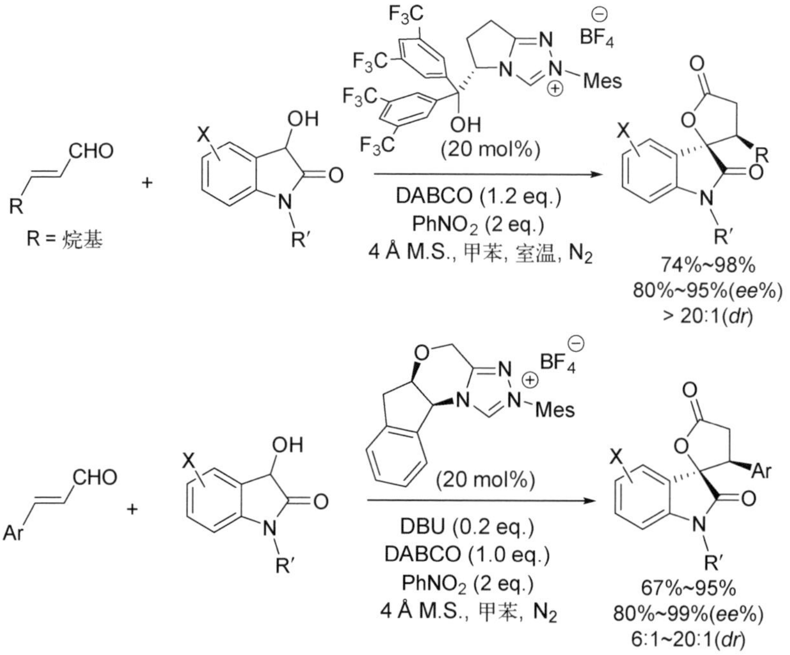

图 4-67　氮杂环卡宾催化烯醛与双氧化吲哚的氧化偶联反应

此外,电子顺磁共振(electron paramagnetic resonance,EPR)数据表明,在标准条件下,不加入烯醛时可以检测到双氧化吲哚被氧化后的自由基信号,而不加入双氧化吲哚时检测到了另一种自由基信号,并且在两种底物都存在的情况下也检测到了同样的自由基信号,这可能是体系中烯基 Breslow 中间体被硝基苯氧化后生成的自由基正离子。

基于以上控制实验结果及顺磁共振数据,他们提出了该反应可能的机理(图4-68)。首先烯醛与氮杂环卡宾结合形成的烯基 Breslow 中间体被硝基苯部分氧化为自由基正离子,双氧化吲哚在碱性条件下形成的烯醇负离子被氧化为自由基中间体(硝基苯经 2 步单电子氧化反应被还原转化为亚硝基苯),两种自由基中间体的偶联反应实现了C—C键的构筑,最后经内酯化后关环并再生氮杂环卡宾催化剂。

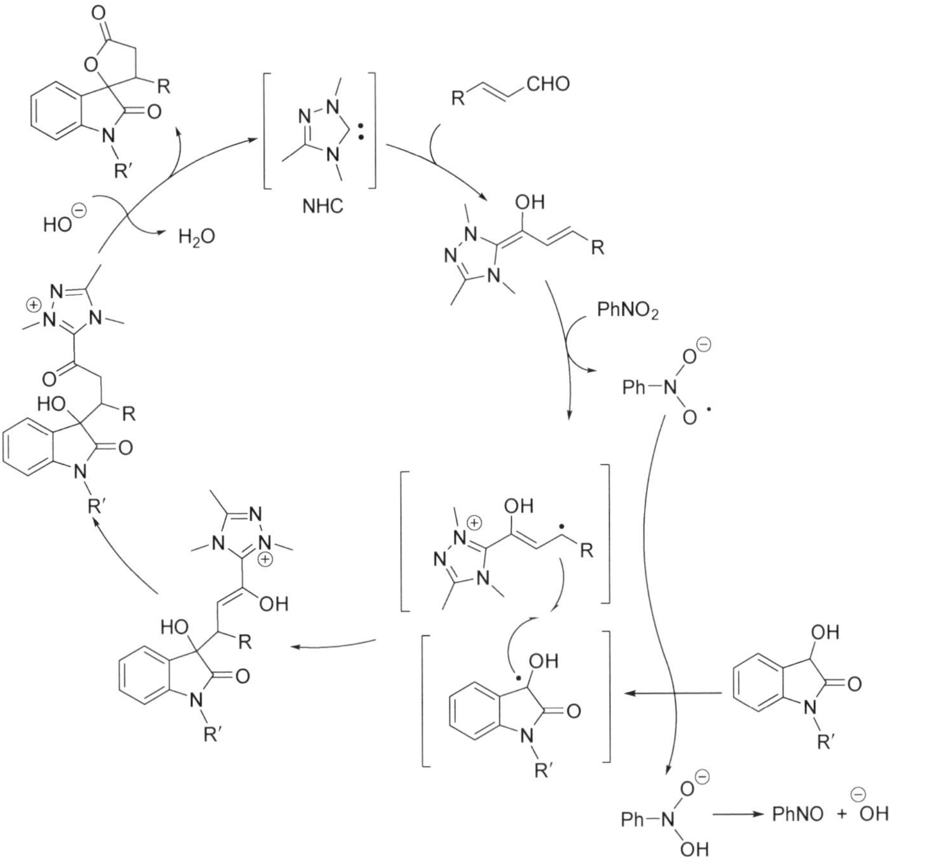

图 4‑68　氮杂环卡宾催化烯醛与双氧化吲哚的氧化偶联反应机理

4.8　氮杂环卡宾催化 Michael 受体的反应

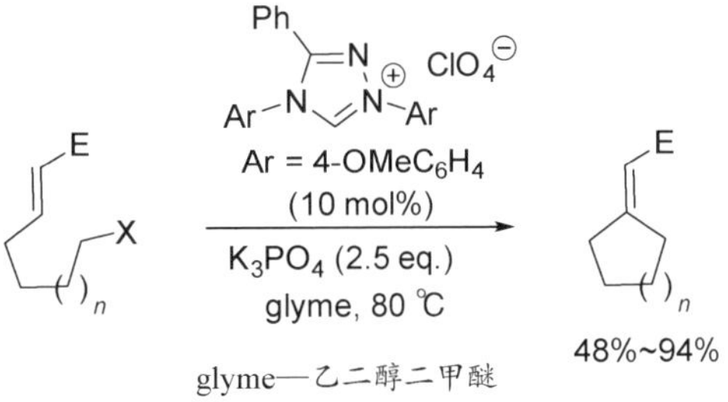

氮杂环卡宾除了可以与醛、亚胺等加成以实现极性翻转，还可以与 Michael 受体作用，实现 Michael 受体与亲电试剂的反应。Fu 课题组在 2006 年首次报道了氮杂环卡宾催化 Michael 受体的 β‑位烷基化反应(图 4‑69)[64]。他们认为，其反应机

图 4‑69　氮杂环卡宾催化不饱和酯的
β‑位烷基化反应

理是首先氮杂环卡宾对 Michael 受体加成后形成了相应的烯醇负离子,质子迁移后在 β-位形成碳负离子并进攻连有离去基团的碳原子,发生亲核取代反应,实现环化,最后在碱的作用下消除氮杂环卡宾,从而完成催化循环。

2007 年,叶松课题组发展了氮杂环卡宾催化环戊烯酮与醛亚胺的 aza-MBH 反应[10],当采用 L-焦谷氨酸衍生的双功能氮杂环卡宾催化剂时,该反应取得了初步的对映选择性结果(图 4-70)。

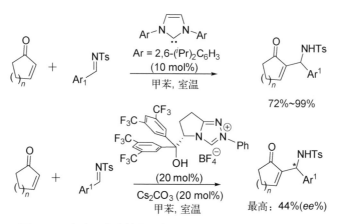

图 4-70　氮杂环卡宾催化环戊烯酮与醛亚胺的 aza-MBH 反应

2013 年,该课题组报道了氮杂环卡宾催化硝基烯烃与氰基查尔酮的[2+4]环加成反应,合成了一系列 δ-内酯类化合物,取得了良好的收率和非对映选择性(图 4-71)。他们认为,该反应是按照 Rauhut-Currier 反应机理进行的,即氮杂环卡宾与硝基烯烃结合后在 α-位形成的碳负离子对氰基查尔酮进行 Michael 加成,新形成的烯醇负离子进攻原硝基烯烃的 β-位,从而实现环化并脱除氮杂环卡宾。

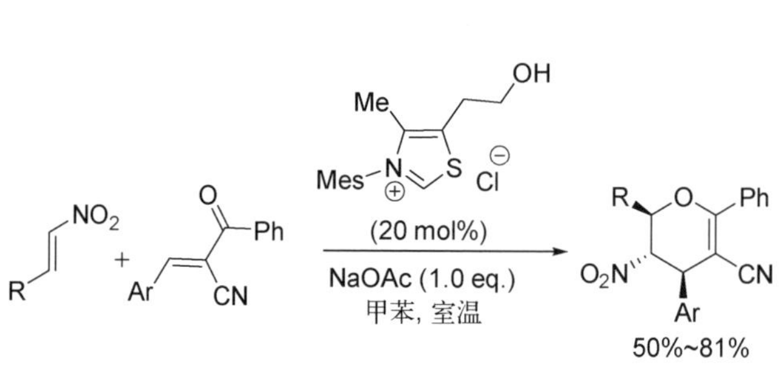

图 4-71　氮杂环卡宾催化硝基烯烃与氰基查尔酮的 [2+4] 环加成反应

4.9 展望

作为一类重要的有机小分子催化剂,氮杂环卡宾具有独特的结构,可以与不同底物结合形成多种类型的中间体,实现不同位点的官能化反应。近年来,氮杂环卡宾催化发展迅速,在碳-碳键、碳-杂键形成及杂环化合物的合成方面发挥了重要作用,但同时氮杂环卡宾催化也面临诸多挑战,如催化剂载量高、反应模式局限等。未来氮杂环卡宾催化的发展方向应包含以下几个方面:① 新颖骨架、高活性氮杂环卡宾催化剂的开发,以实现对底物远端位点的活化;② 新型反应模式亟待发掘,如与光催化、电催化等有机结合来开拓新颖的自由基反应,与过渡金属、Lewis酸/碱等协同催化来实现非活化底物参与的反应;③ 利用氮杂环卡宾催化的去对称化反应、动力学拆分或动态动力学拆分等来实现复杂手性分子的构建;④ 应用氮杂环卡宾催化反应作为关键步骤来实现天然产物和生物活性分子的高效合成。

参考文献

[1] Igau A, Grutzmacher H, Baceiredo A, et al. Analogous α, α' - bis-carbenoid, triply bonded species: Synthesis of a stable λ^3 - phosphino carbene - λ^5 - phosphaacetylene[J]. Journal of the American Chemical Society, 1988, 110(19): 6463 - 6466.

[2] Arduengo A J Ⅲ, Harlow R L, Kline M. A stable crystalline carbene[J]. Journal of the American Chemical Society, 1991, 113(1): 361 - 363.

[3] Melaimi M, Soleilhavoup M, Bertrand G. Stable cyclic carbenes and related species beyond diaminocarbenes[J]. Angewandte Chemie International Edition, 2010, 49(47): 8810 - 8849.

[4] Breslow R. On the mechanism of thiamine action. Ⅳ.^{1} Evidence from studies on model systems [J]. Journal of the American Chemical Society, 1958, 80(14): 3719 - 3726.

[5] Castells J, López-Calahorra F, Bassedas M, et al. A new thiazolium salt-catalyzed synthesis of α - aminoketones from aldehydes and iminium salts[J]. Synthesis, 1988, 1988(4): 314 - 315.

[6] DiRocco D A, Rovis T. Catalytic asymmetric cross-aza-benzoin reactions of aliphatic aldehydes with N - Boc-protected imines[J]. Angewandte Chemie International Edition, 2012, 51(24): 5904 - 5906.

[7] DiRocco D A, Rovis T. Catalytic asymmetric α - acylation of tertiary amines mediated by a dual catalysis mode: N - heterocyclic carbene and photoredox catalysis[J]. Journal of the American Chemical Society, 2012, 134(19): 8094 - 8097.

[8] Sun L H, Liang Z Q, Jia W Q, et al. Enantioselective N - heterocyclic carbene catalyzed aza-benzoin reaction of enals with activated ketimines[J]. Angewandte Chemie International Edition,

2013, 52(22): 5803 – 5806.

[9] He M, Bode J W. Catalytic synthesis of γ – lactams *via* direct annulations of enals and *N* – sulfonylimines[J]. Organic Letters, 2005, 7(14): 3131 – 3134.

[10] He L, Jian T Y, Ye S. *N* – heterocyclic carbene catalyzed aza-Morita-Baylis-Hillman reaction of cyclic enones with *N* – tosylarylimines[J]. The Journal of Organic Chemistry, 2007, 72(19): 7466 –7468.

[11] Chen D D, Hou X L, Dai L X. Unexpected transfer of tosyl group of ArCH = NTs-catalyzed by *N* –heterocyclic carbene[J]. The Journal of Organic Chemistry, 2008, 73(14): 5578 – 5581.

[12] Jin Z C, Xu J F, Yang S, et al. Enantioselective sulfonation of enones with sulfonyl imines by cooperative *N* – heterocyclic-carbene/thiourea/tertiary-amine multicatalysis [J]. Angewandte Chemie International Edition, 2013, 52(47): 12354 – 12358.

[13] Patra A, Mukherjee S, Das T K, et al. *N* – heterocyclic-carbene-catalyzed umpolung of imines[J]. Angewandte Chemie International Edition, 2017, 56(10): 2730 – 2734.

[14] Harish B, Subbireddy M, Suresh S. *N* – heterocyclic carbene (NHC)-catalysed atom economical construction of 2, 3 – disubstituted indoles[J]. Chemical Communications, 2017, 53(23): 3338 – 3341.

[15] Fernando J E M, Nakano Y, Zhang C H, et al. Enantioselective *N* – heterocyclic carbene catalysis that exploits imine umpolung[J]. Angewandte Chemie International Edition, 2019, 58 (12): 4007 – 4011.

[16] Das T K, Ghosh A, Balanna K, et al. *N* – heterocyclic carbene-catalyzed umpolung of imines for the enantioselective synthesis of dihydroquinoxalines[J]. ACS Catalysis, 2019, 9(5): 4065 – 4071.

[17] Burstein C, Tschan S, Xie X L, et al. *N* – heterocyclic carbene-catalyzed conjugate umpolung for the synthesis of γ – butyrolactones[J]. Synthesis, 2006, 37(48): 2418 – 2439.

[18] Zhang Y R, He L, Wu X, et al. Chiral *N* – heterocyclic carbene catalyzed staudinger reaction of ketenes with imines: Highly enantioselective synthesis of *N* – Boc β – lactams[J]. Organic Letters, 2008, 10(2): 277 – 280.

[19] Duguet N, Campbell C D, Slawin A M Z, et al. *N* – heterocyclic carbene catalysed β – lactam synthesis[J]. Organic & Biomolecular Chemistry, 2008, 6(6): 1108 – 1113.

[20] Zhang H M, Gao Z H, Ye S. Bifunctional *N* – heterocyclic carbene-catalyzed highly enantioselective synthesis of spirocyclic oxindolo – β – lactams[J]. Organic Letters, 2014, 16(11): 3079 – 3081.

[21] Huang X L, Chen X Y, Ye S. Enantioselective synthesis of aza – β – lactams *via* NHC-catalyzed [2 + 2] cycloaddition of ketenes with diazenedicarboxylates [J]. The Journal of Organic Chemistry, 2009, 74(19): 7585 – 7587.

[22] Jian T Y, He L, Tang C, et al. *N* – heterocyclic carbene catalysis: Enantioselective formal [2 + 2] cycloaddition of ketenes and *N* – sulfinylanilines[J]. Angewandte Chemie International Edition, 2011, 50(39): 9104 – 9107.

[23] Wang X N, Shen L T, Ye S. NHC-catalyzed enantioselective [2 + 2] and [2 + 2 + 2] cycloadditions of ketenes with isothiocyanates[J]. Organic Letters, 2011, 13(24): 6382 – 6385.

[24] Wang X N, Shen L T, Ye S. Enantioselective [2 + 2 + 2] cycloaddition of ketenes and carbon disulfide catalyzed by *N* – heterocyclic carbenes[J]. Chemical Communications, 2011, 47(29): 8388 – 8390.

[25] Shao P L, Chen X Y, Ye S. Formal [3 + 2] cycloaddition of ketenes and oxaziridines catalyzed by chiral Lewis bases: Enantioselective synthesis of oxazolin – 4 – ones[J]. Angewandte Chemie International Edition, 2010, 49(45): 8412 – 8416.

[26] Zhang Y R, Lv H, Zhou D, et al. Chiral *N* - heterocyclic carbene-catalyzed formal [4 + 2] cycloaddition of ketenes with enones: Highly enantioselective synthesis of *trans*- and *cis* - δ - lactones[J]. Chemistry — A European Journal, 2008, 14(28): 8473 - 8476.

[27] Lv H, You L, Ye S. Enantioselective synthesis of dihydrocoumarins *via N* - heterocyclic carbene-catalyzed cycloaddition of ketenes and *o* - quinone methides[J]. Advanced Synthesis & Catalysis, 2009, 351(17): 2822 - 2826.

[28] Lv H, Chen X Y, Sun L H, et al. Enantioselective synthesis of indole-fused dihydropyranones *via* catalytic cycloaddition of ketenes and 3 - alkylenyloxindoles[J]. The Journal of Organic Chemistry, 2010, 75(20): 6973 - 6976.

[29] Huang X L, He L, Shao P L, et al. [4 + 2] cycloaddition of ketenes with *N* - benzoyldiazenes catalyzed by *N* - heterocyclic carbenes[J]. Angewandte Chemie International Edition, 2009, 48 (1): 192 - 195.

[30] He M, Struble J R, Bode J W. Highly enantioselective azadiene Diels-Alder reactions catalyzed by chiral *N* - heterocyclic carbenes[J]. Journal of the American Chemical Society, 2006, 128(26): 8418 - 8420.

[31] Ni Q J, Zhang H, Grossmann A, et al. Asymmetric synthesis of pyrroloindolones by *N* - heterocyclic carbene catalyzed [2 + 3] annulation of α - chloroaldehydes with nitrovinylindoles [J]. Angewandte Chemie International Edition, 2013, 52(51): 13562 - 13566.

[32] Gao Z H, Chen X Y, Cheng J T, et al. *N* - heterocyclic carbene-catalyzed [2 + 3] cyclocondensation of α - chloroaldehydes with azomethine imines[J]. Chemical Communications, 2015, 51(45): 9328 - 9331.

[33] Ling K B, Smith A D. α - aroyloxyaldehydes: Scope and limitations as alternatives to α - haloaldehydes for NHC-catalysed redox transformations[J]. Chemical Communications, 2011, 47 (1): 373 - 375.

[34] Zhao X D, Ruhl K E, Rovis T. *N* - heterocyclic-carbene-catalyzed asymmetric oxidative hetero-Diels-Alder reactions with simple aliphatic aldehydes[J]. Angewandte Chemie International Edition, 2012, 51(49): 12330 - 12333.

[35] Hao L, Du Y, Lv H, et al. Enantioselective activation of stable carboxylate esters as enolate equivalents *via N* - heterocyclic carbene catalysts[J]. Organic Letters, 2012, 14(8): 2154 - 2157.

[36] Nair V, Menon R S, Biju A T, et al. Employing homoenolates generated by NHC catalysis in carbon-carbon bond-forming reactions: State of the art[J]. Chemical Society Reviews, 2011, 40 (11): 5336 - 5346.

[37] Menon R S, Biju A T, Nair V. Recent advances in employing homoenolates generated by *N* - heterocyclic carbene (NHC) catalysis in carbon-carbon bond-forming reactions[J]. Chemical Society Reviews, 2015, 44(15): 5040 - 5052.

[38] Nair V, Vellalath S, Poonoth M, et al. *N* - heterocyclic carbene catalyzed reaction of enals and 1, 2 - dicarbonyl compounds: Stereoselective synthesis of spiro γ - butyrolactones[J]. Organic Letters, 2006, 8(3): 507 - 509.

[39] Sun L H, Shen L T, Ye S. Highly diastereo- and enantioselective NHC-catalyzed [3 + 2] annulation of enals and isatins[J]. Chemical Communications, 2011, 47(36): 10136 - 10138.

[40] Dugal-Tessier J, O'Bryan E A, Schroeder T B H, et al. An *N* - heterocyclic carbene/Lewis acid strategy for the stereoselective synthesis of spirooxindole lactones[J]. Angewandte Chemie International Edition, 2012, 51(20): 4963 - 4967.

[41] Izquierdo J, Orue A, Scheidt K A. A dual Lewis base activation strategy for enantioselective carbene-catalyzed annulations[J]. Journal of the American Chemical Society, 2013, 135(29):

10634 - 10637.

[42] Lv H, Jia W Q, Sun L H, et al. *N* - heterocyclic carbene catalyzed [4 + 3] annulation of enals and *o* - quinone methides: Highly enantioselective synthesis of benzo - ε - lactones [J]. Angewandte Chemie International Edition, 2013, 52(33): 8607 - 8610.

[43] Wang M, Rong Z Q, Zhao Y. Stereoselective synthesis of ε - lactones or spiro-heterocycles through NHC-catalyzed annulation: Divergent reactivity by catalyst control [J]. Chemical Communications, 2014, 50(97): 15309 - 15312.

[44] Liang Z Q, Gao Z H, Jia W Q, et al. Bifunctional *N* - heterocyclic carbene catalyzed [3 + 4] annulation of enals and aurones[J]. Chemistry — A European Journal, 2015, 21(5): 1868 - 1872.

[45] Guo C, Schedler M, Daniliuc C G, et al. *N* - heterocyclic carbene catalyzed formal [3 + 2] annulation reaction of enals: An efficient enantioselective access to spiro-heterocycles [J]. Angewandte Chemie International Edition, 2014, 53(38): 10232 - 10236.

[46] Gao Z H, Chen K Q, Zhang Y, et al. Enantioselective *N* - heterocyclic carbene-catalyzed synthesis of spirocyclic oxindole-benzofuroazepinones[J]. The Journal of Organic Chemistry, 2018, 83(24): 15225 - 15235.

[47] Chen K Q, Gao Z H, Ye S. Bifunctional *N* - heterocyclic carbene catalyzed [3 + 4] annulation of enals with azadienes: Enantioselective synthesis of benzofuroazepinones[J]. Organic Chemistry Frontiers, 2019, 6(3): 405 - 409.

[48] Shen L T, Shao P L, Ye S. *N* - heterocyclic carbene-catalyzed cyclization of unsaturated acyl chlorides and ketones[J]. Advanced Synthesis & Catalysis, 2011, 353(11 - 12): 1943 - 1948.

[49] Mo J M, Chen X K, Chi Y R. Oxidative γ - addition of enals to trifluoromethyl ketones: Enantioselectivity control *via* Lewis acid/*N* - heterocyclic carbene cooperative catalysis[J]. Journal of the American Chemical Society, 2012, 134(21): 8810 - 8813.

[50] Chen X Y, Xia F, Cheng J T, et al. Highly enantioselective γ - amination by *N* - heterocyclic carbene catalyzed [4 + 2] annulation of oxidized enals and azodicarboxylates[J]. Angewandte Chemie International Edition, 2013, 52(40): 10644 - 10647.

[51] Merski M, Townsend C A. Observation of an acryloyl-thiamin diphosphate adduct in the first step of clavulanic acid biosynthesis[J]. Journal of the American Chemical Society, 2007, 129(51): 15750 - 15751.

[52] Sun F G, Sun L H, Ye S. *N* - heterocyclic carbene-catalyzed enantioselective annulation of bromoenal and 1, 3 - dicarbonyl compounds[J]. Advanced Synthesis & Catalysis, 2011, 353(17): 3134 - 3138.

[53] Zhang H M, Jia W Q, Liang Z Q, et al. *N* - heterocyclic carbene-catalyzed [3 + 3] cyclocondensation of bromoenals and ketimines: Highly enantioselective synthesis of dihydropyridinones[J]. Asian Journal of Organic Chemistry, 2014, 3(4): 462 - 465.

[54] Gao Z H, Chen X Y, Zhang H M, et al. *N* - heterocyclic carbene-catalyzed [3 + 3] cyclocondensation of bromoenals with aldimines: Highly enantioselective synthesis of dihydropyridinones[J]. Chemical Communications, 2015, 51(60): 12040 - 12043.

[55] Chen K Q, Gao Z H, Ye S. (Dynamic) kinetic resolution of enamines/imines: Enantioselective *N* - heterocyclic carbene catalyzed [3 + 3] annulation of bromoenals and enamines/imines[J]. Angewandte Chemie International Edition, 2019, 58(4): 1183 - 1187.

[56] Chen X Y, Gao Z H, Song C Y, et al. *N* - heterocyclic carbene catalyzed cyclocondensation of α, β - unsaturated carboxylic acids: Enantioselective synthesis of pyrrolidinone and dihydropyridinone derivatives[J]. Angewandte Chemie International Edition, 2014, 53 (43): 11611 - 11615.

[57] Guin J, De Sarkar S, Grimme S, et al. Biomimetic carbene-catalyzed oxidations of aldehydes using TEMPO[J]. Angewandte Chemie International Edition, 2008, 47(45): 8727 – 8730.

[58] Ishii T, Kakeno Y, Nagao K, et al. *N* – heterocyclic carbene-catalyzed decarboxylative alkylation of aldehydes[J]. Journal of the American Chemical Society, 2019, 141(9): 3854 – 3858.

[59] White N A, Rovis T. Enantioselective *N* – heterocyclic carbene-catalyzed *β* – hydroxylation of enals using nitroarenes: An atom transfer reaction that proceeds *via* single electron transfer[J]. Journal of the American Chemical Society, 2014, 136(42): 14674 – 14677.

[60] Zhang Y X, Du Y, Huang Z J, et al. *N* – heterocyclic carbene-catalyzed radical reactions for highly enantioselective *β* – hydroxylation of enals[J]. Journal of the American Chemical Society, 2015, 137(7): 2416 – 2419.

[61] White N A, Rovis T. Oxidatively initiated NHC-catalyzed enantioselective synthesis of 3, 4 – disubstituted cyclopentanones from enals[J]. Journal of the American Chemical Society, 2015, 137(32): 10112 – 10115.

[62] Yang W, Hu W M, Dong X Q, et al. *N* – heterocyclic carbene catalyzed *γ* – dihalomethylenation of enals by single-electron transfer[J]. Angewandte Chemie International Edition, 2016, 55(51): 15783 – 15786.

[63] Chen X Y, Chen K Q, Sun D Q, et al. *N* – heterocyclic carbene-catalyzed oxidative [3 + 2] annulation of dioxindoles and enals: Cross coupling of homoenolate and enolate[J]. Chemical Science, 2017, 8(3): 1936 – 1941.

[64] Fischer C, Smith S W, Powell D A, et al. Umpolung of Michael acceptors catalyzed by *N* – heterocyclic carbenes[J]. Journal of the American Chemical Society, 2006, 128(5): 1472 – 1473.

MOLECULAR SCIENCES

Chapter 5

芳香杂环化合物的
不对称催化氢化反应

冯宇　冯向青　杜海峰　范青华

5.1 前言

手性杂环化合物广泛存在于生物碱中,是多种生物活性分子和手性药物分子的基本骨架,具有非常高的研究价值和广泛的应用前景。因此,其高效、高对映选择性合成一直受到有机化学家的广泛关注。目前,报道的合成方法可以分为三大类:基于手性源或手性试剂的不对称合成、消旋体的化学拆分、不对称催化合成。其中,芳香杂环化合物的不对称催化氢化反应是合成手性杂环化合物简便、高效的途径之一[1-3]。

数十年来,过渡金属催化的不对称催化氢化取得了重大进展,2001 年诺贝尔化学奖授予了在该研究领域中做出卓越贡献的科学家威廉·斯坦迪什·诺尔斯(William Standish Knowles)和野依良治(Ryoji Noyori)[4,5]。但与前手性烯烃、酮和亚胺不同,含有多个双键的芳香杂环化合物的不对称催化氢化发展十分缓慢,其存在的主要挑战如下:① 芳香杂环化合物具有高稳定性,通常需要高温或者高压条件来破坏其芳香性,然而苛刻的条件往往不利于催化剂的对映选择性控制;② 大部分芳香杂环化合物由于缺少次级配位基团,底物分子很难接近催化剂中心金属,也不利于催化剂的对映选择性控制;③ 芳香杂环底物或氢化产物中所含的杂原子(如氮、硫等)往往会参与催化剂中心金属原子的配位,导致催化剂的反应活性降低甚至失去催化活性。

1987 年,Murata 等利用手性铑催化剂实现了对 2-甲基喹喔啉的氢化,得到了 2%的对映选择性,这是第一例芳香杂环化合物的均相不对称催化氢化反应[6]。随着新催化剂体系的不断发展及催化策略的成功应用(图 5-1),近二十年来,有机化学家已经成功实现了喹啉、异喹啉、喹喔啉、吲哚、吡咯、吡啶、噻吩和呋喃等一系列芳香杂环化合物的高对映选择性催化氢化反应。他们主要研究的催化剂体系及催化策略包括:① 催化剂活化策略,通常需要加入添加剂以形成活性更高的催化物种,碘是最常见的催化剂活化剂;② 底物活化策略,通过加入活化剂来实现底物活化或与底物相互作用,破坏部分芳香性,或者通过引入辅助配位基团来增强底物与催化剂之间的配位作用,氯甲酸酯和布朗斯特(Brønsted)酸是常用的底物活化剂;③ 催化剂配阴离子调控策略,如手性二胺金属催化剂体系等;④ 受阻路易斯酸碱对(frustrated Lewis pairs,FLPs)非金属催化体系等。催化剂活化及底物活化策略已有多篇文献综述进行总结介绍[1-3],因此,本章将主要介绍抗衡阴离子调控的催化体系和受阻路易斯酸碱对催化体系在芳香杂环化合物的不对称催化氢化反应方面的研究进展。

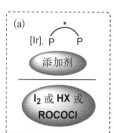

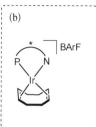

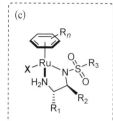

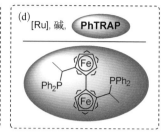

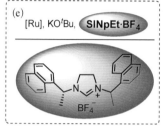

受阻路易斯酸碱对

汉斯酯转移氢化

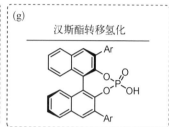

主要的手性磷和手性磷-氮配体：

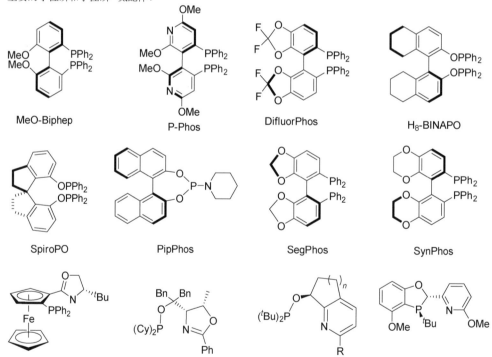

MeO-Biphep

P-Phos

DifluorPhos

H$_8$-BINAPO

SpiroPO

PipPhos

SegPhos

SynPhos

图 5-1　芳香杂环化合物的不对称催化氢化（氢转移）反应的代表性催化体系

5.2 离子型手性二胺钌或铱配合物催化剂

手性二胺配体具有简便易得、结构多样且对空气稳定等优点,已在多类不对称催化反应中得到了广泛应用,并表现出优异的手性诱导性能。1995 年,Noyori 等用手性单磺酰化 1,2-二苯基乙二胺配体与过渡金属 Ru 的配合物作催化剂,成功应用于芳香酮和亚胺的不对称氢转移反应中,特别是在酮的氢转移反应中表现出非常优异的催化性能及底物适用性[7]。2006 年,Noyori 等将催化剂中的配阴离子由 Cl⁻ 变为 OTf⁻,首次实现了弱酸性条件下酮的不对称氢化反应,机理研究揭示氢化反应和氢转移反应经历了同一个协同的六元环过渡态[8]。在此基础上,范青华等首次发现该离子型配合物是碱性底物喹啉的高效催化剂,并提出了抗衡阴离子协助的芳香杂环化合物不对称氢化的催化新策略[9]。通过采用不同的手性二胺配体、苯衍生物/茂环辅助配体、磺酰基及不同的配阴离子,制备的主要的手性二胺钌或铱配合物催化剂如图 5-2 所示。

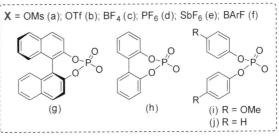

(R,R)-**1**: η^6-arene = p-cymene; R$_1$ = 4-CH$_3$C$_6$H$_4$, R$_2$ = H
(R,R)-**2**: η^6-arene = p-cymene; R$_1$ = CH$_3$, R$_2$ = H
(R,R)-**3**: η^6-arene = p-cymene; R$_1$ = N(CH$_2$)$_5$, R$_2$ = H
(R,R)-**4**: η^6-arene = p-cymene; R$_1$ = CF$_3$, R$_2$ = H
(R,R)-**5**: η^6-arene = p-cymene; R$_1$ = 4-CF$_3$C$_6$H$_4$, R$_2$ = H
(R,R)-**6**: η^6-arene = benzene; R$_1$ = 4-CH$_3$C$_6$H$_4$, R$_2$ = H
(R,R)-**7**: η^6-arene = hexamethylbenzene; R$_1$ = 4-CH$_3$C$_6$H$_4$, R$_2$ = H
(R,R)-**8**: η^6-arene = p-cymene; R$_1$ = 4-CH$_3$C$_6$H$_4$, R$_2$ = CH$_3$
(R,R)-**9**: η^6-arene = p-cymene; R$_1$ = 4-CH$_3$C$_6$H$_4$, R$_2$ = Bn
(R,R)-**10**: R$_1$ = CH$_3$
(R,R)-**11**: R$_1$ = 4-CH$_3$C$_6$H$_4$
(R,R)-**12**: R$_1$ = 4-CF$_3$C$_6$H$_4$
(R,R)-**13**: R$_1$ = 3,4-(OCH$_3$)$_2$C$_6$H$_3$
(R,R)-**14**: R$_1$ = 4-CH$_3$C$_6$H$_4$, R$_2$ = H
(R,R)-**15**: R$_1$ = 4-CF$_3$C$_6$H$_4$, R$_2$ = H
(R,R)-**16**: R$_1$ = 4-CH$_3$C$_6$H$_4$, R$_2$ = CH$_3$

X = OMs (a); OTf (b); BF$_4$ (c); PF$_6$ (d); SbF$_6$ (e); BArF (f)

(g)　(h)　(i) R = OMe　(j) R = H

图 5-2　主要的手性二胺钌或铱配合物催化剂

5.3 手性受阻路易斯酸碱对催化剂

受阻路易斯酸碱对(FLPs)属于新兴的前沿挑战性领域,是目前非金属催化氢化反应最有效的催化剂,在不饱和化合物的催化氢化领域,尤其是不对称催化氢化领域,取得了重要的研究进展[10,11]。对于芳香杂环化合物,FLPs 催化体系具有一些潜在的优势:① 芳香杂环化合物不需要与催化剂配位,有利于大位阻底物的还原;② 芳香杂环化合物自身可以作为 Lewis 碱与大位阻 Lewis 酸组成 FLPs,能有效避免催化剂中毒;③ FLPs 裂解氢气后芳香杂环化合物质子化,底物被活化,有利于芳香杂环化合物的还原。2013 年,杜海峰等为发展手性 FLPs 催化剂提出了一种新策略,即利用手性联萘骨架的二烯 **17** 与 Piers' 硼烷 HB(C₆F₅)₂,通过硼氢化反应原位制备手性硼烷 **18**,解决了催化剂分离提纯的难题[12,13],而且手性末端烯烃的硼氢化反应不会产生非对映异构体(图 5 - 3)。通过对手性联萘骨架 3,3′-位取代基的修饰,调控其空间位阻和电子效应,对手性硼烷进行优化,有利于催化剂的快速筛选,并将其成功运用于含氮芳香杂环化合物、亚胺和烯醇硅醚等系列不饱和化合物的高对映选择性氢化反应。

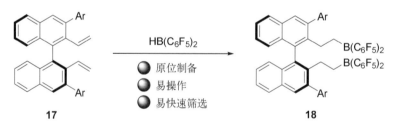

图 5 - 3　新型手性硼烷的原位制备策略

5.4 喹啉衍生物的不对称催化氢化

光学纯的 1,2,3,4 -四氢喹啉骨架广泛存在于天然生物碱和合成药物的分子结构中。喹啉衍生物的不对称催化氢化是合成这类手性杂环最直接和高效的方法。2003 年,周永贵等首次报道了喹啉衍生物的不对称催化氢化反应[14]。他们采用催化剂活化策略，将双膦配体 MeO-BIPHEP 应用于铱催化的 2 - 取代喹啉的不对称氢化中，在添加单质碘的条件下，得到了高达 95% 的对映选择性。自此之后，一系列基于双膦或单膦配体的铱催化剂体系被报道应用于该反应中[1]。研究发现，通过添加碘、氯甲酸酯或 Brønsted 酸对催化剂或底物进行活化，有利于促进催化反应的进行[1]。

相对于含膦配体，非膦手性二胺配体催化体系因具有对空气稳定、合成简单、易于改造和价格便宜等优点而备受关注。2008 年，范青华等首次将手性二胺钌催化体系应用于喹啉衍生物 **19** 的不对称氢化反应，取得了高达 99% 的对映选择性(图 5 - 4)[15]。该催化体系的底物适用范围广泛，2 - 烷基、2 - 芳基及 2,3 - 二取代喹啉的不对称氢化反应都能获得优秀的收率和对映选择性(*ee*% > 99%)，转化数(turnover number，TON)高达 5000。值得一提的是，该反应在常用有机溶剂[16]、离子液体[15,17]、水[18]，甚至无溶剂[19] 条件下都能顺利进行。同时，该催化体系已经成功应用于四氢喹啉生物碱如(－)-Angustureine 和(－)-Galipinine 的克级合成。

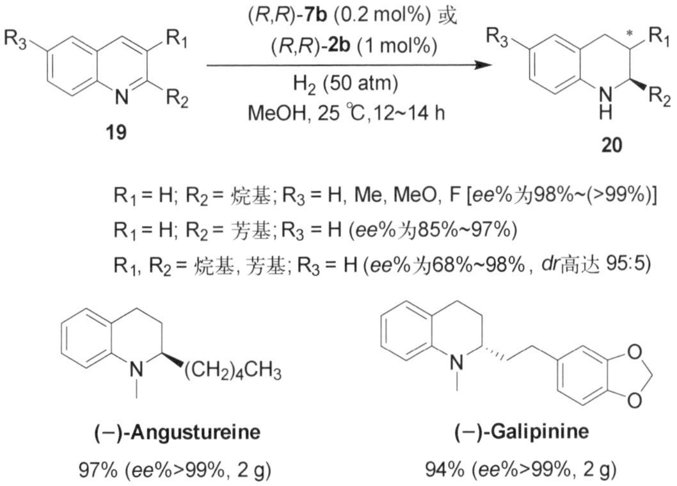

$R_1 = H; R_2 = $ 烷基; $R_3 = $ H, Me, MeO, F [*ee*% 为 98% ~ (> 99%)]
$R_1 = H; R_2 = $ 芳基; $R_3 = $ H (*ee*% 为 85% ~ 97%)
$R_1, R_2 = $ 烷基，芳基; $R_3 = $ H (*ee*% 为 68% ~ 98%, *dr* 高达 95:5)

(−)-Angustureine
97% (*ee*% > 99%, 2 g)

(−)-Galipinine
94% (*ee*% > 99%, 2 g)

图 5‑4 手性二胺钌配合物催化喹啉衍生物的不对称氢化反应

通过当量反应、同位素效应等一系列实验及理论计算对上述反应的机理进行了详细研究，他们提出了不同于酮氢化的催化机理[16]。如图 5 - 5 所示，该氢化反应经历了质子酸活化底物、1,4 - 氢加成、烯胺异构化成亚胺阳离子和 1,2 - 氢加成等过程，属于离子型外层催化机理，但不同于芳香酮的协同催化机理，它经历了一个 H⁺/H⁻ 分步转移的过程。通过 DFT 计算研究了上述反应的过渡态，他们提出了以 TfO⁻ 为桥联基的十元环状过渡态模型，其中催化剂辅助配体与喹啉衍生物中苯环之间的 C—H···π 弱相互

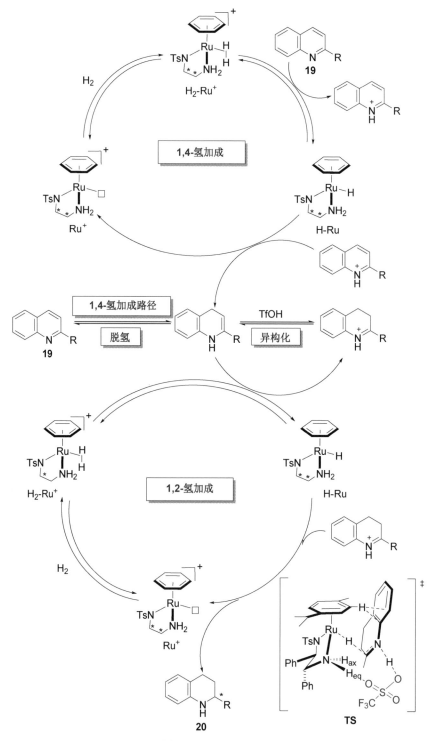

图 5-5 喹啉衍生物不对称氢化的反应机理及过渡态模型

作用决定了产物的绝对构型。这是手性二胺金属体系催化亚胺不对称氢转移和氢化反应中的首个过渡态模型,合理解释了氢化反应的手性来源。

在此基础上,范青华等将金属钌替换成金属铱,成功实现了空气条件下喹啉衍生物的不对称氢化反应(图5-6)[20,21]。研究表明,该手性二胺铱配合物催化剂具有优异的空气稳定性,能高效地催化喹啉衍生物的不对称氢化反应,获得了高达98%的收率和99%的对映选择性,并发现少量酸的加入能明显提高反应速率。值得一提的是,该催化体系不需要无水无氧操作,溶剂也只需要简单的蒸馏处理,所以操作非常简便,具有很好的工业应用前景。

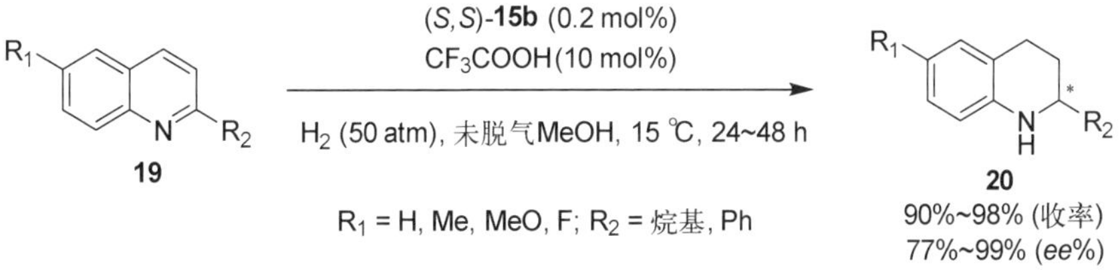

图5-6 手性二胺铱配合物催化喹啉的不对称氢化反应

相对于单取代喹啉,多取代喹啉的不对称氢化反应会产生至少两个手性中心,不仅要控制反应的对映选择性,还要控制反应的非对映选择性,因此对多取代喹啉的不对称还原更具有挑战性。杜海峰等使用手性联萘骨架二烯衍生的硼烷,首次实现了2,3,4-三取代喹啉 **19** 的不对称催化氢化反应,成功构建了三个连续手性中心,并以高达99%的收率和99%的对映选择性立体专一性地生成了顺式2,3,4-三取代四氢喹啉 **20**(图5-7)[22]。

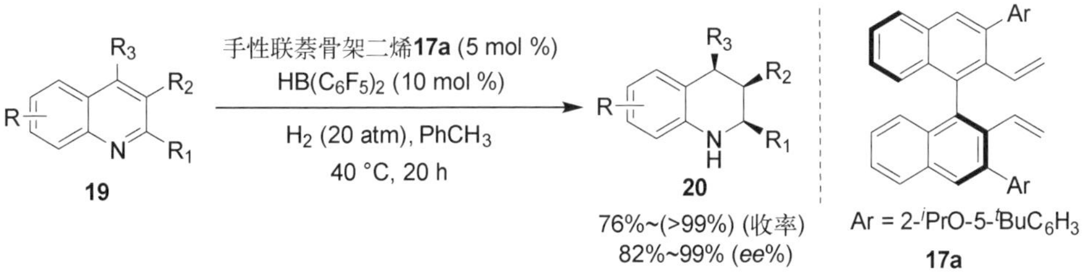

图5-7 手性FLPs催化2,3,4-三取代喹啉的不对称氢化反应

利用这一催化体系,杜海峰等还实现了2,4-二取代和2,3-二取代喹啉 **19** 的不对称催化氢化反应(图5-8)[23]。其中,对于2,4-二取代喹啉,可以以75%～98%的收率、

95∶5～(＞99∶1)的非对映选择性及80%～98%的对映选择性得到相应的四氢喹啉;对于2,3-二取代喹啉,也可以得到中等到良好的对映选择性,反应具有优秀的顺式选择性。

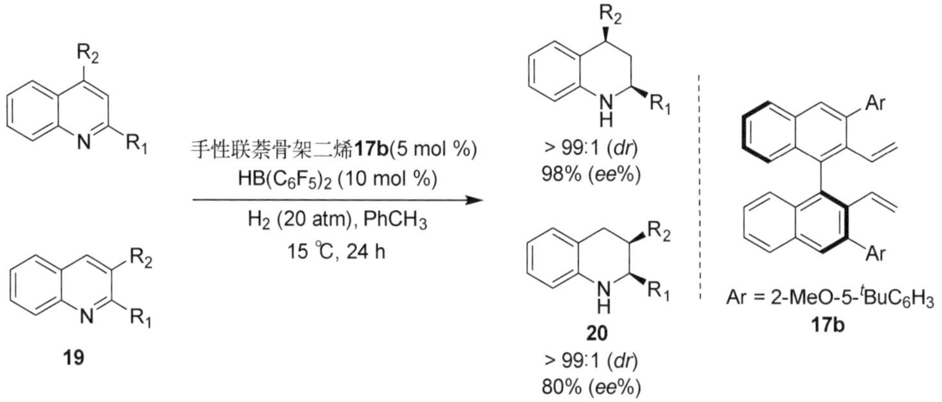

图5-8　手性FLPs催化二取代喹啉的不对称氢化反应

5.5　喹喔啉衍生物的不对称催化氢化

光学纯的1,2,3,4-四氢喹喔啉骨架普遍存在于天然生物碱和合成药物的分子结构中。喹喔啉衍生物的不对称氢化无疑是获得该类手性化合物最直接、高效和原子经济性的方法。2011年,范青华等将手性二胺钌催化体系进一步拓展至2-取代和2,3-二取代喹喔啉衍生物 **21** 的不对称氢化反应中,取得了高达99%的对映选择性(图5-9)[24]。研究发现,在非极性溶剂中,催化剂中的抗衡阴离子对反应的对映选择性有显著影响。随着阴离子配位能力的减弱,氢化反应的对映选择性会进一步提高,使用 BArF⁻ 能获得最好的反应结果。在优化的反应条件下,一系列2-烷基取代、2-芳基取代和2,3-二烷基取代喹喔啉都能以较高的收率(90%～98%)和优异的立体选择性(ee%高达99%和 dr 为86∶14)实现不对称氢化反应,这是目前这类底物不对称氢化反应中的最好结果。

杜海峰等使用 Lewis 酸 B(C₆F₅)₃ 或 B(p-HC₆F₄)₃ 作为催化剂,可以立体专一性地获得顺式四氢喹喔啉,反应具有很高的活性,非对映选择性高于99∶1。他们进一步使用手性联萘骨架二烯衍生的硼烷作为催化剂,实现了一系列2,3-二取代喹喔啉衍生物

21 的不对称催化氢化反应，非对映选择性高于 99∶1，对映选择性最高可达 96%（图 5-10）[25]。该非金属催化体系反应条件温和、底物适用性好。

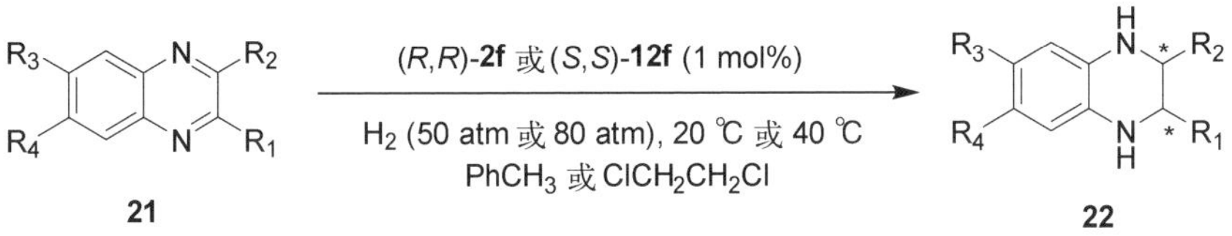

R₁ = 烷基；R₂ = H；R₃ = H，Me；R₄ = H，Me（收率为90%~98%，ee%为95%~99%）
R₁ = 芳基；R₂ = H；R₃ = H，Me；R₄ = H，Me（收率为90%~95%，ee%为89%~96%）
R₁，R₂ = 烷基；R₃，R₄ = H，Me，Cl，F（收率为90%~94%，ee%为99%，dr高达86∶14）

图 5-9　手性二胺钌配合物催化喹喔啉衍生物的不对称氢化反应

高达 99%（收率）
> 99∶1（dr），96%（ee%）

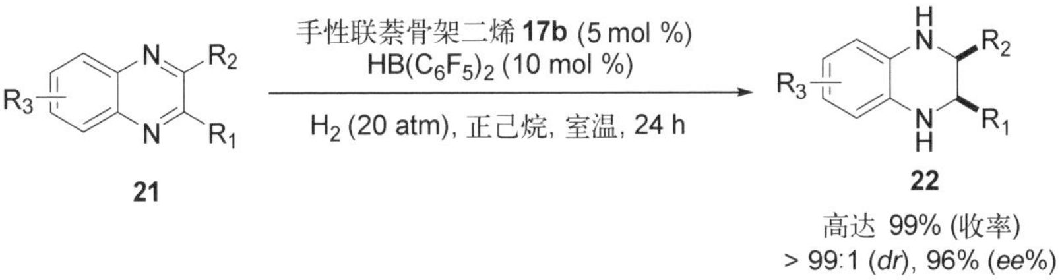

图 5-10　手性 FLPs 催化 2,3-二取代喹喔啉衍生物的不对称氢化反应

最近，杜海峰等使用硼烷 HB(C₆F₅)₂ 与手性叔丁基亚磺酰胺组成的新型手性受阻路易斯酸碱对，以氨硼烷作为氢源，成功地实现了 2,3-二取代喹喔啉衍生物 **21** 的不对称催化氢转移反应，该催化体系同样适用于 2,3-二烷基喹喔啉及 2-烷基-3-芳基喹喔啉（图 5-11）[26]。其中，对于 2-烷基-3-芳基喹喔啉，能够以 72%~95% 的收率、94∶6~97∶3 的顺反比和 77%~86% 的对映选择性得到相应的反应产物；而对于 2,3-二烷基喹喔啉，

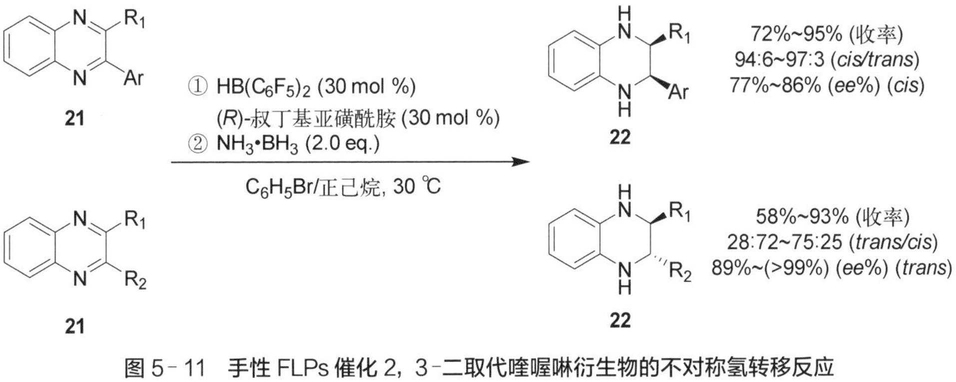

72%~95%（收率）
94∶6~97∶3（cis/trans）
77%~86%（ee%）（cis）

58%~93%（收率）
28∶72~75∶25（trans/cis）
89%~(>99%)（ee%）（trans）

图 5-11　手性 FLPs 催化 2,3-二取代喹喔啉衍生物的不对称氢转移反应

反应产物则以反式为主,可以获得 58%～93% 的收率及高于 99% 的对映选择性。

5.6 吲哚衍生物的不对称催化氢化

手性吲哚啉是构成天然生物碱和手性药物的重要骨架,其不对称合成一直是有机合成领域关注的热点。简便易得的吲哚衍生物的不对称催化氢化无疑是制备手性吲哚啉类化合物最直接、高效的合成方法。但是大多数的吲哚底物只有在氮原子上引入吸电子保护基团,如 Ac、Ts、Boc 等,才能顺利实现不对称催化氢化反应。2000 年,Kuwano 和 Ito 等首次报道了吲哚衍生物的不对称催化氢化反应[27]。他们利用过渡金属铑前体与二茂铁骨架的反式螯合手性双膦配体[(S,S)-(R,R)-RhTRAP]原位生成的催化剂,在碱性条件下实现了乙酰基保护吲哚的不对称催化氢化反应。相比 N-保护吲哚,非保护吲哚的不对称催化氢化更具挑战性,主要原因如下:首先是非保护吲哚底物或氢化产物上的氮原子能与催化剂中心金属配位,从而导致催化剂催化活性下降甚至失活;其次是非保护吲哚具有较强的芳香性,要破坏其芳香结构需要更高的能量。2010 年,周永贵等通过添加当量的 Brønsted 酸活化底物的策略,利用 Pd(OCOCF$_3$)$_2$ 和 H$_8$-BINAP 原位生成的催化剂,首次实现了非保护吲哚的不对称氢化反应,一系列 2-烷基取代吲哚衍生物都能顺利地实现高效不对称氢化反应,并获得了高达 96% 的对映选择性[28]。

2016 年,范青华等以手性二胺钌配合物为催化剂和六氟异丙醇(HFIP)为溶剂,在常温常压下实现了一系列非保护的 1H-吲哚衍生物 23 和 3H-吲哚衍生物 25 的高效、高选择性的不对称催化氢化反应,并以优异的对映选择性和非对映选择性合成了一系列 2-取代、2,3-二取代及 2,3,3-三取代手性吲哚啉化合物 24 和 26(图 5-12)[29]。在 2-芳基-3H-吲哚的不对称氢化反应中,催化剂阴离子的改变可以显著地调节反应的对映选择性。同时,他们首次实现了消旋 3,3-二取代 3H-吲哚衍生物 25 的不对称氢化动力学拆分,高效地构筑了 3-位的季碳手性中心,这是目前通过不对称氢化的方法拆分吲哚类亚胺的第一例报道(图 5-13)。该方法具有反应条件温和(常温常压)、无须添加任何酸、底物范围广、对映选择性和非对映选择性高等优点,在工业上将会有较好的应用前景。

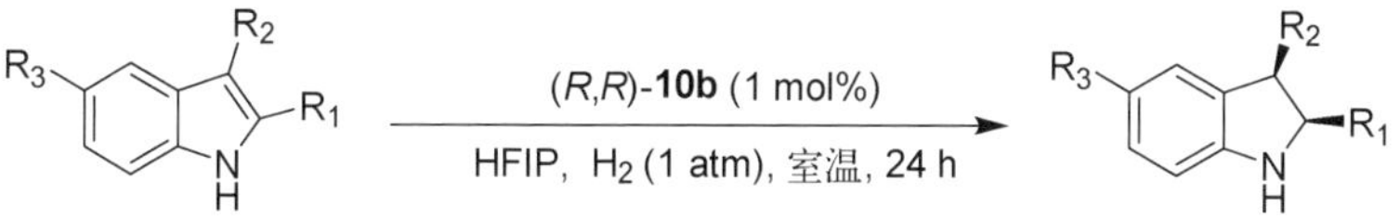

R_1 = 烷基;R_2 = H;R_3 = H, Me, MeO, F (收率为88%~94%, *ee*%为94%~97%)

R_1 = 芳基;R_2 = H;R_3 = H (收率为53%, *ee*%为42%)

R_1, R_2 = 烷基;R_3 = H, Me, F [收率为79%~94%, *ee*%为90%~99%, *dr*为8:1~(>20:1)]

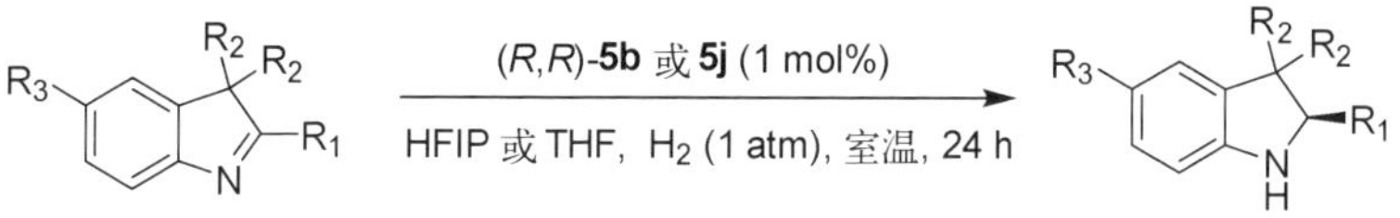

R_1 = 烷基;R_2 = 烷基;R_3 = H, Me, MeO, F (收率为92%~96%, *ee*%为93%~98%)

R_1 = 芳基;R_2 = 烷基;R_3 = H, Me, MeO, F (收率为91%~95%, *ee*%为97%~(>99%))

图 5-12　手性二胺钌配合物催化吲哚衍生物的不对称氢化反应

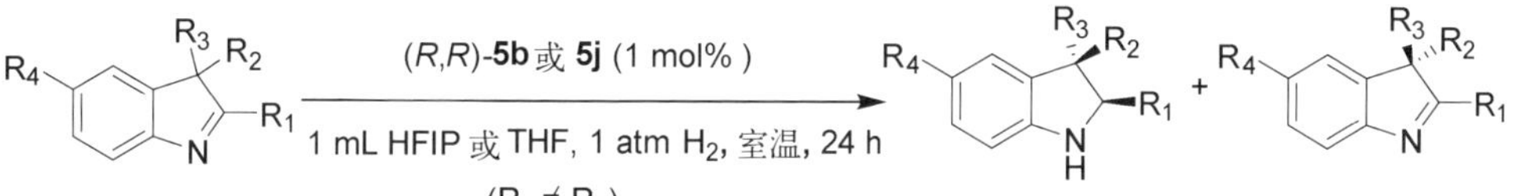

图 5-13　消旋 3,3-二取代-3*H*-吲哚的不对称氢化动力学拆分

5.7　菲啶衍生物的不对称催化氢化

　　5,6-二氢菲啶是一些天然产物和具有生物活性分子中的重要骨架,手性 5,6-二氢菲啶展现出非常高的生物活性,但目前关于其合成的报道还很少。2017 年,范青华等以手性二胺钌配合物为催化剂,首次实现了一系列 6-烷基菲啶衍生物 **27** 的高效、高选择性不对称氢化反应,并以优异的收率和高达 92%的对映选择性合成了一系列手性 5,6-二氢菲啶衍生物 **28**(图 5-14)[30]。值得一提的是,催化剂阴离子的改变可以显著地调节反应的对映选择性,其中磷酸阴离子催化剂能给出最好的对映选择性。此外,他们以得

到的手性 5,6-二氢菲啶作为手性氢源,在非手性磷酸的催化下,实现了苯并噁嗪的不对称氢转移反应,取得了高达 91% 的对映选择性。

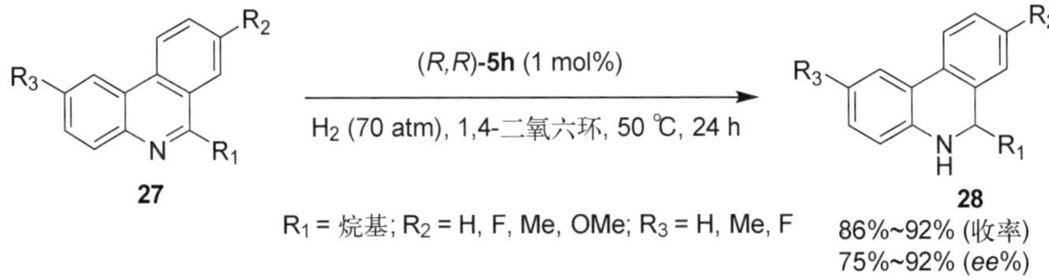

图 5-14　手性二胺钌配合物催化 6-烷基菲啶衍生物的不对称氢化反应

5.8　吡啶衍生物的催化氢化

哌啶及其衍生物是一类非常重要的化合物,该结构广泛存在于天然产物和具有生物活性分子中,目前已经有多种合成方法,其中吡啶衍生物的催化氢化是最简单、直接的方法。对于吡啶衍生物的催化氢化反应,需要解决催化剂失活、去芳香化等问题,具有很大的挑战性,特别是非金属催化简单吡啶类化合物的氢化反应鲜有报道。2013 年,杜海峰等使用 $HB(C_6F_5)_2$ 与简单烯烃发生硼氢化反应原位制备的催化剂,实现了对简单吡啶类化合物的催化氢化,并且底物适用范围广(图 5-15)[31]。值得一提的是,当对

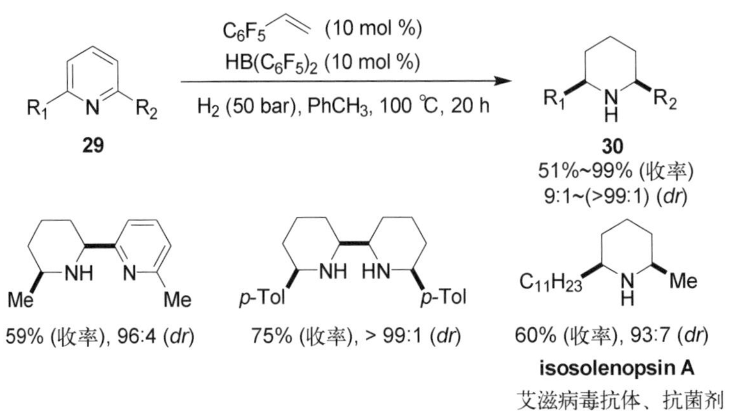

图 5-15　手性 FLPs 催化简单吡啶类化合物的催化氢化反应

2,6 - 二取代吡啶进行催化氢化时,可以高顺式选择性得到哌啶类化合物。利用这一催化体系,可以得到具有抗人类免疫缺陷病毒(human immunodeficiency virus,HIV)活性分子 isosolenopsin A 的一对消旋体。对于 6,6′-二甲基- 2,2′-联吡啶,可以选择性地得到单边吡啶环被氢化的产物,通过化学拆分的方法可以得到一对光学纯异构体。对于 6,6′-二芳基- 2,2′-联吡啶,两个吡啶环同时被氢化,可以得到一类内消旋化合物。

5.9　环状亚胺的不对称催化氢化

环状亚胺的不对称氢化无疑是制备手性含氮杂环化合物较简便的方法之一。但相对于酮来说,亚胺化合物不稳定、易分解,并且底物及产物对催化剂有很强的毒化作用,因此亚胺底物的不对称氢化直到最近才取得较大的进展。2011 年,范青华等使用手性二胺钌配合物催化剂,实现了一系列 N -烷基的简单五元环、六元环、七元环亚胺 **31** 的不对称氢化反应(图 5 - 16)[32]。通过在反应体系中原位添加 (Boc)$_2$O 来对产物进行保护,抑制了产物对催化剂的毒化作用,使得该催化体系对各类取代基的底物都有很好的适用性,获得了高达 98% 的对映选择性。此外,环内磺酰亚胺的不对称氢化反应也同样获得了优异的结果[33]。

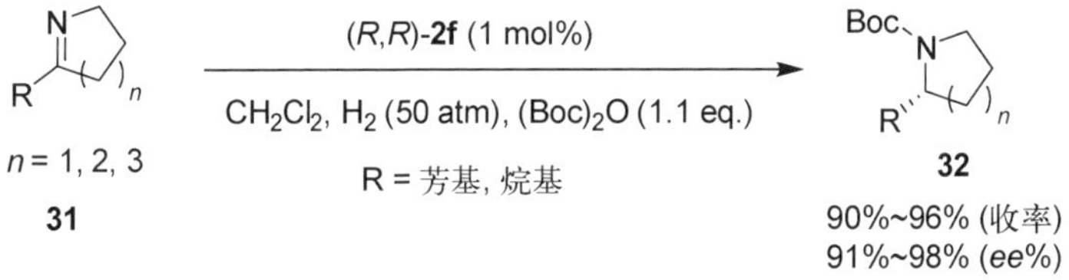

$n = 1, 2, 3$
31

(R,R)-**2f** (1 mol%)
CH$_2$Cl$_2$, H$_2$ (50 atm), (Boc)$_2$O (1.1 eq.)
R = 芳基, 烷基

32
90%~96% (收率)
91%~98% (ee%)

图 5 - 16　手性二胺钌配合物催化简单环状亚胺的不对称氢化反应

随后,他们进一步将手性二胺钌配合物应用于更具挑战的卓类化合物的不对称氢化反应,首次实现了对 2,4 -二取代- 2,3,4,5 -四氢- 1H -苯并二氮杂卓类手性杂环化合物 **33** 的高效不对称合成,对映选择性高于 99%,非对映选择性高于 20∶1(图5 - 17)[34]。值得一提的是,催化剂抗衡阴离子能够对氢化产物的对映选择性和非对映选择性产生显著影响。尤其是对于 2,4 -位芳基取代底物 **33** 而言,通过简单改变催化剂的非手性抗衡阴离子,可以实现对产物立体构型的选择性控制。以非极性的二氯甲烷作为反应溶剂,当催化剂阴离子为磷酸阴离子和 BArF⁻ 时,分别得到构型相反的氢化产物。进一步的控制实验揭示,当使用磷酸阴离子时,它参与反应过渡态的形成,C—H···π 作用在并环的苯环上,获得(S,S)-构型的氢化产物;当使用弱配位能力的 BArF⁻ 时,它不参与过渡态的形成,C—H···π 作用在取代基苯环上,获得(R,R)-构型的氢化产物。而当 2,4-位取代基为烷基时,无论是磷酸阴离子还是 BArF⁻,均获得(R,R)-构型的氢化产物。这种罕见的抗衡阴离子诱导的手性反转现象是不对称氢化领域的首次报道,并为从单一手性源出发、获得高光学纯的一对对映异构体提供了新的途径。

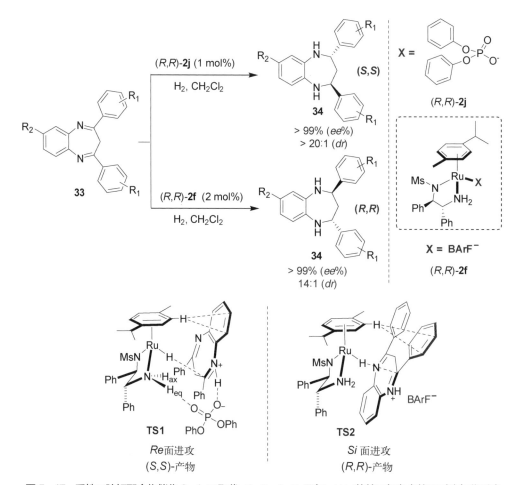

图 5-17　手性二胺钌配合物催化 2,4-二取代-2,3,4,5-四氢-1H-苯并二氮杂卓的不对称氢化反应

他们采用同样的手性二胺钌配合物作为催化剂,进一步考察了一系列的苯并单氮杂卓 35、2,2,4-三取代-1,5-苯并二氮杂卓 36 和 1,5-苯并二氮杂卓-2-酮 37 的选择

性催化不对称氢化，均获得了非常优秀的结果（图 5-18）[35]。研究还发现，在以上三类芳基取代的苯并氮杂卓底物的不对称氢化反应中，通过改变催化剂的非手性阴离子，同样能够实现对产物绝对构型的选择性控制。

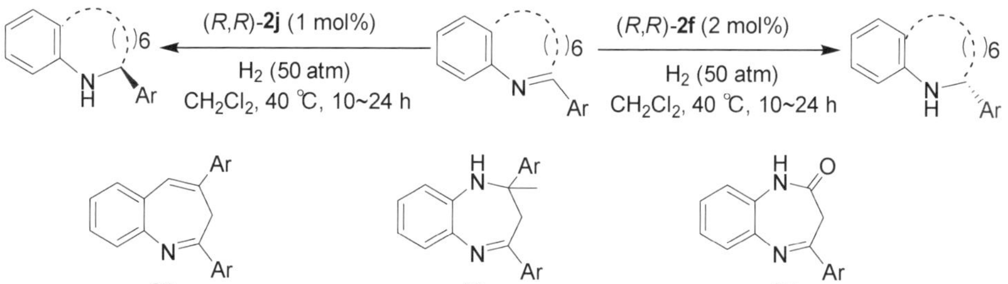

35
9例，高达 95%(ee%)

36
4例，高达 99%(ee%)

37
4例，高达 86%(ee%)

图 5-18　手性二胺钌配合物催化苯并氮杂卓衍生物的不对称氢化反应

2014 年，范青华等使用手性二胺钌配合物作为催化剂，实现了一系列 3-芳基[1,4]苯并噁嗪类环状亚胺 **38** 的不对称氢化反应，以优异的收率和对映选择性合成了一系列手性 3-芳基取代-3,4-二氢-2*H*-[1,4]苯并噁嗪化合物 **39**（图 5-19）[36]。值得一提的是，在 3-苯乙烯基[1,4]苯并噁嗪类环状亚胺 **40** 的不对称氢化反应中，催化剂阴离子可以有效调控反应的区域选择性，当使用$(4-MeO-C_6H_4)_2PO_2$阴离子催化剂时，可以高区域选择性和高对映选择性地得到 3-芳基乙烯基-3,4-二氢-2*H*-[1,4]苯并噁嗪化合物 **41**。

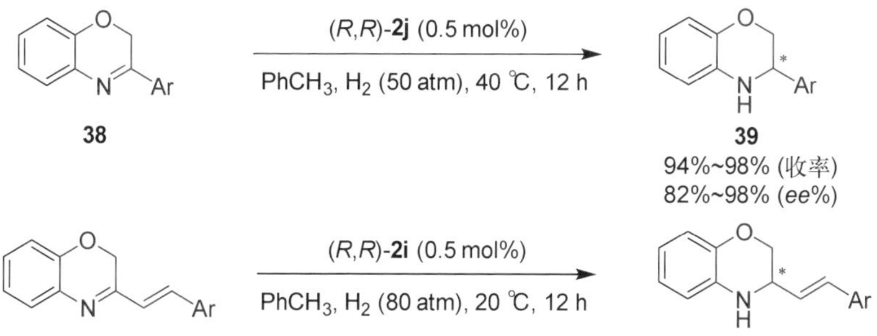

38

39
94%~98% (收率)
82%~98% (ee%)

40

41
94%~96% (收率)
91%~98% (ee%)

图 5-19　手性二胺钌配合物催化［1，4］苯并噁嗪衍生物的不对称氢化反应

杜海峰等使用 $B(C_6F_5)_3$ 作为催化剂,在温和条件下成功实现了3-取代2H-1,4-苯并噁嗪**38**的不对称氢化反应,以优异的收率合成了一系列的3,4-二氢-2H-1,4-苯并噁嗪衍生物**39**。对于3,4-二取代的底物,可以得到单一的顺式产物。通过使用手性联萘骨架二烯和 $HB(C_6F_5)_2$ 的原位硼氢化产物作为催化剂,实现了这类化合物的手性合成,并且可以获得中等的对映选择性(图5-20)[37]。

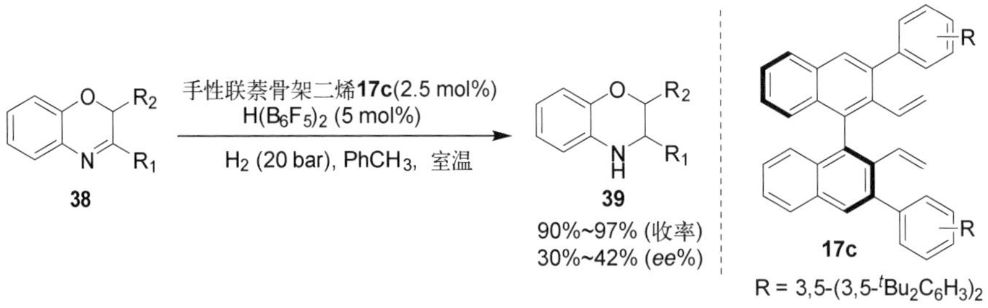

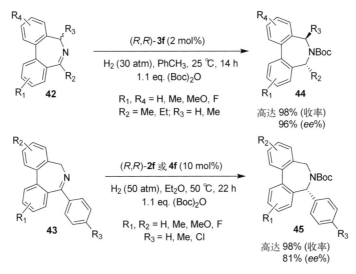

图5-20 手性FLPs催化[1,4]苯并噁嗪衍生物的不对称氢化反应

联苯吖庚因是一类同时具有中心手性和可转换轴手性的含氮七元环化合物,因其潜在的生物活性及在有机小分子催化中的应用前景而受到关注,但该类化合物的不对称合成方法却鲜有报道。最近,范青华等利用手性二胺钌催化体系,实现了一系列5-烷基联苯吖庚因亚胺**42**、5-芳基联苯吖庚因亚胺**43**和5,7-二甲基联苯吖庚因亚胺的不对称氢化反应,并获得了优异的立体选择性[38](图5-21)。同时,他们还进一步发展了

图5-21 手性二胺钌配合物催化联苯吖庚因亚胺衍生物的不对称氢化反应

一锅两步还原胺化策略,实现了手性 N‑芳基联苯吖庚因 **44** 的不对称合成,为手性联苯吖庚因化合物的不对称合成提供了一个高效、简便的新方法(图 5‑22)。

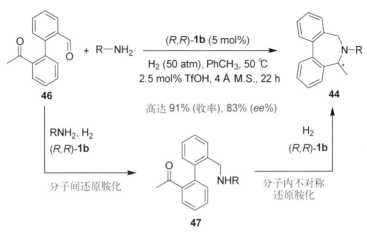

图 5‑22　手性二胺钌配合物催化的一锅两步还原胺化反应

5.10　多元芳香杂环化合物的不对称催化氢化

　　手性多元氮杂环化合物是合成天然产物及手性药物分子的重要手性砌块,同时也可以作为手性配体或有机小分子催化剂。但是相对于简单芳香杂环化合物的不对称催化氢化来说,多元芳香杂环化合物的不对称催化氢化成功的实例寥寥无几。其主要原因包括:① 底物或产物中多个杂原子更容易和催化剂中心金属配位,导致催化剂毒化失活;② 多取代多元芳香杂环化合物的不对称氢化反应面临化学选择性、对映选择性和非对映选择性控制的问题。因此,多元芳香杂环化合物的高效、高选择性不对称氢化是不对称合成领域中的挑战性课题。

　　2013 年,范青华等利用手性二胺钌配合物作为催化剂,首次成功实现了 1,10‑邻菲罗啉化合物 **48** 的均相不对称催化氢化反应,取得了高于 99%的对映选择性和高于 20∶1 的非对映选择性(图 5‑23)[39]。当底物为不对称取代的 1,10‑邻菲罗啉化合物时,仅获得双边氢化的混合产物,位阻较小的吡啶环容易被氢化。当使用 1 mol%催化剂反应 12 h,然后将反应液暴露在空气中搅拌 12 h 时,可以获得单一手性四氢产物 **49**。当催化剂用量增大至 2 mol%时,可以高对映选择性和非对映选择性地获得手性八氢产物 **50**。此外,该方法不仅实现了氢化产物的克级制备,而且通过简单的一步衍生化得到了其他方法难以制备的手性氮杂环卡宾配体。

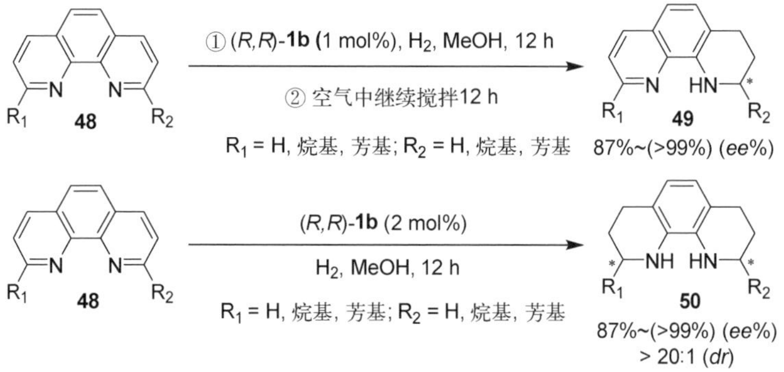

图 5-23　手性二胺钌配合物催化 1,10-邻菲罗啉化合物的不对称氢化反应

刚性稠环骨架的氮杂环卡宾配体已广泛应用于不对称合成中,但此类骨架卡宾化合物的直接不对称合成还未见报道。2015 年,范青华等以手性二胺钌配合物为催化剂,首次实现了 2,2′-联喹啉衍生物 **51** 和 2,2′-联喹喔啉衍生物 **52** 的高效不对称氢化反应,并取得了很好的立体选择性($dl/meso$ 高达 93∶7 和 ee%>99%)(图 5-24)[40]。氢化

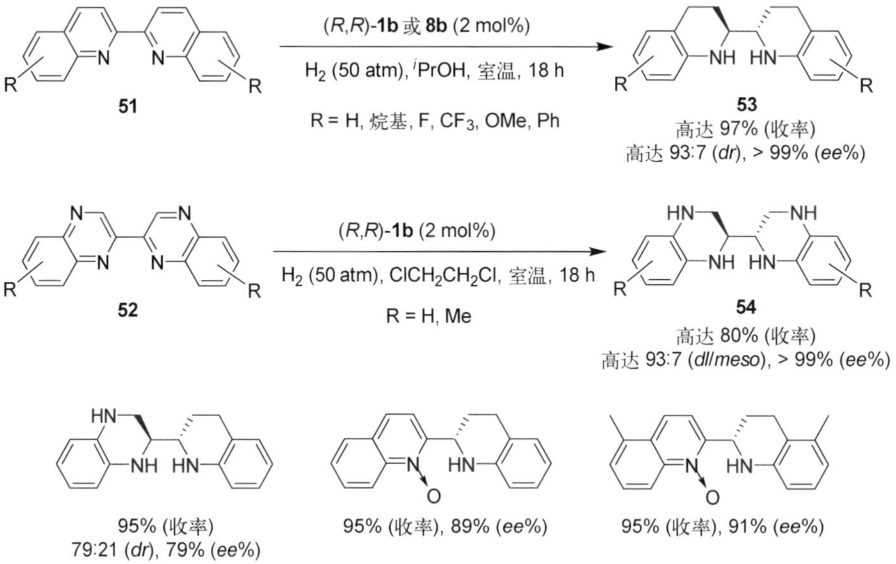

图 5-24　手性二胺钌配合物催化 2,2′-联喹啉衍生物和 2,2′-联喹喔啉衍生物的不对称氢化反应

产物经过简单衍生即可高效制备一系列新型的刚性稠环骨架的手性氮杂环卡宾配体 **55**（图5-25）。此外，该催化体系在2,2'-双喹啉甲烷衍生物的不对称氢化反应中同样获得了优异的结果[41]。

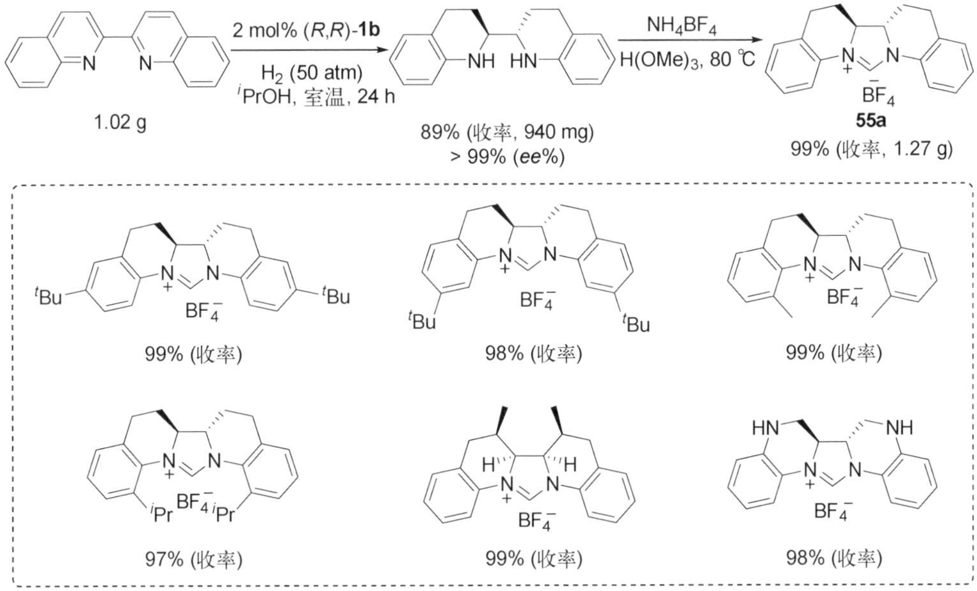

图 5-25　手性三并环氮杂环卡宾配体的合成

2015 年，范青华等采用手性二胺钌配合物作为催化剂，首次实现了1,5-萘啶衍生物 **56** 的不对称氢化反应，并取得了优异的对映选择性（图 5-26）[42]。研究发现，双烷基取代底物可以获得很高的对映选择性，但化学选择性很难控制；2-烷基-6-芳基取代底物的不对称氢化反应专一发生在烷基取代一侧的吡啶环上，并且可以获得高达99%的对映选择性。该方法同样可以实现双芳基取代和三取代1,5-萘啶衍生物的不对称氢化反应，并取得了优异的结果。同时通过手性四氢萘啶的进一步氢化，实现了手性二胺配体(2S,6S,9R,10R)-2,6-二甲基-1,5-二氮杂十氢化萘 **58** 克级规模的高效合成。

随后，他们使用相同的催化体系成功实现了1,8-萘啶衍生物 **59** 的不对称氢化反应，并以优异的对映选择性和非对映选择性制备了一系列1,2,3,4-四氢-1,8-萘啶 **60**，以该产物为手性骨架还可以制备一类新型的手性 *P*,*N*-配体 **61**（图 5-27）[43]。

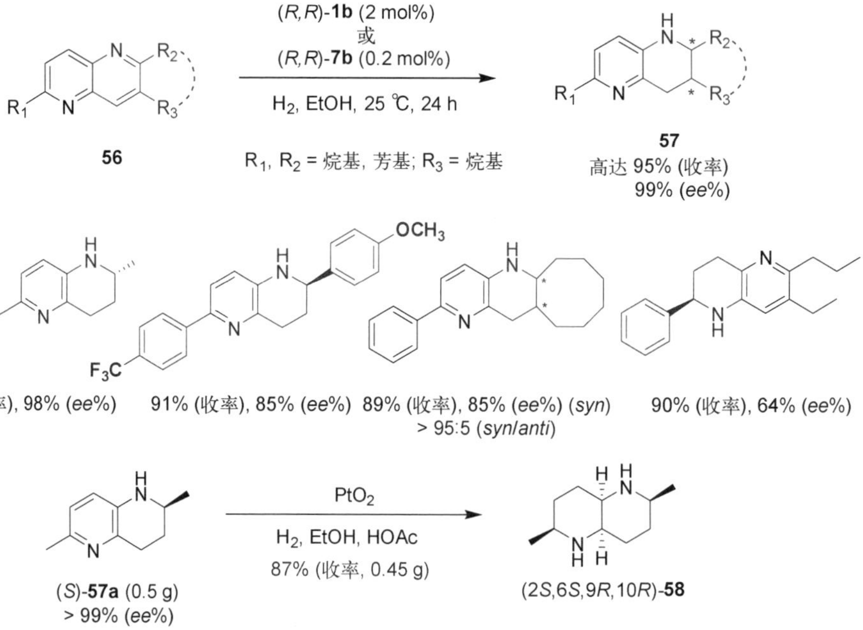

图 5-26 手性二胺钌配合物催化 1,5-萘啶衍生物的不对称氢化反应

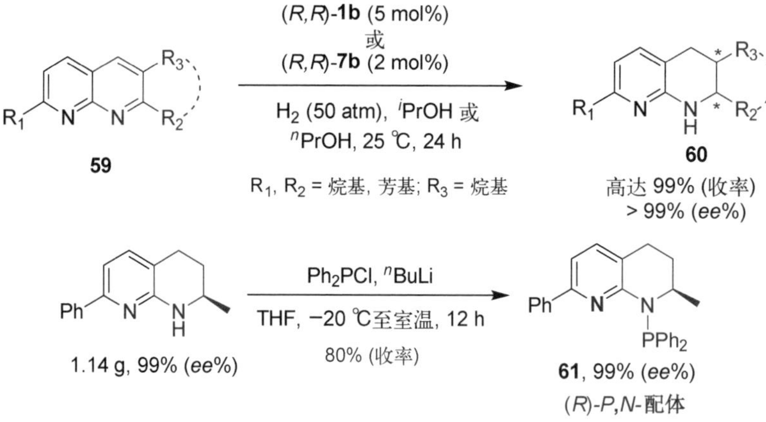

图 5-27 手性二胺钌配合物催化 1,8-萘啶衍生物的不对称氢化反应

杜海峰等使用手性联萘骨架二烯与 HB(C_6F_5)_2 原位制备的催化剂,实现了 2,7-二取代-1,8-萘啶 **59** 的不对称氢化反应,并以 90%～93% 的收率和最高 74% 的对映选择性得到了 1,2,3,4-四氢-1,8-萘啶 **60**(图 5-28)[44]。值得一提的是,对于 2-烷基-7-芳基-1,8-萘啶,反应区域选择性地发生在烷基取代的芳环上。

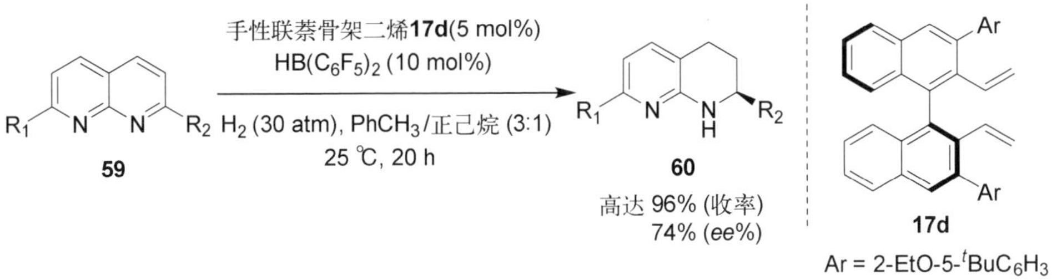

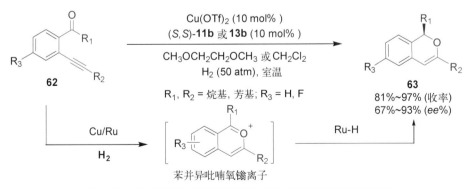

图 5-28　手性 FLPs 催化 1，8-萘啶衍生物的不对称氢化反应

5.11　基于不对称催化氢化的串联反应

通过不对称催化串联反应能够以简单、廉价的原料一步构筑复杂多样的手性化合物，避免了对不稳定中间体的分离纯化，符合"理想合成"的原则，近年来受到了广泛关注。多数串联反应一般需要使用多种催化剂，催化剂的匹配性和兼容性是其中的关键科学问题。目前，金属与有机小分子催化剂的组合催化体系发展较好，已成功应用于多类串联反应。但金属与金属催化剂的组合催化体系发展相对滞后，仍需要解决催化剂兼容性和反应类型少等核心问题。

2017 年，范青华等从简单烯炔酮类化合物 **62** 出发，使用 Cu/Ru 双金属催化剂，成功实现了高活性苯并异吡喃氧鎓离子中间体的生成及其不对称氢化串联反应，并高效、高对映选择性地合成了一系列二氢苯并异吡喃化合物 **63**（图 5-29）[45]。所得手性产物经

图 5-29　双金属催化简单烯炔酮类化合物的不对称氢化串联反应

Pd/C 催化氢化反应,高非对映选择性地得到了四氢苯并异吡喃。通过控制实验,他们证实了苯并异吡喃氧鎓离子是该串联反应的中间体,手性传递发生在催化剂对氧鎓离子进行负氢转移的过程中。同时,通过理论计算,他们提出了苯并异吡喃氧鎓离子中间体与 Ru—H 之间反应的过渡态模型,其中二胺配体中氢原子与底物苯环之间的 C—H(sp³)…π 作用是手性产生的来源(图 5 - 30)。

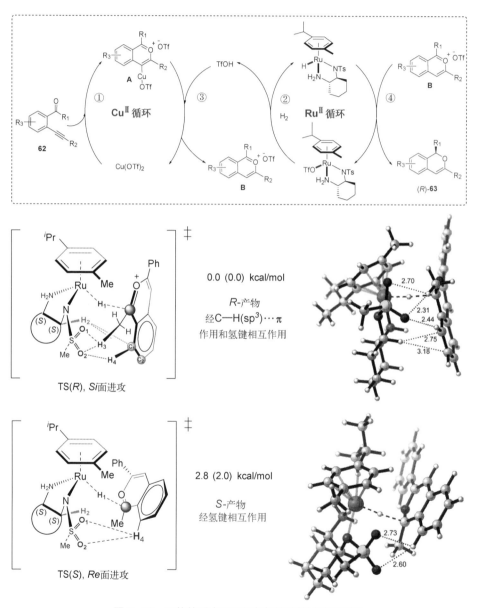

图 5 - 30 可能的反应历程和负氢转移的过渡态模型

最近，范青华等从简单邻炔胺类化合物出发，使用手性二胺钌单金属或 Au/手性二胺钌双金属催化剂，成功实现了炔烃的氢胺化/不对称氢化串联反应，并高效、高对映选择性地合成了一系列 2-取代的手性四氢喹啉 **20**、吲哚啉 **24** 和苯并氮杂卓 **67** 产物，获得了高达 98% 的收率和高达 98% 的对映选择性（图 5 - 31）[46]。研究表明，在邻炔胺类化合物 **64** 的串联反应中，离子液体作为溶剂能够显著提高反应的活性和对映选择性。

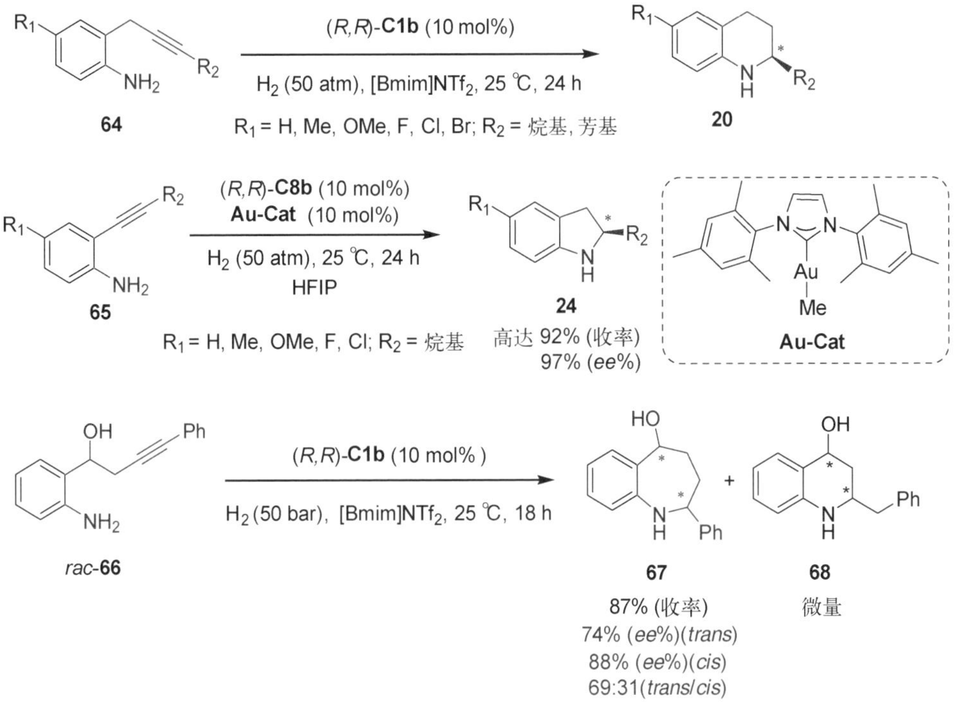

图 5-31　单金属或双金属催化的氢胺化/不对称氢化串联反应

喹诺里西啶类及吲哚里西啶类生物碱普遍存在于自然界中，具有抗癌、抗菌、抗病毒等生物活性。目前，手性喹诺里西啶衍生物及吲哚里西啶衍生物的合成已有很多报道，但通过不对称催化的方法构建这类手性骨架依然具有很大的挑战性。2019 年，范青华等发展了手性二胺钌配合物催化的不对称氢化/还原胺化串联反应，快速构建了结构多样的手性苯并喹诺里西啶衍生物及其类似物、苯并吲哚里西啶衍生物及其类似物（图5-32）[47]。通过对催化剂结构、反应介质及酸类添加剂等反应条件的筛选与优化，他们实现了一系列含羰基的 2-取代喹啉衍生物 **69** 和 2-取代喹喔啉衍生物 **70** 的高效、高选择性的不对称氢化/还原胺化串联反应，以高达 95% 的收率、高于 20∶1 的非对映选择性和高于 99% 的对映选择性获得了 46 个手性苯并喹诺里西啶衍生物及其类似物、苯并吲哚里西啶衍生物及其类似物。通过对反应历程的进一步研究,他们证实了该串联反应是以含氮芳杂环的高化学选择性、高对映选择性的不对称氢化反应开始的,同时产生了第一个手性中心;随后,发生分子内羰基与胺的缩合反应,生成了环状亚胺阳离子或烯胺;最后,环状亚胺阳离子经催化氢化反应生成了最终产物,这一过程中产生了第二个手性中心,其立体选择性由第一个手性中心的绝对构型决定。他们利用这一合成策略成功实现了生物碱(+)-Gephyrotoxin 的形式不对称全合成(图 5 - 33)。该研究为手性喹诺里西啶衍生物及其类似物、吲哚里西啶衍生物及其类似物的合成提供了具有原子经济性和步骤经济性的新方法。

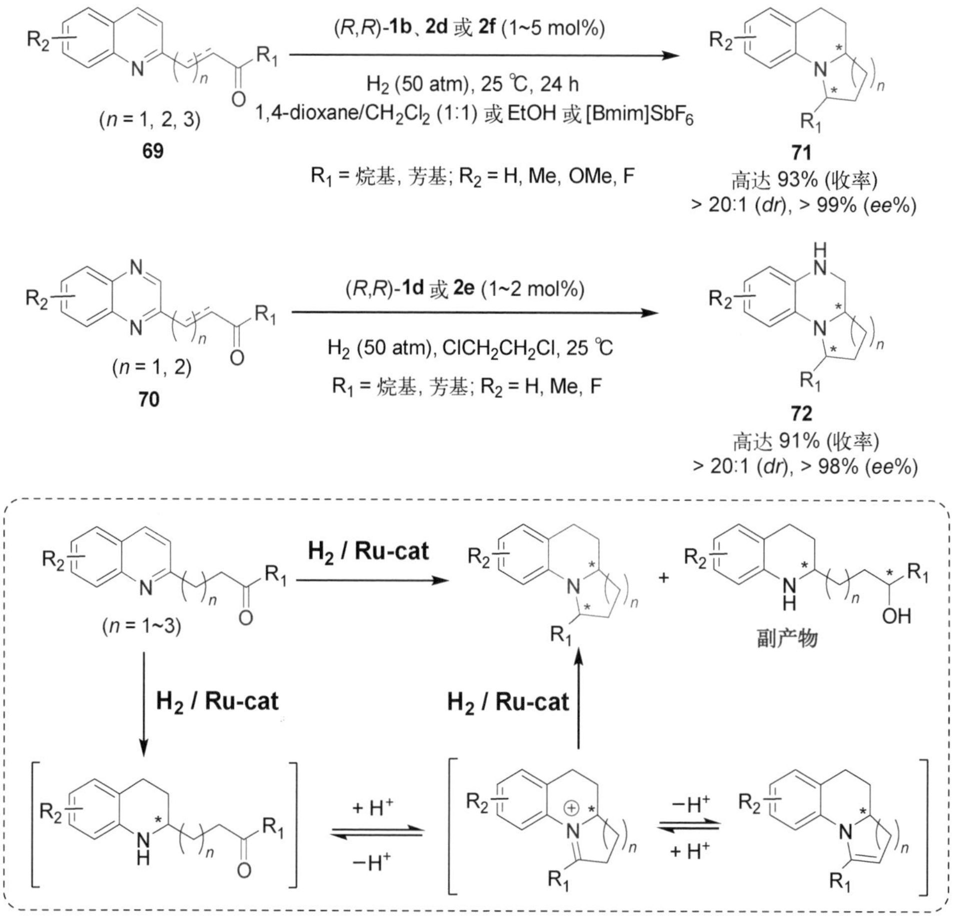

图 5 - 32　手性二胺钌配合物催化的不对称氢化/还原胺化串联反应

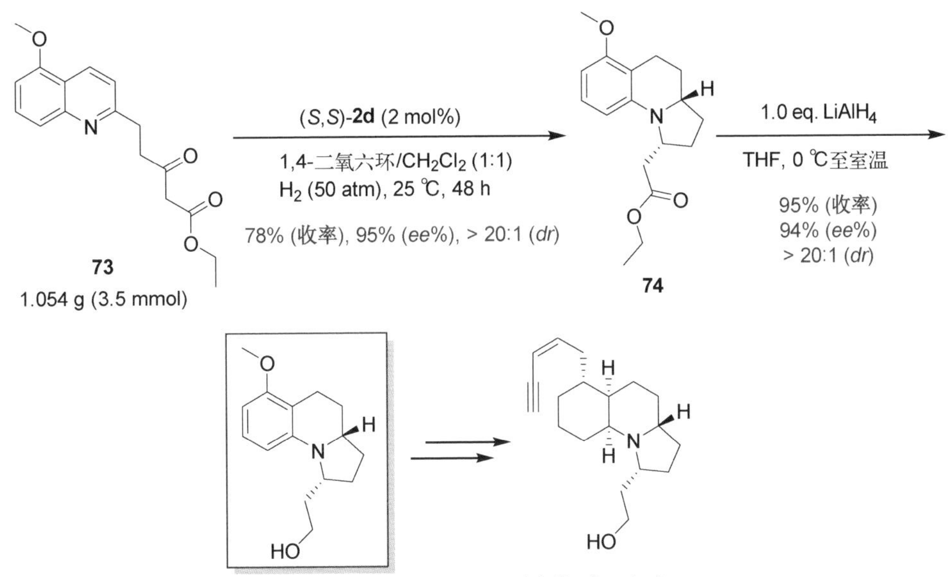

图 5-33　生物碱（＋）-Gephyrotoxin 的形式不对称全合成

　　手性邻二胺化合物作为手性配体，已广泛地运用于不对称催化反应中。同时，它还可以通过简单的转化得到咪唑型手性氮杂卡宾配体。目前，关于手性邻二胺化合物的不对称催化合成方法报道很多，但大位阻手性 N,N-二芳基邻二胺的不对称催化合成却鲜有文献报道。最近，范青华等利用手性二胺钌/铱配合物作为催化剂，成功实现了简单易得的喹啉醛 76 与苯胺衍生物的分子间还原胺化/不对称氢化串联反应，以高达95%的收率和高于99%的对映选择性制备了一系列大位阻手性 N,N-二芳基邻二胺化合物 77（图 5-34）[48]。通过控制实验，他们证实了该串联反应是先经过分子间还原胺化反应，再进行喹啉环的不对称氢化反应。此外，所得的大位阻手性 N,N-二芳基邻二胺化合物 77 通过一步简单转化，即可获得大位阻 N,N-二芳基氮杂卡宾盐 78。同时，所制备的大位阻手性邻二胺配体和大位阻手性氮杂卡宾配体分别可以成功地应用于钯催化的不对称 Suzuki 偶联反应和钌催化的不对称开环烯烃复分解反应中（图 5-35）。

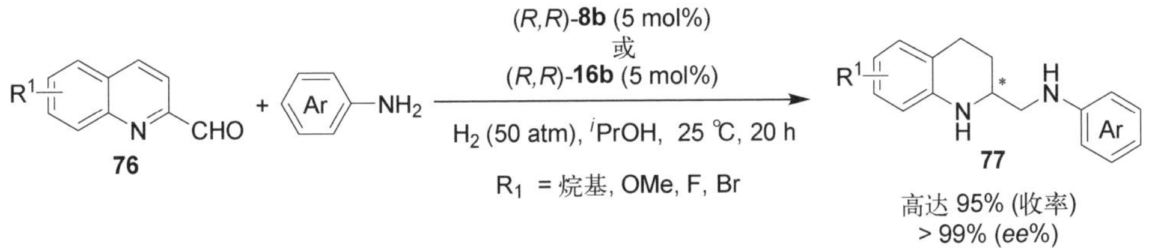

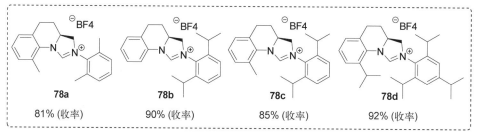

图 5-34 手性二胺钌/铱配合物催化的分子间还原胺化/不对称氢化串联反应

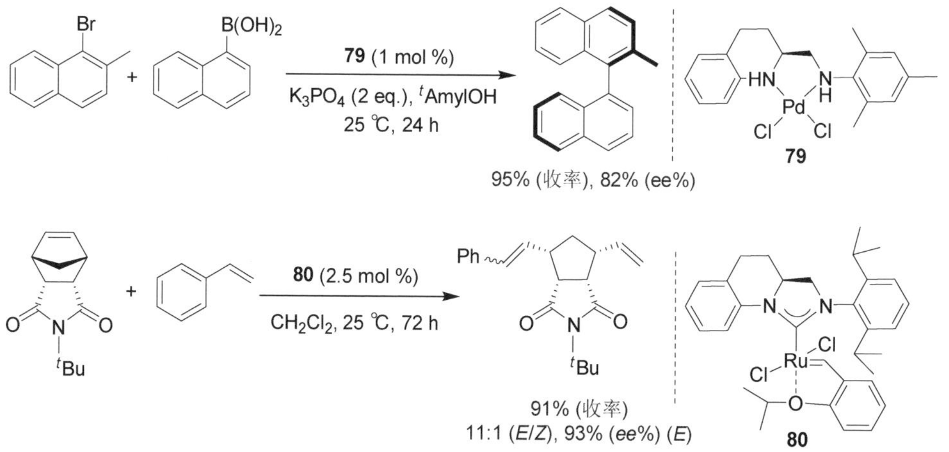

图 5-35 大位阻手性邻二胺配体和大位阻手性氮杂卡宾配体在不对称催化氢化中的应用

5.12 总结与展望

在过去的二十年里,含氮芳香杂环化合物的不对称催化氢化反应取得了重要的进展,为合成结构多样的手性含氮杂环化合物提供了最直接、高效和原子经济性的新方法。一方面,不同于大多数的手性膦金属配合物催化剂,手性二胺金属催化剂简单易得、对空气稳定,结合催化剂的抗衡阴离子调控策略,研究人员实现了一系列含氮芳香杂环化合物(如喹啉、喹喔啉、吲哚及环状亚胺等)的高效、高选择性的不对称氢化反应。不同于大多数催化体系的内层催化机理,外层催化机理避免了杂环底物与钌金属中心的直接配位,再加上邻位取代基的位阻效应,可有效降低杂环底物对催化剂的毒化作用,研究人员首次实现了一系列具有挑战性的多元芳香杂环化合物(如邻菲啰啉、萘啶和联喹啉等)的高效、高选择性的不对称氢化反应。此外,通过设计具有不同反应途径的底物,研究人员还实现了手性二胺金属催化剂催化的单金属或双金属不对称串联反应,以高收率、高立体选择性合成了一系列结构多样且复杂的手性杂环化合物。另一方面,相对于过渡金属催化,非金属催化氢化的发展则相对缓慢。通过发展新型的手性二烯原位硼氢化反应,研究人员快速构建了结构多样的手性硼 Lewis 酸催化剂,在多取代含氮芳香杂环化合物的不对称催化氢化反应中取得了优于金属催化体系的结果。

但是,与前手性烯烃和酮的不对称氢化相比,芳香杂环化合物的不对称氢化依然存在底物范围有限、催化效率低等问题,需要进一步发展新的手性催化剂及新的催化策略。此外,简单易得、稳定性更高的芳烃化合物(如取代苯、苯胺、苯酚类化合物等)的不对称氢化更具挑战性,至今还未取得突破。

参考文献

[1] Wang D S, Chen Q A, Lu S M, et al. Asymmetric hydrogenation of heteroarenes and arenes[J]. Chemical Reviews, 2012, 112(4): 2557 - 2590.

[2] He Y M, Song F T, Fan Q H. Advances in transition metal-catalyzed asymmetric hydrogenation of heteroaromatic compounds[J]. Topics in Current Chemistry, 2014, 343: 145 - 190.

[3] Wiesenfeldt M P, Nairoukh Z, Dalton T, et al. Selective arene hydrogenation for direct access to saturated carbo- and heterocycles[J]. Angewandte Chemie International Edition, 2019, 58(31): 10460 - 10476.

[4] Knowles W S. Asymmetric hydrogenations (Nobel lecture)[J]. Angewandte Chemie International Edition, 2002, 41(12): 1998 - 2007.

[5] Noyori R. Asymmetric catalysis: Science and opportunities (Nobel lecture)[J]. Angewandte Chemie International Edition, 2002, 41(12): 2008 - 2022.

[6] Murata S, Sugimoto T, Matsuura S. Hydrogenation and hydrosilylation of quinoxaline by homogeneous rhodium catalysts[J]. Heterocycles, 1987, 26(3): 763 - 766.

[7] Noyori R, Hashiguchi S. Asymmetric transfer hydrogenation catalyzed by chiral ruthenium complexes[J]. Accounts of Chemical Research, 1997, 30(2): 97 - 102.

[8] Ohkuma T, Utsumi N, Tsutsumi K, et al. The hydrogenation/transfer hydrogenation network: Asymmetric hydrogenation of ketones with chiral η^6 - arene/N - tosylethylenediamine-ruthenium(II) catalysts[J]. Journal of the American Chemical Society, 2006, 128(27): 8724 - 8725.

[9] Luo Y E, He Y M, Fan Q H. Asymmetric hydrogenation of quinoline derivatives catalyzed by cationic transition metal complexes of chiral diamine ligands: Scope, mechanism and catalyst recycling[J]. The Chemical Record, 2016, 16(6): 2697 - 2711.

[10] Liu Y B, Du H F. Frustrated Lewis pair catalyzed asymmetric hydrogenation[J]. Acta Chimica Sinica, 2014, 72(7): 771 – 777.

[11] Meng W, Feng X Q, Du H F. Frustrated Lewis pairs catalyzed asymmetric metal-free hydrogenations and hydrosilylations[J]. Accounts of Chemical Research, 2018, 51(1): 191 – 201.

[12] Liu Y B, Du H F. Chiral dienes as "ligands" for borane-catalyzed metal-free asymmetric hydrogenation of imines[J]. Journal of the American Chemical Society, 2013, 135(18): 6810 – 6813.

[13] Ren X Y, Li G, Wei S M, et al. Facile development of chiral alkenylboranes from chiral diynes for asymmetric hydrogenation of silyl enol ethers[J]. Organic Letters, 2015, 17(4): 990 – 993.

[14] Wang W B, Lu S M, Yang P Y, et al. Highly enantioselective iridium-catalyzed hydrogenation of heteroaromatic compounds, quinolines[J]. Journal of the American Chemical Society, 2003, 125 (35): 10536 – 10537.

[15] Zhou H F, Li Z W, Wang Z J, et al. Hydrogenation of quinolines using a recyclable phosphine-free chiral cationic ruthenium catalyst: Enhancement of catalyst stability and selectivity in an ionic liquid[J]. Angewandte Chemie International Edition, 2008, 47(44): 8464 – 8467.

[16] Wang T L, Zhuo L G, Li Z W, et al. Highly enantioselective hydrogenation of quinolines using phosphine-free chiral cationic ruthenium catalysts: Scope, mechanism, and origin of enantioselectivity[J]. Journal of the American Chemical Society, 2011, 133(25): 9878 – 9891.

[17] Ding Z Y, Wang T L, He Y M, et al. Highly enantioselective synthesis of chiral tetrahydroquinolines and tetrahydroisoquinolines by ruthenium-catalyzed asymmetric hydrogenation in ionic liquid[J]. Advanced Synthesis & Catalysis, 2013, 355(18): 3727 – 3735.

[18] Yang Z S, Chen F, He Y M, et al. Efficient asymmetric hydrogenation of quinolines in neat water catalyzed by chiral cationic Ru-diamine complexes[J]. Catalysis Science & Technology, 2014, 4(9): 2887 – 2890.

[19] Wang Z J, Zhou H F, Wang T L, et al. Highly enantioselective hydrogenation of quinolines under solvent-free or highly concentrated conditions[J]. Green Chemistry, 2009, 11 (6): 767 – 769.

[20] Li Z W, Wang T L, He Y M, et al. Air-stable and phosphine-free iridium catalysts for highly enantioselective hydrogenation of quinoline derivatives[J]. Organic Letters, 2008, 10(22): 5265 – 5268.

[21] Chen F, Ding Z Y, He Y M, et a. Synthesis of optically active 1, 2, 3, 4 – tetrahydroquinolines via asymmetric hydrogenation using iridium-diamine catalyst[J]. Organic Syntheses, 2015, 92: 213 – 226.

[22] Zhang Z H, Du H F. cis – Selective and highly enantioselective hydrogenation of 2, 3, 4 – trisubstituted quinolines[J]. Organic Letters, 2015, 17(11): 2816 – 2819.

[23] Zhang Z H, Du H F. Enantioselective metal-free hydrogenations of disubstituted quinolines[J]. Organic Letters, 2015, 17(24): 6266 – 6269.

[24] Qin J, Chen F, Ding Z Y, et al. Asymmetric hydrogenation of 2 – and 2, 3 – substituted quinoxalines with chiral cationic ruthenium diamine catalysts[J]. Organic Letters, 2011, 13(24): 6568 – 6571.

[25] Zhang Z H, Du H F. A highly cis – selective and enantioselective metal-free hydrogenation of 2, 3 – disubstituted quinoxalines[J]. Angewandte Chemie International Edition, 2015, 54(2): 623 – 626.

[26] Li S L, Meng W, Du H F. Asymmetric transfer hydrogenations of 2, 3 – disubstituted quinoxalines with ammonia borane[J]. Organic Letters, 2017, 19(10): 2604 – 2606.

[27] Kuwano R, Sato K, Kurokawa T, et al. Catalytic asymmetric hydrogenation of heteroaromatic compounds, indoles[J]. Journal of the American Chemical Society, 2000, 122 (31): 7614 – 7615.

[28] Wang D S, Chen Q A, Li W, et al. Pd-catalyzed asymmetric hydrogenation of unprotected indoles activated by Brønsted acids[J]. Journal of the American Chemical Society, 2010, 132 (26): 8909 – 8911.

[29] Yang Z S, Chen F, He Y M, et al. Highly enantioselective synthesis of indolines: Asymmetric hydrogenation at ambient temperature and pressure with cationic ruthenium diamine catalysts[J]. Angewandte Chemie International Edition, 2016, 55(44): 13863 – 13866.

[30] Yang Z H, Chen F, Zhang S X, et al. Ruthenium-catalyzed enantioselective hydrogenation of phenanthridine derivatives[J]. Organic Letters, 2017, 19(6): 1458 – 1461.

[31] Liu Y B, Du H F. Metal-free borane-catalyzed highly stereoselective hydrogenation of pyridines [J]. Journal of the American Chemical Society, 2013, 135(35): 12968 – 12971.

[32] Chen F, Ding Z Y, Qin J, et al. Highly effective asymmetric hydrogenation of cyclic N – alkyl imines with chiral cationic Ru-MsDPEN catalysts[J]. Organic Letters, 2011, 13(16): 4348 – 4351.

[33] Chen F, Li Z W, He Y M, et al. Asymmetric hydrogenation of cyclic N – sulfonylimines with phosphine-free chiral cationic Ru-MsDPEN catalysts[J]. Chinese Journal of Chemistry, 2010, 28 (9): 1529 – 1532.

[34] Ding Z Y, Chen F, Qin J, et al. Asymmetric hydrogenation of 2, 4 – disubstituted 1, 5 – benzodiazepines using cationic ruthenium diamine catalysts: An unusual achiral counteranion induced reversal of enantioselectivity[J]. Angewandte Chemie International Edition, 2012, 51 (23): 5706 – 5710.

[35] Yang Z S, Ding Z Y, Chen F, et al. Asymmetric hydrogenation of cyclic imines of benzoazepines and benzodiazepines with chiral cationic ruthenium-diamine catalysts[J]. European Journal of Organic Chemistry, 2017, 2017(14): 1973 – 1977.

[36] Qin J, Chen F, He Y M, et al. Asymmetric hydrogenation of 3 – substituted $2H$ – 1, 4 – benzoxazines with chiral cationic Ru-MsDPEN catalysts: A remarkable counteranion effect[J]. Organic Chemistry Frontiers, 2014, 1(8): 952 – 955.

[37] Wei S M, Feng X Q, Du H F. A metal-free hydrogenation of 3 – substituted $2H$ – 1, 4 – benzoxazines[J]. Organic & Biomolecular Chemistry, 2016, 14(34): 8026 – 8029.

[38] Zhang S S, Chen F, He Y M, et al. Asymmetric hydrogenation of dibenzo[c, e]azepine derivatives with chiral cationic ruthenium diamine catalysts[J]. Organic Letters, 2019, 21(14): 5538 – 5541.

[39] Wang T L, Chen F, Qin J, et al. Asymmetric ruthenium-catalyzed hydrogenation of 2 – and 2, 9 – substituted 1, 10 – phenanthrolines[J]. Angewandte Chemie International Edition, 2013, 52(28): 7172 – 7176.

[40] Ma W P, Zhang J W, Xu C, et al. Highly enantioselective direct synthesis of endocyclic vicinal diamines through chiral Ru(diamine)-catalyzed hydrogenation of 2, $2'$ – bisquinoline derivatives [J]. Angewandte Chemie International Edition, 2016, 55(41): 12891 – 12894.

[41] Li B, Xu C, He Y M, et al. Asymmetric hydrogenation of bis(quinolin – 2 – yl)methanes: A direct access to chiral 1, 3 – diamines[J]. Chinese Journal of Chemistry, 2018, 36(12): 1169 – 1173.

[42] Zhang J W, Chen F, He Y M, et al. Asymmetric ruthenium-catalyzed hydrogenation of 2, 6 – disubstituted 1, 5 – naphthyridines: Access to chiral 1, 5 – diaza – cis – decalins[J]. Angewandte Chemie International Edition, 2015, 54(15): 4622 – 4625.

[43] Ma W P, Chen F, Liu Y R, et al. Ruthenium-catalyzed enantioselective hydrogenation of 1, 8 - naphthyridine derivatives[J]. Organic Letters, 2016, 18(11): 2730 - 2733.

[44] Wang W, Feng X Q, Du H F. Borane-catalyzed metal-free hydrogenation of 2, 7 - disubstituted 1, 8 - naphthyridines[J]. Organic & Biomolecular Chemistry, 2016, 14(28): 6683 - 6686.

[45] Miao T T, Tian Z Y, He Y M, et al. Asymmetric hydrogenation of in situ generated isochromenylium intermediates by copper/ruthenium tandem catalysis[J]. Angewandte Chemie International Edition, 2017, 56(15): 4135 - 4139.

[46] Xu C, Feng Y, Li F J, et al. A synthetic route to chiral benzo-fused *N* - heterocycles *via* sequential intramolecular hydroamination and asymmetric hydrogenation of anilino-alkynes[J]. Organometallics, 2019, 38(20): 3979 - 3990.

[47] Chen Y, He Y M, Zhang S S, et al. Rapid construction of structurally diverse quinolizidines, indolizidines, and their analogues *via* ruthenium-catalyzed asymmetric cascade hydrogenation/ reductive amination[J]. Angewandte Chemie International Edition, 2019, 58(12): 3809 - 3813.

[48] Chen Y, Pan Y X, He Y M, et al. Consecutive intermolecular reductive amination/ asymmetric hydrogenation: Facile access to sterically tunable chiral vicinal diamines and *N* - heterocyclic carbenes[J]. Angewandte Chemie International Edition, 2019, 58 (47): 16831 - 16834.

Chapter 6

复杂天然产物全合成

杨震　雷晓光　罗佗平

6.1 前言

统计数据表明,在过去三十多年美国食品药品监督管理局(Food and Drug Administration, FDA)批准的新药中,与天然产物小分子相关的新药占一半以上,其内在原因很可能是经过长期自然选择,众多天然产物小分子因具备与蛋白结构域结合的能力而具有生物活性。小分子的骨架、取代基位置、化学反应性与其靶点蛋白的结构域尺寸、氨基酸残基的空间位置等性质匹配得越好,特异性结合能力就越强。目前,已知小分子骨架和蛋白结构域的数目都是有限的。因此,基于有生物活性的天然产物小分子的骨架,合成具有不同性质、不同位置取代基的化合物库,对进一步优化小分子与特定蛋白的亲和度和选择性有重要意义。但大多数有重要生物活性的天然产物小分子面临来源受限、深度结构修饰困难等问题。其全合成研究不仅推动了新的合成策略和合成方法学的发展,实现了高效、大量合成的目标,还提供了以往半合成修饰难以获得的具有不同性质、不同位置取代基的天然产物类似物。其全合成不仅可以用于研究其构效关系及作用机理,还有助于发现关键药效团,推动生命科学的研究及创新药物的研发。

基于此,我们致力于发展和应用有机化学的新反应、新方法,设计新的有机合成策略,并以此为工具来为化学生物学相关的研究服务。在化学基因组学的大背景下,我们围绕作用于重要药物靶点的化合物,尤其是有重要生物活性的复杂天然产物小分子,研究实现其高效的化学合成、结构修饰和性质优化。本章将对其中代表性的研究课题进行简要的介绍。

6.2 杨震课题组的全合成研究成果

6.2.1 五味子降三萜的全合成

五味子,是一类具有咸、甜、苦、辛和酸的浆果。它是我国重要的传统中药之一,用来治疗风湿性疾病,同时具有安神和镇静的功效[1]。除了用于传统中药,五味子还用于食品添加，制备饮料和酿酒[2]。在过去的二十年里，人们不断地从该类植物中分离出结构新颖的天然产物。孙汉董院士课题组从五味子植物中分离出一百多个结构新颖的降三萜类天然产物[3]，其中一些代表性结构如图 6－1 所示。初步的生物学研究表明，该类天然产物中的一些家族分子具有抗肝炎、抗艾滋病毒和抗肿瘤的活性[3]。为了确定该类重要天然产物的结构、促进该类天然产物的化学生物学研究和构效关系研究，开展该类天然产物的全合成研究十分必要。

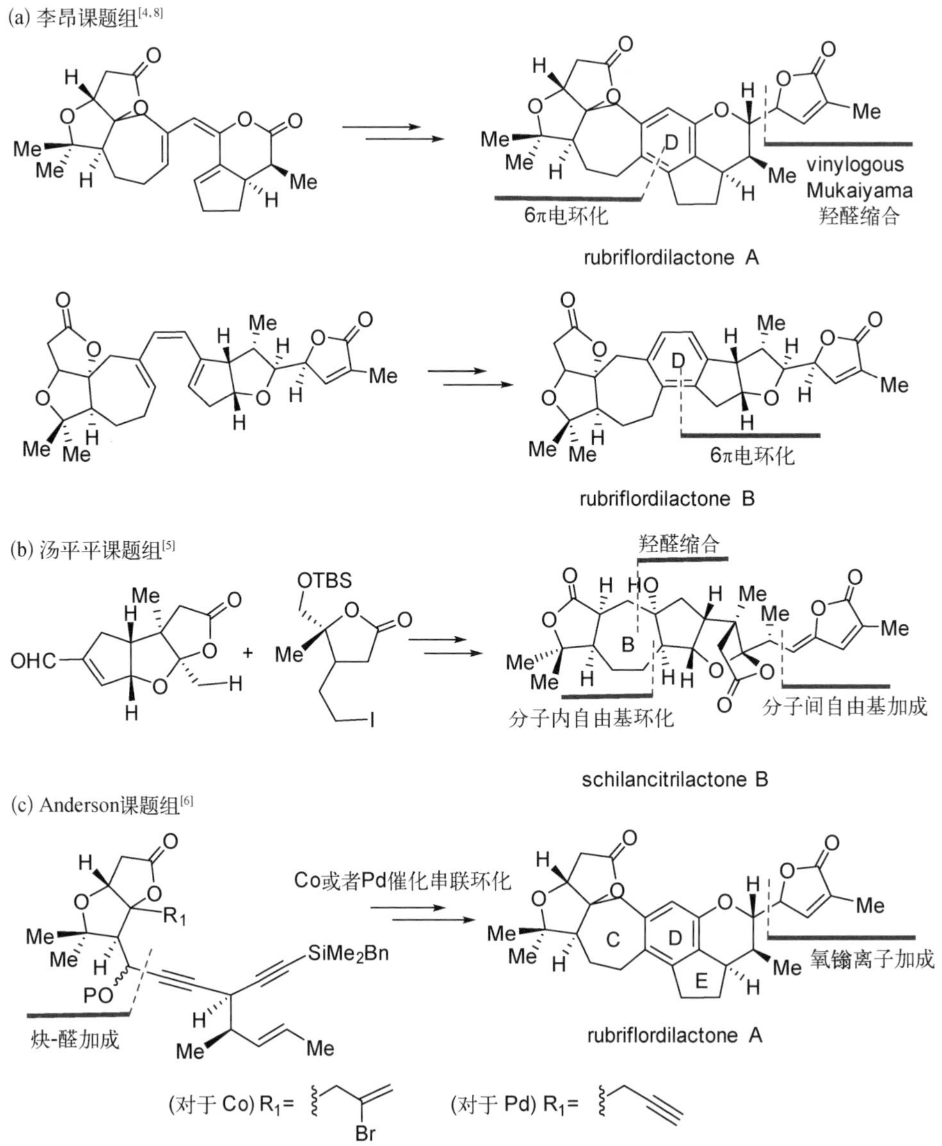
(a) 李昂课题组[4,8]
vinylogous
Mukaiyama
羟醛缩合
6π电环化
rubriflordilactone A
6π电环化
rubriflordilactone B
(b) 汤平平课题组[5]
羟醛缩合
OHC
OTBS
分子内自由基环化
分子间自由基加成
schilancitrilactone B
(c) Anderson课题组[6]
Co或者Pd催化串联环化
SiMe2Bn
氧鎓离子加成
炔-醛加成
rubriflordilactone A
(对于 Co) R1=
(对于 Pd) R1=

图 6－1　五味子降三萜骨架的构建方法

自 2004 年该家族首个降三萜类天然产物被报道以来,该类天然产物引起了有机合成界的关注,迄今为止,已经完成了 7 个骨架 11 个降三萜类天然产物的全合成。2014年,李昂课题组完成了 rubriflordilactones A 和 B 的首次全合成。他们采用了巧妙和优美的 6π 电环化反应为关键步骤,完成了该类分子中五取代 D 芳环的巧妙构建[4,8]。2015 年,汤平平课题组实现了 schilancitrilactones B 和 C 的首次全合成。该类分子中的B 环是通过巧妙设计的分子间的羟醛(Aldol)缩合反应和分子内的自由基环化反应来实现的[5,7]。同年,Anderson 课题组通过精炼的钴催化或者钯催化串联环化反应构建了 rubriflordilactone A CDE 三环体系,实现了该分子的全合成[6]。

2007 年,孙汉董院士课题组首次分离出 schindilactone A(1)[9]。该分子由高氧化度的八元环系组成,具有 12 个手性中心,其中 FGH 三环体系具有 8 个连续的手性中心。特别是该分子中 7 - 8 环系所包含的半缩酮氧桥结构,在天然产物中被首次发现,是合成该类天然产物时所面临的极具挑战的难题。schindilactone A(1)不仅体现了该分子结构的独特性和美妙性,同时孕育了合成该分子存在的挑战性。自我们看到该分子后,它的结构复杂性激励我们研发新的合成方法和合成策略来实现它的全合成。随着该类降三萜天然产物不断地从五味子植物中被分离出来,我们开始酝酿建立结构多样性导向合成的研发平台,即利用全合成过程构建的多个中间体来实现具有不同分子骨架的五味子降三萜的全合成(图 6 - 2)。

我们以最近完成的 pre-schisanartanin C(4)[3]为例,通过回顾该分子的合成历程来展现结构多样性导向合成策略。pre-schisanartanin C 具有全新的天然产物小分子骨架结构,因此需要建立全新的合成方法和合成策略来实现其全合成。接下来,我们通过在 pre-schisanartanin C 全合成中建立关键的合成方法和合成策略,阐述我们是如何开展该类天然产物的全合成研究的。有关早期 4 个五味子降三萜类天然产物的全合成研究,请参考已经发表的相关文章。

图 6 - 3 展示了 pre-schisanartanin C(4)的逆合成分析。其中,目标分子中的 A 环是通过 Mukaiyama-Aldol 缩合反应来构建的;F 环可以通过 Sharpless 不对称双羟化反应和分子内的酯化反应来构建。中间体 11 可以从底物 12 经由 Wittig 反应为关键步骤来制备。底物 12 中的 8/3 并环体系预期可以利用烯炔 13 为原料,通过金催化的串联反应一步合成。烯炔 13 可以由烯酮 16 通过 Aldol 缩合反应和 1,2 - 加成反应来构建。烯酮 16 可以采用烯基醚 17 的环丙烷化反应和铁介导的三元环扩环反应来实现。烯基醚 17 可以利用分子间的 Diels-Alder 反应、从双烯体 18 和亲双烯体 19 来制备。根据上面

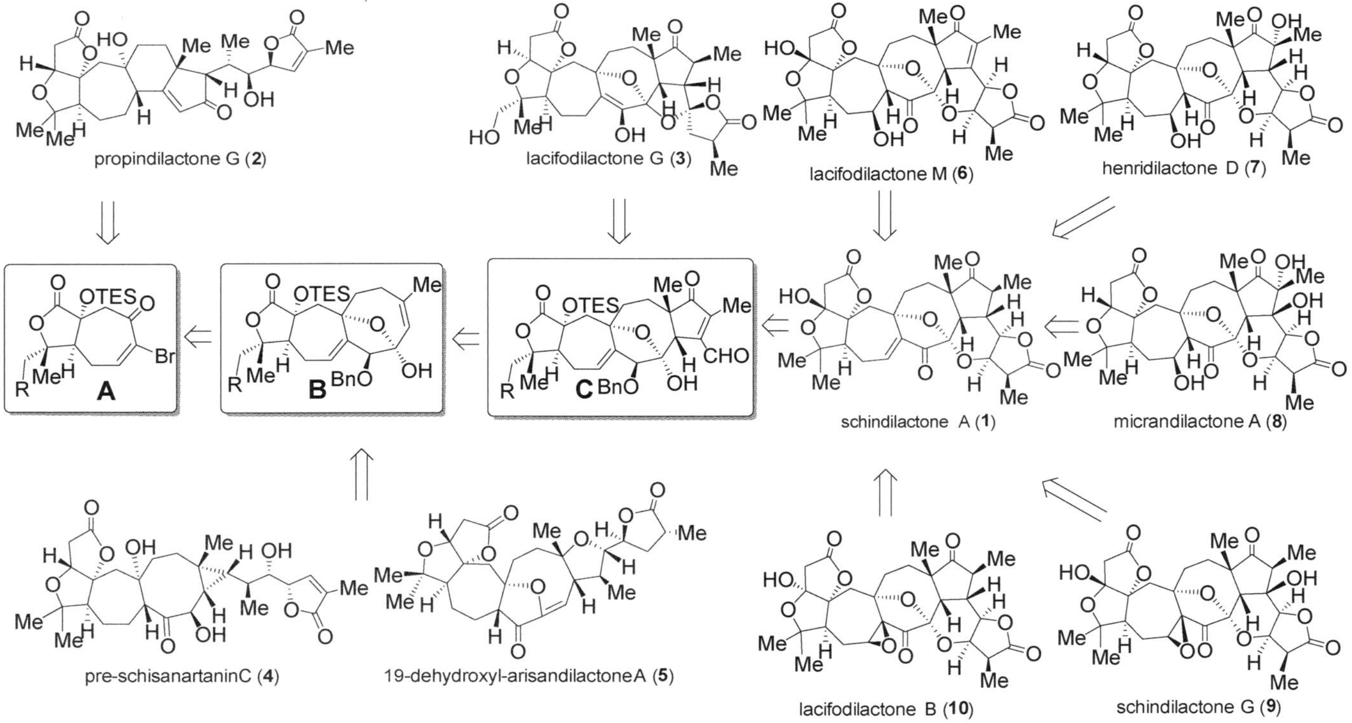
propindilactone G (2)
lacifodilactone G (3)
lacifodilactone M (6)
henridilactone D (7)
OTES
A
B
BnO
C
CHO
schindilactone A (1)
micrandilactone A (8)
pre-schisanartaninC (4)
19-dehydroxyl-arisandilactoneA (5)
lacifodilactone B (10)
schindilactone G (9)

图 6-2 以结构多样性导向合成策略来合成五味子降三萜

的逆合成分析，我们若希望实现不对称的全合成，就需要解决烯基醚 **17** 的不对称合成问题。为此，我们首先开展了烯基醚 **17** 的不对称合成研究。

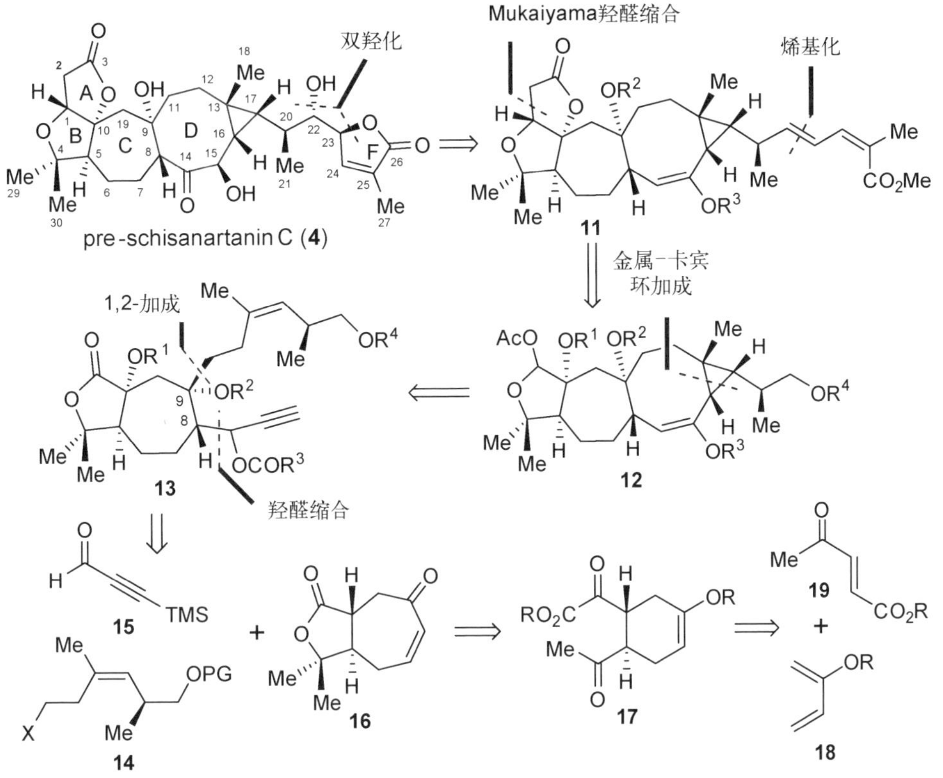

图 6-3　pre-schisanartanin C 的逆合成分析

6.2.2　烯基醚 17 的不对称合成

利用不对称 Diels-Alder 反应为关键步骤来构建 B 环，可以实现 C5 位的绝对立体构型的确定，这是实现手性合成目标分子的关键。作为有机合成化学中研究最深刻、应用最广泛的有机合成反应[10]，该反应中底物的电性和立体化学性质对产物的收率和立体化学性质影响巨大。对于该反应中使用的亲双烯体 **19**，因为含有两个吸电子基团，所以具有较低能量的 LUMO 轨道。通常，该反应能在温和的反应条件下进行，并给出较好的反应结果。

然而，对于我们选用的亲双烯体 **19**[（*E*）- 4 - oxopent - 2 - enoates]，由于该分子同

时具有酯基和酮羰基,亲双烯体 **19** 在与手性 Lewis 酸配位时会出现竞争性配位现象,使得催化的不对称 Diels-Alder 反应的区域选择性较差[图 6-4(a)]。不仅如此,由于底物中存在酮的结构,而且酮两侧取代基的立体空间位阻差别小,配体与底物的配位过程中选择性降低,因此造成该反应的立体选择性较差[图 6-4(b)]。

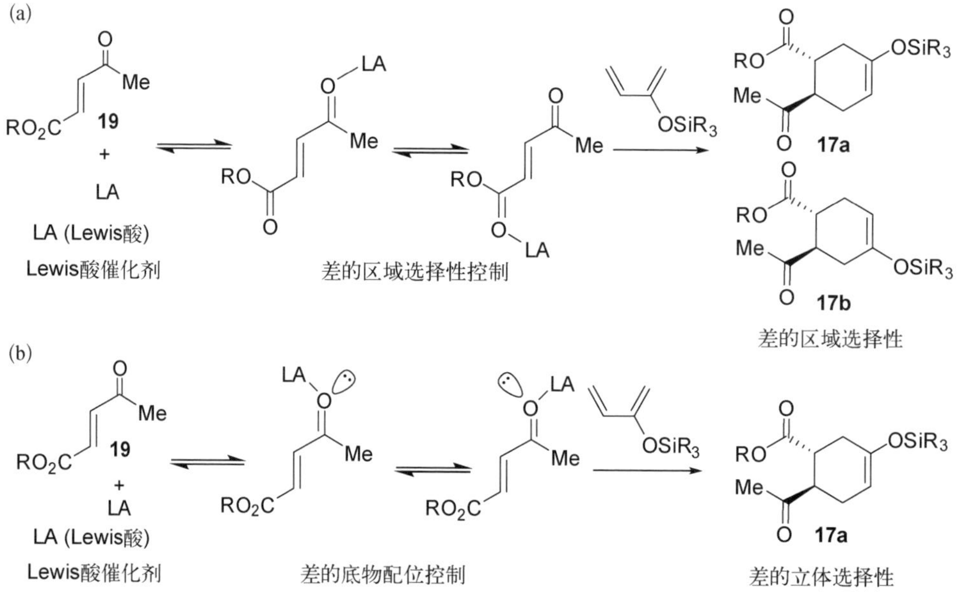

图 6-4 亲双烯体 **19** 的 Diels-Alder 反应

为了实现该类型亲双烯体具有良好立体选择性的 Diels-Alder 反应,我们尝试利用常用的手性催化剂来进行双烯体 **18** 与亲双烯体 **19** 的 Diels-Alder 反应。其中,当使用 Corey 教授研发的噁唑硼烷(oxazaborolidine)类催化剂[11] **B**、**C** 和 **D** 时,以高收率(85%~94%)和相对好的不对称选择性(50%~60%)得到了产物 **17**(图 6-5)。该结果表明,Corey 噁唑硼烷类催化剂不仅可以区分亲双烯体 **19** 中的酯基和酮羰基,而且可在一定程度上控制反应的对映选择性。据此,我们希望通过进一步优化该类催化剂,找到具有良好催化活性和立体选择性的催化剂。

通过研究亲双烯体与噁唑硼烷类催化剂的相互作用模式,我们设想通过引入吸电子基团来提高催化剂中硼原子的亲电性,缩短亲双烯体上的酮羰基与催化剂中的硼原子间的键长。为此,我们合成了一系列吸电子基取代的噁唑硼烷类催化剂。表 6-1 列出了新合成的催化物种与亲双烯体形成的复合物的结构及重要参数。从表中可以看出,随着催化剂的亲电性增强,催化剂与底物间 B—O 键的键长缩短。可以预见,新合成的吸电子基取代的噁唑硼烷类催化剂对亲双烯体的空间调控能力也会增强。

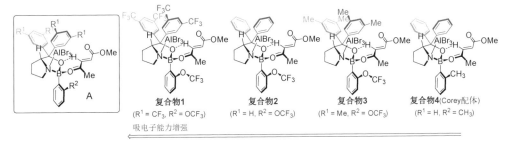

图 6-5 基于 Corey 噁唑硼烷催化的 Diels-Alder 反应

表 6-1 新合成的催化物种与亲双烯体形成的复合物的结构及重要参数

重要参数	复合物 1	复合物 2	复合物 3	复合物 4
$r(B—O)$[①]/pm	156.9	157.7	157.8	158.8
CDA donation[②]	0.346	0.337	0.335	0.333
相互作用能[③]/(kJ/mol)	−161.6	−147.1	−143.8	−128.3
$r[C(—H)\cdots O]$/pm	285.6	289.3	287.1	296.9
$\theta(O\cdots H—C)/(°)$	109.4	110.4	112.7	118.5
$r(O\cdots H)$/pm	230.7	233.1	227.2	229.5

注：① 在 M06-2X-D3/def-TZVP 级别优化；
　　② 该值表示在电荷分解分析（charge decomposition analysis，CDA）中由底物碎片提供给噁唑硼烷的电子的计算数量；
　　③ 该值表示在 DSD-PBEP86-D3/def2-QZVPP//M06-2X-D3/[def-TZVP + LANL08(d)]级别下，计算所得的
　　　 优化后的亲双烯体-噁唑硼烷复合物与将其刚性离解为亲双烯体和噁唑硼烷两部分时的能量差。

为了证明我们合成的新配体确实有效，我们测试了新合成的吸电子基取代的噁唑硼

烷类催化剂在催化双烯体 **18** 和亲双烯体 **19** 的 Diels-Alder 反应中的效果(图 6-6)。正如我们预料的那样,当使用配体 **L-5** 制备的催化剂来进行双烯体 **18** 和亲双烯体 **19** 的 Diels-Alder 反应时,我们得到的产物有 97% 的收率和 97% 的对映选择性[12]。

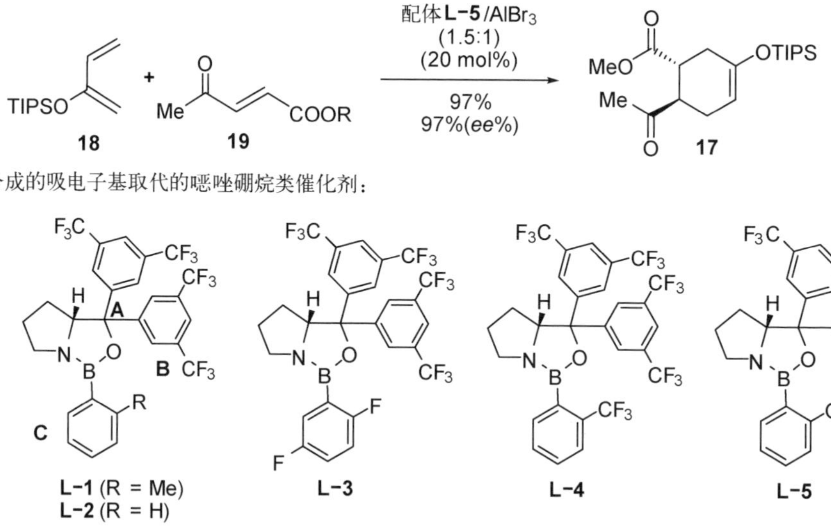

新合成的吸电子基取代的噁唑硼烷类催化剂:

图 6-6 新配体催化的 Diels-Alder 反应

6.2.3 pre-schisanartanin C 的全合成

在解决了中间体 **17** 的不对称合成问题后,我们开始了 pre-schisanartanin C(**4**)的全合成研究。图 6-7 列出了 pre-schisanartanin C 的全合成路线。我们首先利用新配体 **L-5** 与 TESOTf 形成催化剂,催化以双烯体 **18** 和亲双烯体 **19** 为底物的 Diels-Alder 反应,成功地实现了区域选择性和立体选择性地制备环加成产物 **17**。由于该反应是放大量的(100 g 的规模),产物的不对称选择性有所下降(ee% = 94%)。产物 **17** 中的甲基酮随后通过区域选择性的 Grignard 反应和分子内的酯化反应转化为内酯化合物 **20**。我们随后利用环丙烷的扩环反应来实现化合物 **16** 中的七元环构建。为此,内酯化合物 **20** 先发生环丙烷化反应($Et_2Zn/TFA/CH_2I_2$),产物中的三元环再经过 $FeCl_3$ 介导的扩环反应,以 2 步 61% 的总收率生成化合物 **16**。我们然后利用 8 步反应来制备金催化的串联反应的前体化合物 **13**。为此,化合物 **16** 首先经过 L-selectride 选择性地还原烯酮,生成的烯醇负离子与炔醛 **15** 进行分子间的 Aldol 缩合反

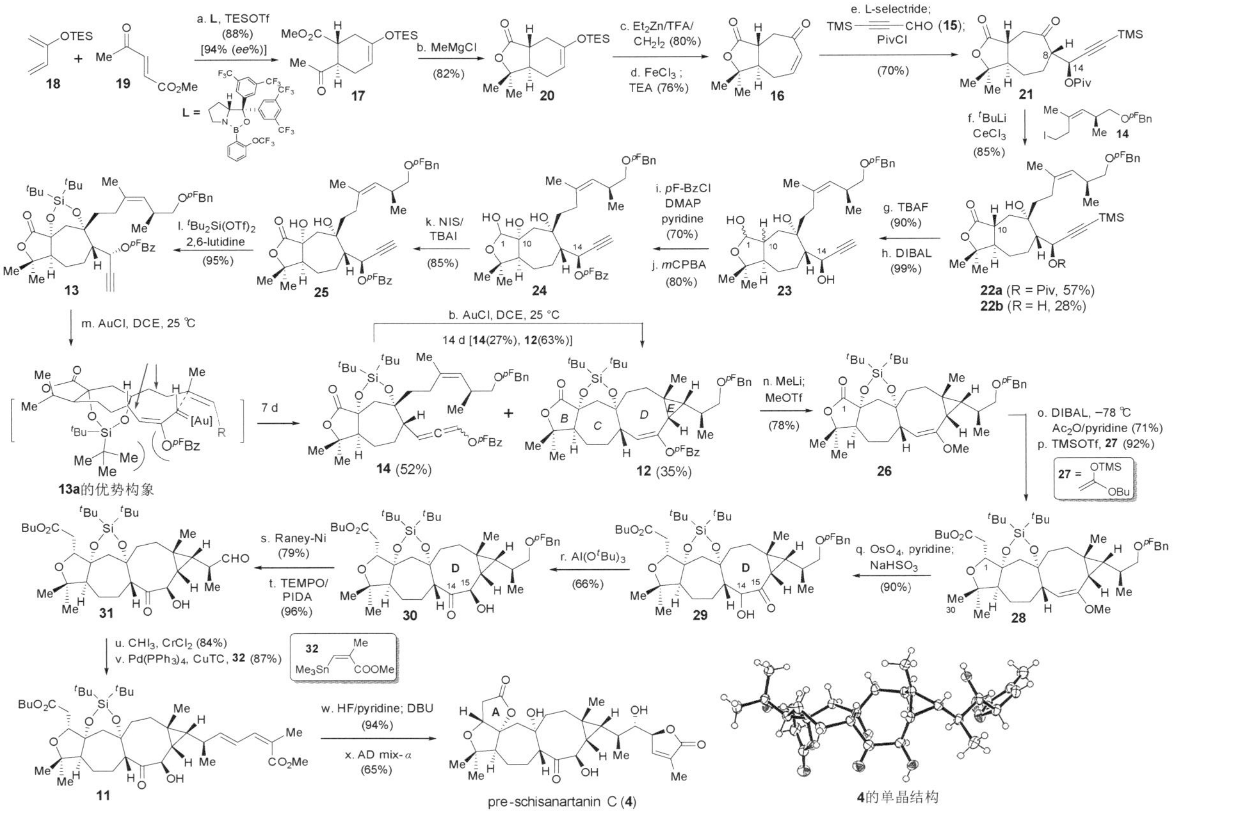

图 6-7 pre-schisanartanin C 的全合成路线

L-selectride—三仲丁基硼氢化锂；PivCl—三甲基乙酰氯；pyridine—吡啶；mCBPA—间氯过氧苯甲酸；NIS—N-碘代丁二酰亚胺；TEMPO—2,2,6,6-四甲基哌啶氧化物；TBAF—四丁基氟化铵；pF-BzCl—对氟苯甲酰氯；DMAP—4-二甲氨基吡啶；TBAI—四丁基碘化铵；2,6-lutidine—2,6-二甲基吡啶；DIBAL—二异丁基氢化铝；Raney-Ni—雷尼镍；PIDA—二乙酰氧基碘苯；CuTC—噻吩-2-甲酸亚铜(I)；DBU—1,8-二氮杂二环[5.4.0]十一碳-7-烯；AD mix-α—Sharpless 不对称双羟基化反应催化剂-α

应,生成的仲醇与 PivCl 反应,以 70% 的总收率生成化合物 **21**。为了立体选择性地引入化合物 **22** 中 C9 位的叔醇,碘化合物 **14** 首先与叔丁基锂在 −78℃ 的条件下进行锂卤交换反应,生成的烷基锂在 CeCl₃ 存在的条件下与化合物 **21** 中的酮进行选择性烷基化反应,以 85% 的总收率生成化合物 **22a** 和 **22b**。鉴于 TBAF 脱除化合物 **22b** 中 TMS 是在碱性条件下进行的,而化合物 **22a** 中的 Piv 保护基在此条件下可能被脱除。为此,化合物 **22a** 和 **22b** 未经分离,用 TBAF 处理,脱除化合物 **22a** 中的 Piv 保护基,以 90% 的收率生成相应的二醇;该二醇中的内酯经 DIBAL 还原后,以 99% 的收率生成半缩醛 **23**。半缩醛 **23** 中的半缩醛羟基在 DMAP 存在的条件下,在吡啶中与 pF−BzCl 反应,保护 C14 位上的仲羟基,同时消除 C1 位半缩醛上的羟基,生成 C1—C10 双键;该双键经 mCPBA 的环氧化反应生成相应的环氧化合物,后经水解反应生成化合物 **24**。化合物 **24** 经 NIS/TBAI 氧化 C1 位半缩醛上的羟基为相应的内酯化合物 **25**。这样,化合物 **25** 中两个羟基在 2,6−lutidine 中与硅试剂反应,生成金催化的串联反应的前体化合物 **13**。

烯炔化合物 **13** 在 AuCl 存在的条件下发生金催化的串联反应,经过 7 天后生成联烯 **14**(52%)和目标产物 **12**(35%)。联烯 **14** 可以在上述反应相同的条件下进一步反应,经过 14 天后生成回收联烯 **14**(27%)和目标产物 **12**(63%)。我们随后利用 5 步反应来合成目标分子 D 环中的羟基酮片段。化合物 **12** 中保护烯醇羟基的 pF−Bz 基团可通过 MeLi 处理而被选择性地脱除,生成的烯醇负离子与 MeOTf 进一步反应,以 78% 的收率生成甲基醚 **26**。甲基醚 **26** 中的五元内酯经 DIBAL 选择性地还原生成相应的半缩醛;该半缩醛中的羟基与乙酸酐在吡啶中反应,以 71% 的收率生成相应的乙酸酯;该乙酸酯在 TMSOTf 存在的条件下与烯醇硅醚缩合生成化合物 **28**。化合物 **28** 中的烯醇醚经 OsO₄ 介导的双羟化反应生成化合物 **29** 中的羟基酮;该羟基酮是目标分子的异构体。为此,化合物 **29** 经 Lewis 酸 Al(OᵗBu)₃ 介导的异构化反应,以 66% 的收率立体选择性地生成化合物 **30**。为了引入目标分子的侧链,须脱除化合物 **30** 中伯醇的 pF−Bz 保护基,化合物 **30** 经 Raney−Ni 介导选择性地还原脱除 pF−Bz 基团,以 79% 的收率生成相应的伯醇;该伯醇经 TEMPO/PIDA 介导的氧化反应,以 96% 的收率生成醛 **31**。我们最后进入目标分子的全合成阶段。醛 **31** 首先经 Takai-Ultimoto 烯化反应生成碘代烯烃,然后经钯催化的偶联反应生成不饱和酯 **32**。不饱和酯 **32** 首先经过 HF/吡啶处理脱除双硅保护基,生成的二醇经由 DBU 处理生成 A 环的五元环内酯,产物中的共轭双烯通过 Sharpless 不对称双羟化反应选择性地进行 γ,δ−双键的双羟化反应,随后发生分子内的酯化反应,最终实现目标分子 pre-schisanartanin C(**4**)的全合成。

综上所述,从商品化的原料出发,经过 24 步线性反应,我们首次实现了目标分子的全合成。在此过程中,我们使用了经过修饰的 Corey 2-苯基-噁唑硼烷配体,实现了基于酮酯活化的亲双烯体分子间的 Diels-Alder 反应,解决了这个有机合成化学中未能解决的科学问题。该类配体随后也被应用到其他五味子降三萜类天然产物的不对称全合成中。在构建目标分子的核心骨架 8/3 并环体系的过程中,我们以金催化的烯炔串联反应为关键步骤,实现了该复杂骨架环系的立体选择性的高效构建。

6.3 雷晓光课题组的全合成研究成果

6.3.1 倍半萜类天然产物及其寡聚物的仿生全合成

萜类天然产物是一类结构多样且广泛存在于自然界中的化合物,到现在为止,人们已经分离并鉴定出超过 30 000 种萜类天然产物。它们中的大部分来自植物,并且在植物的初级代谢中扮演着不可或缺的角色,例如植物激素脱落酸、赤霉素。同时,它们还在植物与其他生物之间的生态相互作用上起到重要的作用,例如抗食草动物和植物病原菌的侵蚀。不仅如此,萜类天然产物也在人类的生活中发挥着极其重要的作用,例如抗癌药物紫杉醇(二萜)、抗疟药物青蒿素(倍半萜),还有人们经常用到的各种香料、橡胶等。

菊科植物中经常会分离出一些结构多样且具有良好生物活性的倍半萜类化合物。菊科兔耳风属植物含有 70 多个种类,并且很多都具有清热解毒、凉血的功效。其中,传统中药大头兔耳风经常用于治疗各种炎症,例如咽喉炎、风湿性关节炎。2008 年,张卫东课题组在此传统中药中分离并鉴定出一个愈创木内酯类倍半萜二聚体天然产物(+)-ainsliadimer A(**33**)[13]。该天然产物具有非常新颖的化学结构:7 元环系,11 个连续手性中心,中间是一个全碳五元环连接两个倍半萜单体片段,这是在所有倍半萜二聚体天然产物中首次发现的连接方式。初步的生物学研究表明,在巨噬细胞 RAW264.7 的细胞系中,它能够很好地抑制由脂多糖(LPS)引起的一氧化氮产生(IC_{50}[①] = 41 μg/mL),这说

---

① IC_{50}, median inhibitory concentration,抑制中浓度。

明它具有很强的抗炎作用。关于此化合物的生源合成,张卫东课题组提出了一个非常合理的途径(图6-8):愈创木内酯类天然产物 dehydrozaluzanin C(**34**)可以作为一个很好的合成单体,它经过分子间的 hetero-Diels-Alder 环化反应后生成二聚体 **35**,这步反应很有可能由 Diels-Alder 酶催化;随后水解新生成的3,4-二氢-2*H*-吡喃环,得到天然产物前体 **36**;最后经过分子内的 Aldol 缩合反应,即可生成目标分子(+)-ainsliadimer A(**33**)。

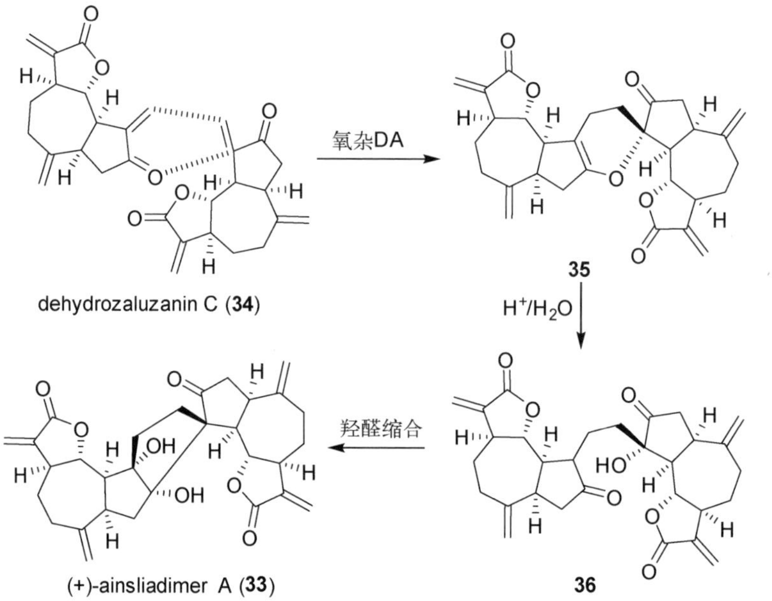

图6-8　(+)-ainsliadimer A 可能的生源合成途径

愈创木内酯类倍半萜二聚体天然产物的数量非常多,并且具有很广泛的生物活性,例如抗炎症、抗肿瘤、抗艾滋病病毒等。在生源合成上,此类天然产物主要通过 Diels-Alder 反应或 hetero-Diels-Alder 反应二聚化生成。(−)-gochnatiolides A～C 最初由 Robinson 课题组在20世纪80年代从巴西草本植物 *Gochnatia* 种属中分离得到。张卫东课题组在传统中药中甸兔耳风中也分离得到了(−)-gochnatiolides A 和 C。与此同时,他们还在这种植物中分离得到了一个结构相关的天然产物(−)-ainsliadimer B,以及两个结构非常复杂的愈创木内酯类倍半萜三聚体天然产物(−)-ainsliatrimers A 和 B[14]。在化学结构上,(−)-gochnatiolides A～C 及(−)-ainsliadimer B 都具有连续的七环骨架,而且中间含有一个非常吸引人的螺环[4,5]癸烷结构(图6-9)。下面我们针对这些复杂萜类天然产物的仿生全合成进行详细阐述。

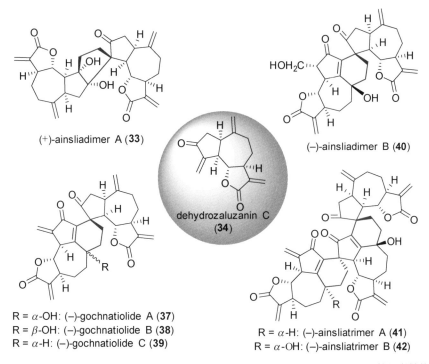

(+)-ainsliadimer A (**33**)

dehydrozaluzanin C (**34**)

(−)-ainsliadimer B (**40**)

R = α-OH: (−)-gochnatiolide A (**37**)
R = β-OH: (−)-gochnatiolide B (**38**)
R = α-H: (−)-gochnatiolide C (**39**)

R = α-H: (−)-ainsliatrimer A (**41**)
R = α-OH: (−)-ainsliatrimer B (**42**)

图 6-9　ainsliadimers A 和 B、gochnatiolides A～C 及 ainsliatrimers A 和 B 的化学结构

　　以山道年 **43** 为起始原料,在醋酸溶液中,经 500 W 的内照式全波长高压汞灯照射后获得了具有愈创木内酯骨架结构的化合物 **44**(图 6-10)。我们发现,此反应在小反应量时的收率可以达到 55% 以上,但随着反应量的扩大,收率逐渐降低,最后我们每次以 10.8 g/160 mL 的规模进行该反应。反应完毕后溶液旋干,加入乙醚,置于冰箱结晶后以 33% 的收率获得了重排产物;母液浓缩后再次结晶,过滤获得了产物,其总收率可达 38%。化合物 **44** 经过 H₂、Pd/C 低温还原后,五元环上的烯酮双键被氢化,并以非常好的非对映选择性和几乎定量的收率获得了化合物 **45**。硼氢化钠选择性地还原五元环上的酮羰基,经简单处理后将产物溶于吡啶中,并加入对甲基苯磺酰氯,这一步中发生醇的甲磺酰基保护和原位的反式消除,最终以 3 步 52% 的总收率获得了中间体 **47**。

　　在碱性条件下,水解七元环上的乙酰基生成了化合物 **48**。此步反应会伴随内酯环的打开,但在后处理过程中,加入盐酸进行搅拌洗涤,打开的内酯环又很容易发生关环。对三级醇进行脱水得到中间体 **49** 后,我们继续在内酯环上修饰。根据前人的报道,用二苯联硒在酯羰基的 α-位安装苯硒基,然后氧化消除,生成了具有 α-亚甲基-γ-丁内酯结构的化合物 **50**。在低温下,用 mCPBA 环氧化化合物 **50** 结构中的三取代双键,立体选择性地生成了 estafiatin(**51**)。接下来环氧开环这一步,我们尝试过非常多的条件,最后发现只有以 Al(O^{i}Pr)$_3$ 作为碱,在甲苯溶液中,经微波或高温封管处理,才能获得 3-epizaluzanin C(**52**)。此化合物用 DMP 氧化后,经过简单处理,以几乎定量的收率获得了单体化合物 dehydrozaluzanin C(**34**)[15]。

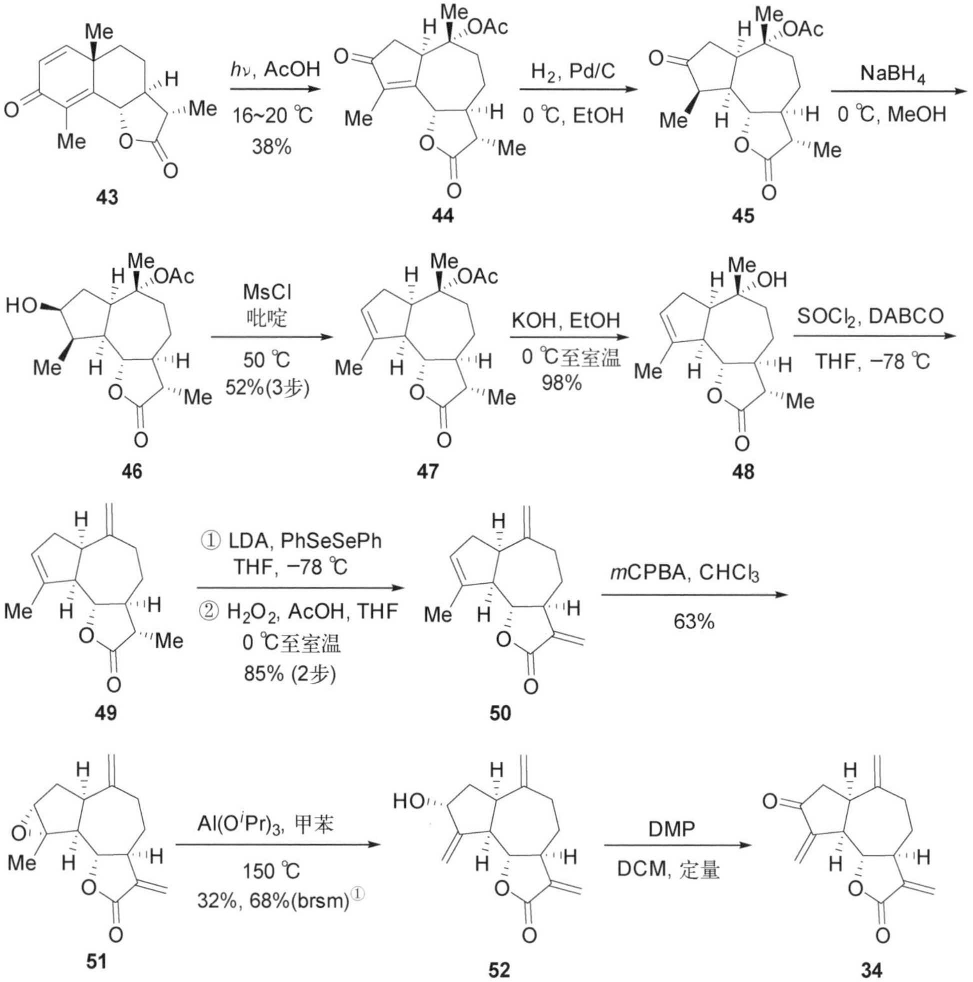

DABCO—1,4-二氮杂二环[2.2.2]辛烷;LDA—二异丙基氨基锂;*m*CPBA—间氯过氧苯甲酸;DMP—戴斯-马丁高碘烷

图 6-10 dehydrozaluzanin C 的仿生全合成路线

我们以山道年为起始原料,经过 11 步化学转化,以高达 7% 的总收率完成了单体化

---

① brsm,based on recovered starting materials,基于回收原料,即该值表示以回收原料为基础的收率。

合物 dehydrozaluzanin C(**34**)的仿生全合成,这为 ainsliadimers A 和 B、gochnatiolides A～C 及 ainsliatrimers A 和 B 的仿生全合成奠定了坚实的基础。

如图 6-11 所示,在路径 a 中,我们经过大量的催化剂筛选,发现 BINOL 可以有效地作为氢键供体,使单体化合物 **34** 顺利地发生分子间的 hetero-Diels-Alder 反应,生成关键二聚中间体 **53**。根据对生源合成的理解,我们通过水解和分子内的 Aldol 缩合两步反应获得了目标分子(＋)-ainsliadimer A。在路径 b 中,我们同样从单体化合物 **34** 出发,获得了(－)-gochnatiolides A～C 及(－)-ainsliadimer B。此合成工作的特色在于:

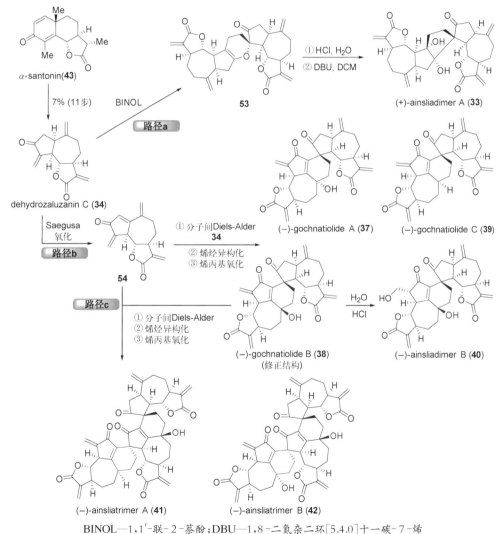

BINOL—1,1′-联-2-萘酚;DBU—1,8-二氮杂二环[5.4.0]十一碳-7-烯

图 6-11　ainsliadimers A 和 B、gochnatiolides A～C 及 ainsliatrimers A 和 B 的仿生全合成路线

① 通过一锅法串联反应构建了 3 个天然产物分子,串联反应包括 Saegusa 氧化反应、分子间的 Diels-Alder 环化反应及自由基参与的烯丙基氧化反应;② 合成过程修正了(－)-gochnatiolide B 的结构;③ 发现了一种前所未有的、能够通过底物与铜过氧化物自由基相互作用发生烯丙基氧化反应并立体选择性地合成(－)-gochnatiolide B 的方法,这为(－)-ainsliadimer B 及(－)-ainsliatrimers A 和 B 的仿生全合成奠定了坚实的基础;④ 首次发现了酸催化的直接烯酮水合反应,并完成了(－)-ainsliadimer B 的仿生全合成。在路径 c 中,我们同样从单体化合物 **34** 出发,首先经 Saegusa 氧化后分离纯化生成的二烯产物 **54**,然后使其和(－)-gochnatiolide B(**38**)发生分子间的 Diels-Alder 环化反应,经过类似路径 b 中的过程,最终获得了(－)-ainsliatrimers A 和 B。在这个过程中,我们不仅完成了这两个复杂三聚体天然产物的仿生全合成,还利用合成的方法完全确定了它们的相对立体构型和绝对立体构型。初步的生物学研究表明,这两个复杂三聚体天然产物及其类似物具有非常好的抗肿瘤活性[16,17]。

6.3.2　对映-贝壳杉烷类二萜天然产物的全合成

四环二萜,就是由四个异戊二烯单元组合而成的四环化合物。四环二萜主要包括对映－贝壳杉烷(*ent*-kaurane)、对映－贝叶烷(*ent*-beyerane)、对映－绰奇烷(*ent*-trachylobane)、对映-阿替生烷(*ent*-atisane)等。

香茶菜属(*Isodon*)二萜是一类结构复杂的多环活性天然产物,迄今为止,人们已分离并鉴定出 1 000 多种该家族天然产物。与诸多二萜天然产物一样,其生源合成是从香叶基香叶基焦磷酸(GGPP)出发,通过一系列酶促环化反应得到共同的生源前体,随后通过碳正离子重排得到已知的香茶菜属二萜结构,包括 *ent*-kaurane 型、jungermannenone 型和 *ent*-beyerane 型。生源推测,不同类型香茶菜属二萜的骨架之间的转化也是通过碳正离子重排实现的。例如,最初的生源合成途径认为,jungermannenone 型是由 *ent*-kaurane 型通过两种可能的碳正离子重排而来。受到生源假设的启发,我们开始着手研究 *ent*-kaurane 骨架到 jungermannenone 骨架的重排转化。我们首先以化合物 **55** 为模型底物,经过大量的条件筛选,最终发现在 302 nm 的紫外光照射下,化合物 **55** 以 33% 的收率转化为目标产物 **56**,目标产物 **56** 在相同的条件下以 52% 的收率转化为化合物 **55**(图 6 - 12)。该紫外光引发的[3.2.1]桥环骨架重排可能通过 β,γ-不饱和酮的 1,3 - 酰基迁移实现。

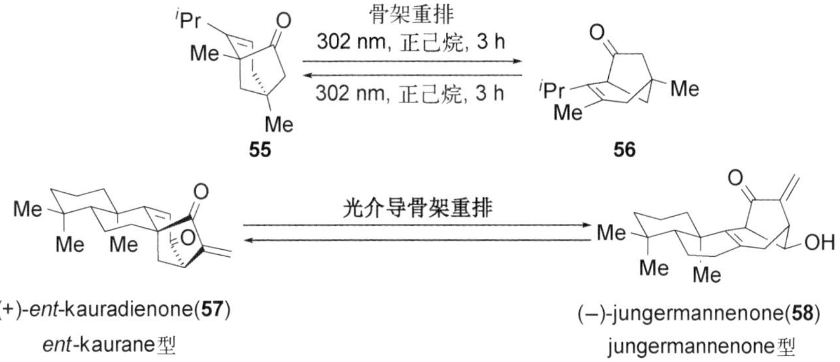

图 6‑12　紫外光引发的 [3.1] 桥环骨架重排

由此我们推测，ent-kaurane 骨架和 jungermannenone 骨架可以通过后期的紫外光引发的[3.1]桥环骨架重排来实现相互转化，并且可能在太阳光下自发地发生，这为香茶菜属二萜提供了一种可能的生源合成途径。为了证实这一猜想，我们开始着手于复杂的 ent-kaurane 型二萜和 jungermannenone 型二萜的全合成。下面我们针对这些复杂萜类天然产物的全合成及其可能的生源合成途径的验证工作进行详细阐述。

如图 6‑13 所示，我们从商业可得的醇 59 开始，通过 3 步反应得到了醛 63，经过对映选择性的 SOMO 自由基环化反应以 78% 的收率和 85% 的对映选择性得到了化合物 65，经过一次重结晶后的对映选择性可以提高至 96%，并且通过单晶确定了绝对构型，化合物 65 随后通过 5 步反应得到了烯炔中间体 69，经过自由基还原环化反应构建出 ent-kaurane 骨架产物 70，最后通过氧化切断环外双键和 α‑亚甲基化完成了 ent-kaurane 型二萜（＋）-ent-kauradienone(57)的首次不对称合成。（＋）-ent-kauradienone(57)经过选择性的 Luche 还原反应后得到了关键 ent-kaurane 型中间体 72。在 254 nm 的紫外光照射下，其能够以 58% 的收率顺利得到 jungermannenone 型二萜（－）-jungermannenone C(58)并回收 28% 的原料 72。在 365 nm 的紫外光照射下，（－）-jungermannenone C(58)能够以 21% 的收率得到 72 并回收 71% 的原料 58。为了进一步验证 ent-kaurane 型二萜和 jungermannenone 型二萜的生源关系，我们直接用太阳光照射 72 和 58，发现两者仍可以顺利地相互转化。至此，我们分别以 12 步和 14 步高效完成了（＋）-ent-kauradienone(57)和（－）-jungermannenone C(58)的首次不对称全合成，整个合成路线中没有使用任何保护基团。此外，从 72 和 58 在太阳光下可相互转化来看，72 也有可能是天然产物[18]。

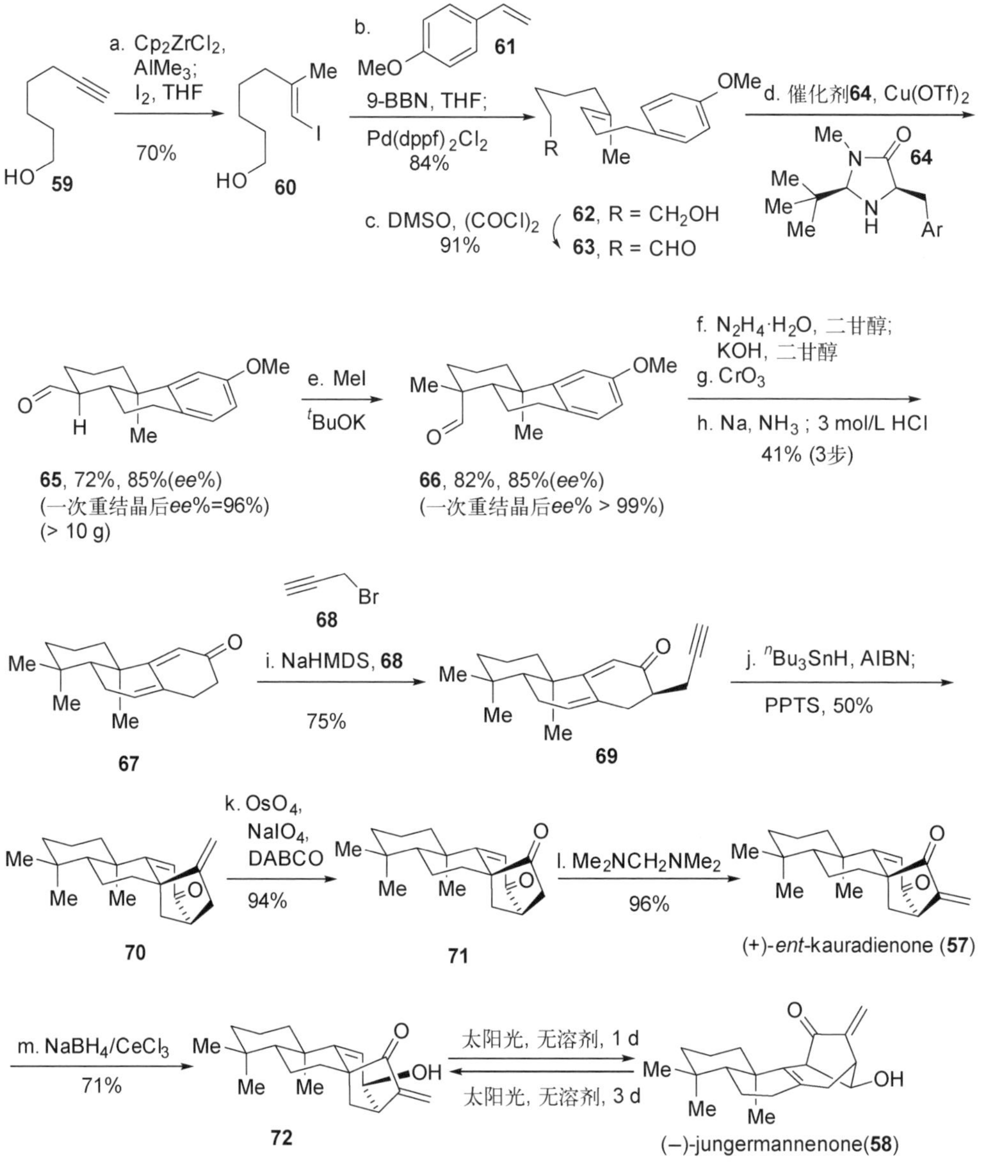

9-BBN—9-硼二环[3.3.1]壬烷；DMSO—二甲基亚砜；AIBN—偶氮二异丁腈；PPTS—对甲苯磺酸吡啶盐

图 6-13　ent-kaurane 型二萜和 jungermannenone 型二萜的全合成路线

　　我们分别以 12 步和 14 步完成了香茶菜属（*Isodon*）二萜（＋）-*ent*-kauradienone
（**57**）和（－）-jungermannenone C（**58**）的首次不对称合成。整个合成路线中没有使用任
何保护基团，并且在合成过程中使用了三次基于自由基化学的反应，其中包括后期的光
照[3.1]桥环骨架自由基重排反应。该反应被应用于一系列萜类天然产物及其类似物的

后期骨架重排中,这表明其具有良好的适用性和官能团耐受性。该发现揭示了紫外光引发的自由基重排可能是该类天然产物真正的生源合成路径,丰富了我们对于萜类天然产物生物合成多样性的认识,也为自由基化学在天然产物化学合成中的广泛应用提供了新的指导思路。

6.3.3 石松生物碱类天然产物的全合成

石松(*Lycopodium japonicum*)及其近缘植物被当作药用植物来治疗疾病具有悠久的历史。作为我国传统中药材,石松类植物(如玉柏、石松、千层塔等)具有祛风除湿、舒筋活络的功效,主要可治疗关节疼痛、屈伸不利、消肿止痛、风湿腰腿痛、跌打损伤、刀伤、烫火伤等。美洲的土著部落和欧洲的凯尔特人也会使用此类植物[如东北石松(*Lycopodium clavatum*)]作为药材来治疗某些疾病。石松生物碱就是从该类植物中分离得到的一类结构复杂多样且具有潜在药用价值的天然生物碱。1881 年,德国化学家Böddeker 从植物扁枝石松(*Lycopodium complanatum*)中分离得到了第一个石松生物碱 lycopodine。迄今为止,已经有 300 多种该类天然产物被分离并鉴定出来[19]。自1972 年中国首次报道中药千层塔(*Huperzia serrata*)中所含的生物碱——石杉碱甲(Huperzine A,Hup A)在动物试验中有松弛横纹肌的作用后,研究人员后续又发现Hup A 是一种高效、低毒、可逆、高选择性的乙酰胆碱酯酶抑制剂,可用于改善记忆力、治疗重症肌无力和老年性痴呆等疾病,并对抑制有机磷酸中毒有一定功效,如图 6-14所示。其制剂石杉碱甲片(哈伯因)已在国内上市,主要用于治疗老年人记忆减退和早年痴呆等。

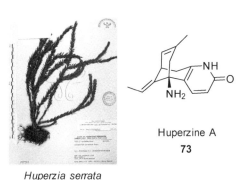

Huperzine A
73

Huperzia serrata

图 6-14 中药千层塔和石杉碱甲

石松生物碱的基本骨架主要是 $C_{16}N$ 或 $C_{16}N_2$ 组成的三环或四环化合物,也有少量是 $C_{27}N_3$ 或少于 C_{16} 的骨架。根据石松生物碱的分子结构和生源合成途径,可以将它们分为四种类型,分别命名为 lycopodine、lycodine、fawcettimine 和 phlegmarine,代表化合物分别是 lycodine (**74**)、lycopodine (**75**)、fawcettimine (**76**) 和 phlegmarine (**77**)(图 6-15)。其中,lycopodine (**75**) 经骨架重排可以转变为 fawcettimine (**76**)。

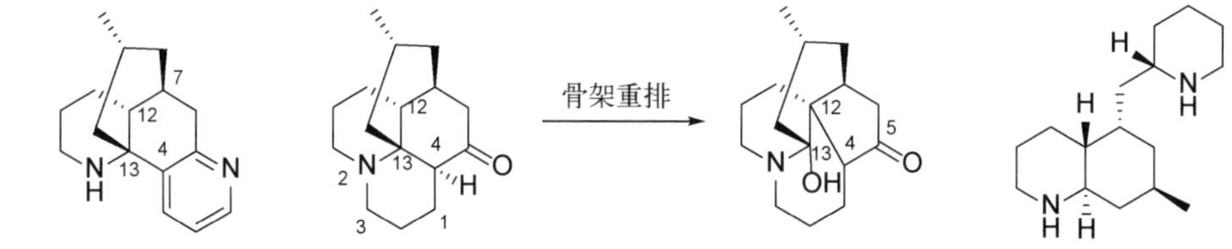

图 6-15　石松生物碱的四种骨架代表化合物

石松生物碱的结构新颖、环系复杂多变,并且具有潜在的药理活性,从而吸引了众多合成化学家投入该类分子的全合成中。近些年来,我们围绕 fawcettimine 型和 serratinine 型石松生物碱的全合成做了大量工作,先后完成了近 20 个石松生物碱和非天然石松生物碱类似物的合成。下面将对我们的研究工作进行介绍。

2011 年,我们报道了(+)-fawcettidine、(+)-fawcettimine 和(−)-8-deoxyserratinine 的集成全合成工作[20]。2012 年,我们又完成了(+)-alopecuridine 和(−)-lycojapodine A 的集成全合成[21,22]。如图 6-16 所示,该合成路线的关键反应是串联的 Michael-Aldol 反应、分子内 C-烷基化反应和以羟基为导向的 SmI_2 频哪醇偶联反应。以手性烯酮 **78** 为初始原料,先经过 Michael-Aldol 反应得到 **80**,接着脱除一级醇的硅基保护基并将其转化为甲磺酸酯、氧化二级醇、碘代得到 **81**。然后在 DBU 的碱性条件下,发生分子内 C-烷基化反应得到 6/9 螺环化合物 **82**。在二氯甲烷/甲醇(10∶1)作溶剂的条件下,先用 $NaBH_4$ 立体选择性地还原 C13 位羰基为平伏键的羟基,接着氧化切断末端双键得到偶联前体 **83**。随后经过 SmI_2 介导的频哪醇偶联反应得到五元环产物 **84**,其 C4 位的羟基是 β 构型。在二氯亚砜的作用下,发生分子内 N-烷基化反应得到 **85**,从而完成了 6/5/6/5 骨架的构建。最后用 Zn/AcOH 还原切断 **85** 中的 C4—N 键,同时脱去一分子水得到(+)-fawcettidine(**87**);在乙醇作溶剂的条件下,用 $NaBH_4$ 立体选择性地还原 C13 位羰基得到(−)-8-deoxyserratinine(**86**);在温和的 SmI_2/H_2O 的还原条件下,C4—N 键被切断得到(+)-fawcettimine(**76**)。

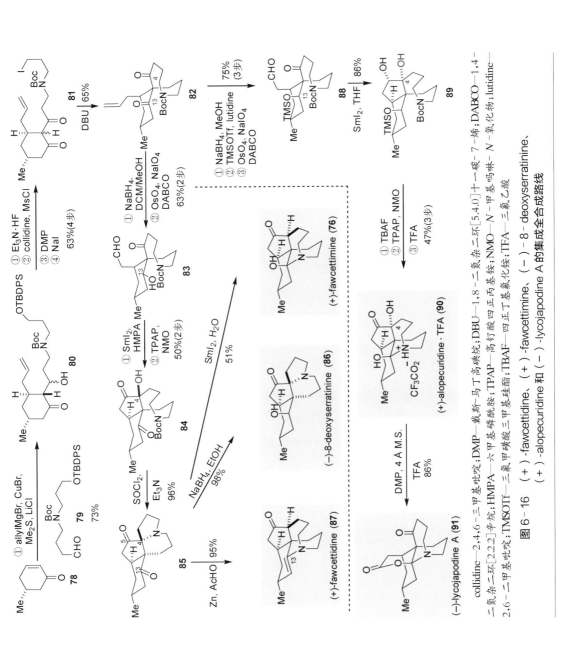

图 6-16 (+)-fawcettidine、(+)-fawcettimine、(-)-8-deoxyserratinine、
(+)-alopecuridine 和 (-)-lycojapodine A 的集成全合成路线

collidine—2,4,6—三甲基吡啶；DMP—戴斯-马丁基碘烷；DBU—1,8—二氮杂二环[5.4.0]十一碳-7-烯；DABCO—1,4-
二氮杂二环[2.2.2]辛烷；HMPA—六甲基磷酰胺；TPAP—高钌酸四正丙基铵；NMO—N-甲基吗啉-N-氧化物；lutidine—
2,6—二甲基吡啶；TMSOTf—三氟甲磺酸三甲基硅酯；TBAF—四正丁基氟化铵；TFA—三氟乙酸

在研究立体选择性地还原 C13 位羰基为平伏键的羟基时，我们发现当甲醇作溶剂时，用 NaBH₄ 立体选择性地还原 **82** 的 C13 位羰基，主要得到的是羟基处于直立键的产物，再用 TMS 保护，接着臭氧切断末端双键成醛得到另一个偶联前体 **88**。然后经过 SmI₂ 介导的频哪醇偶联反应得到顺式邻二醇 **89**，其中 C4 位的三级羟基是 α 构型，与（＋）-alopecuridine 的 C4 位的羟基构型保持一致。随后脱除 TMS 保护，将两个羟基都氧化为羰基。最后用 TFA 脱除 Boc 保护得到最终的天然产物（＋）-alopecuridine 的三氟乙酸盐（**90**）。此后，我们开始探索（－）-lycojapodine A 的仿生合成，在经过大量的条件筛选后，发现只有在 TFA 作溶剂的条件下才能得到（－）-lycojapodine A。当用 DMP 作氧化剂氧化（＋）-alopecuridine 时，可以以很好的收率（86%）得到（－）-lycojapodine A（**91**），从而完成从（＋）-alopecuridine 到（－）-lycojapodine A 的仿生合成。

2014 年，我们报道了（－）-lycoposerramine－U、（－）-serratinine、（＋）－8α－hydroxyfawcettimine 和（＋）-serratezomine A 的全合成工作[23]。如图 6－17 所示，与其他 fawcettimine 型石松生物碱不同的是，这几个石松生物碱的 C8 位氧化态都更高，并且都有一个羟基。

从含 TMS 保护基的羟基的手性烯酮 **92** 出发，经过串联的 Michael-Aldol 反应和 DMP 氧化反应得到 **93**，随后发生分子内 C-烷基化反应得到 6/9 螺环化合物 **94**，接着氧化切断末端双键得到 **95**，然后通过安息香缩合反应得到 6/5/9 三环中间体 **97**。与此前用 SmI₂ 介导的频哪醇偶联策略相比，此种构建五元环的合成策略更加高效。最后用 SmI₂ 还原脱去 C4 位的羟基，再在酸性条件下一并脱去 TMS 和 Boc 保护基，紧接着发生分子内 Mannich 反应得到（－）-lycoposerramine－U（**98**）。若从 6/5/9 三环骨架中间体 **97** 出发，先在二氯亚砜的作用下通过分子内 N-烷基化反应得到 6/5/6/5 骨架 **99**，再用 NaBH₄ 立体选择性地还原 C13 位羰基得到（－）-serratinine（**100**）；而用 SmI₂ 还原切断 C4—N 键则得到（＋）－8α－hydroxyfawcettimine（**101**）。若从 6/9 螺环中间体 **96** 出发，先用 NaBH₄ 立体选择性地还原 C13 位羰基，然后用臭氧切断末端双键得到醛，紧接着用 Pinnick 氧化得到羧酸。在三氟甲磺酸酐的作用下，C13 位的羟基与羧基发生内酯化，再在 TFA 的酸性作用下同时脱去 TMS 和 Boc 保护基，随后氨基与 C4 位羰基缩合形成亚胺，最后加入 NaBH₃CN 还原亚胺可以一锅得到（＋）-serratezomine A（**102**）。

同年，我们在此工作的基础上，又完成了（－）-huperzine Q、（＋）-lycopladines B 和 C 的高效集成全合成[24]。

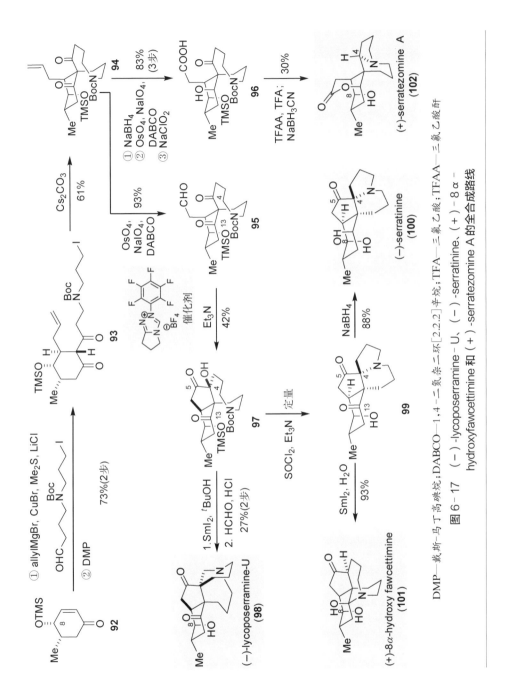

图6-17 （-）-lycoposerramine-U、（-）-serratinine、（+）-8α-hydroxyfawcettimine 和（+）-serratezomine A 的全合成路线

DMP—戴斯—马丁高碘烷；DABCO—1,4-二氮杂二环[2.2.2]辛烷；TFA—三氟乙酸；TFAA—三氟乙酸酐

如图 6-18 所示,从商业可得的 **103** 出发,经 4 步反应得到 **105**,其关键步骤是中间体 Lipase-PS 催化的动力学拆分。然后用之前报道的合成策略构建 6/9 螺环中间体 **106**,再通过全新的羰基-烯烃复分解反应完成 6/5/9 三环体系的构建,接着硼氢化氧化形成双键得到 6/5/9 三环中间体 **107**。**107** 在(+)-樟脑磺酸的作用下先发生 C4 位异构化和环化脱水,接着氢化脱除苄基得到 **108**。接下来利用 NBS 介导的烯胺官能团化策略完成缩醛胺 **109** 的合成。最后用 SmI_2 同时还原 C5 位的羰基和 C14 位的溴得到天然产物(-)-huperzine Q(**110**)。而从 6/5/9 三环中间体 **107** 出发,先还原脱去羟基上的苄基保护基,再用 IBX 将其氧化为羧酸的同时甲酯化,然后在(+)-樟脑磺酸作用下脱去 Boc 保护基,同时发生 C4 位异构化和环化脱水得到亚胺离子中间体,随后发生互变异构位得到烯胺 **111**。接下来利用 NBS 介导的烯胺官能团化策略得到二烯胺 **112**。最后用 $NaBH_4$ 立体选择性地还原五元环上的羰基得到天然产物(+)-lycopladine B(**114**),而将(+)-lycopladine B 乙酰化就可以得到另一个天然产物(+)-lycopladine C(**115**)。

2017 年,我们在前期工作的基础上设计了一条更简洁、高效的路线来合成关键的 6/9 螺环中间体 **106**[25]。如图 6-19 所示,通过羰基-烯烃复分解反应来构建五元环骨架。在合成后期,通过脱保护/环化/逆 Claisen 缩合反应一步完成了缩醛胺和内酯环结构的构建。最终完成了天然产物 lycopladine D C4 位的差向异构体 4-*epi*-lycopladine D 的合成。

α,β-不饱和烯酮 **117** 和乙酰乙酸叔丁酯在手性有机小分子 **118** 催化下发生不对称的 Robinson 环化反应,然后保护羟基得到光学纯的烯酮(R)-**105**。其中,α,β-不饱和烯酮 **117** 可由苄氧基乙醛 **116** 经 Horner-Wadsworth-Emmons 反应来制备。经串联的 Michael-Aldol 反应后得到关环前体 **120**,再经过氧化、C-烷基化关环得到 6/9 螺环中间体 **106**。在完成 6/9 螺环中间体 **106** 的合成后,通过烯丙基的双键和 C4 位的羰基进行选择性的羰基-烯烃复分解反应来构建具有五元环环戊烯结构的中间体 **121**,接着经硼氢化氧化装上 5 号碳上的羰基得到 **107**。然后通过还原、氧化和碱性条件下 C15 位的差向异构化将 C16 位苄基保护的羟基转化为直立键的醛基。最后通过分子内 Aldol 反应和氧化反应完成五元环环戊酮结构 **125** 的构建,再经过脱保护/环化/逆 Claisen 缩合反应一步完成缩醛胺和内酯环结构 **127** 的构建,接着在 $NaBH_4$ 的还原条件下直接将 C5 的羰基还原成羟基得到天然产物 lycopladine D C4 位的差向异构体 4-*epi*-lycopladine D(**128**)。

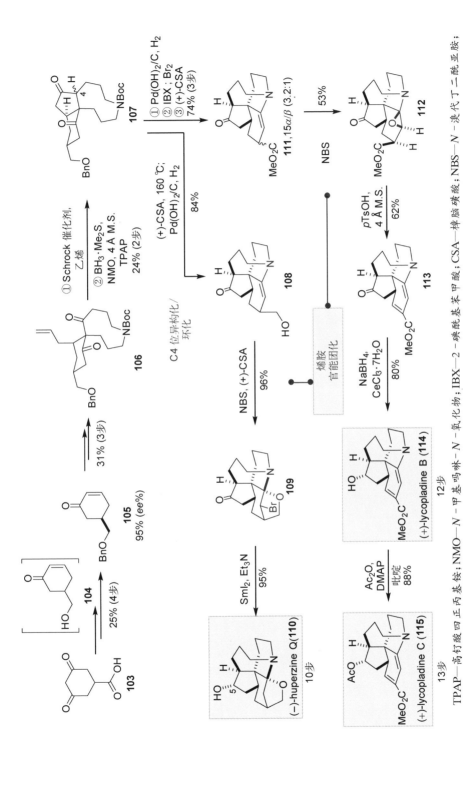

图 6-18 (-)-huperzine Q、(+)-lycopladines B 和 C 的集成合成路线

TPAP—高钌酸四正丙基铵；NMO—N-甲基吗啉-N-氧化物；IBX—2-碘酰基苯甲酸；CSA—樟脑磺酸；NBS—N-溴代丁二酰亚胺；
pTsOH—对甲苯磺酸；DMAP—4-二甲氨基吡啶

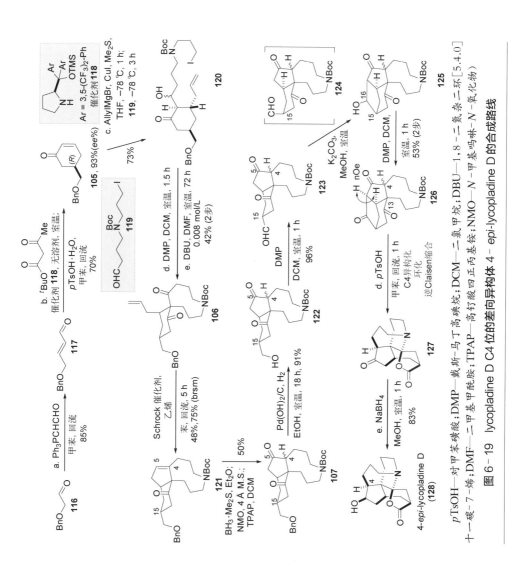

图 6-19 lycopladine D C4 位的差向异构体 4-epi-lycopladine D 的合成路线

pTsOH—对甲苯磺酸；DMP—戴斯-马丁高碘酸；DCM—二氯甲烷；DBU—1,8-二氮杂二环[5.4.0]十一碳-7-烯；DMF—二甲基甲酰胺；TPAP—高钌酸四正丙基铵；NMO—N-甲基吗啉-N-氧化物）

6.3.4　杂合体天然产物（－）-incarviatone A 的全合成

为了获得具有潜在镇痛和抗炎活性的化合物,张卫东课题组从传统中药红波罗花（*Incarvilleadelavayi*）中分离并鉴定出天然产物（－）-incarviatone A[26]。通过二维核磁共振谱（two-dimensional nuclear magnetic resonance spectrum,2D NMR）确定了其相对构型,绝对构型由生源假说和计算机模拟电子圆二色（circular dichroism,CD）谱确定。其含有新颖的多环骨架和 8 个连续的手性中心。关于（－）-incarviatone A 的生源合成,张卫东课题组提出了一个可能的途径（图 6 - 20）:iridodial **130** 氧化脱氢生成 dehyroiridodial **131**,两分子的 dehyroiridodial **131** 经过 Diels-Alder 反应生成 6/5 双环化合物 **132**,再经过氧化脱羧和芳构化得到二醛 **133**;然后二醛 **133** 与另一个天然产物 *ent*-cleroindicin F 通过两次 Aldol 缩合反应构建四季碳中心,生成天然产物前体 **135**;最后 C15 位羟基发生选择性的分子内 Michael 加成反应构建[2.2.2]桥环骨架,得到目标分子（－）-incarviatone A。

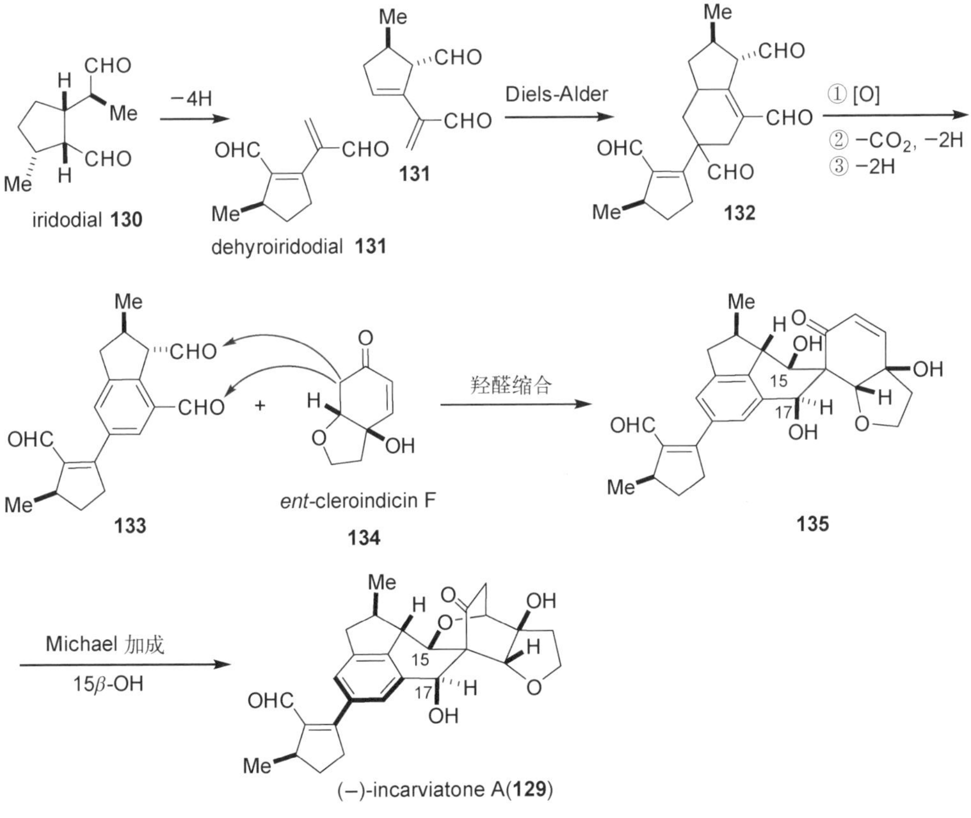

图 6 - 20　（－）-incarviatone A 可能的生物合成途径

基于张卫东课题组提出的生源合成途径,我们通过使用 4 个可扩展且连续的 C—H 功能化反应以及仿生串联反应的策略来完成天然产物(-)-incarviatone A 的全合成(图 6-21)。我们从廉价易得的苯乙酸的邻位 C—H 键烷基化开始,在获得大量的底物 **137** 后,转向研究 Rh(Ⅱ)催化的不对称 C—H 键插入反应,以构建手性二氢化茚结构。经过广泛的筛选,我们发现可以使用(+)-冰片作为手性助剂。在 28 g 的反应量级上,仍可以保持 93%的对映选择性获得所需的手性二氢化茚化合物 **139**。接下来使用余金权课题组报道的 C—H 键活化方法对酸 **139** 进行 C8 位碘化。在广泛筛选了不同的钯催化剂和添加剂后,我们发现 Pd(dppf)$_2$Cl$_2$是最佳催化剂。尽管收率不是很高,但是以克级回收的起始原料为基础的收率是可以接受的。经过 3 步化学转化,从酸 **140** 中以 70%的总收率获得了化合物 **141**。然后使用 Hartwig 课题组报道的 C—H 键活化方法将 3 g 规模的化合物 **141** 以 56%的收率转化为化合物 **142**。再经过 3 步化学转化后,顺利地制备了羟醛缩合前体 **142**。最后,我们对仿生串联过程进行了广泛的筛选。化合物 **142** 通过进行 TBAF 介导的 TBS 脱保护、*oxa*-Michael 加成和分子内 Aldol 缩合三步串联反应得到化合物 **143**,接着通过 Suzuki 偶联反应得到天然产物(-)-incarviatone A(**129**)[27]。

我们详细介绍了关于(-)-incarviatone A 的合成研究。通过程序性的 C—H 键活化反应完成了手性二醛片段的合成,其中我们首次发展了通过 Rh(Ⅱ)催化的不对称 C—H 键插入反应来构建手性二氢化茚结构。经过生源假设启发的一系列失败探索后,我们最终利用仿生串联反应一步完成了(-)-incarviatone A 的合成。通过精细的条件控制,我们对串联反应过程进行了充分的研究,在此基础之上,更高效地通过一锅法反应合成了(-)-incarviatone A。

6.4 罗佗平课题组的全合成研究成果

6.4.1 *Iboga* 类生物碱和长春花碱的全合成

Iboga 类生物碱是一类单萜吲哚生物碱,分离自夹竹桃科植物(*Apocynaceae*),其具有标志性的结构特点是含有吲哚环和异奎宁环,并以氮杂七元环并环连接(图 6-22)[28]。目前,约有 100 个该家族成员,其中 ibogamine 和 catharanthine 两类天然产物

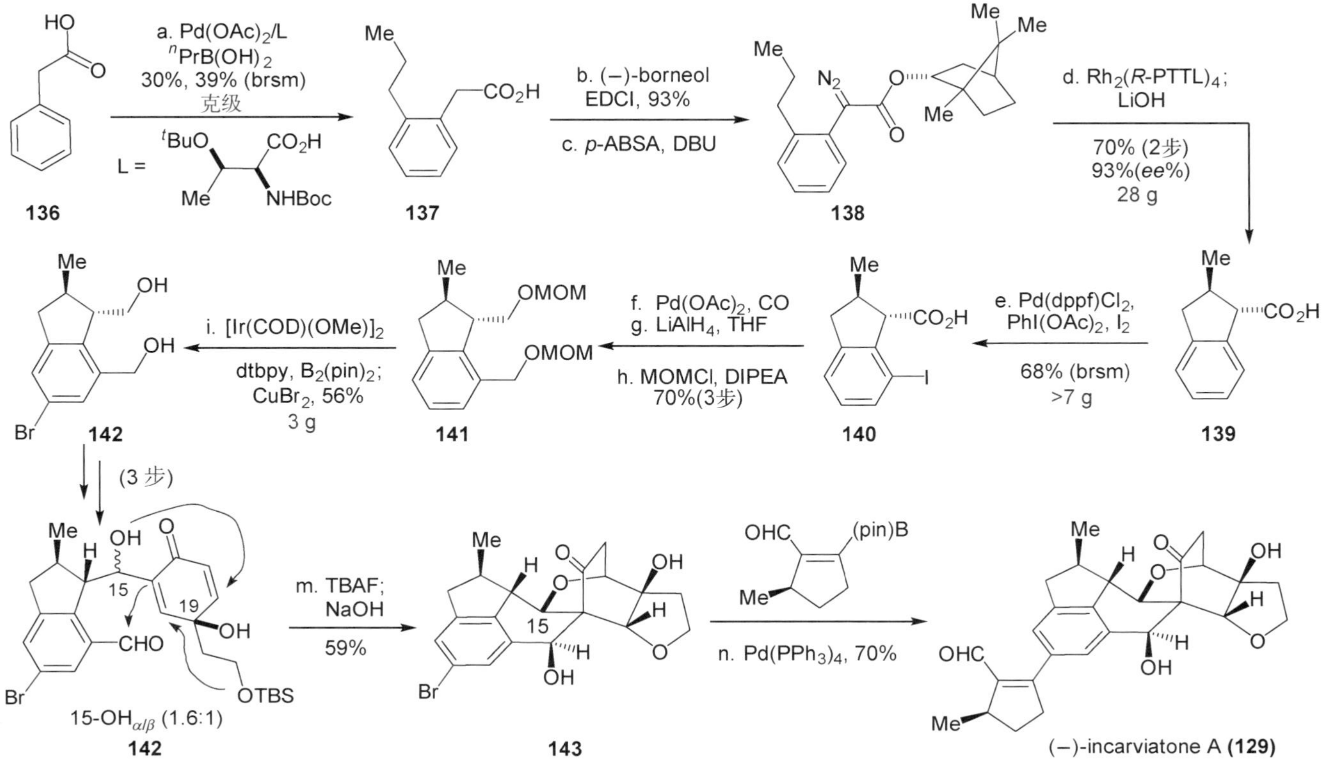

图 6-21 (-)-incarviatone A 的合成路线

borneol—冰片；EDCI—1-乙基-(3-二甲基氨基丙基)碳酰二亚胺；p-ABSA—对乙酰氨基苯磺酰叠氮；DBU—1,8-二氮杂二环 [5.4.0]十一碳-7-烯；MOMCl—氯甲醚；dtbpy—4,4'-二叔丁基-2,2'-二吡啶；DIPEA—N,N-二异丙基乙基胺；TBAF—四正丁基氟化铵

因其独特的化学性质、生物性质而被广泛研究，两者具有互为对映体的骨架。ibogaine 和 ibogamine 都具有精神活性作用，可以有效降低对阿片类药物的成瘾性。（R）-ibogaine 还会产生神经致幻、抽搐、运动失调等副作用[29]。有意思的是，（R）-ibogamine 和（S）-ibogamine 都能够降低对吗啡和可卡因的成瘾性，且震颤的副作用比（R）-ibogaine 更弱，其中（R）-ibogamine 的活性更好。catharanthine 可以通过半合成法制备抗癌药长春花碱（vinblastine）[30]。vinblastine 属于 Vinca 类生物碱，分离自长春花［Catharanthus roseus（L.）G. Don］中，是一种靶向微管的抗癌药。虽然 vinblastine 类药物已经成功应用于临床治疗多年，但是基于神经系统毒副作用、微管蛋白突变导致抗药性等原因，科学家需要不断合成具有不同修饰位点的 vinblastine 类似物，探究其构效关系，进而筛选出药效更好的分子。

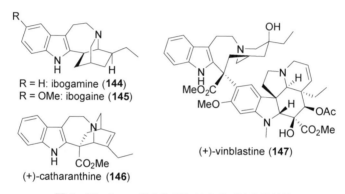

R = H: ibogamine (**144**)
R = OMe: ibogaine (**145**)

(+)-catharanthine (**146**)

(+)-vinblastine (**147**)

图 6‑22 *Iboga* 类生物碱和长春花碱的化学结构

在合成路线的发展方面，1965 年，Büchi 课题组通过先构建异奎宁环、再采用亲电环化关七元环的策略，首次完成了 ibogamine 的全合成[31,32]。与其他合成策略的区别主要在于构建异奎宁环、氮杂七元环、吲哚结构的顺序不同。其中，1978 年，Trost 课题组通过制备手性异奎宁环片段实现了不对称合成[33]；2000 年，White 课题组通过不对称 Diels-Alder 反应实现了不对称合成[34]。而 ibogamine 和 catharanthine 的区别除了在于具有互为对映体的骨架，还在于 C16 位是否有甲酯取代及 C15—C20 位是否有双键。也正是由于这两点不同，目前已有的合成策略大多数是分子间或分子内的 Diels-Alder 反应来构建甲酯取代的异奎宁环，或通过自由基关环策略来构建氮杂七元环，再转化为目标产物。其他的合成策略还包括在 ibogamine 的基础上通过活化吲哚苄位、引入氰基增碳，进而转换为甲酯；18β-甲酯取代的

cleavamine 氧化成亚胺阳离子,再跨环关环。2006 年,Doris 课题组从 L-丝氨酸出发[35],运用 Trost 课题组的关环策略实现了(+)-catharanthine 的首例不对称全合成[33]。2014 年,Oguri 课题组通过不对称 Diels-Alder 反应,首次完成了(-)-ent-catharanthine 的不对称全合成[36]。

为了高效合成 C16 位取代情况不同的 *Iboga* 类生物碱,继而实现抗癌药 vinblastine 及其类似物的合成,如图 6-23 所示,我们从高光学纯度的已知吲哚化合物 **148a/b** 出发,先通过保护吲哚、酰胺 α-位炔丙基化、吲哚脱保护和还原酰胺得到手性三级胺 **149a/b**,再通过进一步优化端炔转化为 α-氯代酮的方法学得到中间体 **150a/b**,接着原位发生分子内环化形成季铵盐 **151a/b**。中间体 **151a/b** 的氮杂[3.2.1]环系在碱性的条件下进行 Stevens 重排,能得到具有 *Iboga* 类生物碱特征的氮杂[2.2.2]环系 **152a/b**。对于 **151a**(R=H)而言,吲哚上的酸性氢能被 C21 位竞争性攫取,导致已知的 Stevens 重排条件没能生成目标产物 **152a**。受 Gaunt 课题组发展的四氢吡咯催化[2,3]重排反应的启发,我们尝试用二级胺代替强碱,与羰基形成烯胺,进而促进重排反应进行。经过不同二级胺的筛选,我们发现以哌啶、六氟异丙醇为溶剂,在微波加热的条件下,能以 56% 的收率分离得到 **152a**;若使用 N-甲基吗啉代替哌啶,则不能得到重排产物,这进一步佐证了二级胺催化重排反应的机理。而对于 **152b**(R=CO_2Me)而言,在金催化反应后原位加入三乙胺即可得到目标产物 **152b**。其原因可能是迁移碳上带有甲酯基团,可以进一步稳定碳自由基,有助于 C—N 键的断裂重排;甲酯的存在甚至可能改变重排反应的机理,即碱攫取氢后先发生消除反应(C—N 键异裂),再进行跨环分子内 Mannich 反应生成 **152b**。

中间体 **152a/b** 在 C20 位的酮羰基使合成后期引入不同饱和度的取代基及进行小分子探针的合成简洁易行。在集成全合成工作中,**152a/b** 经 Wittig 反应引入二碳单元得到 **153a/b**,其中 **153a** 使用氢原子转移策略进行双键氢化时,分别以 34% 和 26% 的收率得到(+)-epi-ibogamine 和(+)-ibogamine;**153b** 利用 Boger 课题组开发的一锅法氧化偶联条件[37]高效地合成了(+)-vinblastine。

综上所述,我们实现了吲哚苄位不同取代基底物的金催化端炔氧化、烷基化环化、Stevens 重排反应,其中包括首次实现的小分子催化 Stevens 重排反应,简洁高效地构建了 *Iboga* 的氮杂七元环并[2.2.2]异奎宁环骨架[38],进而实现了多样性导向的一系列 *Iboga* 类生物碱及其类似物、*Vinca* 类二聚生物碱(+)-vinblastine 及其类似物的合成,并对其构效关系进行了初步探究。

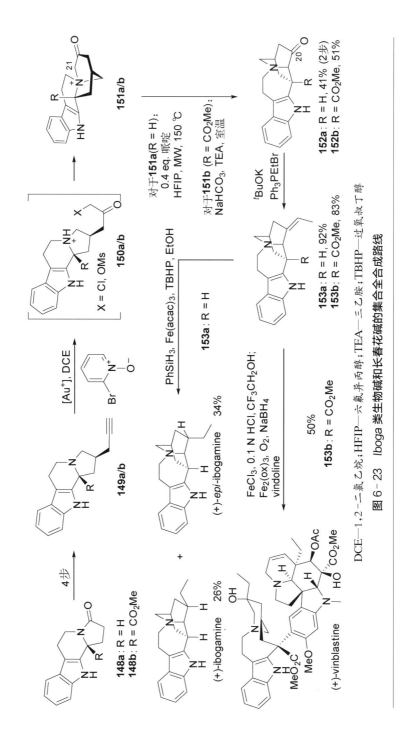

图 6-23 Iboga 类生物碱和长春花碱的集合全合成路线

DCE—1,2-二氯乙烷;HFIP—六氟异丙醇;TEA—三乙胺;TBHP—过氧叔丁醇

6.4.2 maoecrystal P 的首次全合成

maoecrystal P 具有对映-贝壳杉烷（*ent*-kaurene）骨架，属于四环二萜类天然产物，分离自香茶菜属（*Isodon*）植物。自 1910 年被首次分离以来，已有超过 1 200 种同家族天然产物被报道，普遍具有潜在的抗肿瘤、抗菌及抗炎活性[39]。它们大多都含有 α -亚甲基环戊酮的结构单元，可作为 Michael 受体与靶蛋白共价结合。其中，maoecrystal P、冬凌草甲素（oridonin）、毛萼乙素（eriocalyxin B）等因具有显著的抗癌活性而尤其引人注目（图 6-24）。该类天然产物结构复杂、可修饰位点多，因此可通过化学合成手段设计开发选择性共价抑制的类似物，使其具有广阔的应用前景。

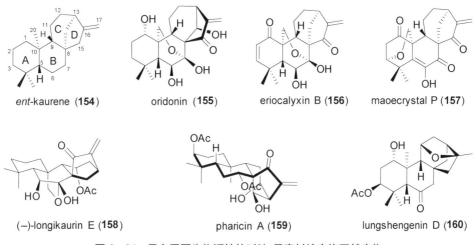

图 6-24 具有重要生物活性的对映-贝壳杉烷家族天然产物

在早期实现全合成的对映-贝壳杉烷家族天然产物中，多数的氧化态较低、复杂度不高。近年来，多个 A 环、B 环高氧化态的该家族天然产物被高效合成。2013 年，Reisman 课题组通过两次 SmI₂ 介导的还原偶联反应高效构建了 C 环、B 环，同时在 C6、C7、C9 及 C11 位引入正确的手性中心；将内酯转化为烯醇硅醚，通过钯催化氧化环化反应实现了双环[3.2.1]辛烷骨架的构建，从而完成了（－）-longikaurin E（**158**）的不对称全合成。2017 年，丁寒锋课题组通过氧化去芳香化的[5＋2]反应/pinacol 型 1,2-酰基迁移，实现了双环[3.2.1]辛烷骨架的构建，首次实现了 pharicin A（**159**）等天然产物的不对称全合成。同年，马大为课题组通过 Hoppe's 高羟醛化反应、三氟化硼乙醚介导的 Mukaiyama-Michael 偶联反应，实现了四环骨架的构建，首次完成了 lungshengenin D

（160）等天然产物的不对称全合成。

为了合成具有更高氧化态的 maoecrystal P（157）分子，我们计划通过分子间 Diels-Alder 反应来构建 B 环。这样不仅可以一步构建 ABC 三个环系，还可以控制 C9、C10 及 C13 位的手性中心，引入 C1、C20 位的氧化态。如图 6-25 所示，从已知化合物 161 出发，转化为三氟甲磺酸酯后经 Stille 偶联反应得到双烯体 162，与亲双烯体 163 在优化的反应条件下以 90% 的收率得到从三元环背面加成的目标产物 164。该关键步骤一步构建了 ABC 三环骨架、正确的 C9、C10 及 C13 位的手性中心，以及引入了 C1、C20 位氧化态。下一个目标是实现 C6 位的烯丙基氧化。分子中虽然存在三种烯丙基碳氢键，但受三元环的影响，仅 C6 位的烯丙基碳氢键的立体电子效应和位阻最有利于发生氧化反应。中间体 164 经 $NaBH_4$ 还原为二醇、乙酰化保护后，通过溴代串联 Kornblum 氧化、一锅法得到目标产物 166。在 $Pd_2(dba)_3 \cdot CHCl_3$ 的催化条件下，吸电子基取代的乙烯基环丙烷对零价钯进行氧化加成，生成的烯丙基钯被负氢还原为开链化合物，顺利得到不饱和烯酮 167。随后经过酯基水解、氰基 α-位脱羧、缩丙酮保护得到不饱和酮 168。我们在中间体 168 上进行 C5 位手性翻转尝试，如 DBU、甲醇钠、氢化钠、LDA、盐酸等条件均未成功。因此，我们调整策略，计划在完成 D 环发生构建后，从而利用刚性骨架导致 D 环与 A 环发生空间排斥，从而实现 C5 位手性翻转。

氰基化合物 168 经 2 步氧化还原操作得到自由基关环前体 169。经过一系列反应条件的筛选和优化，169 可以在 SmI_2 介导的还原偶联反应条件下得到 5-*exo*-trig 关环产物 170，至此完成对映-贝壳杉烷骨架的构建。170 经 Dess-Martin 氧化、C16 位选择性亚甲基化得到不饱和酮 171 和 172，而 171 可以进一步转化为 172。用 Rubottom 方法先在 172 中大位阻的 C7 位引入羟基、脱保护，再在 TBAF 的条件下可以实现其 C5 位手性翻转，得到一对互变异构体 173a 和 173b。然后通过缩丙酮保护 C7 位的羟基和半缩酮羟基，再氧化 C1 位的羟基得到酮 175。随后 Saegusa 氧化得到的不饱和酮在盐酸条件下脱除保护，并发生分子内 Michael 加成得到化合物 176，至此完成 A 环氧化态的调整。最后经 Dess-Martin 氧化完成 maoecrystal P 的全合成。生物实验表明，maoecrystal P 及其类似物 173～176 均表现出良好的 HCT116 癌细胞抑制活性，IC_{50} 为 1～5 μmol/L。

我们以分子间 Diels-Alder 环加成反应和 SmI_2 介导的自由基环化反应为关键反应，完成了对映-贝壳杉烷骨架的构建，并首次完成了外消旋 maoecrystal P 的全合成[40]。合成过程中设计了独特的环丙基，其有助于：① 乙烯基三氟甲磺酸酯的区域选择性制备；② 通过三元环的位阻来调控 Diels-Alder 反应的面选择性；③ 通过三元环上吸电子取代基的超共轭作用来影响双烯体两端的电性差异、调控 Diels-Alder 反应的区域选择性;④ 区域选择性的烯丙基氧化;⑤ 温和条件下 C14—C16 键的还原断裂。这种新颖的方法还可用于其他高氧化态的对映-贝壳杉烷家族天然产物的合成,为探索其构效关系、研究其生物活性机理、改善其药学性质等奠定了坚实的基础。

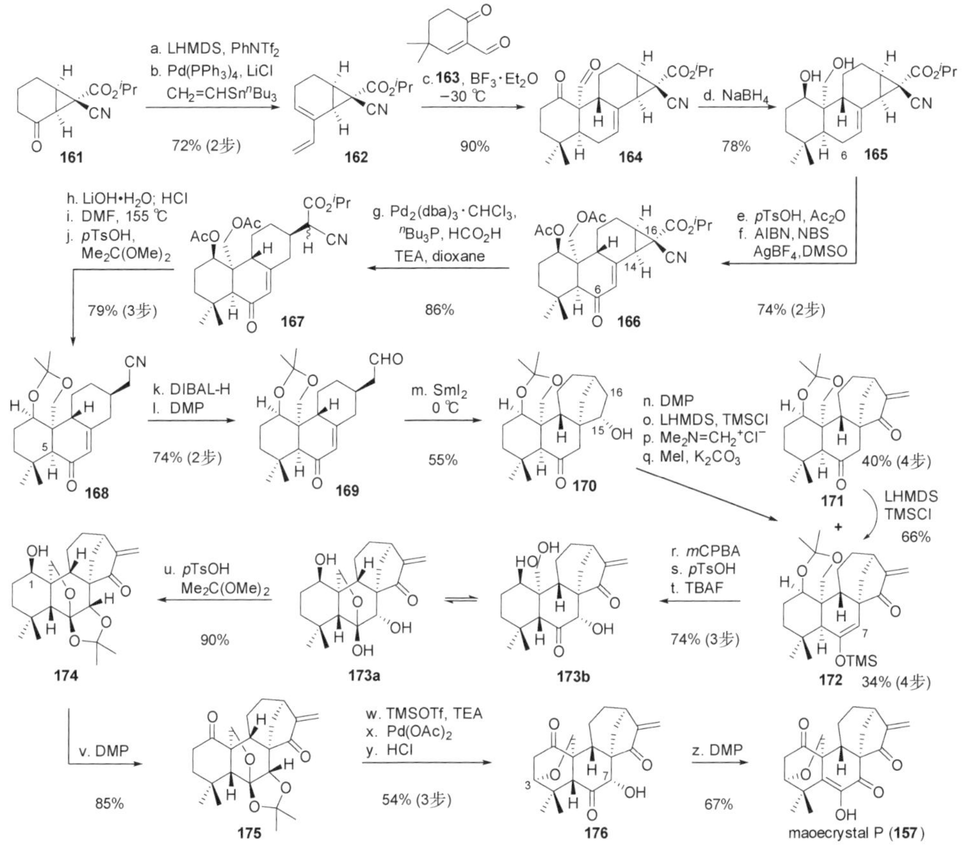

LHMDS—双(三甲基硅基)胺基锂;pTsOH—对甲苯磺酸;AIBN—偶氮二异丁腈;NBS—N-溴代琥珀酰亚胺;DMSO—二甲基亚砜;TEA—三乙胺;dioxane—二氧六环;DMF—N,N-二甲基甲酰胺;DMP—戴斯-马丁高碘烷;mCPBA—间氯过氧苯甲酸;TBAF—氟化四丁基铵

图 6-25　maoecrystal P 的全合成路线

6.4.3　(-)-vinigrol 的首次不对称全合成

1987 年,日本科学家 Hashimoto 和 Ando 等在筛选具有抗高血压活性化合物的过程中,从真菌 *Virgaria nigra* F-5408 中首次分离得到了(-)-vinigrol[41]。其有 8 个连续

的手性中心和 3 个不同形式的醇羟基,而且是迄今为止分离得到的唯一具有 1,5-亚丁基取代的顺式十氢化萘三环骨架的天然产物。此外,(−)-vinigrol 还具有低浓度($IC_{50} = 52 \text{ nmol/L}$)下抑制血小板凝集的作用和较高浓度($IC_{50} = 3.1 \mu\text{mol/L}$)下诱导血小板凝集的作用。最令人激动的是,该天然产物还被报道为肿瘤坏死因子(TNF-α)的拮抗剂,因此在治疗自身免疫和消炎方面有广阔的应用前景。

(−)-vinigrol 作为结构新颖且有重要生物活性的明星分子,首次被分离至今 30 余年,已有二十多个课题组对其进行了全合成研究,包括 Hanna、Matsuda、Mehta、Corey、Paquette、Barriault、Fallis、Baran、Njardarson、Wang、Liao、Kaliappan 等课题组。其中,2009 年,Baran 课题组首次通过分子内 Diels-Alder 反应/Grob 碎裂化的策略,完成了外消旋(−)-vinigrol 的全合成[42];2013 年,Njardarson 课题组通过氧化去芳构化/IMDA 反应/串联 Heck 反应/Grob 碎裂化的策略,也完成了外消旋(−)-vinigrol 的全合成[43]。除此之外,还有 Barriault 课题组和 Kaliappan 课题组关于(−)-vinigrol 形式全合成的两篇工作报道[44-46]。

总结前人的工作,(−)-vinigrol 的全合成有两大挑战:其一是独特的三环骨架的构建,该骨架结构拥挤且具有一定的环张力;其二是在拥挤的三环骨架上引入构型正确的取代基和氧化态调整。先构建取代基较少的三环骨架,虽然降低了骨架构建的难度,但却极大地提高了引入取代基的难度。例如 Baran 课题组的合成路线,先用 12 步构建取代基较少的三环骨架,再用 13 步完成取代基的引入和氧化态调整[32]。而对于直接构建含有较多取代基的三环骨架的策略,多数以失败告终,主要原因是较多取代基导致过渡态结构拥挤,增大反应难度,或较多取代基影响底物优势构象,使需要发生反应的基团难以靠近,进而不能关环。例如,Barriault 课题组的 oxy-Cope/Claisen/ene 的串联反应策略[46],异丙基位阻太大,导致骨架构建失败;Paquette 课题组先合成顺式十氢化萘结构、再关八元环的策略,几经底物修改都没成功。

为了实现(−)-vinigrol 的高效不对称全合成,我们设计了全新的跨环分子内 Diels-Alder 反应的合成策略,旨在直接构建含有较多取代基的(−)-vinigrol 三环骨架,减少合成后期的官能团调整(图 6-26)。在逆合成分析中,考虑到 3 个醇羟基的位置,首先通过氧化还原反应将其逆推至双烯 178;对于这一含有桥头烯烃的高张力中间体,我们设想可以通过 α-吡喃酮参与的 Diels-Alder 反应、高温条件下串联脱除二氧化碳驱动反应进行,因此可以逆推至 α-吡喃酮 179。该十元环化合物可以通过多取代的已知环癸酮 180 和 181 进行 1,4-加成串联内酯化反应得到。此外,还包括两个关键的转化: ① C8

手性中心的差向异构化;② C5—C9 烯烃的硼氢化及后续 Zweifel 反应引入端烯官能团。在这个合成设计中,对手性中心的控制和调整将是非常关键的因素,预计十元环的构象控制因素将在其中起到决定性的作用。

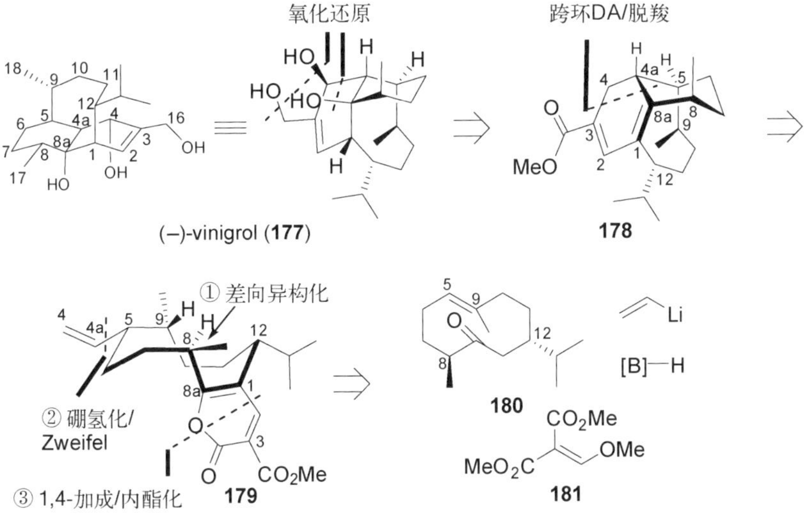

图 6-26 (−)-vinigrol 的逆合成分析

如图 6-27 所示,从(S)-柠檬烯出发,可大量制备化合物 **182**。我们参考吴毓林课题组和 Mehta 课题组的报道,进一步优化了制备化合物 **183** 的方法,发现铈试剂促进的 Grignard 反应可以明显提高目标产物 **183** 的收率,并实现 10 g 以上的规模制备。对于 oxy-Cope 重排反应,经细致的条件优化,最终在 −78 ℃ 下用甲醇淬灭烯醇负离子中间体,以很高的收率、较高的非对映选择性得到所需的十元环酮 **184** 和 **185**(3.4∶1)。这一对差向异构体不经分离、直接进行 LiAlH$_4$ 还原得到十元环醇 **186** 和 **187**。**186** 可以经氧化、翻转甲基构型、还原得到 **185**,予以回收利用。单晶 X 射线衍射结果显示,**187** 为船式-椅式-船式构象,C5—C9 烯烃的 Si 面被屏蔽。**187** 经硼氢化(从 Si 面进行硼氢化)、酯交换后得到的 **188** 为主要产物,该选择性可能是受 Curtin-Hammett 规则的调控。经过大量的条件探究,我们发现当采用硼烷二甲硫醚进行硼氢化时的收率很低,而硼氢化氧化的收率却较高,推测很可能是受到硼烷多烷基化副反应的干扰。随后尝试采用已经带有一个烷基的硼氢化试剂 IpcBH$_2$,可以得到较高的收率,其原因很可能是蒎烯的位阻较大,避免了多烷基化副反应的发生。最终采用一锅法得到了优异的结果。**187** 与(+)-IpcBH$_2$ 反应后,先经乙醛处理脱除(−)-α-蒎烯产生二乙基硼酸酯,再与频哪醇进行

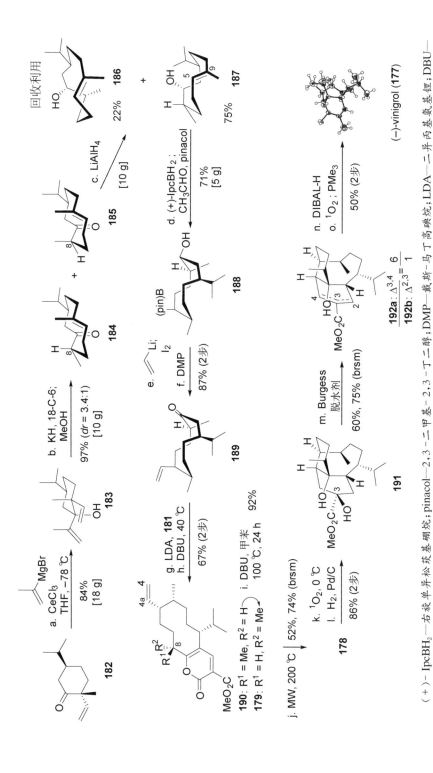

图 6 - 27 （－）-vinigrol 的克级不对称全合成路线

（＋）- IpcBH₂—右旋单异松扯基硼烷；pinacol—2,3-二甲基-2,3-丁二醇；DMP—戴斯-马丁高碘烷；LDA—二异丙基氨基锂；DBU—

1,8-二氮杂二环十一碳-7-烯；DIBAL-H—二异丁基氢化铝

酯交换,以71%的收率分离得到 **188**。**188** 经 Zweifel 反应引入乙烯基,接着氧化为十元环酮 **189**,为构建 α-吡喃酮奠定了基础。

接下来我们利用 Boger 课题组开发的方法,将 **189** 转化为 α-吡喃酮 **190**。在 DBU 存在的条件下,**190** 在甲苯中加热,以92%的收率分离得到差向异构化产物 **191**。**191** 随后在微波加热至200 ℃的条件下,顺利发生跨环 IMDA 反应得到目标产物 **178**,成功构建了含有较多取代基的(−)-vinigrol 三环骨架,其结构通过衍生物单晶 X 射线衍射予以确认。关键中间体 **178** 先与单线态氧发生[4+2]反应,再用 Pd/C 氢化同时还原其中的过氧键和碳碳双键,高收率地得到二醇 **191**。在吡啶作溶剂、使用 Burgess 脱水剂的条件下,**191** 发生 C3 位羟基选择性脱水,以60%的收率得到 **192a**:$\Delta^{3,4}$/**192b**:$\Delta^{2,3}$(6∶1)的混合物。其经 DIBAL-H 还原得到的二醇不经分离、直接进行单线态氧的烯反应,以2步50%的总收率得到天然产物(−)-vinigrol(**177**)。至此,我们完成了(−)-vinigrol 的不对称全合成,并且首次获得了其单晶 X 射线衍射结果。

我们开发了一条简洁高效的(−)-vinigrol 的合成路线,其亮点在于采用全新的 IMDA 策略,直接构建含有较多取代基的(−)-vinigrol 三环骨架,减少合成后期的官能团调整,最终以15步实现了(−)-vinigrol 的首次不对称全合成[47]。整个合成过程不使用保护基团,每步反应均在克级规模进行。通过全合成方式制备出600 mg 多的(−)-vinigrol,为该独特的天然产物及其类似物的构效关系及作用机理等研究奠定了坚实的物质基础。

参考文献

[1] Xiao W L,Li R T,Huang S X,et al. Triterpenoids from the Schisandraceae family[J]. Natural Product Reports,2008,25(5):871-891.

[2] Sun C B,Wang S,Ding X Y,et al. Application and development prospects of the fruits of Chinese magnoliavine in food industry[J]. Food Machinery,2003(6):9-10.

[3] Shi Y M,Xiao W L,Pu J X,et al. Triterpenoids from the schisandraceae family:An update[J]. Natural Product Reports,2015,32(3):367-410.

[4] Li X,Cheong P H Y,Carter R G. Schinortriterpenoids:A case study in synthetic design[J]. Angewandte Chemie International Edition,2017,56(7):1704-1718.

[5] Xiao Q,Ren W W,Chen Z X,et al. Diastereoselective total synthesis of (±)-schindilactone A [J]. Angewandte Chemie International Edition,2011,50(32):7373-7377.

[6] Li J,Yang P,Yao M,et al. Total synthesis of rubriflordilactone A[J]. Journal of the American Chemical Society,2014,136(47):16477-16480.

[7] Yang P,Yao M,Li J,et al. Total synthesis of rubriflordilactone B[J]. Angewandte Chemie

International Edition, 2016, 55(24): 6964 - 6968.

[8] Wang L, Wang H T, Li Y H, et al. Total synthesis of schilancitrilactones B and C[J]. Angewandte Chemie International Edition, 2015, 54(19): 5732 - 5735.

[9] Huang S X, Li R T, Liu J P, et al. Isolation and characterization of biogenetically related highly oxygenated nortriterpenoids from *Schisandra chinensis*[J]. Organic Letters, 2007, 9(11): 2079 -2082.

[10] Nicolaou K C, Snyder S A, Montagnon T, et al. The Diels-Alder reaction in total synthesis[J]. Angewandte Chemie International Edition, 2002, 41(10): 1668 - 1698.

[11] Corey E J. Catalytic enantioselective Diels-Alder reactions: Methods, mechanistic fundamentals, pathways, and applications[J]. Angewandte Chemie International Edition, 2002, 41(10): 1650 -1667.

[12] Zhang S L, Lu Y, Li Y H, et al. Catalytic and enantioselective Diels-Alder reactions of (*E*)- 4 - oxopent - 2 - enoates[J]. Organic Letters, 2017, 19(15): 3986 - 3989.

[13] Wu Z J, Xu X K, Shen Y H, et al. Ainsliadimer A, a new sesquiterpene lactone dimer with an unusual carbon skeleton from *Ainsliaea macrocephala*[J]. Organic Letters, 2008, 10(12): 2397 -2400.

[14] Wang Y, Shen Y H, Jin H Z, et al. Ainsliatrimers A and B, the first two guaianolide trimers from *Ainsliaea fulvioides*[J]. Organic Letters, 2008, 10(24): 5517 - 5520.

[15] Li C, Yu X L, Lei X G. A biomimetic total synthesis of (+)-ainsliadimer A[J]. Organic Letters, 2010, 12(19): 4284 - 4287.

[16] Li C, Dong T, Dian L Y, et al. Biomimetic syntheses and structural elucidation of the apoptosis-inducing sesquiterpenoid trimers: (−)-ainsliatrimers A and B[J]. Chemical Science, 2013, 4(3): 1163 - 1167.

[17] Li C, Dian L Y, Zhang W D, et al. Biomimetic syntheses of (−)-gochnatiolides A – C and (−)-ainsliadimer B[J]. Journal of the American Chemical Society, 2012, 134(30): 12414 -12417.

[18] Hong B K, Liu W L, Wang J, et al. Photoinduced skeletal rearrangements reveal radical-mediated synthesis of terpenoids[J]. Chem, 2019, 5(6): 1671 - 1681.

[19] Ayer W A. The *Lycopodium* alkaloids[J]. Natural Product Reports, 1991, 8(5): 455 - 463.

[20] Li H H, Wang X M, Lei X G. Total syntheses of *Lycopodium* alkaloids (+)-fawcettimine, (+)-fawcettidine, and (−)- 8 -deoxyserratinine[J]. Angewandte Chemie International Edition, 2012, 51(2): 491 - 495.

[21] Li H H, Wang X M, Hong B K, et al. Collective synthesis of *Lycopodium* alkaloids and tautomer locking strategy for the total synthesis of (−)-lycojapodine A[J]. The Journal of Organic Chemistry, 2013, 78(3): 800 - 821.

[22] Wang X M, Li H H, Lei X G. Challenges and strategies to the total syntheses of fawcettimine-type and serratinine-type *Lycopodium* alkaloids[J]. Synlett, 2013, 24(9): 1032 - 1043.

[23] Zhang J, Wu J B, Hong B K, et al. Diversity-oriented synthesis of *Lycopodium* alkaloids inspired by the hidden functional group pairing pattern[J]. Nature Communications, 2014, 5: 4614.

[24] Hong B K, Li H H, Wu J B, et al. Total syntheses of (−)-huperzine Q and (+)-lycopladines B and C[J]. Angewandte Chemie International Edition, 2015, 54(3): 1011 - 1015.

[25] Hong B K, Hu D C, Wu J B, et al. Divergent total syntheses of (−)-huperzine Q, (+)-lycopladine B, (+)-lycopladine C, and (−)- 4 - *epi*-lycopladine D[J]. Chemistry — An Asian Journal, 2017, 12(13): 1557 - 1567.

[26] Shen Y H, Ding Y Q, Lu T, et al. Incarviatone A, a structurally unique natural product hybrid with a new carbon skeleton from *Incarvillea delavayi*, and its absolute configuration *via* calculated electronic circular dichroic spectra[J]. RSC Advances, 2012, 2(10): 4175 - 4180.

[27] Hong B K, Li C, Wang Z, et al. Enantioselective total synthesis of (−)-incarviatone A[J]. Journal of the American Chemical Society, 2015, 137(37): 11946 - 11949.

[28] Lavaud C, Massiot G. The iboga alkaloids[M]// Kinghorn A D, Falk H, Gibbons S, et al. Progress in the Chemistry of Organic Natural Products. Cham: Springer International Publishing, 2017: 89-136.

[29] Popik P, Layer R T, Skolnick P. 100 years of ibogaine: Neurochemical and pharmacological actions of a putative anti-addictive drug[J]. Pharmacological Reviews, 1995, 47(2): 235-253.

[30] Ishikawa H, Colby D A, Boger D L. Direct coupling of catharanthine and vindoline to provide vinblastine: Total synthesis of (+)- and ent-(−)-vinblastine[J]. Journal of the American Chemical Society, 2008, 130(2): 420-421.

[31] Büchi G, Coffen D L, Kocsis K, et al. The total synthesis of (±)-ibogamine and of (±)-epiibogamine[J]. Journal of the American Chemical Society, 1965, 87(9): 2073-2075.

[32] Büchi G, Coffen D L, Kocsis K, et al. The total synthesis of iboga alkaloids[J]. Journal of the American Chemical Society, 1966, 88(13): 3099-3109.

[33] Trost B M, Godleski S A, Genêt J P. A total synthesis of racemic and optically active ibogamine. Utilization and mechanism of a new silver ion assisted palladium catalyzed cyclization[J]. Journal of the American Chemical Society, 1978, 100(12): 3930-3931.

[34] White J D, Choi Y. Catalyzed asymmetric Diels-Alder reaction of benzoquinone. Total synthesis of (−)-ibogamine[J]. Organic Letters, 2000, 2(15): 2373-2376.

[35] Moisan L, Thuéry P, Nicolas M, et al. Formal synthesis of (+)-catharanthine[J]. Angewandte Chemie International Edition, 2006, 45(32): 5334-5336.

[36] Mizoguchi H, Oikawa H, Oguri H. Biogenetically inspired synthesis and skeletal diversification of indole alkaloids[J]. Nature Chemistry, 2014, 6(1): 57-64.

[37] Ishikawa H, Colby D A, Seto S, et al. Total synthesis of vinblastine, vincristine, related natural products, and key structural analogues[J]. Journal of the American Chemical Society, 2009, 131 (13): 4904-4916.

[38] Zhang Y, Xue Y B, Li G, et al. Enantioselective synthesis of *Iboga* alkaloids and vinblastine *via* rearrangements of quaternary ammoniums[J]. Chemical Science, 2016, 7(8): 5530-5536.

[39] Sun H D, Huang S X, Han Q B. Diterpenoids from *Isodon* species and their biological activities [J]. Natural Product Reports, 2006, 23(5): 673-698.

[40] Su F, Lu Y D, Kong L R, et al. Total synthesis of maoecrystal P: Application of a strained bicyclic synthon[J]. Angewandte Chemie International Edition, 2018, 57(3): 760-764.

[41] Uchida I, Ando T, Fukami N, et al. The structure of vinigrol, a novel diterpenoid with antihypertensive and platelet aggregation-inhibitory activities [J]. The Journal of Organic Chemistry, 1987, 52(23): 5292-5293.

[42] Maimone T J, Shi J, Ashida S, et al. Total synthesis of vinigrol[J]. Journal of the American Chemical Society, 2009, 131(47): 17066-17067.

[43] Yang Q L, Njardarson J T, Draghici C, et al. Total synthesis of vinigrol[J]. Angewandte Chemie International Edition, 2013, 52(33): 8648-8651.

[44] Grisé C M, Tessier G, Barriault L. Synthesis of the tricyclic core of vinigrol *via* an intramolecular Diels-Alder reaction[J]. Organic Letters, 2007, 9(8): 1545-1548.

[45] Poulin J, Grisé-Bard C M, Barriault L. A formal synthesis of vinigrol[J]. Angewandte Chemie International Edition, 2012, 51(9): 2111-2114.

[46] Betkekar V V, Sayyad A A, Kaliappan K P. A domino enyne/IMDA approach to the core structure of (−)-vinigrol[J]. Organic Letters, 2014, 16(21): 5540-5543.

[47] Yu X R, Xiao L H, Wang Z C, et al. Scalable total synthesis of (−)-vinigrol[J]. Journal of the American Chemical Society, 2019, 141(8): 3440-3443.

MOLECULAR SCIENCES

Chapter 7

有机化学反应机理研究进展

崔琦 樊星 李晨龙 李俊 杨昱升 王熠 张攀 周艺 余志祥

7.1 前言

反应机理研究是有机化学领域重要的研究方向之一。通过有机化学的反应机理研究，化学家希望从分子水平上揭示有机化学反应发生的详细历程，即得知反应是通过哪些中间体和基元步骤完成的。同时，化学家也希望借此获得反应的热力学和动力学数据，确定反应的决速步和选择性决定步，以及深入理解取代基效应和溶剂效应等。不仅如此，有机化学反应机理研究还能够指导实验研究的开展，可为化学家优化反应、设计新反应和新催化剂提供理论依据。除此之外，通过对有机化学反应机理信息进行归纳总结，化学家还能够对现有的化学理论进行修正、补充和发展[1,2]。

传统的有机化学反应机理研究主要依赖实验手段，例如光谱、动力学实验、中间体捕获实验和同位素标记实验等。这些实验方法对有机化学的发展起到了巨大的推动作用，但是这些传统的研究方法也具有一定的局限性。例如，对于多步反应的研究，利用传统方法或许能够判断出反应的决速步或是捕捉到一些寿命较长的中间体，但关于每步基元反应及寿命较短的中间体的详细信息，只依靠传统的实验研究可能就无能为力了。

为了克服这些局限性，计算化学应运而生，并快速发展成为研究有机化学反应机理的重要工具之一。计算化学不仅能够加速一条合理反应途径的确立，直观地给出反应中间体及过渡态的几何结构和相对能量，而且能够对可以预判到的各种竞争反应途径进行研究比较，了解反应的选择性和反应性。特别是随着计算机技术和计算方法的不断发展，计算化学逐渐完成了研究对象从简单模型到真实体系、研究范式从定性到精确定量的发展，它已成为理解和预测各类有机化学反应的强大工具。在研究机理相对复杂的催化反应时，计算化学已成为目前主流的研究手段之一。

近年来，有许多非常优秀和深入的有机化学反应机理研究的工作发表，极大地推动了有机化学的发展。在本章中，我们不可能对其中的每一项工作都进行介绍，只能从这些非常具有启发性的研究中选出一部分我们相对熟悉的内容进行简单介绍。由于本章中所提到的这些反应机理研究分布范围比较广，难以发现一个很好的体系对它们进行归纳。但为了方便，我们将简单分为传统有机化学反应机理研究进展和过渡金属催化的有机化学反应机理研究进展两大部分进行介绍。通过对这些工作的介绍，既希望能让读者对这些反应机理及相关的反应有所了解，也希望能让读者认识到计算化学的重要性及其影响的深度和广度，同时希望合成化学家能更多关注文献上反应机理的研究工作。我们还希望通过这些研究例子鼓励更多的科研人员重视和应用计算化学来研究他们所发展的新反应机理。

7.2 传统有机化学反应机理研究进展

7.2.1 $S_N Ar$ 反应

芳香族亲核取代($S_N Ar$)是修饰芳香环的重要手段之一,目前在药物化学研究中应用十分广泛。由于芳环亲核直接加成后的 Meisenheimer 中间体可被成功分离和表征,化学家之前普遍认为 $S_N Ar$ 反应通过分步的加成-消除机理进行。2018 年,Jacobsen 等利用实验和计算化学相结合的方式系统地研究了 $S_N Ar$ 反应的机理[3]。在实验上,他们使用了较为新颖的 $^{12}C/^{13}C$ 定量方法,即使用 $^{13}C/^{19}F$ 偶合在核磁共振谱上产生的卫星峰来对中间体的浓度进行定量。相比于传统的 Singleton 定量方法[4],其灵敏度更高、更加省时。在计算上,他们使用 B3LYP-D3(BJ)方法和 jun-cc-pVTZ 基组对 C—F 键进行了扫描,并据此深入探讨了势能面上是否存在 Meisenheimer 中间体的问题。

经过研究,他们发现 $S_N Ar$ 反应既可能经历分步机理也可能通过协同机理实现(图 7-1)。这主要是由反应物的结构特征决定的。对于芳环上的亲核取代反应,只有当存在强吸电子取代基(如硝基)并且氟原子是亲核基团或离去基团时,才会发生分步机理(反应 A)。对于吡啶、吡嗪和嘧啶这类芳杂环上的亲核取代反应,反应经历协同机理,其过渡态具有 Meisenheimer 结构(反应 B)。而反应 C 则位于协同和分步的边界上,既可以看作是具有长寿命过渡态的协同反应,也可以看作是经历短寿命中间体的分步反应。这主要是由于其中间体既可以被强吸电子基团稳定,也可以由于有好的离去基团而被去稳定化(图 7-1)。

他们还利用定量 Marcus 理论来对上述反应模式进行了表述。当 Meisenheimer 复合物的能量低于反应物和产物的交叉点时,如反应 A 的模式,将会产生分步机理。反之,为反应 B 中的协同机理。如果一个稳定的阴离子连接一个好的离去基团,就变成了反应 C 的模式,该复合物为弱的极小点或肩头点。他们将反应 B 中的过渡态称为 Meisenheimer 过渡态,并认为轨道上 C—F 键的形成是由于 F⁻ 的孤对电子填到了 C═N 键的 π^* 轨道上,而 C—Br 键的断裂是由于 N 的孤对电子填到了 Br 的 σ^* 轨道上(图 7-2)。

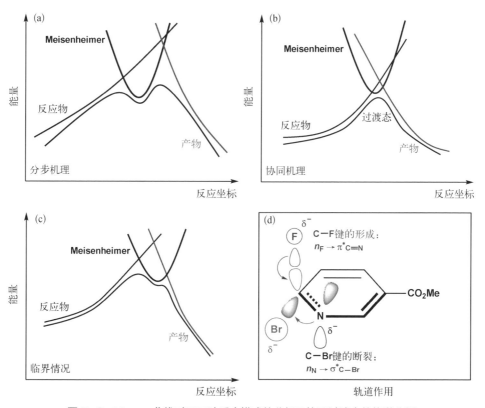

反应A：

分步机理

反应B：

协同机理

反应C：

临界情况

图 7‑1 SₙAr 反应机理类型

(a)

能量

Meisenheimer

反应物

产物

分步机理

反应坐标

(b)

能量

Meisenheimer

反应物

过渡态

产物

协同机理

反应坐标

(c)

能量

Meisenheimer

反应物

产物

临界情况

反应坐标

(d)

δ^-

F

C—F键的形成：
$n_F \rightarrow \pi^*_{C=N}$

CO₂Me

N

Br

δ^-

δ^-

C—Br键的断裂：
$n_N \rightarrow \sigma^*_{C—Br}$

轨道作用

图 7‑2 Marcus 曲线对于三种反应模式的分析及协同过渡态的轨道分析

此外，他们还研究了相关的 120 个 $S_N Ar$ 反应，计算化学预测其中 99 个 $S_N Ar$ 反应（82.5%）都是经历协同机理，这说明协同的 $S_N Ar$ 反应其实非常普遍。这个广泛又细致的研究给了化学家对于 $S_N Ar$ 反应机理和有机化学反应机理研究方式以全新的认识。

7.2.2 Corey-Chaykovsky 反应

Corey-Chaykovsky 反应，即原位产生的叶立德与醛酮化合物的反应，被广泛用于合成环氧化合物，但是当底物变为 α，β-不饱和醛酮时，普通的硫叶立德（DMSM）仍给出环氧化产物，而氧硫叶立德（DMSOM）则给出环丙烷化产物。2019 年，余志祥课题组对此反应的区域选择性进行了 DFT 计算研究（图 7-3）。DFT 计算结果表明，对于两种叶立德参与

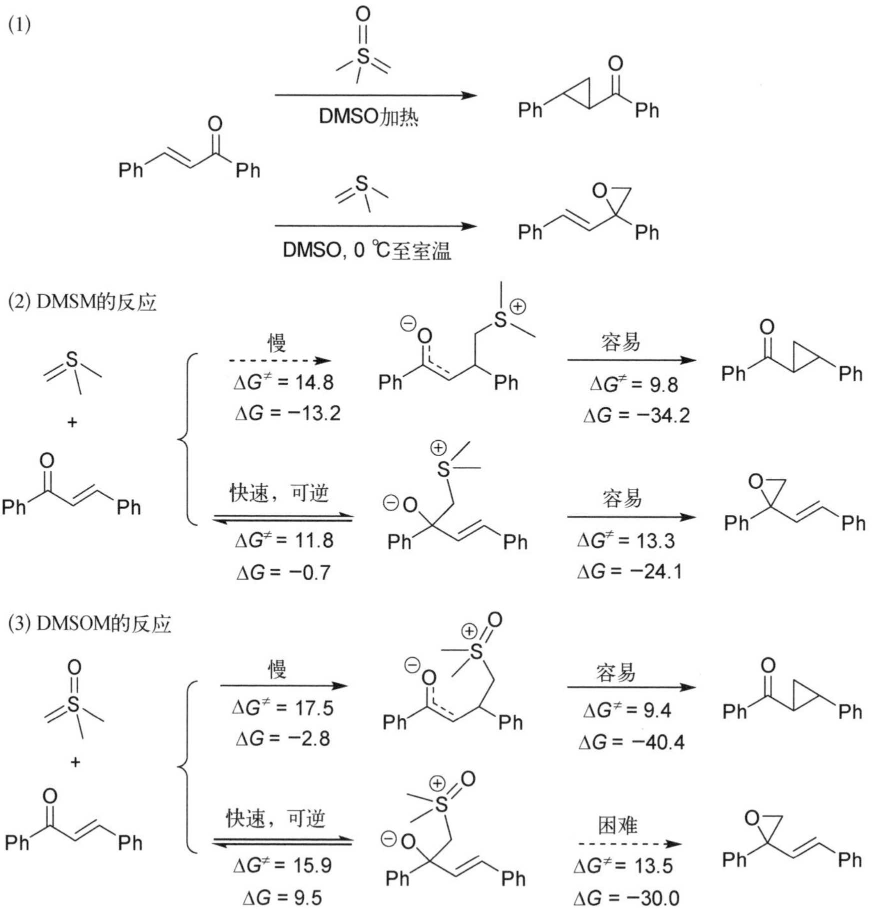

图 7-3　Corey-Chaykovsky 反应机理（单位：kcal/mol）

的环丙烷化反应路径,反应的决速步均是不可逆的 1,4 -加成,随后可以快速得到环丙烷化产物(硫叶立德和氧硫叶立德的环丙烷化反应的活化能分别为 15.5 kcal/mol 和 17.5 kcal/mol)。而它们参与的环氧化反应路径中的 1,2 -加成则是可逆的,随后的分子内取代反应是反应的决速步(硫叶立德和氧硫叶立德的环氧化反应的活化能分别为 13.3 kcal/mol 和 23 kcal/mol)。因此,硫叶立德更倾向于发生环氧化反应,而氧硫叶立德则倾向于发生环丙烷化反应,不同的区域选择性是由两种叶立德的热力学稳定性差异导致的[5]。

7.2.3　手性磷酸催化的不对称 Ugi 反应

Ugi 反应是利用羰基化合物、异腈、羧酸和胺四种组分通过一锅法构建二肽类似物的经典反应,具有原料易得、原子经济性高的优点。由于兼容各种取代基,Ugi 反应被广泛用于药物筛选和生物活性中间体的合成。但是自 20 世纪 60 年代被发现以来[6],关于其立体化学的问题始终未能解决,这阻碍了其在手性药物合成中的应用。2018 年,谭斌课题组通过手性磷酸(CPA)催化剂成功实现了一锅法的不对称 Ugi 反应(图 7 - 4)[7]。Houk 等[7]利用计算化学详细研究了该反应中手性磷酸催化剂的活化模式和对映选择性决定步的过渡态结构(图 7 - 5)。

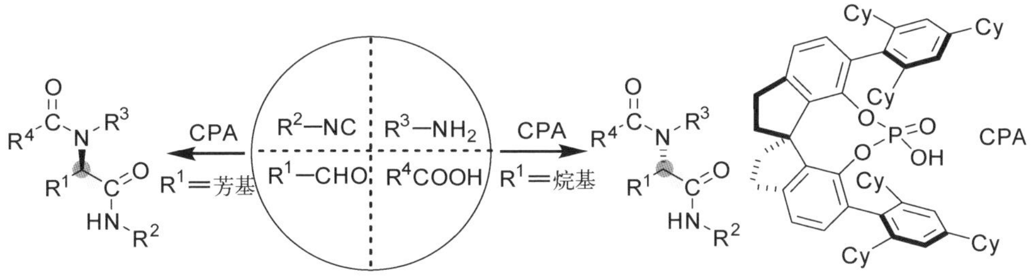

图 7 - 4　手性磷酸催化的不对称 Ugi 反应

DFT 计算显示,手性磷酸和羧酸通过氢键形成的二聚体具有双重作用,一是增加乙酸羰基氧的亲核性,二是增加磷酸的酸性。随后,手性磷酸可以通过氢键活化胺和醛预形成的亚胺。Houk 等利用密度泛函理论计算考察了不同分子之间的结合模式,发现异腈对活化的亚胺进行亲核进攻经历 TS1 所需的能垒最低,仅为 15.7 kcal/mol,这一步骤也是决定对映选择性的关键步骤。在有利的过渡态结构中,芳基适合进入手性磷酸上环己基六元环所形成的口袋中。由于不同底物中的芳基取向不同,当使用烷基醛酮底物时，R 型的过渡态比 S 型的过渡态低 1.9 kcal/mol；而当使用芳香醛酮底物时，R 型的过渡态比 S 型的过渡态高 1.2 kcal/mol。计算化学上认为，非共价相互作用在此时起到决定性的作用，可以解释这两类底物在实验上为什么生成不同构型的产物。

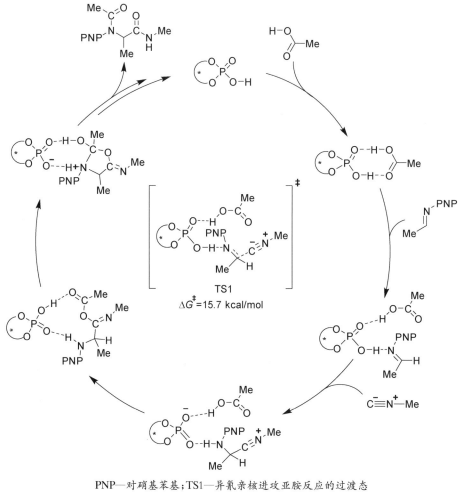

PNP—对硝基苯基；TS1—异氰亲核进攻亚胺反应的过渡态

图 7-5　Ugi 反应关键机理

7.2.4　无金属催化的芳烃 C—H 键活化反应

近 30 年来，酸介导的 C—H 键活化已经取得了迅速发展，但在反应中往往需要使用贵金属（如钯、铑），因此发展无金属催化的芳烃 C—H 键活化反应成为有机化学家追求的方向。Siegel 和 Houk 等合作利用邻苯二甲酰过氧化物作为氧化剂成功地将芳烃转化为苯酚，同时通过理论计算揭示了一个新的 C—H 键活化机理，即 reverse-rebound 机理，并解释了芳烃 C—H 键活化反应的选择性[8]。

研究发现，芳烃转化为苯酚的机理可分为以下 3 步：首先是邻苯二甲酰过氧化物经过单分子过氧键断裂得到双自由基，随后自由基与芳烃作用形成 C—O 键（图 7-6 中路径 a），最后另一个自由基攫取芳烃 H 原子，氢解得到产物。这个机理被称为 reverse-rebound 机理。双自由基还有可能先攫取芳烃 H 原子，随后形成 C—O 键（图 7-6 中路径 b），这个机理被称为 rebound 机理。但此机理可以被排除，理论计算表明其能垒远远高于路径 a。当他们利用均三甲苯作为反应底物和溶剂，并分别利用邻苯二甲酰过氧化物和苯甲酰过氧化物作为自由基引发剂时，观察到了不同的选择性。前者得到了苯环 C—H 键活化产物，而后者只得到了甲基 C—H 键活化产物。他们还利用理论计算研究了 C—O 键过渡态的结构及两种氧化剂的反应势能面，发现邻苯二甲酰氧自由基形成 C—O 键仅需 10.0 kcal/mol 的活化能，随后攫取苯环 H 原子的活化能小于 4.0 kcal/mol，而攫取甲基上的氢形成苄基自由基需要 15.5 kcal/mol。对于苯甲酰氧自由基来说，虽然形成 C—O 键比形成苄基自由基的活化能低，但随后另一个自由基攫取苯环 H 原子成为反应决速步，总的活化能高达 25.8 kcal/mol，远远高于形成苄基自由基的 18.9 kcal/mol（图 7-7）。通过对于上述两个反应势能面的研究，不同选择性的内在原因，即两种自由基攫

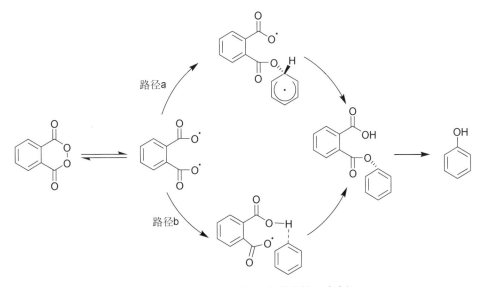

图 7-6　邻苯二甲酰过氧化物催化的两种路径

取不同氢原子的活化能差异被揭示了出来。

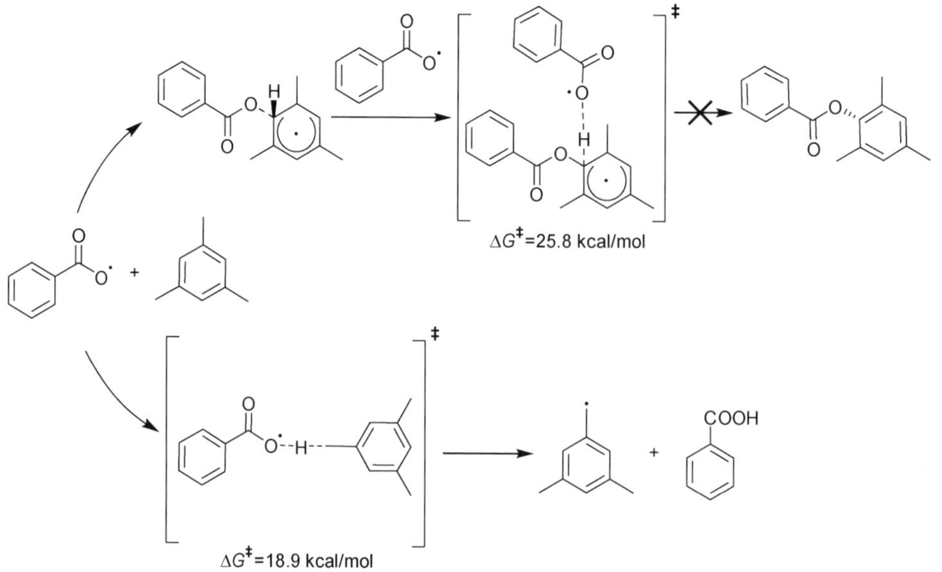

图 7-7 苯甲酰氧自由基催化苄基自由基生成

7.2.5 芳基卤化物的自由基硼化反应

2016 年,黎书华等发现,4-氰基吡啶可以对双硼化合物[如 $B_2(pin)_2$]进行 B—B 键的非极性断裂,形成较稳定的两分子 N—B 自由基加合物(图 7-8)[9]。他们通过计算发现,该反应在经历了两次吡啶 N 对 B 的进攻后,经历了 B—B 键的断裂过程(总的活化能为 17.9 kcal/mol)。该反应十分温和,可以在室温的条件下得到长寿命的自由基物种,并且使用该自由基物种可以实现对于偶氮、亚砜等化合物的还原反应。

受到上述对于长寿命自由基的机理研究的启发,2017 年,焦雷等利用上述自由基与短寿命的芳基自由基结合,发现了广泛的芳基卤代物转化为芳基硼的方法学(图7-9)[10]。该反应的底物比较广泛,对于碘苯、溴苯甚至一些氯苯类型的底物,反应也能十分顺利地进行。基于这个新反应,他们也对其反应机理进行了研究。结合自由基捕获、EPR 等手段,他们认为该反应中的双硼负离子中间体分解为一个 N—B 长寿命自由基和一个 B 自由基是非常关键的步骤,随后 B 自由基与芳基卤代苯发生 SET 得到了短寿命的芳基自由基,进而两个自由基发生偶联反应得到了产物并且释放了吡啶催化剂,从而完成催化循环。

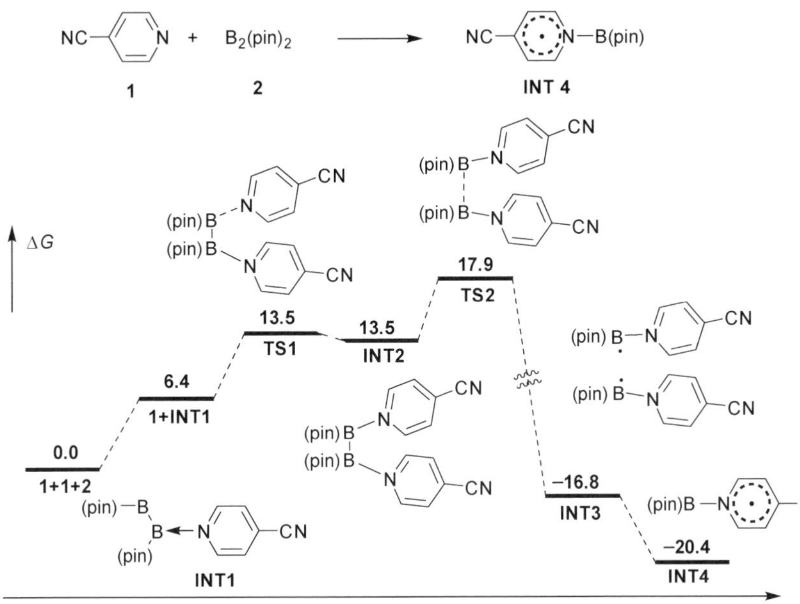

图7-8 4-氰基吡啶与B_2(pin)$_2$的反应势能面(单位: kcal/mol)

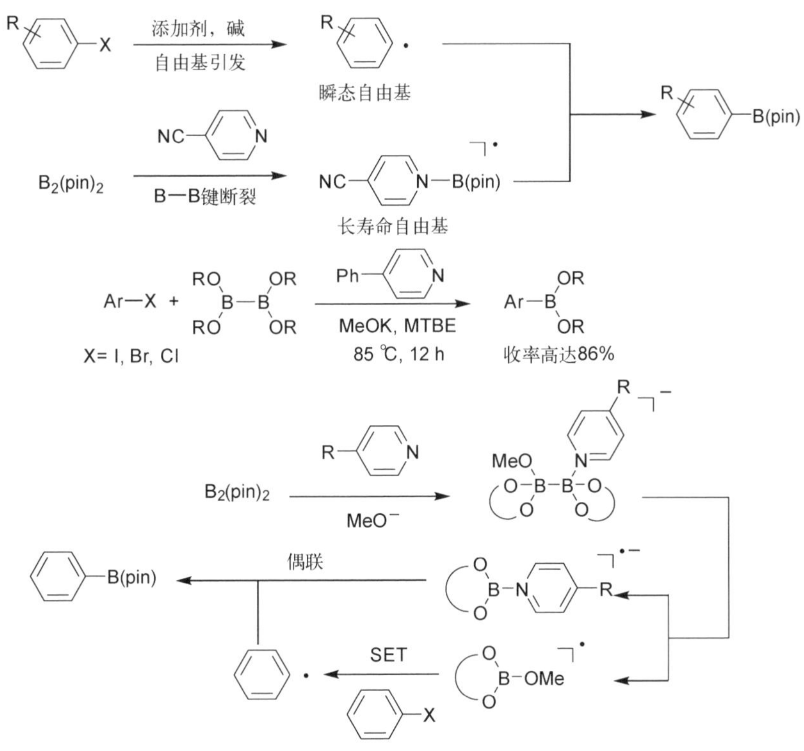

图7-9 芳基卤化物的硼化反应及反应机理

7.2.6 乙烯基碳正离子的还原偶联反应

饱和碳原子可以通过断裂碳-卤键、碳-氧键等产生正离子中间体的方式进行取代反应,但烯基碳原子由于 sp^2 杂化的强吸电子效应,产生正离子中间体比饱和碳原子困难许多。乙烯基碳正离子最早由 Jacobs 等提出[11],随后由 Grob 等[12]和 Hanack 等[13]进行了深入研究,成为实验和理论研究的一个重要领域。尽管乙烯基碳正离子有很长的历史,但其在合成中的应用仍不多,一般限于分子内反应和溶剂解反应。2018 年,Houk 和 Nelson 合作发现了烷基硅正离子和弱配位阴离子(weakly coordinating anion, WCA,如[HCB$_{11}$Cl$_{11}$]$^-$)组成的催化剂可以解离三氟甲磺酸基团产生乙烯基碳正离子,随后与烷烃或芳烃发生分子间的 C—H 键插入反应(图 7 - 10)[14]。

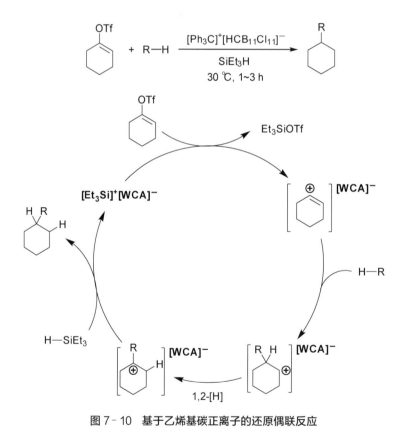

图 7 - 10　基于乙烯基碳正离子的还原偶联反应

他们通过理论计算发现,乙烯基碳正离子发生分子内的 1,2 -氢迁移得到烯丙基碳正离子是动力学不利的过程,需要高达 36.2 kcal/mol 的活化能,因此他们设想乙烯基碳正离子可以和烷烃或芳烃发生分子间的 C—H 键插入反应。随后烷基硅正离子通过分子内的 1,2-氢迁移得到更稳定的叔碳正离子,最后得到还原偶联产物。通过烷基硅正离子和弱配位阴离子,他们成功利用酮的衍生物实现了烷烃或芳烃的 C—H 键活化。但更为重要的是,他们在理论计算研究中发现了分叉过渡态结构。通过动力学模拟和量子化学计算,他们发现此过渡态在发生分子间的 C—H 键插入反应时存在了两条不同的轨迹(图 7-11)。首先会形成非对称的三中心两电子的非经典碳正离子,通过超共轭作用稳定了碳正离子,此时 R 与 C1 作用更强,但它接下来可以经过两条轨迹分别得到两种产物,一条主要轨迹是直接形成 C1—R 键,另一条较少经过的轨迹是先得到 C2 作用更强的非经典碳正离子,随后形成 C2—R 键,再发生 1,2-氢迁移得到三级碳正离子。中间体结构中的这种超共轭稳定作用推迟了利用 1,2-氢迁移得到经典叔碳正离子的过程,从而可以观察到少量 C2 取代的产物,这和实验上利用非对称底物所得到的产物分布相符合,证实了这个反应和设想的经典碳正离子途径不同。

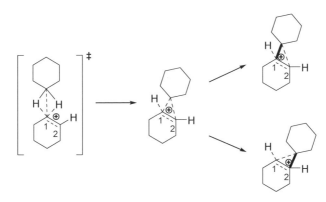

图 7-11　乙烯基碳正离子发生分子间的 C—H 键插入反应的分叉过渡态及两种相互振荡的非经典碳正离子

7.2.7　Lewis 酸促进的 Diels-Alder 环加成反应

Diels-Alder(DA)反应可以快速构建具有最多四个立体中心的六元环,因此,其自从被发现就受到了化学家的广泛关注。其中,由于 Lewis 酸可以与亲双烯体结合,其不仅可以加快 DA 反应,还可以通过形成特定的化学结构来更好地控制产物的立体化学。通过前线轨道分析,化学家认为 Lewis 酸与亲双烯体结合之后能够降低亲双烯体的

LUMO,使得其与二烯体的 HOMO 能量差减小,进而增大反应速率。但在近期的研究中,Bickelhaupt 等通过计算化学研究,发现 Lewis 酸能够催化反应的主要原因是降低了二烯体与亲双烯体的 Pauli 排斥作用(图 7 - 12)[15]。具体来说,在反应过渡态中,二烯体的 HOMO - 1 轨道(HOMO - 1$_{diene}$)与亲双烯体的 π 轨道(π - MO$_{ester}$)之间有比较强的相互作用。该相互作用为两中心四电子的排斥作用(⟨HOMO - 1$_{diene}$ | π - MO$_{ester}$⟩),能使体系的活化能升高,从而不利于反应的发生。当 Lewis 酸催化该反应时,Lewis 酸的电子效应显著地削弱了过渡态中二烯体的 HOMO - 1 轨道与亲双烯体的 π 轨道之间的 Pauli 排斥作用,进而降低了反应能垒。

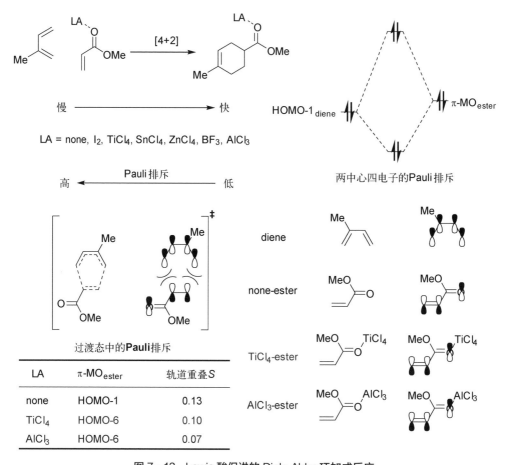

图 7‑12　Lewis 酸促进的 Diels-Alder 环加成反应

除了上述的 Pauli 排斥作用,他们对该反应进行了能量分解,详细研究了各部分能量及不同 Lewis 酸对该反应 LUMO 和 HOMO 能量差的关系(表 7 - 1)。从计算结果可以看出，Lewis 酸的酸性与反应的相互作用能 ΔE_{int} 变化一致，该结果符合人们的认知。但是随着酸性的增加，LUMO 能量并不是单调变化的。从这里可以看出，Lewis 酸催化该反应的能力与 LUMO 和 HOMO 能量差并没有很好的对应关系。

表 7-1　不同 Lewis 酸对反应的影响原因

LA	ΔE_{int} /(kcal/mol)	ΔV_{elstat} /(kcal/mol)	ΔE_{Pauli} /(kcal/mol)	ΔE_{oi} /(kcal/mol)	ε_{LUMO} /eV	$r(\text{LA}\cdots\text{O—C})/\text{Å}$	相对于 Lewis 酸的酸性
I_2	5.5	−13.9	18.6	−10.2	−3.7	2.745	—
$SnCl_4$	−10.0	−31.5	40.8	−19.2	−4.0	2.493	0.52 ± 0.04
$TiCl_4$	−14.5	−41.5	50.6	−23.6	−4.3	2.250	0.66 ± 0.03
$ZnCl_2$	−17.2	−41.5	46.8	−22.5	−3.7	2.129	—
BF_3	−25.6	−59.8	87.0	−52.8	−3.8	1.733	0.77 ± 0.02
$AlCl_3$	−37.5	−65.7	74.4	−46.2	−4.2	1.898	0.82

随后，他们针对不加催化剂、$TiCl_4$ 催化、$AlCl_3$ 催化这三种情况，用能量分解的方式对反应进行了研究，发现随着催化剂酸性的增加，反应能垒逐渐变小。在加入催化剂后，轨道作用能变化不大，而 Pauli 排斥能变化很大。因此，他们得出结论：Lewis 酸主要通过降低 Pauli 排斥作用来降低 DA 反应的活化能。这个观点与传统的前线轨道理论不同，这启示了科学家使用前线轨道理论判断反应性时需要考虑是否有内层电子 Pauli 排斥作用的影响。

7.2.8　Grignard 反应

自 Grignard 试剂被发现的一百多年以来，其反应机理一直没有被研究清楚，争论来源于体系中共存的亲核加成机理和自由基机理。2020 年，Eisenstein 课题组和 Cascella 课题组通过合作，利用量子化学计算和从头算分子动力学模拟研究了 Grignard 试剂甲基氯化镁在四氢呋喃中与乙醛发生加成反应的机理[16]。他们发现，传统认为的亲核加成机理和自由基机理在该反应中都有可能存在，而它们的存在与否取决于底物、Mg 原子的配位环境和溶剂。在亲核加成机理中，图 7-13 中的单核金属中间体和双核金属中间体均是活性物种，其活性会受到溶剂的影响。对于更多被溶剂化的 Mg 原子而言，从反应物到过渡态的重组更加有利，随后经离子机理发生亲核加成；而对于更少被溶剂化的 Mg 原子而言,由于熵的因素,额外的配位过程变得不容易。而自由基机理仅存在于具有较低 π* 轨道(较低的还原电势)的底物(如芳基酮,但烷基酮不行)中,这一类底物通常具有较大的空间位阻,同时溶剂也会影响该机理。

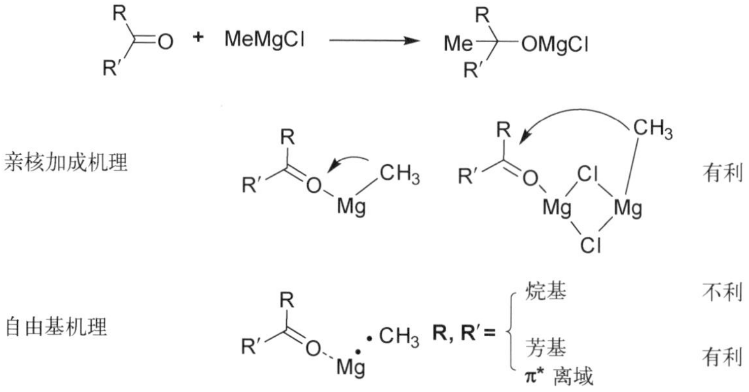

图 7-13 Grignard 反应机理

7.2.9　1, n -质子转移反应

通过碳原子间质子转移实现的碳负离子重排[图 7-14(a)]是有机膦催化[17,18]和芳炔化学[19-21]中常见的基元反应。2007 年,余志祥课题组通过理论与实验相结合的手段研究了陆熙炎等所发展的有机膦催化的[3+2]环加成反应[22],并发现了其中所涉及的 1,2-质子转移和 1,3-质子转移反应并不是通过分子内协同机理进行的,而是通过水辅助的分子间质子化/去质子化机理实现的[图 7-14(b)][23-25]。而芳炔化学中的一些质子转移反应却是通过分子内过程实现的[图 7-14(c)]。例如,由硫醚和含氮亲核试剂对芳炔进行亲核加成,所生成的中间体向叶立德转化过程中的 1,4-质子转移被认为是分子内过程。此外,李杨课题组的同位素标记实验也表明,由芳基负离子所引发的 1,5-质子转移是分子内过程[26]。

2017 年,余志祥课题组进一步对分子内碳原子间的 1, n -质子转移反应展开了系统的理论计算研究[27]。一般而言,n 越大,分子内质子转移越容易(表 7-2)。1,2-质子转移和 1,3-质子转移很困难,但可通过质子梭辅助的质子化/去质子化机理进行加速。而在大多数情况下,分子内 1,4-质子转移和 1,5-质子转移相对容易。这些规律源于过渡态中环张力与立体电子需求(线性 C⋯H⋯C 结构)之间的权衡取舍。

(a) 质子转移

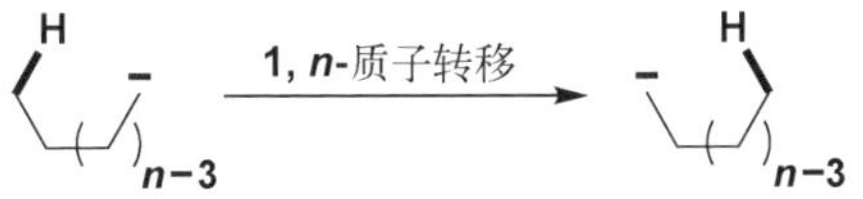

(b) 水辅助的质子转移

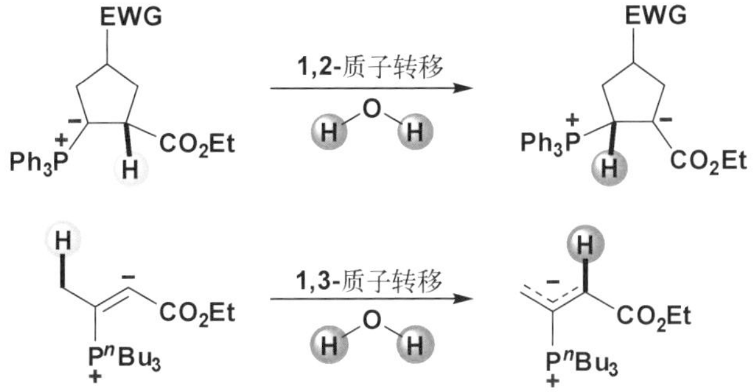

(c) 直接的质子转移

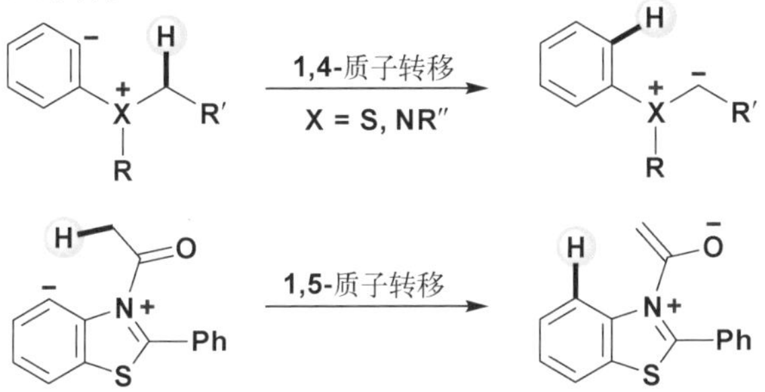

图 7-14　通过碳原子间质子转移实现的碳负离子重排

表 7-2　一级碳负离子的分子内 1, n-质子转移反应

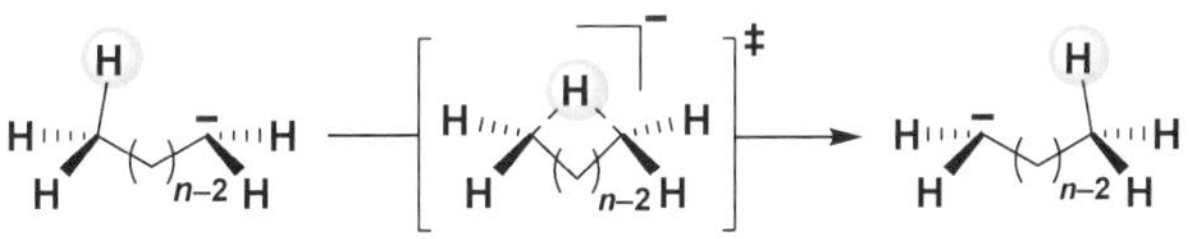

n	碳 负 离 子	反应能垒/(kcal/mol)
2	乙基负离子	48.2
3	正丙基负离子	34.2
4	正丁基负离子	18.2
5	正戊基负离子	17.2
6	正己基负离子	15.1
7	正庚基负离子	16.0

注：计算在 SCS-MP2/aug-cc-pVTZ//ωB97XD/6-311+$G(d,p)$理论水平下进行。

除此之外,该课题组还将研究对象拓展到具有共轭结构的碳负离子[28]和芳炔化学[29]中,并深入考察了取代基效应和热力学贡献的影响等。考虑到质子转移与氢键之间的紧密联系,近期该课题组通过理论计算首次论证了对称 C…H…C 氢键存在的可能性[30]。

7.3 过渡金属催化的有机化学反应机理研究进展

7.3.1 金催化的双烯双炔环化异构化反应

受到萜类化合物生源合成途径的启发,有机化学家设计并发展了许多高效的多烯串联环化反应。虽然这些反应可被用于构筑含有五元碳环和六元碳环的天然产物,但是由于环化过程中存在不利的跨环相互作用和熵效应,此类反应往往很难被用于七元碳环等中环体系的构筑。2014 年,余志祥课题组发展了一种金催化的双烯双炔环化异构化反应,通过巧妙地引入 1 -烯基- 2 -炔基环丙烷的 Cope 重排,高效地合成了具有七元碳环的 6 - 7 - 5 三环化合物[31]。

后续的机理研究表明,该反应经由配体交换、环丙烷化、1 -烯基- 2 -炔基环丙烷的 Cope 重排、C—H 键插入[14,32,33]和 1,2 -氢迁移等基元步骤完成(图 7 - 15)[34]。其中,反应的决速步是环丙烷化步骤。通常情况下,通过 1 -烯基- 2 -炔基环丙烷的 Cope 重排所得到的七元环联烯在合成上的价值不大,这是由于其可以发生后续的二聚反应。而在余志祥课题组的工作中,七元环联烯 C 具有一个烯基正离子共振式 D。烷基 C—H 键活化正是通过该烯基正离子对 C—H 键进行快速插入得以实现的(理论计算结果表明,这一步的活化能仅为 1.5 kcal/mol)。

上述反应及其机理适用于 X 为 O 或 NTs 的底物,而不适用于双酯桥底物。这是由于氧桥和氮桥底物的环丙烷化具有 endo-dig 选择性[图 7 - 16(a)中左图],从而能够引发后续的 Cope 重排;而双酯桥底物的环丙烷化具有 exo-dig 选择性[图 7 - 16(a)中右图],不能引发后续的 Cope 重排。基于此,他们提出了一个设想:如果使用缩碳底物,则 exo-dig 环化将生成具有高度张力的 4/3 并环骨架,因而得到抑制。进一步的密度泛函理论计算支持了这一观点,相较于 endo-dig 环化,exo-dig 环化在动力学上不利。基于这些理论预测和理论计算，他们随后在实验上成功实现了缩碳底物的环化异构化反应，为构建具有全碳骨架结构的 5-7-5 三环化合物和 5-7-6-6 四环化合物提供了新的合成路径[图 7-16(b)]。

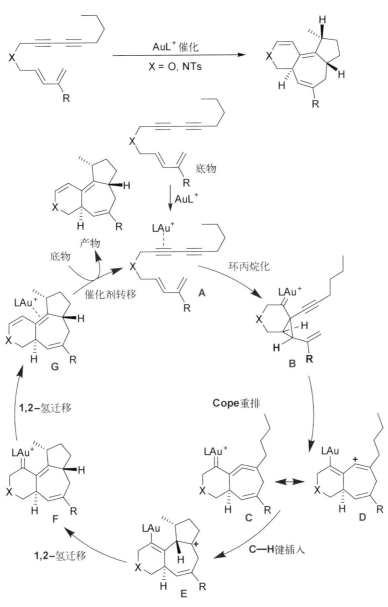

图 7-15　金催化的双烯双炔环化异构化反应

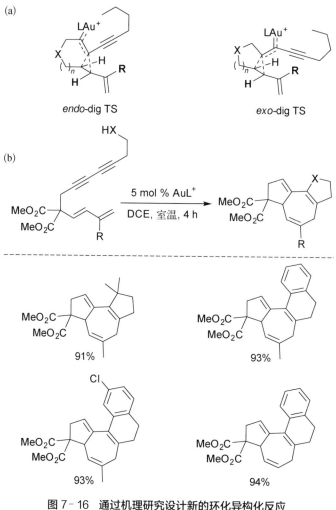

图 7 - 16 通过机理研究设计新的环化异构化反应

7.3.2 铑催化的桥式 [5+2] 反应

有机化学反应经常能够得到意料之外的产物,计算化学可以帮助化学家研究这些反应发生的内在原因。2017 年,余志祥课题组报道了铑催化的桥式[5 + 2]反应(图7 - 17)[35]。在该反应中,底物顺式- 2 -联烯-乙烯基环丙烷在铑催化剂的作用下发生了一种新的[5 + 2]反应,而不是原来所期望的形成 5/7 并环的常规[5 + 2]反应。经过底物拓展实验发现,该反应的底物普适性较好,对于联烯末端双取代的底物,均能够以较好的收率得到桥式[5 + 2]产物。但是当联烯末端仅有一个或者没有取代基时,该反应难以发生。他们认为,在这种情况下,铑催化剂会与外侧位阻较小的双键配位,从而导致反应难以发生。当底物的乙烯基环丙烷部分存在取代基时,除了桥式[5＋2]产物,常规[5＋2]产物也能被分离得到。

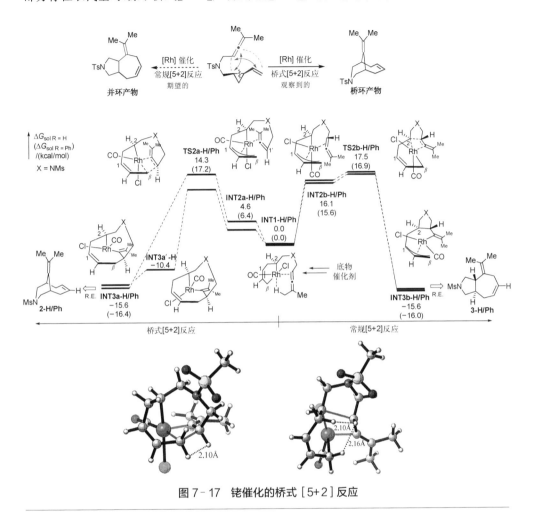

图 7‐17 铑催化的桥式［5+2］反应

为了研究该反应的机理、探讨得到新型桥式[5＋2]产物的机制,余志祥课题组进行了密度泛函理论计算。通过计算,他们发现如果进行常规[5＋2]反应,在插入的步骤,联烯部分与乙烯基环丙烷部分存在较大的空间位阻。但是当改变联烯的插入方向时,联烯部分远离乙烯基环丙烷部分,反应的空间位阻会变小,从而使反应朝着桥式[5＋2]反应的方向进行。该反应的发现为合成七元环化合物提供了一个非常好的方法。

除 NTs 的底物之外,NNs、NBs、NMs 的底物也均能发生这种新型桥式[5＋2]反应。但是当换成碳桥[CH₂、(COOMe)₂]底物时,反应则不能发生。在计算中,作者发现在过渡态中,碳桥会和环丙烷基团中的 H 原子有比较强的排斥作用。这就可以解释碳桥底物无法发生反应的原因。当反应温度升高时,碳桥底物会发生分解。因此对于该反应,桥的选择相对比较重要。

7.3.3　铑催化的 C—C 键活化反应

2012 年,董广彬课题组以一价铑催化苯并环丁烯酮的分子内[4 + 2]反应合成了 5 - 6 - 6 三环骨架,并在手性配体(R)-DTBM-SEGPHOS 存在下实现了其不对称[36]。2015 年,刘鹏课题组与董广彬课题组合作,首次研究了此类苯并环丁烯酮反应的详细机理[37]。

对于苯并环丁烯酮 C—C 键氧化加成的路径来说,有两种启动方式(图 7 - 18)。一种是从 C1—C2 处启动,即从近端氧化加成形成中间体 **B**,随后经烯烃迁移插入、C—C 键还原消除得到目标产物。另一种是竞争地从远端的 C1—C8 处启动形成中间体 **C**,但如果要生成目标产物则需要额外的异构化步骤,即先形成中间体 **B**,再生成目标产物。

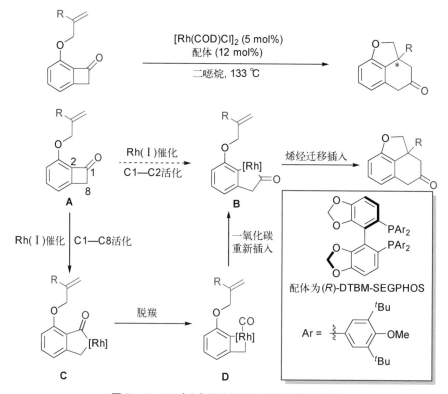

图 7 - 18　Rh(Ⅰ)催化烯烃的碳酰化反应机理

他们发现,Rh(Ⅰ)直接对 C1—C2 氧化加成的能垒很高,说明该反应并未经历这样的过程,而是先经历 C1—C8 氧化加成,随后脱羰后 CO 重新插入得到中间体 **B**,最后烯烃迁移插入后 C—C 键还原消除得到目标产物。反应的立体选择性是由烯烃迁移插入步骤决定的。这一研究为 Rh(Ⅰ)催化烯烃的碳酰化反应机理研究提供了一个较好的范式,同时促进了此类反应的发展。

对于配体效应,他们发现在原始的实验条件筛选中,不同尺距的双膦配体对反应收率的影响非常显著,反应性从 dppm、dppe、dppp、dppb 依次升高。对此,他们给出计算上的解释如下:对于反应的决速步,即 CO 重新插入的过程,更大尺寸的六配位中间体不稳定,从而降低了 CO 重新插入的能垒,故而更大位阻的 dppb 反而给出了更高的收率。

2016 年,董广彬课题组与刘鹏课题组合作,成功实现了低张力环戊酮的 C—C 键的催化转化反应(图 7-19)[38]。他们首先使用 2-氨基吡啶与环戊酮衍生物在酸存在的条件下原位发生缩合反应,得到了含导向基团的环戊亚胺,随后在一价铑存在的条件下发

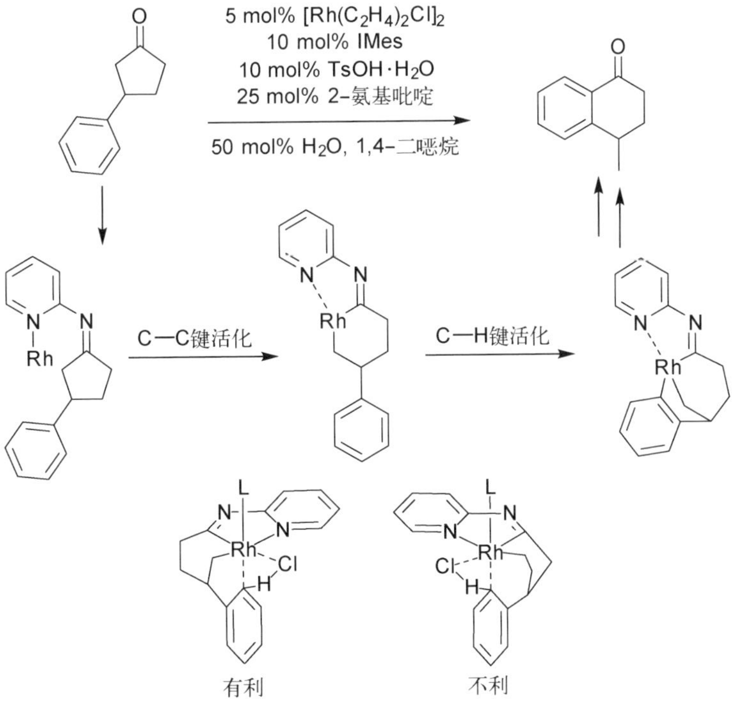

图 7-19　环戊酮的 C—C 键的催化转化反应

生可逆的 C—C 键活化反应,生成了铑杂环己亚胺中间体,然后发生苯环上的 C—H 键活化同时消除一分子氯化氢,并经还原消除,最后经 Rh—C 键的质子解得到了甲基环己酮产物。DFT 计算表明,在导向基团存在下,反应的决速步并不是 C—C 键活化步骤,而是 C—H 键活化步骤,这与动力学同位素效应实验的结果一致。

7.3.4　铜催化烯烃的氢胺化反应

2013 年,Buchwald 等发展了铜氢物种的不对称氢胺化反应,可以用于从烯烃前体直接高效地生成一系列高对映选择性的手性胺产物(图 7 - 20)[39]。该反应由一价铜氢物种对双键的加成启动,生成手性的烷基铜中间体,随后原位生成的烷基铜中间体被羟胺酯捕捉,生成产物胺与苯甲酸亚铜盐,最后苯甲酸亚铜盐被硅氢物种还原再生铜氢催化剂。在研究中,他们发现大位阻的双膦配体(如 DTBM-SEGPHOS)能够促进铜氢化反应,这引起

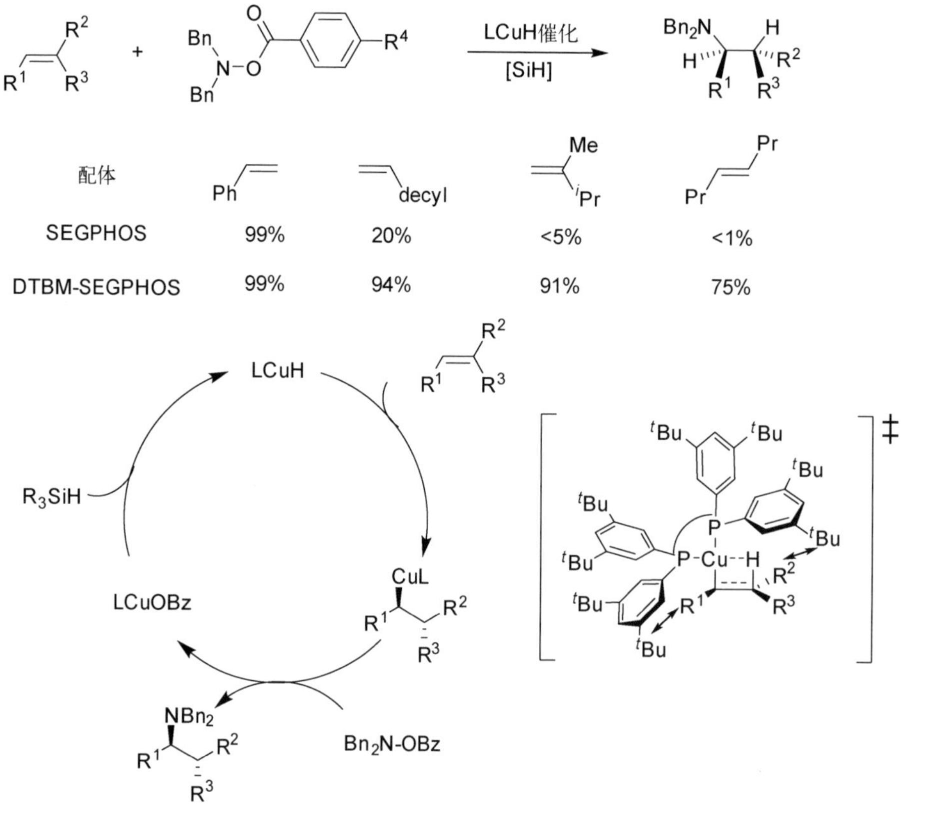

配体	Ph（vinyl）	decyl（allyl）	Me/iPr	Pr/Pr
SEGPHOS	99%	20%	<5%	<1%
DTBM-SEGPHOS	99%	94%	91%	75%

图 7‑20　铜催化烯烃的氢胺化反应

了他们的兴趣，于是他们与刘鹏课题组合作，使用 DFT 计算研究了该反应的机理。他们发现，大位阻双膦配体的加速效应主要是因为其上的叔丁基与底物间的色散作用降低了反应能垒，并在计算化学上给出了反应变快的原因。随后，他们基于对铜氢物种的氢胺化反应的理解，通过引入含氟取代基设计了一类新型的不对称双膦配体[40-42]。

7.3.5 铜催化的原子转移自由基聚合反应

过渡金属催化的聚合反应也是化学家研究的热点之一。刘鹏课题组对一系列铜催化 α-卤代酯的原子转移自由基聚合（atom transfer radical polymerization，ATRP）反应进行了理论研究（图 7-21）[43,44]。此类反应一般由一价铜及 α-卤代酯的卤原子转移反应引发，生成烷基自由基，随后与单体发生链反应，同时生成的二价铜中间体发生逆卤原子转移反应得到休眠种中间体，以降低活性中间体的浓度，从而实现可控聚合。他们认为，此类反应的速率是由铜催化剂的电性与配体/引发剂的立体排斥共同决定的。此外，配体骨架的弹性也能影响反应速率。基于计算结果，他们给出了此类反应活化能（$\Delta G_{predicted}^{\neq}$）的经验公式：

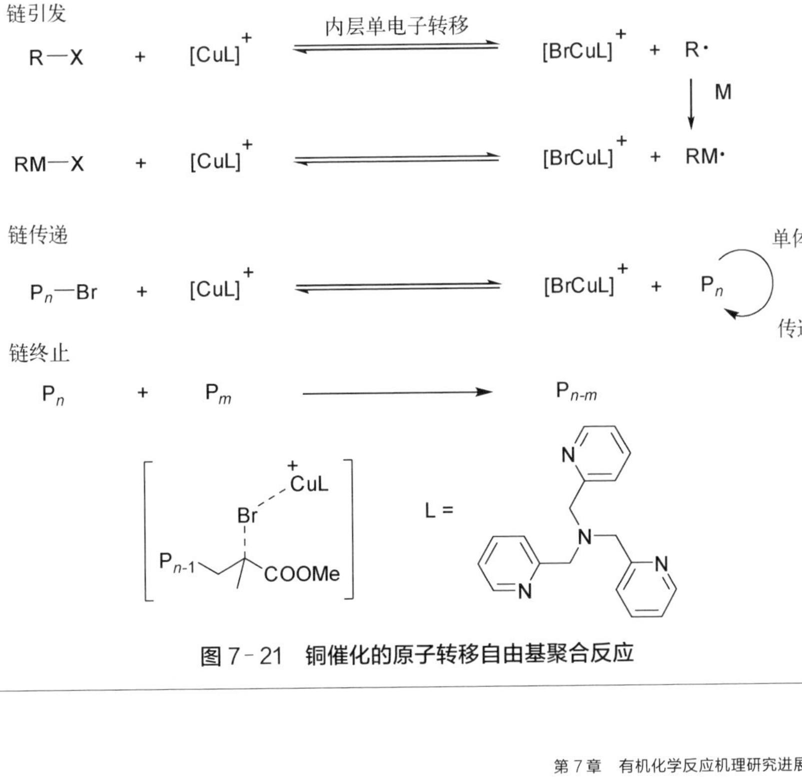

图 7-21 铜催化的原子转移自由基聚合反应

$$\Delta G^{\neq}_{\text{predicted}} = -4.5 \times E_{\text{HOMO}} + 0.45 \times V_{\text{bur}}\% + 0.48 \times \Delta E_{\text{dist}} - 41 \qquad (7-1)$$

式中，E_{HOMO} 为催化剂的 HOMO 能量；$V_{\text{bur}}\%$ 为配体的大小占金属中心的配位球层的比例；ΔE_{dist} 为变形能。

类似地，他们也给出了此类反应活化能基于烷基卤代物的键解离能 $[BDE(\text{RX})]$ 和铜与卤素的结合强度 $[E(\text{Cu},\text{X}\cdot)]$ 的经验公式：

$$\Delta G^{\neq}_{\text{predicted}} = 0.56 \times BDE(\text{RX}) + 0.39 \times E(\text{Cu},\text{X}\cdot) + 4.8 \qquad (7-2)$$

7.3.6　钯催化的间位 C—H 键活化反应

余金权课题组发展了钯催化的对映选择性 C—H 键活化和芳烃、烷烃等选择性 C—H 键活化模式。由于不同 C—H 键的电子性质和结构性质相近，选择性活化某一 C—H 键是一大难题，采用导向基团是其中一种活化策略。2014 年，Houk 和吴云东等的理论计算表明，单保护的氨基酸（MPAA）在导向基团活化中具有双重作用，一是作为配体稳定金属钯，二是促进芳基 C—H 键进行协同金属化-去质子化（concerted metalation-deprotonation，CMD），通过 Pd-MPAA 过渡态机理实现活化[45]。而在苄基醚的 C—H 键活化中，无须 MPAA 配体也能实现间位 C—H 键活化反应，虽然也经历 CMD 过程，但理论计算表明氰基的 N 是配位在 Ag 上而不是 Pd 上，它是利用两分子醋酸根作为桥形成 Pd-Ag 双金属中间体来进行反应的[46]。图 7-22 展示了钯催化基于导向基团策略的两种间位 C—H 键活化机理。

基于此，余金权与 Houk 等合作设计了酰胺型导向基团，C—H 键与酰胺碳原子之间仅有四个原子，更利于得到药物骨架的分子[47]。并且他们设计了氰基和酰胺的长链导向基团，设想可以加入银离子参与氰基配位，醋酸根作为桥（图 7-23）。理论计算表明，通过 Pd-Ag 双金属中间体所需能量确实最低，间位 C—H 键活化经过 Pd-Ag 过渡态的能垒仅需 23.2 kcal/mol，而此机理下邻位 C—H 键的活化能垒为 25.5 kcal/mol，对位 C—H 键的活化能垒为 30.9 kcal/mol，都远远高于间位 C—H 键的活化能垒。同时他们发现，间位 C—H 键活化 Pd-Ag 过渡态对导向基团的畸变能最低，即将导向基团变化到 Pd-Ag 过渡态结构所需要的能量最低，这证实了间位 C—H 键活化的选择性。他们利用不同过渡态结构的玻尔兹曼分布对收率进行了计算，间位 C—H 键活化的选择性高达 98%，与实验的 91% 相比被高估了。他们认为，其中有 Pd-MPAA

机理产生对位产物的贡献，但 Pd‑MPAA 机理对于对位 C—H 键活化的能垒仅比 Pd‑Ag 机理对于间位 C—H 键活化的能垒高 1.5 kcal/mol，因此机理计算的间位 C—H 键活化的选择性降为 94%，与实验相吻合。可见，理论计算可以用于定量预测产物的分布。

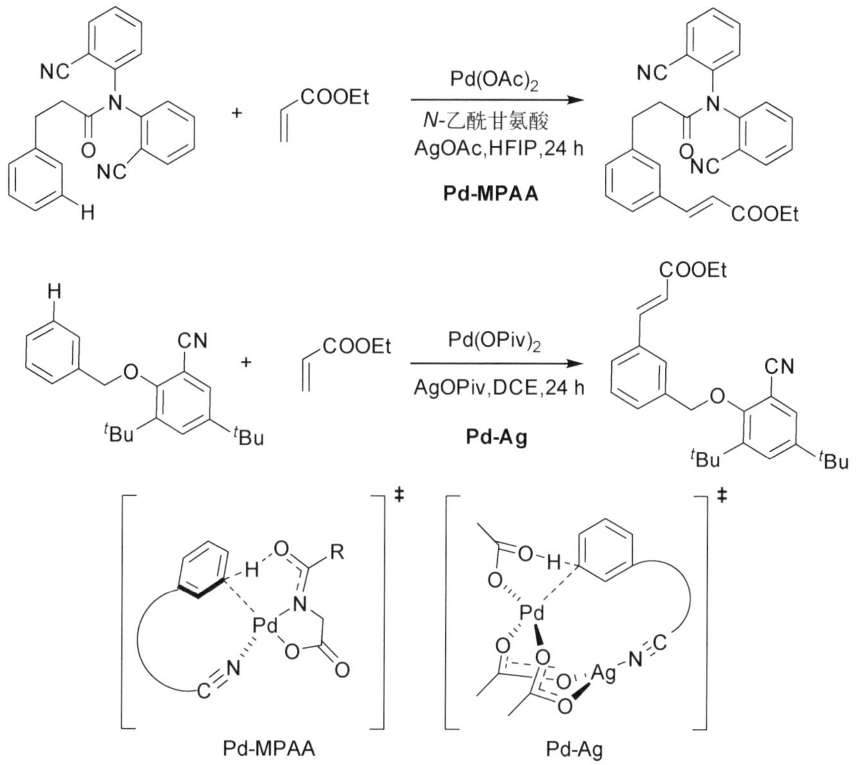

图 7‑22　钯催化基于导向基团策略的两种间位 C—H 键活化机理

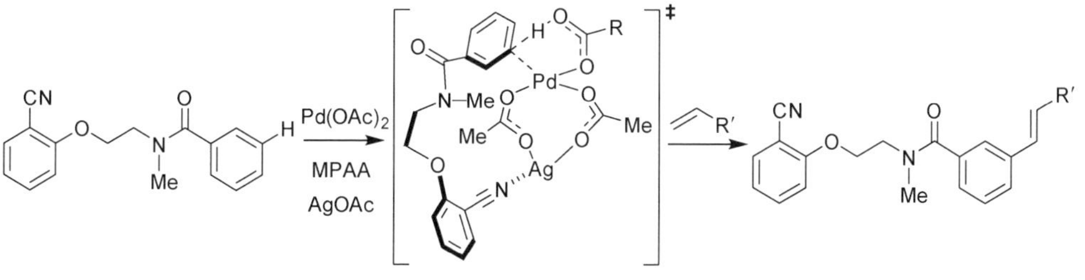

图 7‑23　通过 Pd‑Ag 过渡态实现的间位 C—H 键活化反应

7.3.7　铑催化的四重 C—H 键活化反应

过渡金属催化的 C—H 键活化是一种常用的构筑 C—C 键的策略,其中最为理想的一类反应是两个 C—H 键之间的直接交叉偶联反应[48-50]。2018 年,游劲松、高戈等利用三水合三氯化铑作为催化剂实现了 N -(杂)芳基咪唑盐与(杂)芳烃的交叉偶联反应[51]。该反应先后经历了四次 C—H 键活化,形成了两个 C—C 键,并高效地实现了杂环系统间的稠合。对于这项工作,余志祥课题组对该反应的机理进行了深入的理论计算研究,阐明了(杂)芳烃可以作为配体对反应中间体进行稳定,并探讨了其与传统的环戊二烯负离子型配体在反应选择性上具有差异的原因。同时他们指出,该反应中的四次 C—H 键活化并非都经过常见的 CMD 过程,其中最后一次 C—H 键活化是通过 C—H 键对一价铑的氧化加成实现的(图 7 - 24)。基于这些机理信息,研究团队设计并在实验上首次实现了一价铑催化的基于两个(杂)芳基 C—H 键之间的直接脱氢气偶联反应。

7.3.8　镍催化的 C—N 键活化反应

酰胺官能团是构建蛋白质的核心单元,酰胺 C—N 键的断裂涉及细胞功能的调节和蛋白质的降解过程。由于 N 上孤对电子与羰基共轭增强了其稳定性,选择性的活化酰胺 C—N 键是有机合成方法学中的一大难题。Garg 和 Houk 等合作利用镍催化剂实现了酰胺转变为酯的反应(图 7 - 25)[52]。他们设计了酰胺 C—N 键直接氧化加成到过渡金属中心的过程,随后与醇发生配体交换和还原消除得到酯化产物和胺。

他们通过理论计算比较了 N 上不同取代基底物的吉布斯自由能变,发现 N -烷基酰胺的酯化反应是热力学不利的过程,即吸热过程,而 N -芳基酰胺的酯化反应是放热过程。同时,他们通过对氧化加成能垒的计算发现,N -烷基酰胺的氧化加成能垒都高于 30 kcal/mol,而 N -甲基芳基酰胺的氧化加成能垒仅需 26 kcal/mol。随后,他们通过实验验证了这些理论研究,N -甲基芳基酰胺可以得到高于 99%的收率,而 N -烷基酰胺没有得到产物或仅有 23%的收率。对整个反应势能面的计算显示,经历三中心过渡态机理的氧化加成步骤是该反应的决速步,总活化能为 26 kcal/mol,总反应放热为 6.8 kcal/mol。他们对于 C—N 键活化的工作给了化学家对于反应设计很大的启发。

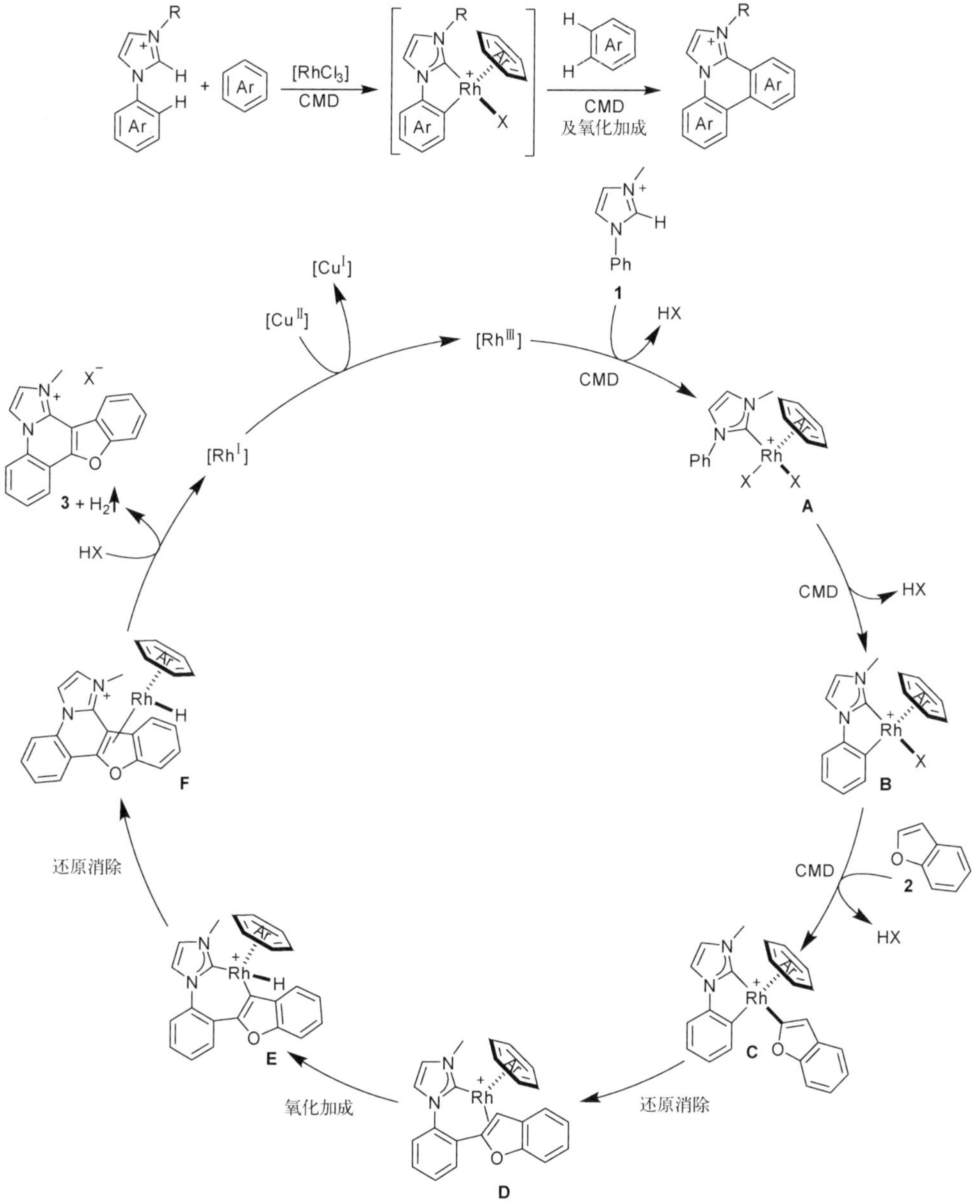

图 7 - 24　铑催化的四重 C—H 键活化反应

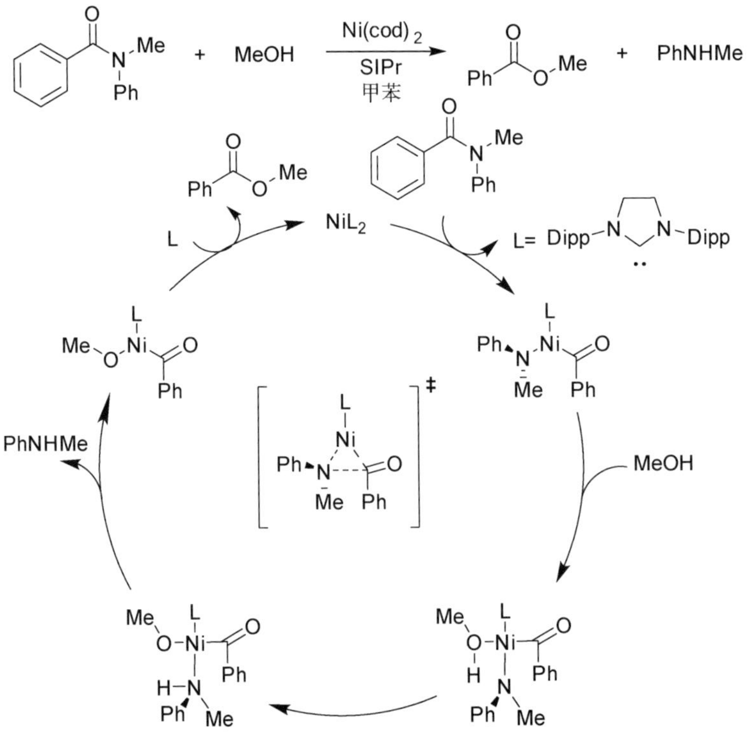

中间为 C—N 键对镍金属中心氧化加成过渡态;Dipp—2,6-二异丙基苯基

图 7-25　镍催化的 C—N 键活化反应机理

7.3.9　动力学/动态学控制反应——解决分叉势能面

在过渡态理论中,一个过渡态连接一个(或一组)底物和一个(或一组)产物,过渡态与底物的能量差影响反应的速率。对于具有两条竞争的不可逆路径的化学反应,反应的选择性主要由两个过渡态的能量差决定,因此该反应受动力学控制[图 7-26(a)]。近年来,科学家发现化学反应势能面上的过渡态可以同时与多个(或多组)产物相连,这类势能面被称为分叉势能面(bifurcating potential energy surface)[53,54]。在 Ambimodal 反应[55]过渡态 TS1 后的 VRI 点(valley-ridge inflection point)附近,原本单一的反应路径会发生分化,分别得到产物 P1 和 P2,两者又可通过另一个过渡态 TS2 进行连接[图 7-26(b)]。2002 年,Caramella 课题组发现环戊二烯的二聚反应具有分叉势能面[图 7-27(a)][56]。2007 年,Houk 课题组发现分叉势能面也存在于其他环加成反应[图 7-27(b)]中[57]。由于分叉势能面上的产物经由同一过渡态得到,反应的选择性无法通

过过渡态理论进行理解和预测,被认为受到势能面的形状与相应的动态学因素控制。

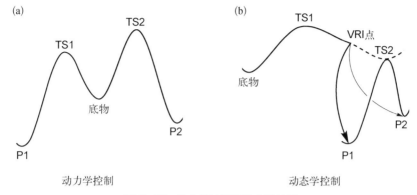

图 7 - 26   动力学控制和动态学控制

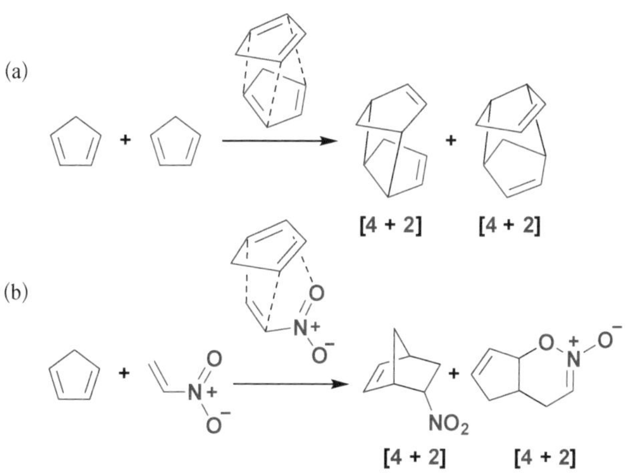

图 7 - 27   Ambimodal 反应示例

　　与上述例子不同的是,当过渡态不是同时与多个产物而是同时与多个反应中间体相连时,分叉势能面上反应选择性的控制因素一直以来并没有得到科学家的充分认识。2015 年,余志祥课题组与王少仲课题组合作,对这一问题进行了系统深入的讨论[58]。该研究指出,当过渡态同时与多个反应中间体相连时,理论上可分为三种情形进行研究。① 反应中间体之间不能互相转化[图 7 - 28(a)]。在反应路径分化后,得到反应中间体 IN1 和 IN2。此时,P1 与 P2 的比例等于 IN1 与 IN2 的比例,而后者由动态学因素决定,故反应受动态学控制。② 反应中间体能够不可逆地转化为另一个反应中间体[图 7 - 28(b)]。由于连接两个反应中间体的过渡态 TS2 比后续转化的过渡态 TS3 的能量高,IN1

不能转化为 IN2,而是得到产物 P1;与之相反,IN2 能够转化为 IN1,这是因为过渡态 TS2 比后续转化的过渡态 TS4 的能量低,故 IN2 会首先发生转化得到 IN1,进而得到产物 P1。考虑到此时反应的选择性仅与过渡态 TS2、TS3 和 TS4 的相对能量有关,故反应受动力学控制。③ 反应中间体之间能够互相转化[图 7-28(c)]。由于两个反应中间体的后续反应均比两个反应中间体之间的互相转化慢,IN1 和 IN2 可被认为形成了化学平衡。此时,反应的选择性由过渡态 TS3 和 TS4 的能量差决定,故反应也受动力学控制。与受动态学控制的 I 型分叉势能面不同,II、III 型分叉势能面上反应的选择性可以运用传统的过渡态理论进行解释和预测。

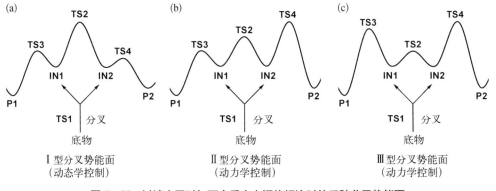

图 7-28　过渡态同时与两个反应中间体相连时的三种分叉势能面

　　王少仲课题组发现,在金正离子催化下,2-炔丙基-β-四氢咔啉可以发生扩环反应,生成在天然生物碱中广泛存在的 azocinoindole 骨架结构(图 7-29)。当使用具有端炔结构的 2-炔丙基-β-四氢咔啉(R^1 = H)作为底物时,可以得到去芳香化的螺环吲哚产物。这些反应在合成上有良好的应用前景。余志祥课题组通过量子化学计算提出了此类反应的机理,并揭示了影响此类反应选择性的动力学和动态学因素。该研究指出,此类反应起始于吲哚对经金催化剂活化的炔烃的分子内亲核进攻。三维势能面扫描显示,该过程具有分叉势能面的性质,同时得到 α-位进攻和 β-位进攻中间体,经后续转化后分别得到扩环和螺环产物。受到 R^1 和 R^3 的取代基效应和酸性添加剂的调控,图 7-28 所示的三种分叉势能面在这一反应体系均有所体现。值得一提的是,该工作结论不仅适用于所涉及金催化的反应体系,而且揭示了复杂分叉势能面上反应选择性决定因素的普遍规律,丰富了过渡态理论的适用范围,为理解其他反应的选择性起到了一定的指导作用。

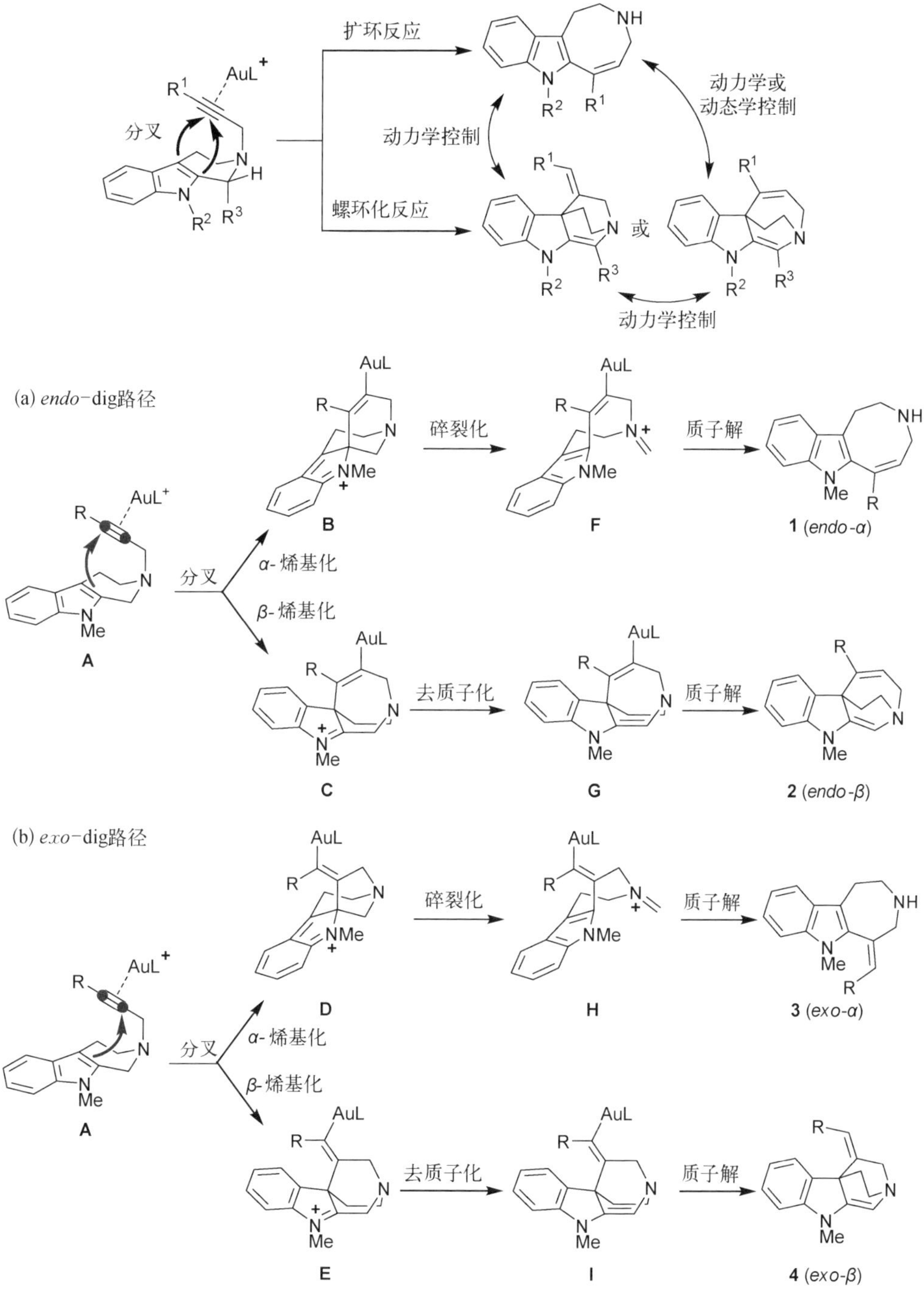

图 7-29 金催化的 2-炔丙基-β-四氢咔啉的扩环和螺环化反应

7.3.10 金催化的不对称 Wagner-Meerwein 重排反应

七元环骨架结构广泛存在于天然产物和药物中,而具有 7/4 并环结构的分子是其中重要的一类。但是由于高张力四元环的合成难度较大,高效合成 7/4 并环结构的方法非常罕见。

2019 年,余志祥课题组发现了一种合成具有 7/4 并环结构的分子的新方法[59]。在之前施敏教授报道的工作中,分子内炔烃与亚甲基环丙烷在金催化剂下发生 6 - endo-dig 型关环,生成具有螺环结构的化合物[60]。当余志祥课题组在发展新型插羰反应的过程中,他们无意中发现当底物中亚甲基环丙烷片段的取代基团由氢变成芳基时,反应并不能得到预期的螺环产物,而是得到了一类具有 7/4 并环结构的产物,其结构可由 X 射线单晶 X 射线衍射予以确认。在使用不对称配体 (R) - 4 - MeO - 3,5 - (^{t}Bu)$_2$ - MeOBIPHEP 后,该反应的立体选择性非常好,这将对未来天然产物合成及药物研发有一定的帮助。

经过理论计算研究,他们认为该反应的机理包括了四个步骤: endo 环丙烷化、C—C键断裂、碳正离子重排及 1,2 -氢迁移(图 7 - 30)。虽然其中的碳正离子重排步骤形成了三级碳正离子中间体,这可能会导致反应的立体选择性降低,但是这样的结果并未发生。他们认为,刚性的碳正离子会导致环丙烷结构中特定的碳原子发生重排(Wagner-Meerwein 重

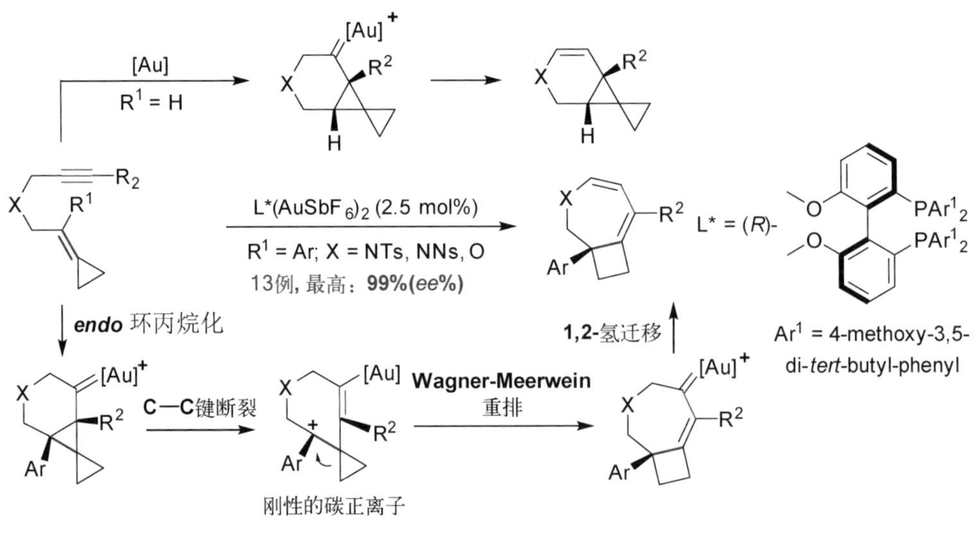

图 7 - 30 金催化的不对称 Wagner-Meerwein 重排反应

排),从而实现反应的高立体选择性。在施敏等的工作中,由于亚甲基环丙烷端缺少芳基取代,底物环丙烷化后不会发生 C—C 键断裂,而会直接发生 1,2-氢迁移产生螺环产物。

7.3.11 铁催化[2+2]环加成反应中的二态反应性

过渡金属催化的[2+2]环加成反应可被用于四元环的合成,由于不受对称性禁阻规则的限制,其受到了化学家的广泛关注。2017 年,陈辉等利用计算化学的手段研究了铁催化烯烃[2+2]环加成反应中底物依赖的二态反应性[61]。由于铁的价态多样,不同多重态的物种之间能量相近,容易造成多种自旋量子态的能量混合而产生二态反应性,从而使反应速率大大加快。通过高精度多参考波函数方法(CASPT2)结合密度泛函理论,他们计算了单烯间及单烯与二烯的[2+2]环加成反应势能面,并结合二态反应最低能量交叉点(minimum energy crossing point,MECP)、自旋轨道耦合(spin-orbit coupling,SOC)频率分析了反应态发生变化的可能性。他们同时结合轨道分析得出如下结论:① 单烯间的[2+2]环加成反应和单烯与二烯的[2+2]环加成反应是不同的,前者没有二态反应性,而后者存在二态反应性;② 在催化剂的结构中,有氧化还原活性的配体 PDI 在还原消除形成 C—C 键的过程中抑制了 Fe(Ⅱ)- Fe(0)的过程,促进了 Fe(Ⅲ)- Fe(Ⅰ)的还原消除过程,并且其在还原消除中的电子受体作用也是底物依赖的;③ 对于实验中发现的单烯与二烯的[2+2]环加成反应的反应性较低,这是因为单重态的活化能较高以及单重态与三重态间的翻转困难(图 7-31)。该工作为化学家提供了改进方向,未来可通过更容易的态-态翻转来实现单烯与二烯的[2+2]环加成反应的高反应性。

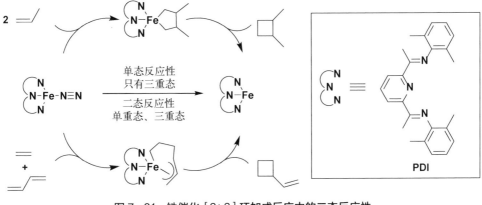

图 7-31　铁催化[2+2]环加成反应中的二态反应性

7.3.12　铜卡宾对于炔烃的加成合成手性联烯反应

手性联烯一直是合成领域的热点。2016年,王剑波课题组发展了铜卡宾对于炔烃的加成合成手性联烯的反应[62,63]。他们在催化量的 Cu(Ⅰ)作用下,以 BOX 为手性配体,使用芳基重氮试剂与芳基端炔进行加成反应,得到了双取代或三取代的手性联烯。但端炔在金属参与下的加成反应可能的机理并不清楚,因此通过对其机理进行研究,可以进一步确定端炔的反应模式及反应是否经历炔基铜中间体。2019年,蓝宇等利用计算化学的手段对该反应进行了 DFT 计算研究[64]。

在 B3LYP/6 - 31$G(d)$方法基组(Cu 使用 SDD 赝势基组)下进行优化,通过 M11 - L/6 - 311 + $G(d,p)$方法基组(Cu 使用 SDD 赝势基组)计算单点能,他们对于 3 条可能的反应路径进行了计算分析(图 7 - 32)。① 在三乙胺的作用下,端炔进行去质子化反应并与 Cu(Ⅰ)结合生成炔基铜物种Ⅲ,进一步通过重氮分解过程生成中间体Ⅴ,再通过迁移插入反应得到中间体Ⅵ,最后质子化得到联烯产物(路径 a)。② Cu(Ⅰ)先发生重氮反应得到铜卡宾中间体Ⅷ,再在三乙胺的作用下与端炔反应得到中间体Ⅴ,后面的步

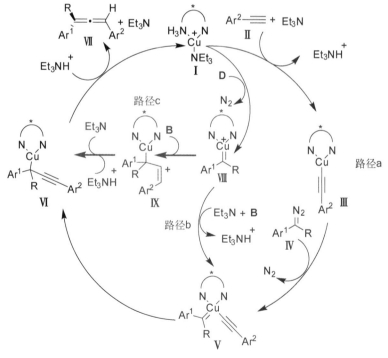

图 7 - 32　铜卡宾对于炔烃的加成反应催化循环

骤与路径 a 相同(路径 b)。③ 具有亲电性的铜卡宾中间体Ⅷ直接被端炔进攻得到中间体Ⅸ,进而在三乙胺的作用下完成去质子-质子化过程得到最终的联烯产物(路径 c)。

计算结果表明,路径 a 中由于炔基铜物种到铜卡宾中间体的生成能垒很高,总活化能达到 40.3 kcal/mol,并不是有利的过程。路径 b 和 c 的总活化能分别为 35.1 kcal/mol 和 26.9 kcal/mol,因此路径 c 更加有利。其中,直接的亲核加成步骤是催化循环中的决速步。他们还对不对称选择性进行了计算,主要由卡宾部分的甲基与不对称配体的萘基之间的空间位阻作用导致该反应有较好的对映选择性。这一工作揭示了铜卡宾对于炔烃的加成反应的机理特点及不对称选择性的原因。

7.3.13　铱催化的 C—H 胺化反应

计算化学除了能帮助我们理解反应的机理,还能辅助我们开展反应的设计。2018 年,Chang 和 Baik 等通过计算化学设计了新配体,并实现了铱催化的 C—H 胺化反应合成 γ-内酰胺(图 7 - 33)[65]。他们发现,利用当量的 A 和底物进行反应,得到的是 C—N 键偶联的产物 P。计算结果表明,C—N 键偶联的过渡态要比 Curtius-type 重排和 C—H 键插入的能量都低,同时 Curtius-type 重排也比 C—H 键插入更容易。为了实现 C—H 键插入,他们设想如果将配体换成单阴离子型的 LX-donor 配体(X ＝O,N),则 C—N 键偶联会被抑制。这是由于 N—N 键($BDE \approx 39$ kcal/mol)和 N—O 键($BDE \approx 50$ kcal/mol)比 C—N 键($BDE \approx 73$ kcal/mol)弱,新配体发生 X—N 键偶联的热力学驱动力减小。同时他们发现,Curtius-type 重排的过渡态的铱中心的局域电荷与反应前的铱中间体有很大差异,而 C—H 键插入则几乎没有差异。于是他们认为,Curtius-type 重排对金属中心的局域电荷十分敏感,给电子配体可能增加 Curtius-type 重排的能垒,从而抑制 Curtius-type 重排。按照此思路,他们设计了一系列配体,并成功找到非常高效的催化剂实现了该反应。这一工作是计算化学与实验化学的完美结合,为计算指导实验做了一个很好的范例。

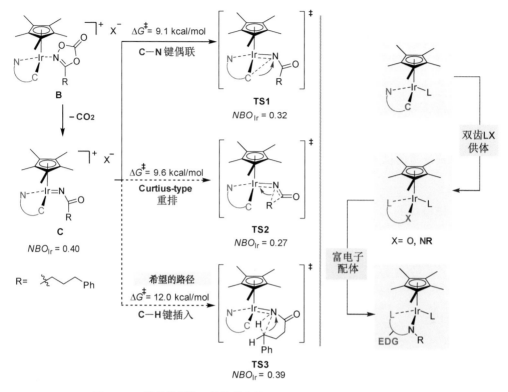

图 7‑33　计算化学指导的铱催化的 C—H 胺化反应合成 γ ‑内酰胺

7.3.14　镍催化烯烃的氢酰化反应

过渡金属催化烯烃的氢酰化反应是高效合成酮类化合物的重要方法。2016 年,周其林、许秀芳等合作实现了第一例镍催化烯烃和醛的分子间氢酰化反应,并以优秀的收率得到了单一的支链型酮类化合物(图 7‑34)[66]。经过实验和理论计算,他们发现与传统的镍催化的氧化环化机理不同,该反应经历醛的 C—H 键与配位的烯烃之间的氢转移过程,并且这个过程是反应的决速步。同时计算结果显示,生成直链产物的过渡态能量比支链的高 3.1 kcal/mol,这表明氢转移更倾向于发生在烯烃的缺电子碳上,所以支链产物为主要产物,而缺电子的苯乙烯比富电子的苯乙烯更利于反应的进行,这也与实验结果相吻合。

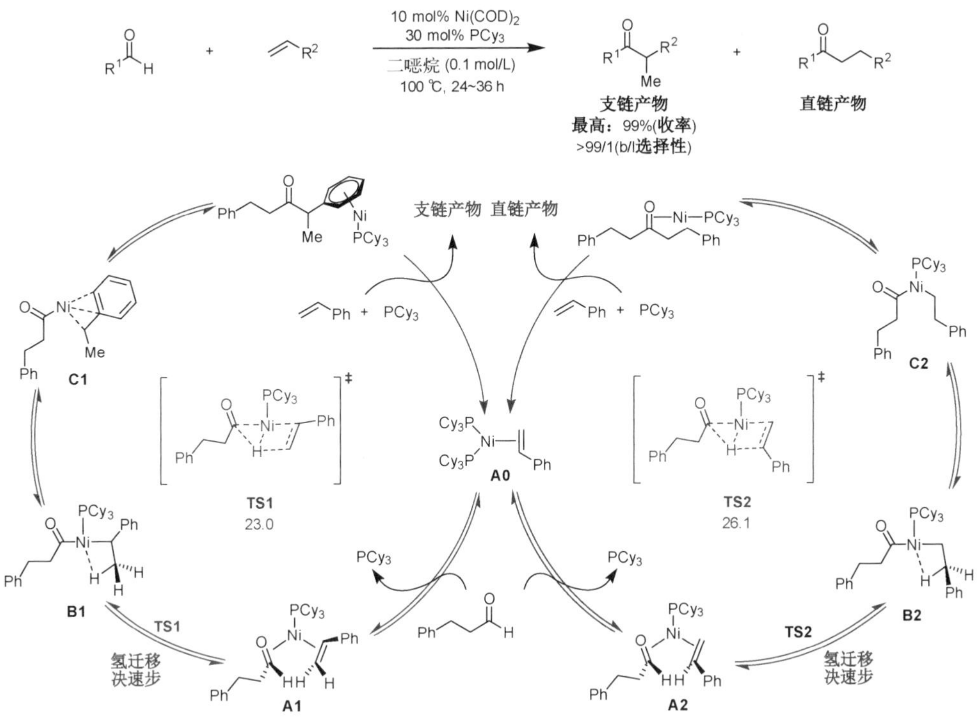

图 7-34 镍催化烯烃和醛的分子间氢酰化反应

7.3.15 镍催化亚胺的氢烯基化反应

烯丙基胺类化合物不仅广泛存在于天然产物和药物分子中，同时也是有机合成化学中的重要砌块。2018 年，周其林、许秀芳等合作报道了 Ni(0)/PCy₃ 催化苯乙烯类化合物对亚胺的氢烯基化反应，并以中等到高的收率得到了一系列烯丙胺类化合物（图 7-35）[67]。与传统的合成方法相比，该反应极具原子经济性，为合成烯丙基胺类化合物提供了一种直接高效的新方法。有意思的是，该反应中添加的催化量的 TsNH₂ 对反应有极大的促进作用。通过 DFT 计算，他们发现TsNH₂ 能够促进氮杂 Ni 金属环快速开环并辅助烯烃与亚胺的质子迁移过程，对应的总活化能比不加 TsNH₂ 的反应过程要降低 20 kcal/mol 左右，因此大大促进了反应的进行。

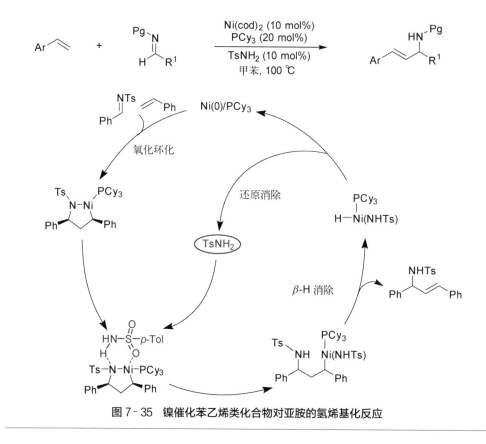

图 7-35 镍催化苯乙烯类化合物对亚胺的氢烯基化反应

7.4 总结与展望

在本章中，我们介绍了许多利用计算化学研究反应机理的案例。这些工作不仅阐明了反应的详细历程，还深入分析了反应选择性的由来。同时，这些工作也对优化反应条件、设计新反应和新催化剂提供了帮助和指导。

在这里，我们必须指出，反应机理研究是一个比较复杂的过程（主要是因为人类目前还无法亲眼看到所有反应是如何发生的）。对于许多已研究出的反应机理的"结论"，不能认为是"最终"或"绝对正确"的。我们一般认为，这些反应机理可以比较好地解释现有的实验现象，是比较合理的，可以帮助我们理解反应、指导进一步的反应优化和反应设计。但鉴于有很多计算方面、实验方面和研究人员等不可避免的原因，这些反应机理还需将来更多的研究进行"证伪"(可能永远也不能进行"证真")。下面对这些原因进行简要的介绍并提出可能的改进方法。

在计算方面,存在以下影响反应机理研究的问题。其一是计算精度的问题。当过渡态的能量差相对较小(如预测反应的 $ee\%$)时,计算精度对正确理解这些反应机理非常关键。虽然目前理论化学家将平均误差仅为 1 kcal/mol 量级的 CCSD(T)/CBS 视作计算单参考体系时的金标准,但是对于具有 10 个以上非氢原子的体系,因受到硬件的限制,计算工作往往无法顺利开展。密度泛函理论计算由于同时兼顾了时间成本和精度,受到了计算化学家的广泛青睐。然而,在实际应用中,同一密度泛函理论计算在特定的体系中可能得出与实验不相符的结果。如何发展更加普适的密度泛函理论计算对理论化学家来说依然任重道远。此外,目前的溶剂化模型对强极性溶剂体系或强极性反应描述不佳、溶液中多分子反应熵变算不准等因素都影响能量数值的准确度。

在实验方面,主要是许多反应体系非常复杂,例如反应中会涉及催化剂的不同形态(如氧化态、配位情况)、多种催化剂、多种添加剂、多种溶剂等,此时影响反应的因素很多。同时,反应体系中存在的微量杂质也有可能会对反应造成影响(如微量杂质可能是真正的催化剂)。当然,近年来发展起来的同步辐射等可能会对回答上述问题有所帮助。但许多实验室没有这个设备,使得反应机理研究受到阻挠(即使通过同步辐射可以看到微量物种,但也不能最终证明反应的催化物种就是所监测到的物种)。

在研究人员方面,主要对于一个复杂反应体系,可能有许多条反应路径,研究人员在有些情况下不可能思考到所有的路径,而这个"遗漏"或"根本想不到"的路径可能才是最合理的反应机理。

针对上面的情况,许多方面的进展正在进行,例如开发更快更精确的大体系计算方法、更多在线实验工具,以及更多新的实验和理论的研究进展可以帮助研究人员避免自身考虑不周,从而帮助人们一步一步接近"最终"反应机理[68,69]。

随着在线分析仪器的逐渐普及及化学动力学理论的不断发展,反应速率和活化能的测定、速率方程的确立都变得更加容易。通过这些实验,我们可以对反应机理进行快速甄别。

虽然从理论上讲,我们不能证明一个反应机理,但我们不能陷入虚无主义,认为所提出的反应机理都不可信。在没有新的证据或提出新的可能机理的前提下,我们应该尽量利用这些机理去理解反应,并应用于反应的优化和设计等各个方面。

虽然目前的计算化学还不完美,但是在短短的几十年间,我们已经看到了利用计算化学手段研究有机化学反应机理的威力。随着计算机技术、计算方法、多尺度模型的不断发展,计算化学家已具备了研究过渡金属催化、有机小分子催化、酶催化、协同催化等复杂有机化学反应的能力。在透彻理解上述反应机理的基础上,计算化学家应将更多的精力投入对新反应和新催化剂的设计上。除此之外,人工智能领域的革新也将为计算化学提供新的动力和研究方向。随着这些新方法逐渐走进计算化学家的视野,未来的有机化学又将会如何发展呢? 让我们拭目以待。

我们用"愚者千虑,必有一得;智者千虑,必有一失"这句话来总结一下机理研究的重要性和复杂性,并鼓励更多的有机化学家来关注机理的研究和应用。

参考文献

[1] 国家自然科学基金委员会,中国科学院.中国学科发展战略·理论与计算化学[M].北京:科学出版社,2016.

[2] Cheng G J, Zhang X H, Chung L W, et al. Computational organic chemistry: Bridging theory and experiment in establishing the mechanisms of chemical reactions[J]. Journal of the American Chemical Society, 2015, 137(5): 1706 - 1725.

[3] Kwan E E, Zeng Y W, Besser H A, et al. Concerted nucleophilic aromatic substitutions[J]. Nature Chemistry, 2018, 10(9): 917 - 923.

[4] Singleton D A, Thomas A A. High-precision simultaneous determination of multiple small kinetic isotope effects at natural abundance[J]. Journal of the American Chemical Society, 1995, 117(36): 9357 - 9358.

[5] Xiang Y, Fan X, Cai P J, et al. Understanding regioselectivities of corey-chaykovsky reactions of dimethylsulfoxonium methylide (DMSOM) and dimethylsulfonium methylide (DMSM) toward enones: A DFT study[J]. European Journal of Organic Chemistry, 2019, 2019(2 - 3): 582 - 590.

[6] Ugi I, Meyr R, Fetzer U, et al. Studies on isonitriles[J]. Angewandte Chemie, 1959, 71: 386 - 388.

[7] Zhang J, Yu P Y, Li S Y, et al. Asymmetric phosphoric acid-catalyzed four-component Ugi reaction[J]. Science, 2018, 361(6407): eaas8707.

[8] Yuan C X, Liang Y, Hernandez T, et al. Metal-free oxidation of aromatic carbon-hydrogen bonds through a reverse-rebound mechanism[J]. Nature, 2013, 499(7457): 192 - 196.

[9] Wang G Q, Zhang H L, Zhao J Y, et al. Homolytic cleavage of a B—B bond by the cooperative catalysis of two Lewis bases: Computational design and experimental verification[J]. Angewandte Chemie International Edition, 2016, 55(20): 5985 - 5989.

[10] Zhang L, Jiao L. Pyridine-catalyzed radical borylation of aryl halides[J]. Journal of the American Chemical Society, 2017, 139(2): 607 - 610.

[11] Jacobs T L, Searles S Jr.. Acetylenic ethers. Ⅳ.^{1} Hydration[J]. Journal of the American Chemical Society, 1944, 66(5): 686 - 689.

[12] Grob C A, Csapilla J, Cseh G. Die solvolytische decarboxylierung von α, β - ungesättigten β -

halogensäuren fragmentierungsreaktionen[J] Helvetica Chimica Acta, 1964, 47(6): 1590 – 1602.

[13] Hanack M. Mechanistic and preparative aspects of vinyl cation chemistry[J]. Angewandte Chemie International Edition in English, 1978, 17(5): 333 – 341.

[14] Popov S, Shao B, Bagdasarian A L, et al. Teaching an old carbocation new tricks: Intermolecular C—H insertion reactions of vinyl cations[J]. Science, 2018, 361(6400): 381 – 387.

[15] Vermeeren P, Hamlin T A, Fernández I, et al. How Lewis acids catalyze Diels-Alder reactions [J]. Angewandte Chemie International Edition, 2020, 59(15): 6201 – 6206.

[16] Peltzer R M, Gauss J, Eisenstein O, et al. The Grignard reaction — unraveling a chemical puzzle [J]. Journal of the American Chemical Society, 2020, 142(6): 2984 – 2994.

[17] Lu X Y, Zhang C M, Xu Z R. Reactions of electron-deficient alkynes and allenes under phosphine catalysis[J]. Accounts of Chemical Research, 2001, 34(7): 535 – 544.

[18] Wei Y, Shi M. Lu's [3 + 2] cycloaddition of allenes with electrophiles: Discovery, development and synthetic application[J]. Organic Chemistry Frontiers, 2017, 4(9): 1876 – 1890.

[19] Wenk H H, Winkler M, Sander W. One century of aryne chemistry[J]. Angewandte Chemie International Edition, 2003, 42(5): 502 – 528.

[20] Bhunia A, Yetra S R, Biju A T. Recent advances in transition-metal-free carbon-carbon and carbon-heteroatom bond-forming reactions using arynes[J]. Chemical Society Reviews, 2012, 41 (8): 3140 – 3152.

[21] Tadross P M, Stoltz B M. A comprehensive history of arynes in natural product total synthesis[J]. Chemical Reviews, 2012, 112(6): 3550 – 3577.

[22] Zhang C M, Lu X Y. Phosphine-catalyzed cycloaddition of 2, 3 – butadienoates or 2 – butynoates with electron-deficient olefins. A novel [3 + 2] annulation approach to cyclopentenes[J]. The Journal of Organic Chemistry, 1995, 60(9): 2906 – 2908. [LinkOut]

[23] Xia Y Z, Liang Y, Chen Y Y, et al. An unexpected role of a trace amount of water in catalyzing proton transfer in phosphine-catalyzed (3 + 2) cycloaddition of allenoates and alkenes[J]. Journal of the American Chemical Society, 2007, 129(12): 3470 – 3471.

[24] Mercier E, Fonovic B, Henry C, et al. Phosphine triggered [3 + 2] allenoate-acrylate annulation: A mechanistic enlightenment[J]. Tetrahedron Letters, 2007, 48(20): 3617 – 3620.

[25] Liang Y, Liu S, Xia Y Z, et al. Mechanism, regioselectivity, and the kinetics of phosphine-catalyzed [3 + 2] cycloaddition reactions of allenoates and electron-deficient alkenes [J]. Chemistry — A European Journal, 2008, 14(14): 4361 – 4373.

[26] Shi J R, Qiu D C, Wang J, et al. Domino aryne precursor: Efficient construction of 2, 4 – disubstituted benzothiazoles[J]. Journal of the American Chemical Society, 2015, 137(17): 5670 –5673.

[27] Wang Y, Cai P J, Yu Z X. Carbanion translocations via intramolecular proton transfers: A quantum chemical study[J]. The Journal of Organic Chemistry, 2017, 82(9): 4604 – 4612.

[28] Wang Y, Yu Z X. Sigmatropic proton shifts: A quantum chemical study [J]. Organic & Biomolecular Chemistry, 2017, 15(35): 7439 – 7446.

[29] Wang Y, Yu Z X. Intra-versus intermolecular carbon-to-carbon proton transfers in the reactions of arynes with nitrogen nucleophiles: A DFT study[J]. The Journal of Organic Chemistry, 2018, 83(10): 5384 – 5391.

[30] Wang Y, Yu Z X. Symmetric C⋯H⋯C hydrogen bonds predicted by quantum chemical calculations[J]. The Journal of Organic Chemistry, 2020, 85(2): 397 – 402.

[31] Cai P J, Wang Y, Liu C H, et al. Gold(Ⅰ)-catalyzed polycyclization of linear dienediynes to seven-membered ring-containing polycycles via tandem cyclopropanation/cope rearrangement/

C—H activation[J]. Organic Letters, 2014, 16(22): 5898 – 5901.

[32] Wigman B, Popov S, Bagdasarian A L, et al. Vinyl carbocations generated under basic conditions and their intramolecular C—H insertion reactions[J]. Journal of the American Chemical Society, 2019, 141(23): 9140 – 9144.

[33] Cleary S E, Hensinger M J, Qin Z X, et al. Migratory aptitudes in rearrangements of destabilized vinyl cations[J]. The Journal of Organic Chemistry, 2019, 84(23): 15154 – 15164.

[34] Wang Y, Cai P J, Yu Z X. Mechanistic study on gold-catalyzed cycloisomerization of dienediynes involving aliphatic C—H functionalization and inspiration for developing a new strategy to access polycarbocycles[J]. Journal of the American Chemical Society, 2020, 142(6): 2777 – 2786.

[35] Liu C H, Yu Z X. Rhodium (I)-catalyzed bridged [5 + 2] cycloaddition of cis-allene-vinylcyclopropanes to synthesize the bicyclo[4.3.1]decane skeleton[J]. Angewandte Chemie International Edition, 2017, 56(30): 8667 – 8671.

[36] Xu T, Dong G B. Rhodium-catalyzed regioselective carboacylation of olefins: A C—C bond activation approach for accessing fused-ring systems [J]. Angewandte Chemie International Edition, 2012, 51(30): 7567 – 7571.

[37] Lu G, Fang C, Xu T, et al. Computational study of Rh-catalyzed carboacylation of olefins: Ligand-promoted rhodacycle isomerization enables regioselective C—C bond functionalization of benzocyclobutenones[J]. Journal of the American Chemical Society, 2015, 137(25): 8274 – 8283.

[38] Xia Y, Lu G, Liu P, et al. Catalytic activation of carbon-carbon bonds in cyclopentanones[J]. Nature, 2016, 539(7630): 546 – 550.

[39] Zhu S L, Niljianskul N, Buchwald S L. Enantio- and regioselective CuH-catalyzed hydroamination of alkenes[J]. Journal of the American Chemical Society, 2013, 135 (42): 15746 –15749.

[40] Zhu S L, Buchwald S L. Enantioselective CuH-catalyzed anti-Markovnikov hydroamination of 1, 1 – disubstituted alkenes[J]. Journal of the American Chemical Society, 2014, 136 (45): 15913 –15916.

[41] Lu G, Liu R Y, Yang Y, et al. Ligand-substrate dispersion facilitates the copper-catalyzed hydroamination of unactivated olefins[J]. Journal of the American Chemical Society, 2017, 139 (46): 16548 – 16555.

[42] Thomas A A, Speck K, Kevlishvili I, et al. Mechanistically guided design of ligands that significantly improve the efficiency of CuH-catalyzed hydroamination reactions[J]. Journal of the American Chemical Society, 2018, 140(42): 13976 – 13984.

[43] Matyjaszewski K. Atom transfer radical polymerization （ATRP）: Current status and future perspectives[J]. Macromolecules, 2012, 45(10): 4015 – 4039.

[44] Fang C, Fantin M, Pan X C, et al. Mechanistically guided predictive models for ligand and initiator effects in copper-catalyzed atom transfer radical polymerization (Cu-ATRP)[J]. Journal of the American Chemical Society, 2019, 141(18): 7486 – 7497.

[45] Cheng G J, Yang Y F, Liu P, et al. Role of N – acyl amino acid ligands in Pd(II)-catalyzed remote C—H activation of tethered arenes[J]. Journal of the American Chemical Society, 2014, 136(3): 894 – 897.

[46] Yang Y F, Cheng G J, Liu P, et al. Palladium-catalyzed meta-selective C—H bond activation with a nitrile-containing template: Computational study on mechanism and origins of selectivity [J]. Journal of the American Chemical Society, 2014, 136(1): 344 – 355.

[47] Fang L Z, Saint-Denis T G, Taylor B L H, et al. Experimental and computational development of a conformationally flexible template for the meta – C—H functionalization of benzoic acids[J].

Journal of the American Chemical Society，2017，139(31)：10702－10714.

[48] Yeung C S，Dong V M. Catalytic dehydrogenative cross-coupling：Forming carbon-carbon bonds by oxidizing two carbon-hydrogen bonds[J]. Chemical Reviews，2011，111(3)：1215－1292.

[49] Yamaguchi J，Yamaguchi A D，Itami K. C—H bond functionalization：Emerging synthetic tools for natural products and pharmaceuticals[J]. Angewandte Chemie International Edition，2012，51 (36)：8960－9009.

[50] Liu C，Yuan J W，Gao M，et al. Oxidative coupling between two hydrocarbons：An update of recent C—H functionalizations[J]. Chemical Reviews，2015，115(22)：12138－12204.

[51] She Z J，Wang Y，Wang D P，et al. Two-fold C—H/C—H cross-coupling using $RhCl_3 \cdot 3H_2O$ as the catalyst：Direct fusion of N－(hetero)arylimidazolium salts and (hetero)arenes[J]. Journal of the American Chemical Society，2018，140(39)：12566－12573.

[52] Hie L，Nathel N F F，Shah T K，et al. Conversion of amides to esters by the nickel-catalysed activation of amide C—N bonds[J]. Nature，2015，524(7563)：79－83.

[53] Ess D H，Wheeler S E，Iafe R G，et al. Bifurcations on potential energy surfaces of organic reactions[J]. Angewandte Chemie International Edition，2008，47(40)：7592－7601.

[54] Rehbein J，Carpenter B K. Do we fully understand what controls chemical selectivity？ [J]. Physical Chemistry Chemical Physics，2011，13(47)：20906－20922.

[55] Pham H V，Houk K N. Diels-Alder reactions of allene with benzene and butadiene：Concerted，stepwise，and ambimodal transition states[J]. The Journal of Organic Chemistry，2014，79(19)：8968－8976.

[56] Caramella P，Quadrelli P，Toma L. An unexpected bispericyclic transition structure leading to 4 + 2 and 2 + 4 cycloadducts in the *endo* dimerization of cyclopentadiene[J]. Journal of the American Chemical Society，2002，124(7)：1130－1131.

[57] Çelebi-Ölçüm N，Ess D H，Aviyente V，et al. Lewis acid catalysis alters the shapes and products of bis-pericyclic Diels-Alder transition states[J]. Journal of the American Chemical Society，2007，129(15)：4528－4529.

[58] Zhang L，Wang Y，Yao Z J，et al. Kinetic or dynamic control on a bifurcating potential energy surface? An experimental and DFT study of gold-catalyzed ring expansion and spirocyclization of 2－propargyl－β－tetrahydrocarbolines[J]. Journal of the American Chemical Society，2015，137 (41)：13290－13300.

[59] Li C L，Yu Z X. Asymmetric synthesis of azepine-fused cyclobutanes from yne-methylenecyclopropanes involving cyclopropanation/C—C cleavage/Wagner-Meerwein rearrangement and reaction mechanism[J]. The Journal of Organic Chemistry，2019，84(16)：9913－9928.

[60] Zhang D H，Wei Y，Shi M. Gold(Ⅰ)-catalyzed cycloisomerization of nitrogen- and oxygen-tethered alkylidenecyclopropanes to tricyclic compounds[J]. Chemistry — A European Journal，2012，18(23)：7026－7029.

[61] Hu L R，Chen H. Substrate-dependent two-state reactivity in iron-catalyzed alkene [2 + 2] cycloaddition reactions[J]. Journal of the American Chemical Society，2017，139(44)：15564－15567.

[62] Chu W D，Zhang L，Zhang Z K，et al. Enantioselective synthesis of trisubstituted allenes *via* Cu (Ⅰ)-catalyzed coupling of diazoalkanes with terminal alkynes[J]. Journal of the American Chemical Society，2016，138(44)：14558－14561.

[63] Hossain M L，Ye F，Zhang Y，et al. CuI-catalyzed cross-coupling of N－tosylhydrazones with terminal alkynes：Synthesis of 1，3－disubstituted allenes[J]. The Journal of Organic Chemistry，

2013, 78(3): 1236 - 1241.

[64] Zhong K B, Shan C H, Zhu L, et al. Theoretical study of the addition of Cu-carbenes to acetylenes to form chiral allenes[J]. Journal of the American Chemical Society, 2019, 141(14): 5772 - 5780.

[65] Hong S Y, Park Y, Hwang Y, et al. Selective formation of γ - lactams *via* C—H amidation enabled by tailored iridium catalysts[J]. Science, 2018, 359(6379): 1016 - 1021.

[66] Xiao L J, Fu X N, Zhou M J, et al. Nickel-catalyzed hydroacylation of styrenes with simple aldehydes: Reaction development and mechanistic insights[J]. Journal of the American Chemical Society, 2016, 138(9): 2957 - 2960.

[67] Xiao L J, Zhao C Y, Cheng L, et al. Nickel(0)-catalyzed hydroalkenylation of imines with styrene and its derivatives[J]. Angewandte Chemie International Edition, 2018, 57(13): 3396 - 3400.

[68] Liu K. Benchmarking the polyatomic reaction dynamics of X + methane [J]. Chinese Journal of Chemical Physics, 2019, 32(1): 1 - 10.

[69] Plata R E, Singleton D A. A case study of the mechanism of alcohol-mediated Morita Baylis-Hillman reactions. The importance of experimental observations[J]. Journal of the American Chemical Society, 2015, 137(11): 3811 - 3826.

Chapter 8

新型合成大环主体的
分子识别与组装

韩莹　陈传峰

8.1 前言

超分子化学是一门正在高速发展的新兴交叉学科,其研究领域涉及物理、化学、材料、生物及环境等领域。"超分子化学(supramolecular chemistry)"一词最早出现在1903年的韦氏词典中,后来化学家用"分子水平之上的化学(chemistry beyond the molecular)""非共价键的化学(the chemistry of the non-covalent bond)"和"非分子化学(non-molecular chemistry)"来定义这个领域。1987年,让-马里·莱恩(Jean-Marie Lehn)在诺贝尔化学奖授奖仪式的演说中,以"超分子化学——视野和展望"为题,对分子、超分子和超分子器件等方面做了详尽的论述。2002年,他又从超分子功能性方面对超分子的定义进行了补充,"超分子化学的目的在于发展高度复杂的化学体系,这种复杂体系是由部件以分子间非共价相互作用而形成的"。这种说法着重于增加体系的复杂性和精巧的功能性。从更广泛的意义上说,超分子是由一种或多种类型的无数部件结合在一起而组成的聚集体,这种结合可以是有意的,也可以是自发地由部件性质衍生而成的。这种聚集体可以是一个分子包结另外一分子的主-客体配合物,也可以是由尺寸相似的部件通过自补或互补而形成的。在过去的二十年间,超分子化学迅速发展成为一个充满活力的研究领域,其具有交叉学科的特点,并引起了物理学家、理论学家、结晶学家、生物化学家、有机合成化学家、无机化学家等的广泛关注。近年来,超分子功能材料和智能器件、分子器件和分子机器、导向及程控药物传输与释放、高选择性催化等方面已成为超分子化学的重要研究方向。

超分子化学的研究对象是两个或两个以上化学物质通过非共价相互作用而形成的聚集体。这些聚集体通过氢键、离子-离子相互作用、离子-偶极相互作用、偶极-偶极相互作用、阳离子-π相互作用、阴离子-π相互作用、π-π相互作用、范德瓦耳斯力和亲疏水作用等非共价相互作用的形式组装在一起,具有与原来的子单元不同的结构特点和化学性质。分子识别和组装是超分子化学的基础,它们之间密切相关。分子识别是指主体(受体)与客体(底物)通过非共价相互作用选择性结合并产生某种特殊功能的过程。超分子化学不同于经典的有机化学中原子间以共价相互作用成键,共价键具有高的键能($200\sim400$ kJ/mol),而超分子是以低键能为特征,如离子-离子相互作用的键能为$4\sim40$ kJ/mol,氢键的键能为$1\sim80$ kJ/mol,牛顿色散力、离子-偶极相互作用、偶极-偶极相互作用的键能都低于

4 kJ/mol。

超分子化学的发展与大环化学的发展密切相关。许多超分子化学体系产生于 20 世纪 60 年代中后期,早期的四个体系分别由 Curtis 课题组、Busch 课题组、Jäger 课题组和 Pedersen 课题组建立起来(图 8-1),其中最重要的是冠醚的发现。1967 年,美国杜邦公司的查尔斯·约翰·佩德森(Charles John Pedersen)在进行简单的 Williamson 醚化过程中,以 0.4% 的收率意外得到了二苯并 18-冠-6,随后又以 1.8% 的收率合成分离得到了 18-冠-6,并研究发现它与碱金属有很好的配合作用,从而开启了现代超分子化学的研究。此后,唐纳德·詹姆斯·克拉姆(Donald James Cram)合成了大量球状分子,研究了这类分子与离子的配合性质,并在 1974 年建立了主客体化学。1978 年,J. M. Lehn 引入了现代超分子化学的概念,并将其定义为"分子组装及分子间成键的化学"。为了表彰这三位科学家在超分子化学理论方面的开创性工作并鼓励推动超分子化学的深入研究,1987 年的诺贝尔化学奖授予了以上三位科学家。之后,Breslow 对环糊精的研究及 Gustche 对杯芳烃的研究不断地把超分子化学研究推向更高的层次。因此,设计合成新型的主体分子对超分子化学的发展起到至关重要的作用,超分子化学家能够通过这些主体分子逐步了解超分子作用的实质与规律,并不断丰富超分子化学的研究方法。在此基础上,超分子化学家构筑出一系列具有特殊结构与功能的组装体,通过对超分子组装体的功能化研究,使得这一新兴的学科在催化、材料、生物和信息存储等诸多领域的应用得以实现。

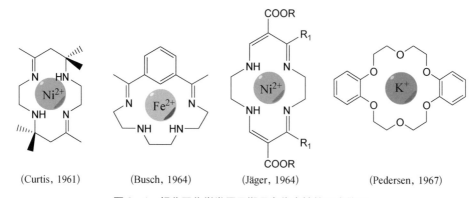

(Curtis, 1961)　　(Busch, 1964)　　(Jäger, 1964)　　(Pedersen, 1967)

图 8-1　超分子化学发展早期具有代表性的四个体系

近些年,人工合成的功能性大环分子在主客体化学及超分子化学中依旧扮演着重要的角色。一系列新型的大环主体被设计与合成出来,如葫芦脲、环三藜芦烃、雷锁芳烃、杯吡咯及其他各式各样的环蕃等,化学家不断地对其进行深入研究,以探究其在生命科学、材料科学及信息科学等交叉学科中的应用。

2014 年,王梅祥等[1]基于苯二酚衍生物与 3,6-二氯四嗪的芳香亲核取代反应,设计合成了一类新型的冠芳烃大环分子(图 8-2)。研究发现,含四嗪单元的冠芳烃是缺电子大环分子,对于阴离子具有很好的配合作用;而含冠哒嗪片段的冠芳烃则是良好的受体,如 S_6-冠[3]芳烃[3]哒嗪可与很多有机阳离子在乙腈中形成 1:1 的复合物。水溶性的 S_6-冠[3]芳烃[3]哒嗪在水相中也能与有机阳离子作用形成主客体复合物。具有柱状空腔结构的冠芳烃能够识别富勒烯,如 O_n-冠[n]芳烃(n=6,8)、S_6-冠[3]芳烃[3]哒嗪在甲苯溶液中与 C_{60} 及 C_{70} 形成结合比为 1:1 的主客体复合物。2015 年,李春举等[2]基于 4,4′-联苯二乙醚与多聚甲醛在 Lewis 酸催化下的反应,分别以 22% 和 8% 的收率合成得到了联苯[3]芳烃(biphen[3]arene)和联苯[4]芳烃(biphen[4]arene),并发现这类大环芳烃对于广泛的有机客体具有识别能力。2016 年,蒋伟等[3]报道了两种具有内修饰功能化氢键供体的水溶性大环分子,由于疏水效应和氢键的协同作用,其对于一些有机客体显示出高效和高选择性的配合作用,并能够在水中实现对 1,4-二氧六环进行检测,检出限达到 119 ppb①。

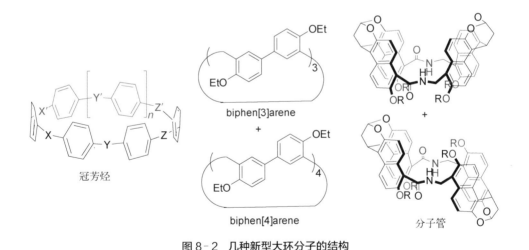

冠芳烃

biphen[3]arene

+

biphen[4]arene

分子管

图 8-2　几种新型大环分子的结构

事实上,每一种大环主体都是由具有特殊结构的分子基元通过适当连接方式构筑而成的。因此,开发新的分子基元有助于设计和构建新型的大环主体分子。三蝶烯及

———————

① 1 ppb = 10^{-9}。

其衍生物是一类具有独特刚性三维结构和丰富反应位点的芳香族化合物，在材料科学、分子机器等领域有着广泛的应用。1942年，Bartlett研究组为了证实三苯甲烷自由基的稳定性高于其三个苯环的邻位都连在一个次甲基上得到的自由基的稳定性，首次以蒽和对苯醌为原料经过6步反应合成了三蝶烯分子，它是由三个苯环通过两个亚甲基连接而成的具有三维刚性结构的分子。由于其构象很像欧洲中世纪的三折书牍（triptych），因此被形象地命名为三蝶烯（triptycene）。如图8-3所示，三蝶烯的结构很

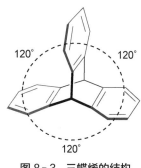

图 8-3　三蝶烯的结构

独特，破坏[2.2.2]桥头体系中三个夹角为120°的结构需要克服非常高的能量壁垒，因此三蝶烯所具有的三维刚性结构非常稳定；三叶齿轮一样的结构阻碍了芳香环之间的堆积，在分子内部芳香环之间形成了空间，Swager称之为"内部空闲体积（internal free volume）"，这些空间的存在对于分子的溶解性和功能都有很大的潜在影响。三蝶烯可以通过三个富电子空腔与进入其中的分子发生作用，从而进行识别与组装等。

　　我们一直从事新型大环主体的设计与合成及其在分子识别与组装中的应用研究[4-6]。其中，我们以三蝶烯为分子基元，通过不同的连接方式设计合成了一系列新型的大环主体分子，例如大三环聚醚、三蝶烯三冠醚、杯芳烃及其类似物、杂杯芳烃、内酰胺大环、螺芳烃等。研究发现，三蝶烯衍生的大环主体分子具有富电子空腔结构与构象固定等特点，这使其在分子识别，尤其是可控的分子识别与功能组装体的构筑等方面具有广泛的潜在应用。本章主要概述大三环聚醚、三蝶烯三冠醚及螺芳烃的分子识别与组装性能研究进展。

8.2　新型三蝶烯衍生大环主体的合成、识别与组装

8.2.1　大三环聚醚

　　大三环聚醚是一类重要的穴醚主体，通常由两个简单冠醚通过单线双桥链连接而形成。其具有两个侧环空腔和一个中心环空腔（图8-4），其在结构和功能上的可塑性

使其在生物模拟等领域中的功能与应用研究引起了人们极大的兴趣。1987年, Lehn报道了一种新型的含有卟啉基元的大三环聚醚 **1**, 该大环主体分子能够同时配合 Zn^{2+} 和有机双铵盐离子。2005年, Gibson等发现大三环聚醚 **2** 能够与对甲基联吡啶盐形成 1 : 2 的准[3]轮烷(图 8-5)。

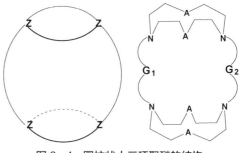

图 8-4　圆柱状大三环聚醚的结构

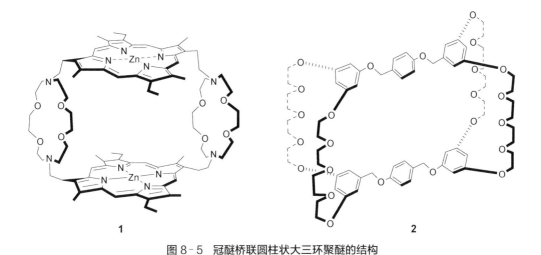

图 8-5　冠醚桥联圆柱状大三环聚醚的结构

　　通过把刚性的三蝶烯基元和柔性的冠醚结构有机地结合, 我们设计合成了一系列由双点四桥链连接的新型圆柱状大三环聚醚主体分子(图 8-6)。这类新型的大环主体分子具有显著的结构与功能特点: ① 刚性的三蝶烯基元有利于大环主体保持其固有空腔, 而柔性的冠醚结构则有助于根据包结的客体来调整主体分子的结构, 换句话说, 这是一类刚柔并济的大三环聚醚主体分子; ② 由于含有一个中心的富电子空腔与两个侧链的冠醚空腔, 该类大环主体分子能够对一种客体显示协同的配合作用或者与多种客体形成配合物; ③ 多样的配合性质使得基于该类大环主体分子的主客体体系易于对多种外部刺激产生响应, 从而有助于进行进一步功能超分子体系的设计与构筑。

1. 合成与结构

三蝶烯衍生的大三环聚醚主体由三蝶烯基元与冠醚结构片段有机结合而成, 通过在适当的模板下将三蝶烯与相应的冠醚部分连接起来,便可以得到相应的大三环聚醚主体。如图 8-7 所示,我们以 2,3,6,7-四羟基三蝶烯 **10** 为原料,经过 2 步反应得到了大三环聚醚前体 **15～17**。在高稀释的反应溶液中,大三环聚醚前体 **15～17** 分别以 Cs$^+$或 K$^+$作为模板与 2,3,6,7-四羟基三蝶烯 **10** 反应,得到了大三环聚醚主体 **3～5**[7-9]。大三环聚醚前体 **16** 与 9,10-二甲基-2,3,6,7-四氢氧蒽 **14** 在 Cs$_2$CO$_3$ 存在的条件下反应得到了大三环聚醚主体 **6**[10],与化合物 **18** 在 CsOH 存在的条件下反应得到了大三环聚醚主体 **7** 和 **8**[11]。以大三环聚醚主体 **6** 为原料,经过 3 步反应,可以以 32% 的总收率得到双大三环聚醚主体 **9**[12]。

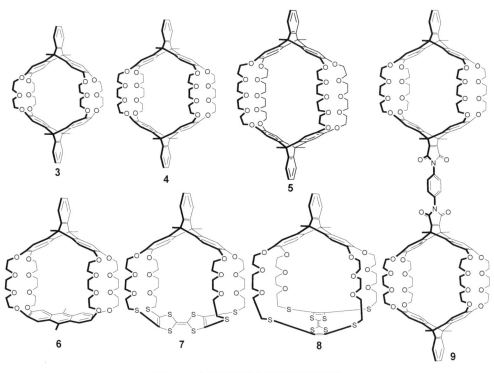

图 8-6　新型圆柱状大三环聚醚的结构

大三环聚醚主体的结构表明[6-12],两个三蝶烯基元与四个乙二醇链相连,形成两个二苯并冠醚空腔和一个中心空腔。这些刚柔并济的大三环聚醚主体在 CHCl$_3$ 和 CH$_2$Cl$_2$中均表现出良好的溶解性。通过对这些主体的氢-1 核磁共振波谱('H nuclear magnetic resonance spectrum, 'H NMR,又称核磁共振氢谱)进行分析,我们发现三蝶烯与冠醚部分都只出现一组信号峰,证明大三环聚醚主体具有对称结构。由于冠醚链

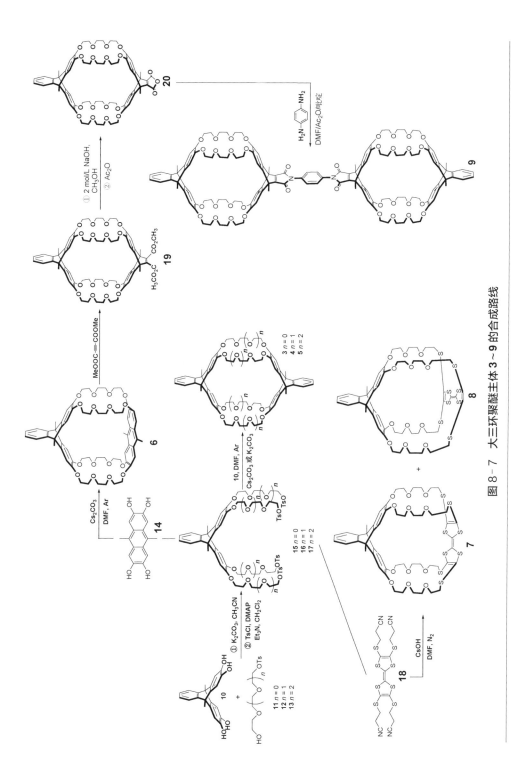

图 8-7　大三环聚醚主体 3~9 的合成路线

缩短,大三环聚醚主体 **3** 更为刚性,该主体的构象不易改变。而具有较长冠醚链的大三环聚醚主体 **4** 和 **5** 更具弹性。大三环聚醚主体 **6**[10] 含有蒽片段,其在中心空腔内提供了一个 π-共轭平面,可以通过 π-π 相互作用更好地结合一些客体,这为研究其超分子性质提供了一种思路。此外,大三环聚醚主体 **7**[11] 也具有三维结构,而且四硫富瓦烯(TTF)单元近似平面,其氧化还原电位 $E_{1/2}(\text{ox}_1) = 0.53 \text{ V}$、$E_{1/2}(\text{ox}_2) = 0.84 \text{ V}$。

2. 识别与组装

由三蝶烯基元与冠醚结构组成的大三环聚醚主体具有富电子空腔,因而能够结合不同类型的缺电子客体,例如联吡啶盐、吡啶盐、π 延展的吡啶盐、铵盐等。另外,鉴于大三环聚醚主体所具有的特殊结构,因而使其显示出丰富的配合模式。

(1) 与联吡啶盐、吡啶盐及 π 延展的吡啶盐衍生物的配合性质

联吡啶盐与吡啶盐衍生物是非常常见的客体分子,其在主客体化学中得到了广泛的应用。与联吡啶盐与吡啶盐衍生物相比,具有共轭结构的 π 延展的吡啶盐衍生物具有更加丰富的物理性质和化学性质,同样被用于构建不同类型的互锁分子。联吡啶盐、吡啶盐及 π 延展的吡啶盐衍生物的结构如图 8-8 所示。

经过多年研究,我们发现大三环聚醚主体可以与联吡啶盐、吡啶盐及 π 延展的吡啶盐衍生物形成 1∶1、1∶2 的配合物或者超分子聚合物。如图 8-9 所示,对于 1∶1 的配合物,存在以下三种配合模式:① 一个客体分子位于大三环聚醚主体的中心,两个 N-取代基位于或穿过两个二苯并冠醚空腔[图 8-9(a)];② 一个客体分子穿过大三环聚醚主体的中心空腔,两个 N-取代基位于空腔外,形成对称的复合体[图 8-9(b)];③ 一个客体分子穿过大三环聚醚主体的中心空腔,仅位于空腔的一侧[图 8-9(c)]。对于 1∶2 的配合物,只存在一种配合模式,即两个客体分子穿过大三环聚醚主体的中心空腔,两个 N-取代基位于空腔外,形成对称的准[2]轮烷配合物[图 8-9(d)]。而对于超分子聚合物,则是形成阶梯状超分子聚准[3]轮烷[图 8-9(e)]。

我们发现,大三环聚醚主体 **4~6** 可以与 N-烷基取代联吡啶盐形成 1∶1 的配合物,其配合模式如图 8-9(a)所示[6,7,10]。配合物的晶体结构进一步表明,客体分子包含在大三环聚醚主体的中心,而两个甲基则位于两个二苯并冠醚空腔内,这与溶液中的结果是一致的。此外,联吡啶盐的甲基质子与大三环聚醚主体冠醚区的氧原子之间的氢键在配合物的形成中起到非常重要的作用。这与以前报道的配合物完全不同。对于配合物 **4·21**,我们发现其在室温下是慢速配合的,并测定了它们之间的稳定常数为

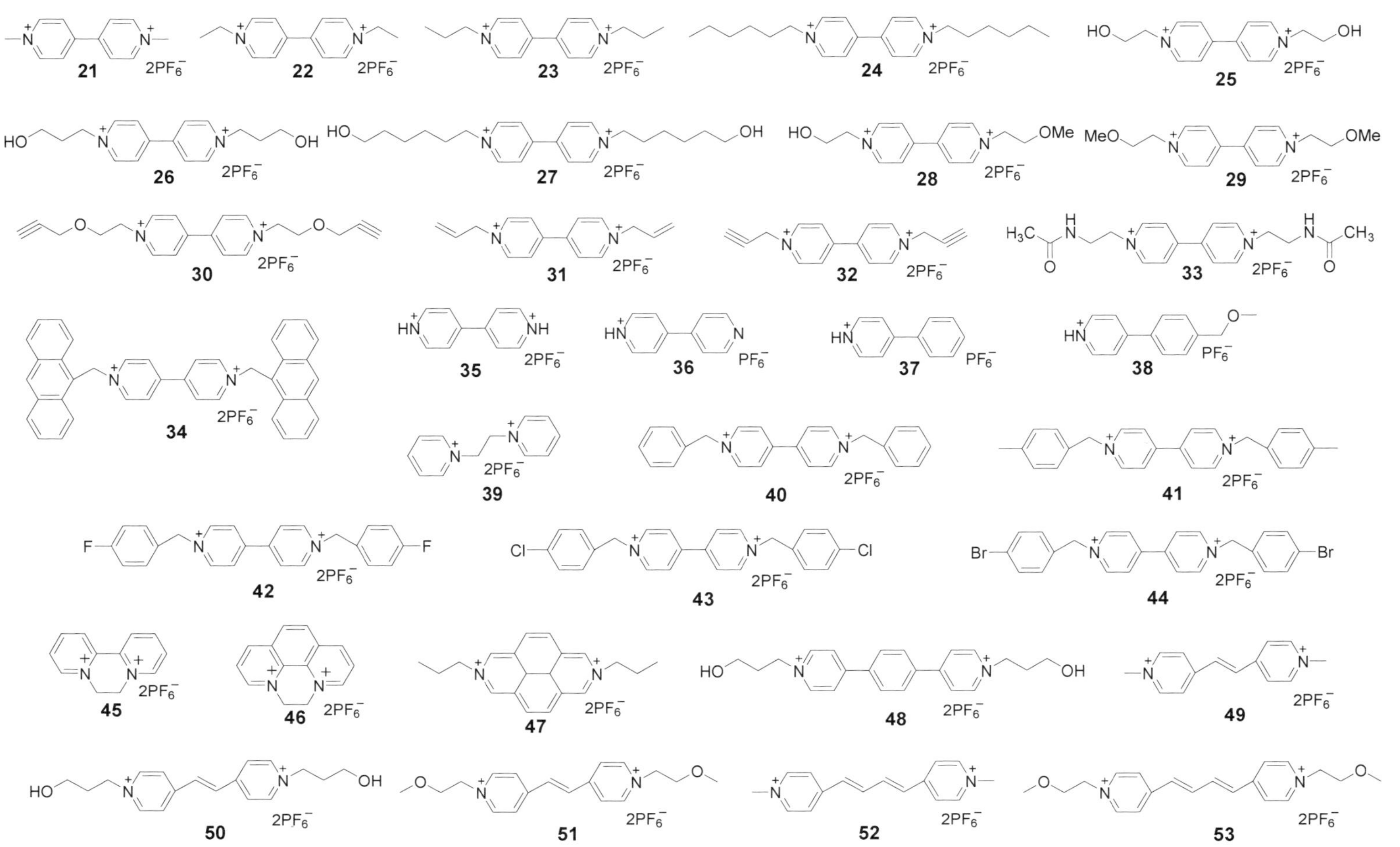

图 8 - 8 联吡啶盐、吡啶盐及 π 延展的吡啶盐衍生物的结构

$4×10^5$ M^{-1},这是这些配合物中最大的。对于大三环聚醚主体 **5** 与质子化的联吡啶盐 **35**[13]、π 延展的吡啶盐 **49** 和 **52** 所形成的配合物,也是采取图 8-9(a)所示的配合模式,这与分子间的氢键作用是息息相关的。有意思的是,对于主体 **5** 与客体 **53** 形成 1∶1 的配合物,我们发现在同一个晶胞中存在两种不同的配合模式,一种是采取图 8-9(a)所示的配合模式,一种是采取图 8-9(b)所示的配合模式,这在文献中从来没有被报道过[14]。对于主体 **3**,由于空腔较小,其与联吡啶盐衍生物都能形成 1∶1 的配合物,其配合模式如图 8-9(b)所示[8]。更有意思的是,在固态下,主体 **3** 可以形成一个假的空腔,通过多个 π-π 堆积作用及 C—H…π 作用结合两分子的 N-丙基取代或 N-羟乙基取代的联吡啶盐分子。由于含有蒽单元,主体 **6** 与客体 **39**、**45** 和 **47** 可以形成非常稳定的 1∶1 的配合物,其稳定常数大于 10^5 M^{-1}。配合物的晶体结构表明,主客体之间的 π-π 堆积作用对稳定配合物的形成起到重要的作用[15]。

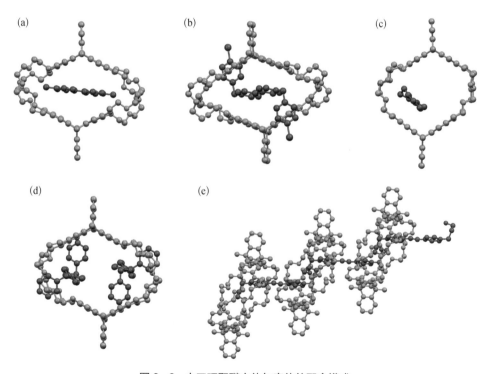

图 8-9 大三环聚醚主体与客体的配合模式

客体 **28**、**33**、**34**、**45** 和 **46** 可以穿过主体的中心空腔与主体 **4** 形成 1∶1 的配合物[16,17]。有意思的是,客体分子只占据主体中心空腔的一侧,而剩余的空间就给我们提供了通过包结另一分子从而构建三元复合物的机会。主体 **4** 可以与 2,2′-联吡啶盐形成稳定的 1∶1 配合物。由于存在剩余的空间,我们选用一系列富电子分子 **54**~**56** 作为客体(图 8-10),以考察它们之间的配合模式。通过核磁、质谱和单晶 X 射线衍射等手段,我们成功地证明了这个圆柱状大三环聚醚主体可以与 2,2′-联吡啶盐和富电子客体构成比较稳定的 1∶1∶1 的三元复合物体系,该体系是由富电子客体与缺电子客体之间电荷转移、主客体之间 π-π 堆积作用而形成的[18]。这些工作为构建更高级、可调控的内锁型分子奠定了基础。

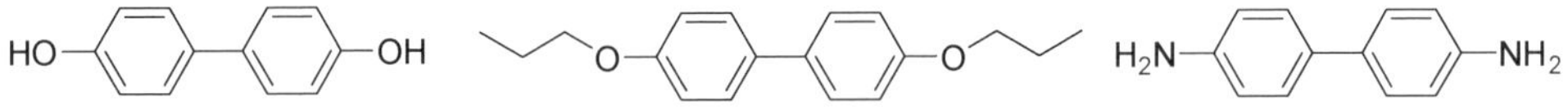

HO—⟨⟩—⟨⟩—OH　　　　—O—⟨⟩—⟨⟩—O—　　　　H₂N—⟨⟩—⟨⟩—NH₂

54　　　　　　　　　　　**55**　　　　　　　　　　　**56**

图 8-10　三种富电子客体的结构

　　大三环聚醚主体 **4** 和 **5** 可以与 N-β-羟乙基联吡啶盐 **25** 形成稳定的 1∶2 配合物[16,19]。在固态下,两个客体分子穿过主体的中心空腔,两个 N-β-羟乙基则位于空腔的外部,这与溶液中的结果是一致的,而且主体与客体之间的 π-π 堆积作用和 C—H···π 作用以及两个客体之间的 C—H···π 作用为形成 1∶2 的配合物打下了很好的基础。更值得一提的是,对于配合物 **5·25₂**,我们发现两个客体分子之间还通过阴离子-π 相互作用包结一分子的 PF_6^-,这与主体 **4** 与客体 **25** 形成的配合物是不同的。主体 **5** 与联吡啶盐衍生物 **41**、**42** 和 **45** 也可以形成稳定的 1∶2 的配合物。由于冠醚链的增长,主体 **5** 与联吡啶盐衍生物 **45** 可以形成稳定的 1∶2 的配合物,而主体 **4** 只能与联吡啶盐衍生物 **45** 形成 1∶1 的配合物。由于冠醚链的增长及主体柔性的增加,大三环聚醚主体的构型可以随着包结客体的不同来调节[20]。主体 **5** 还可以与客体 **35**、**36** 和 **37** 形成稳定的 1∶2 的配合物。通过单晶 X 射线衍射实验,我们发现两个客体分子以头尾相接的方式结合于大三环聚醚主体的中心空腔,这也为我们构筑高级组装体打下了基础[13]。此外,我们还发现主体 **5** 具有更大的空腔,可以在固态下与两分子的联吡啶盐衍生物 **29** 及一分子的多环芳烃 **57**~**60**(图 8-11)通过多个 π-π 堆积作用、C—H···π 作用和 C—H···O 氢键

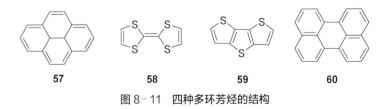

57　　　　　　**58**　　　　　　**59**　　　　　　**60**

图 8-11　四种多环芳烃的结构

作用形成类似于"俄罗斯套娃"的四元复合物,配合物还可以自组装成线性超分子阵列和二维网格结构[21]。

最近,我们发现大三环聚醚主体 **5** 可以与 π 延展的吡啶盐衍生物 **48** 和 **50** 形成阶梯状超分子聚合物,其配合模式如图 8-9(c)所示。相邻两个客体分子两端的羟基之间存在 C—H…O 氢键作用,在超分子聚合物的形成中起到重要的作用[22]。

（2）与铵盐的配合性质

大三环聚醚主体 **4** 和 **5** 含有两个二苯并冠醚空腔,两个铵盐客体分子 **61~65**（图 8-12）可以对称地穿过这两个冠醚空腔,形成稳定的 1:2 配合物[7,23]。对于配合物 **4·62₂**,两个二级铵盐对称地穿过二苯并-24-冠-8 空腔的中心,其中两个蒽片段置于冠醚空腔外形成类似于翅膀的结构。然而,对于具有更大空腔的主体 **5** 与客体 **62** 形成的 1:2 的配合物 **5·62₂**,由于两个蒽片段与主体之间存在一对 C—H…π 作用,两个蒽片段位于主体空腔内,这与配合物 **4·62₂** 完全不同。我们发现,配合物 **5·62₂** 可以作为高选择性地检测 Ba^{2+} 的超分子荧光探针。荧光滴定及核磁滴定发现,Ba^{2+} 对该配合物中客体的取代是分步进行的。此外,我们还发现,树枝状铵盐 **63~65** 也可以与主体 **4** 形成一种新的准[3]轮烷配合物。

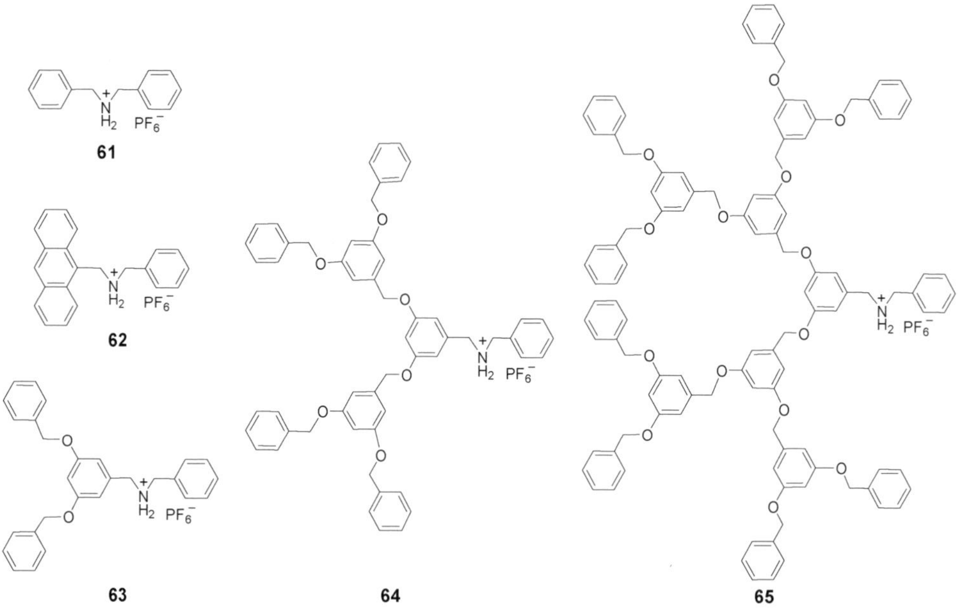

图 8-12　铵盐客体的结构

（3）与其他客体的识别性质

大三环聚醚主体 **6** 与中性客体 **66** 没有明显的配合作用[10]。其单晶结构显示,客体 **66** 位于主体 **6** 的空腔外,与两个主体分子形成三明治结构。在上述体系中加入锂盐后,随着溶液颜色由黄色变为蓝色,形成了一种新型的配合物 **6·66·2Li$^+$**。对于另一种中性客体 **67**,它也可以在钾离子存在下形成稳定的配合物 **6·67·2K$^+$**。对于含有 TTF 单元的主体 **7**,它可以在金属离子(如 Sc^{3+}、Pb^{2+}、Zn^{2+} 等)存在下形成稳定的配合物。吸收光谱和电子自旋共振光谱清楚地表明,在某些金属离子存在下,TTF 单元在主体 **7** 与客体 **68** 之间发生分子间电子转移[11]。此外,由于主体 **5** 具有更大的空腔,其可以与自折叠的客体 **69** 与 **70** 在溶液中或固态下形成 1∶1 的配合物[24]。上述客体的结构如图 8-13 所示。

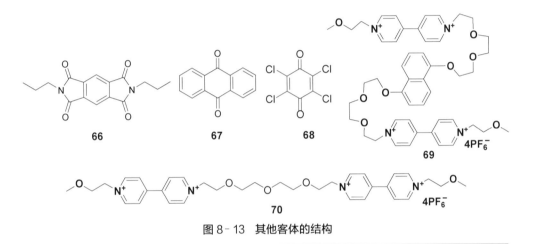

图 8-13　其他客体的结构

（4）调控与组装

由于大三环聚醚主体含有二苯并冠醚空腔,其与铵盐形成配合物的结合与解离过程均可以通过 pH 进行调控(图 8-14),其对 pH 有很好的刺激响应性。一般来说,大三环聚醚主体与联吡啶盐或者吡啶盐形成配合物的结合与解离过程是不能通过 pH 调控的。但是我们发现,大三环聚醚主体 **5** 与质子化的联吡啶盐和吡啶盐可以形成 1∶1 或者 1∶2 的配合物,当加入碱时,客体去质子化导致客体从主体空腔脱离;当加入酸时,客体重新质子化使得配合物生成。因此,通过调节 pH,我们实现了对主体与质子化联吡啶盐和吡啶盐形成配合物的结合与解离过程的控制。

一方面,由于配合物力不同,大三环聚醚主体优先配合具有更强配合力的客体。例如,我们发现主体 **4** 与二苄基铵盐 **61** 之间的配合力强于主体 **4** 与丙基取代的联吡啶盐

衍生物 **23**[23],因此在 **4** 与 **23** 形成的配合物中加入 **61** 后,**4** 与 **23** 发生了解离。此外,通过向体系中添加三氟乙酸(TFA)和三丁胺(TBA),还可以对主体 **4** 和这两个不同客体之间的交换过程进行化学控制[20]。

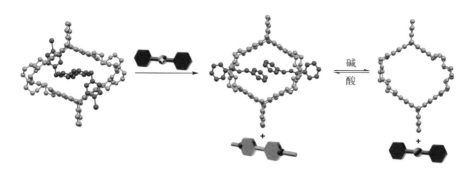

图 8-14　大三环聚醚主体与客体的 pH 调控过程示意图

另一方面,冠醚与金属离子有很好的配合作用。大三环聚醚主体含有冠醚片段,其可以与若干金属离子配合;与此同时,静电排斥作用使得大三环聚醚主体与阳离子铵盐或者联吡啶盐等客体形成的配合物解离。大三环聚醚主体 **6** 在锂离子存在下对均苯四甲酰亚胺衍生物的识别作用最好,在钾离子存在下对蒽醌的识别作用最好。因此,我们利用锂离子、钾离子和它们对应的简单冠醚实现了三个可逆的离子调控过程,如图 8-15 所示[10]。

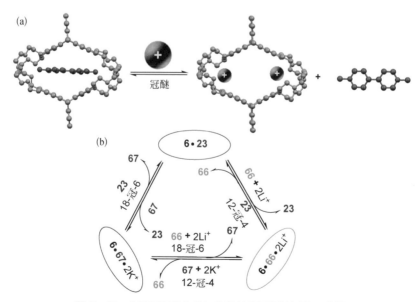

图 8-15　大三环聚醚主体与客体的离子调控过程示意图

经研究我们发现,大三环聚醚主体可以与钾离子配合,而其配合物可以进一步对中性客体进行串联式配合。我们将蒽醌衍生出四条端基含有叠氮的烷基链,以钾离子为模板,利用 1,3-偶极加成反应高效合成了三种含有不同大小封端基团的[2]轮烷。通过剥离它们的钾离子,可以观察到封端基团的大小不同,[2]轮烷的响应也不同,因此对封端基团大小与大三环聚醚主体中心空腔的匹配性有了更深刻的认识(图 8-16)[25]。

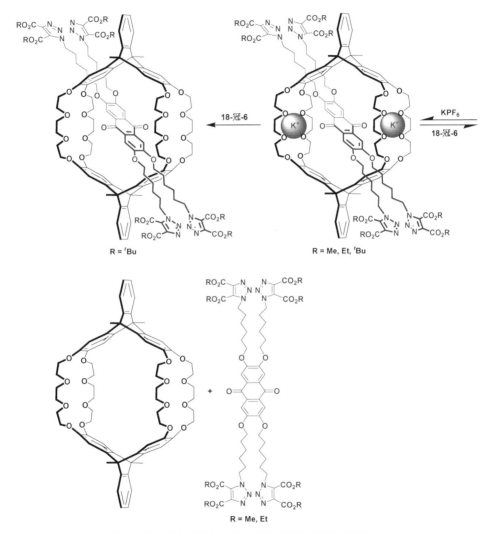

图 8-16 三种[2]轮烷在被剥离钾离子后的变化示意图

2010 年,我们设计合成了基于三蝶烯的双大三环聚醚主体 **9**(图 8-17)[12]。由于包含 8 条冠醚链,这个双大三环聚醚主体可以包结 4 eq.的二苄铵盐。基于这个结果,我们设计合成了含有两个二苄胺盐的客体 **71**，通过双大三环聚醚主体 **9** 与两分子的客体 **71** 作用，从而构筑了一个类似于分子手铐的组装体。更有意思的是，这个手铐的开与关还可以通过 pH 来进行调控（图 8-18）。

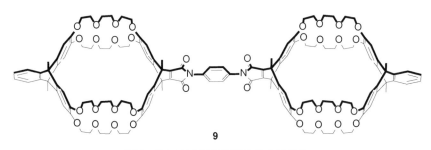

9

图 8-17　双大三环聚醚主体 **9** 的结构

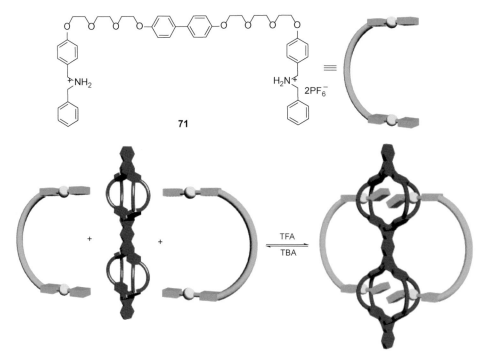

图 8-18　双大三环聚醚主体 **9** 与客体 **71** 在 pH 调控下的互变过程示意图

之后，我们又设计合成了两个带有枝杈的联吡啶盐 **72** 与 **73**[26]。这两个客体可以在溶液中与双大三环聚醚主体 **9** 有很好的配合作用，而且我们还发现它们可以在溶液中通过[3+2]与[4+2]自组装成为新型的超分子笼（图 8-19）。该超分子笼的形成通过氢-1核磁共振波谱（¹H NMR）、二维核磁共振谱（2D NMR）、电喷雾电离质谱（electrospray ionization mass spectrometer，ESI-MS)进行了证实，并且这两个超分子笼的流体力学半径与计算结果是一致的。这些研究结果可以为进一步设计和构筑新型的自组装有机容器、具有潜在应用价值的纳米材料及基于超分子化学的分子机器提供了机会。

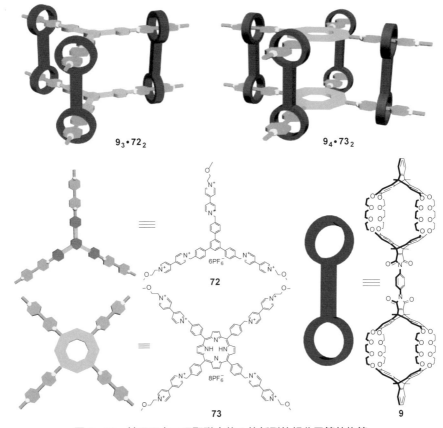

图 8-19 基于双大三环聚醚主体 9 的新型的超分子笼的构筑

由于轮烷在超分子化学中具有很重要的意义，我们基于大三环聚醚主体 4 可以与二苄胺盐类客体配合形成准[3]轮烷结构，进一步构筑了一种新颖的[3]轮烷结构。首先我们合成了官能团化的二苄铵盐 74，74 与大三环聚醚主体 4 形成 2∶1 的准轮烷；之后用 3,5-二甲基苯甲酸酐在三叔丁基膦催化下对配合物进行封端，顺利得到[3]轮烷化合物 75；最后 75 先通过 Cu[+] 催化的 1,3-偶极加成反应、再与双叠氮化合物反应得到最终产物聚轮烷 76(图 8-20)，其平均聚合度为 14[27]。在此工作基础上，我们又合成了含有两个作用位点的[3]轮烷分子机器 77。研究发现，通过 DBU 和 TFA 可以实现[3]轮烷分子机器内的相对运动(图 8-21)[28]。

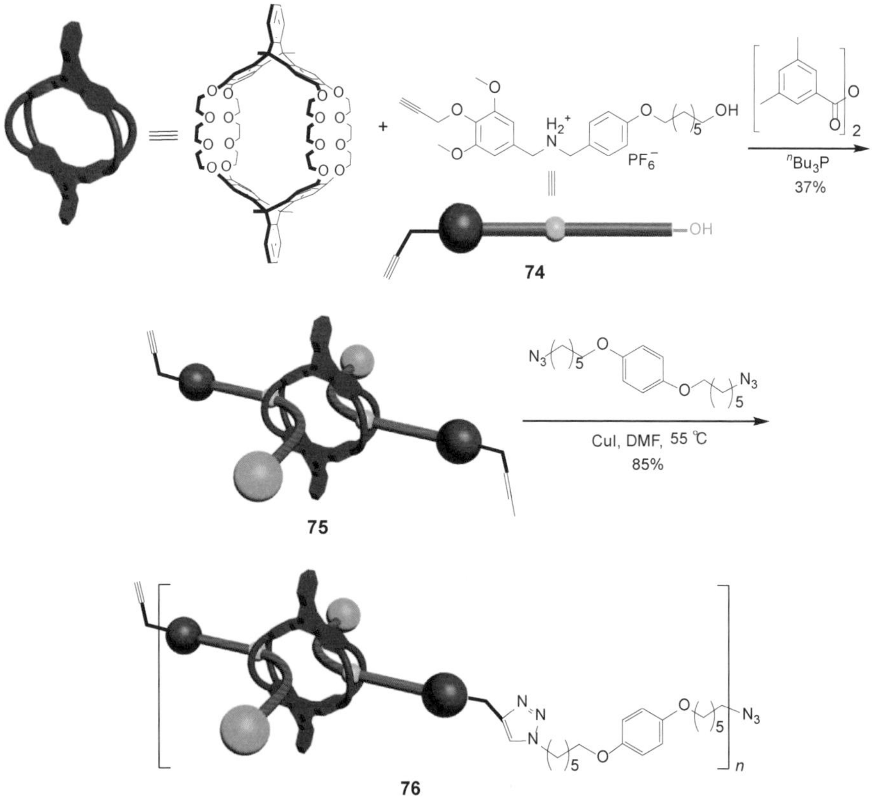

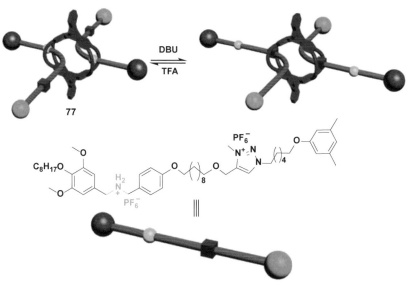

图 8-20 [3] 轮烷聚合物的合成

图 8-21 pH 调控的 [3] 轮烷分子机器示意图

我们基于含蒽单元的大三环聚醚主体 **6** 的识别性质,设计合成了含有蒽醌、均四甲酰二胺和甲基三唑盐三个位点的三稳态分子梭(图 8-22)[29]。当存在钾离子、锂离子或不存在金属离子时,大三环聚醚主体 **6** 可分别与轮烷轴部分的上述三个位点结合。综合的化学刺激可以使大环位置在三个位点之间进行可逆转换。通过模块环合成策略,得到了寡聚的三稳态轮烷,并成功实现了对其中大环位置的调控。这证明了三稳态分子开关的控制运动可以拓展到寡聚分子水平。由于结构和大环运动方式上的相似性,寡聚轮烷被形象地称作"分子缆车",它们代表了一类复杂而精巧的分子机械。

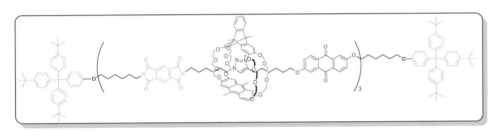

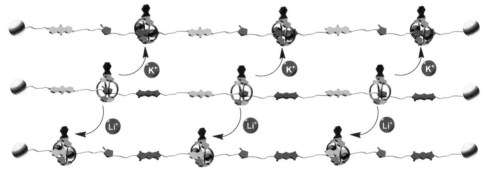

图 8-22　[4]轮烷的结构及大环位置的可逆转换示意图

大三环聚醚主体 **3** 与 π 延展的吡啶盐在高浓度的溶液中及固态下可形成梯状的超分子聚合物[30],这个结果已经经过了单晶 X 射线衍射及 MALDI-TOF 质谱的确定。最近,我们基于大三环聚醚主体 **4** 与共聚物 **78** 通过主客体相互作用得到了一种超分子凝胶(图 8-23)。该超分子凝胶具有明确的多孔结构,而且可以通过 pH 和热的变化实现可逆的凝胶-溶胶转变。此外,大三环聚醚主体 **4** 和共聚物 **78** 形成的超分子凝胶还可用于方菁酸染料的包结与可控释放。

在乙腈或 1∶1 的乙腈/氯仿溶液中,一种具有响应性的有机凝胶通过自补偿单体 **79** 形成(图 8-24)[31]。在 pH 和热的刺激下,该凝胶可以实现凝胶-溶胶的可逆转变。对于模型分子 **80**,由于"客体部分"中末端基团的空间位阻,则不能形成凝胶。

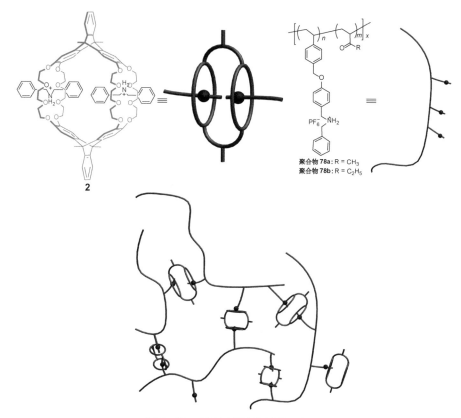

聚合物 78a：R = CH₃
聚合物 78b：R = C₂H₅

2

图 8‑23 超分子凝胶的形成示意图

79

2PF₆⁻

80

2PF₆⁻

图 8‑24 自补偿单体 79 与模型分子 80 的结构

8.2.2 三蝶烯三冠醚

通过把具有独特三维结构的三蝶烯基元与冠醚结构进行有机结合,我们还设计构筑了一类具有特殊 D_{3h} 对称性的三蝶烯三冠醚主体分子。单晶 X 射线衍射实验表明,该主体分子含有三个位于不同方向的冠醚空腔,同时显示含有三个具有柔性镊型结构的空腔。

三蝶烯三冠醚主体 **81** 含有三个 DB24C8 单元(图 8-25),因而可与三分子的二苄铵盐 **82** 结合[32]。如图 8-26 所示,由于主体分子具有独特的结构,在客体分子与主体分子结合后,其双键末端相互接近。采用二代 Grubbs 催化剂进行三重关环烯烃复分解反应,还原氢化后能够以高达 82% 的收率得到了[2](3)索烃 **85**。这一高收率可以归因于在反应条件下,形成组装体 **83** 的高效性及关环烯烃复分解反应的可逆性允许生成热力学稳定的关环产物 **84**。这种通过关环烯烃复分解反应高效合成[2](3)索烃的方法为合成其他高级功能化索烃提供了新颖的思路。

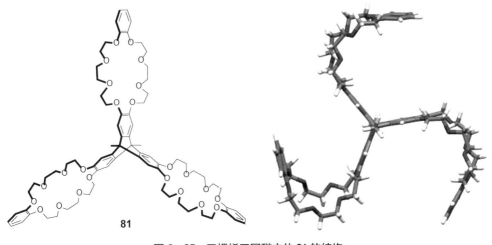

81

图 8-25　三蝶烯三冠醚主体 **81** 的结构

基于关环烯烃复分解反应的可逆性,我们还利用含有双键的环状三铵盐客体 **87**,在含有三蝶烯三冠醚主体和环状客体的反应体系中成功得到了[2](3)索烃 **85**[33]。魔术环法合成[2](3)索烃 **85** 的形成机理如图 8-27 所示。环状客体分子在催化剂的作用下经历开环、配合、再关环的历程,最终形成索烃结构。以上结果表明,结合三蝶烯三冠醚主体分子的结构特点和识别性能,利用可逆的关环烯烃复分解反应,可以高效构筑具有复杂、高级结构的互锁体系。

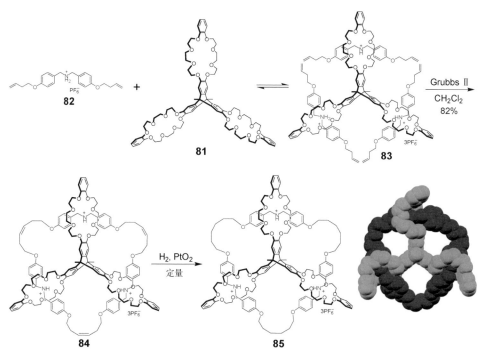

图 8-26　三重关环烯烃复分解反应高效合成［2］（3）索烃 **85**

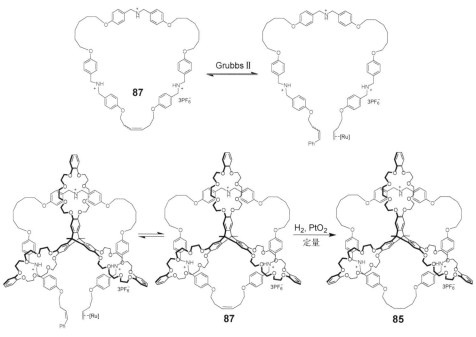

图 8-27　魔术环法合成［2］（3）索烃 **85** 的形成机理

我们还进一步发展了基于手性联萘二酚的三蝶烯三冠醚。利用与合成[2](3)索烃 **85** 类似的策略，我们得到了基于手性三蝶烯三冠醚主体的[2](3)索烃(图 8-28)[34]。我们发现，用三乙胺、三叔丁胺、二异丙基乙胺均不能使索烃 **88** 中的铵盐去质子化。在 DMSO 中利用强碱 DBU，我们实现了互锁分子中铵盐的去质子化，得到的新的中性手性分子是进一步功能化的重要前体。通过后续反应，我们合成了一系列[2](3)索烃衍生物 **89**～**91**。通过比较手性主体与[2](3)索烃衍生物的圆二色(CD)谱，我们发现与主体分子相比，互锁分子中的联萘发色团在 241 nm 处的 Cotton 效应显著降低，而索烃分子在 248 nm 处出现了正的 Cotton 效应。这可能是由于联萘单元向主体分子手性转移的原因。

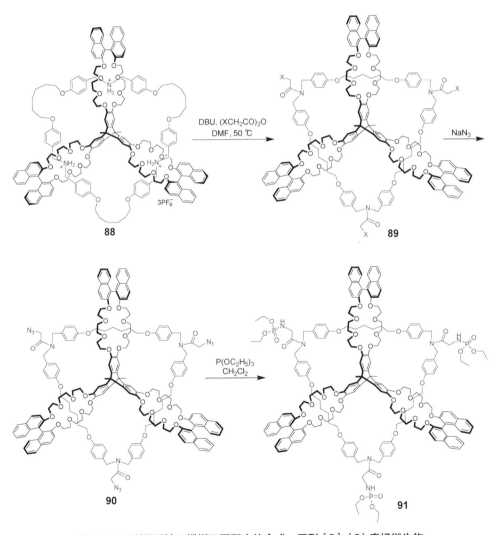

图 8-28　利用手性三蝶烯三冠醚主体合成一系列 [2](3)索烃衍生物

基于三蝶烯三冠醚主体,我们通过 click 反应对准轮烷组装体进行封端,得到了特殊[2]
轮烷,进行三唑甲基化后得到了[P-H₃][6PF₆]。核磁共振实验表明,在酸性条件下,主体分
子的三个冠醚环均与铵盐位点结合;在加入碱后,主体分子的冠醚环与三唑位点结合(图
8-29)。由于客体分子的运动轨道是由主体分子上三个冠醚环组成的弯曲空间,客体分子的
运动兼具普通[2]轮烷和[2]索烃中线性穿梭运动和转动的特点。在这样的体系中,可以实现
客体分子运动方向约 180°的改变,该功能常见于广泛应用的机械装置——滑轮[35]。

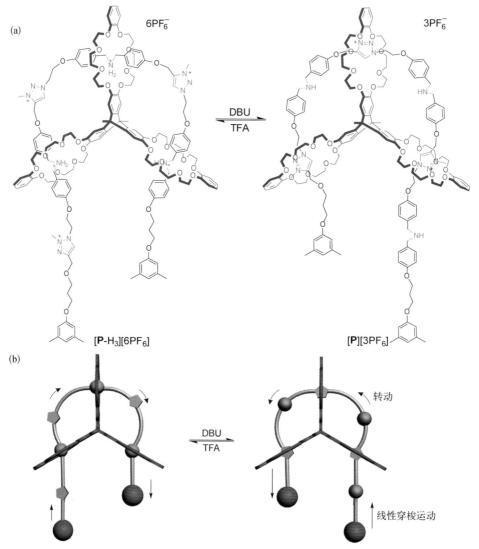

图 8-29　(a)[P-H₃][6PF₆]在 pH 刺激下的结构;(b)类滑轮运动的卡通
示意图,箭头指示客体分子作为"绳索"沿着"冠醚"轨道的运动轨迹

为了将更多识别位点引入客体分子中,从而得到功能化的索烃,我们希望构筑具有更加延展结构的三蝶烯三冠醚主体,使其相邻的 DB24C8 环之间有更大的自由体积,这将会更加满足合成索烃的位阻需求。因而,我们设计了吡嗪延展的三蝶烯三冠醚主体 **92**,其合成如图 8-30 所示。我们从未取代的简单三蝶烯出发,依次进行硝基化反应、还原反应得到了六氨基三蝶烯盐酸盐。其随后与草酸二乙酯进行缩合反应得到了六羟基三蝶烯化合物 **93**。**93** 在 DMF 中与二氯亚砜反应得到了六氯代三蝶烯化合物 **94**。在碳酸铯存在的条件下,以苄基三乙基氯为相转移催化剂,通过 **94** 与二醇 **95** 在乙腈和二氯甲烷的混合溶剂中于 70℃下反应 2 天,能够以 61% 的收率得到三蝶烯三冠醚化合物 **92**,

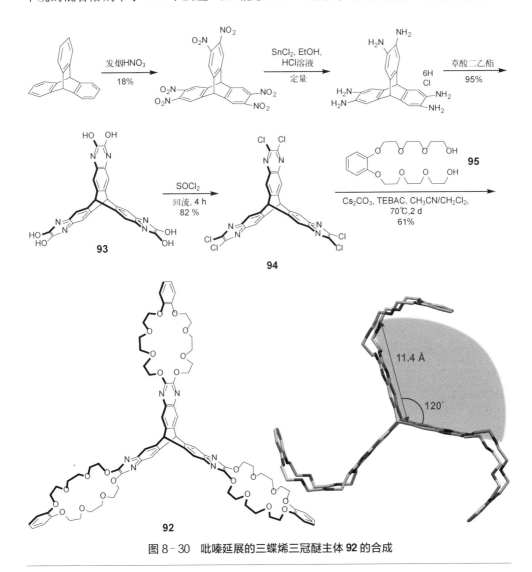

图 8-30　吡嗪延展的三蝶烯三冠醚主体 **92** 的合成

其为白色粉末状固体。相比于我们之前合成三蝶烯三冠醚主体的方法，该方法最后一步的反应条件更加温和、收率更高，同时反应时间大大缩短。通过在二氯甲烷和甲醇的混合溶液中重结晶 **92**，可以得到适合于单晶 X 射线衍射实验的晶体。其单晶结构显示，**92** 在固态下具有 D_{3h} 对称性的构象。在固态下，层与层之间进行交错堆积，每层中的冠醚有 $60°$ 的夹角，在相邻的二苯并-24-冠-8 之间有一个半径为 11.4 Å、夹角为 $120°$ 的扇形区域[36]。

我们进一步利用吡嗪延展的三蝶烯三冠醚主体 **92**，通过烯烃复分解反应高效合成了双组分、三重贯穿的新型功能化的[2](3)索烃 **C**-H$_3$·6PF$_6$（图 8-31）。该索烃分子中存在多种相互作用，通过加入酸或碱，可以在两个位点之间进行调控，从而使索烃产生一种步进的运动模式（图 8-32）。通过核磁滴定实验对涉及的 4 种系统构象的鉴别和定量分析，我们对此运动模式进行了强有力的证明。利用指示剂法，我们首次确定了

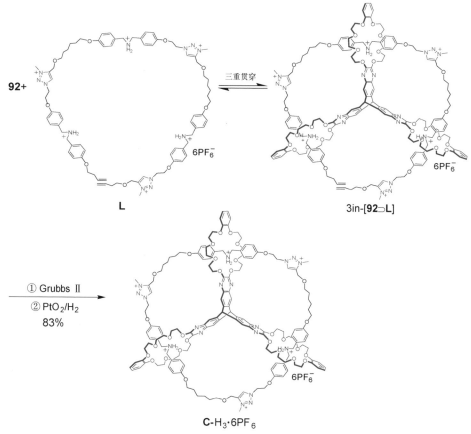

图 8-31　烯烃复分解反应合成新型功能化的 [2]（3）索烃 **C**-H$_3$·6PF$_6$

pH 驱动的互锁分子开关的电离平衡常数，这使得对 pH 驱动系统由环境酸度改变引起的动态变化的准确定量分析变得可行[36]。

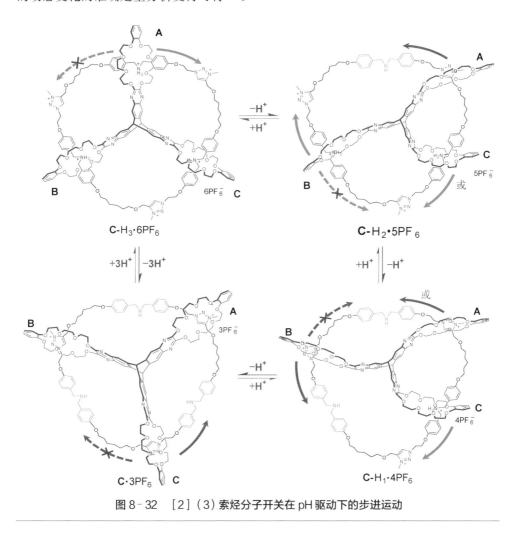

图 8‑32　[2]（3）索烃分子开关在 pH 驱动下的步进运动

8.2.3　螺芳烃

大环芳烃是一类由羟基取代的芳环通过亚甲基或次甲基桥连而形成的大环主体，包括杯芳烃、雷锁酚、环三藜芦烃、柱芳烃等。近几十年来，手性大环芳烃由于在手性识别和组装等领域的广泛应用，引起了人们极大的关注与兴趣。一般来说，手性大环芳烃可以通过在大环骨架中引入手性辅助基团来获得。固有手性是构建手性大环芳烃的另一种策略,但它们的合成过程烦琐,大环空腔难以运用,这在一定程度上限制了它们的实际应用。最近,Ogoshi 等基于柱芳烃报道了一种新型的具有平面手性的大环芳烃。然而,由手性分子基块直接构筑手性大环芳烃一直没有文献报道。2016 年,我们基于手性三蝶烯基元,设计合成了首例具有螺旋手性空腔的大环芳烃。该大环芳烃具有类似于螺母的手性空腔结构,因此我们将其命名为螺芳烃(helicarenes)。

1. 合成与结构

如图 8-33 所示,我们从商业化原料 2,6-二甲氧基蒽 **93** 出发,经过 3 步反应得到了含有手性三蝶烯片段的大环前体(±)-**95**。然后经过 Lewis 酸催化的傅克反应,以 15% 的收率得到了甲氧基取代的大环芳烃(±)-**96**。之后经过 BBr₃ 脱甲基反应,以 98% 的高收率得到了作为母体的大环芳烃(±)-**97**[37]。在外消旋的(±)-**97** 上引入手性辅助基团,通过柱层析法很容易得到了两个非对映异构体 **98a** 和 **98b**。随后经过水解,可以成功得到一对对映异构体(+)-**97** 和(−)-**97**。从其 CD 谱中可见,它们呈现完全镜像的关系,同时比旋光值也基本一致。最近,我们成功将大环前体(±)-**95**在高效

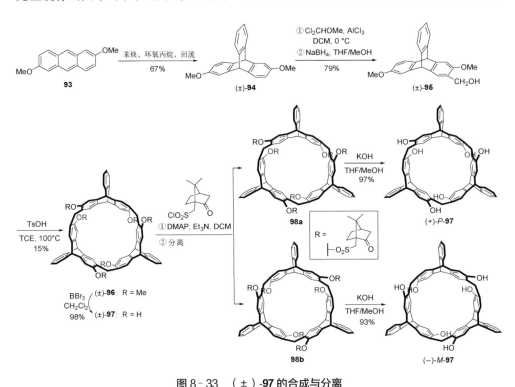

图 8-33　(±)-97 的合成与分离

液相色谱(high performance liquid chromatography，HPLC)手性柱中手性拆分为(＋)-**95**和(－)-**95**，从而可以克级制备手性螺芳烃(＋)-**96** 和(－)-**96**(图 8 - 34)[38]。

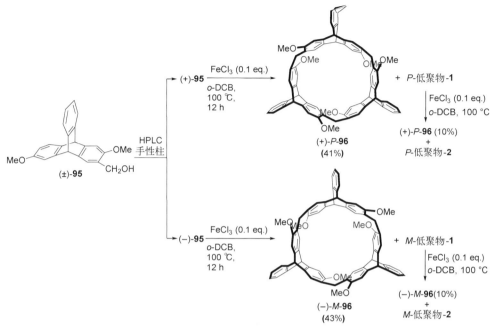

图 8 - 34　对映异构体(＋)-**96** 和(－)-**96** 的合成

通过(±)-**96** 与 Br$_2$ 反应，能够以 88%的收率得到溴代产物(±)-**99**；之后经过 BBr$_3$ 脱甲基反应，能够以 95%的收率得到六溴取代的螺芳烃衍生物(±)-**100**；随后经过 Suzuki 偶联反应，能够以 55%～71%的收率得到一系列芳基取代的螺芳烃衍生物 (±)-**101a**～**f**。同理，分别以(＋)-**96** 与(－)-**96** 为原料，还可以便捷地合成(＋)-**100** 和 (－)-**100**，再通过 Suzuki 偶联反应，便可以直接得到对映异构体(＋)-**101** 与(－)-**101**(图 8 - 35)[38]。

如图 8 - 36 所示，螺芳烃(±)-**97** 具有 C$_3$ 对称性结构。变温核磁共振氢谱显示，在－40～120 ℃内，亚甲基质子信号没有明显变化，表明大环在溶液中构象固定，这与典型的杯芳烃和柱芳烃有明显的不同。通过向螺芳烃(±)-**97** 的丙酮溶液中扩散乙腈蒸气，我们成功得到了螺芳烃(±)-**97** 的单晶。经研究我们发现，六个苯环形成了一个六边形的空腔，与对面苯环的距离分别为 9.20 Å，9.14 Å 和 8.99 Å，这个空腔大小与 α-环糊精、葫芦[7]脲和柱[6]芳烃的空腔直径比较一致。同时，三个三蝶烯片段之间的夹角

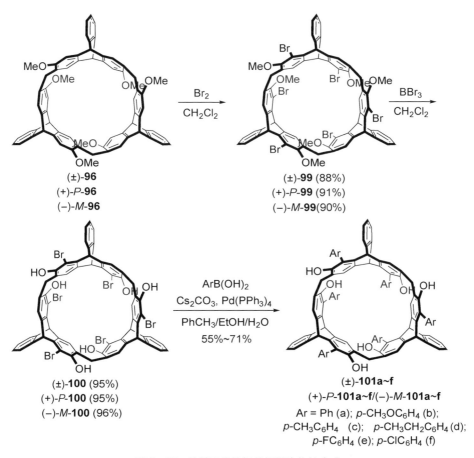

图 8-35　芳基取代的螺芳烃衍生物的合成

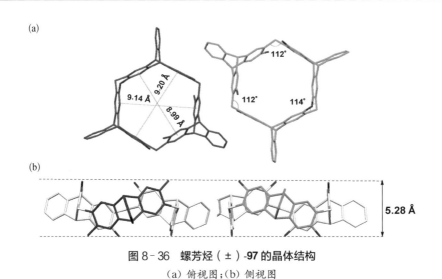

图 8-36　螺芳烃（±）-**97** 的晶体结构

（a）俯视图；（b）侧视图

分别为 112°、112°和 114°,大于经典的 sp³ 杂化的碳碳键夹角,说明大环存在一定的张力。三个三蝶烯片段连接时存在一定的倾斜角,因此大环的高度比单独的三蝶烯片段要高,可以达到 5.28 Å。有趣的是,螺芳烃(±)-**97** 的固态堆积图显示,其两种构型呈现手性自分类现象[37]。

同手性的大环采用交替堆积的方式排列成蜂窝状的双分子层,而在 *c* 轴方向上,紧挨着的双分子层是完全相反的另外一种构象。根据 CIP(Cahn-Ingold-Prelog)顺序规则,我们首先将对映异构体(＋)-**97** 与(－)-**97** 的绝对立体构型分别定义为 *P* 构型和 *M* 构型(图 8-37)。然后,通过 **98a** 的晶体结构,我们可以很容易地确定其大环骨架的绝对主体构型为 *P* 构型。此外,我们还得到了(－)-*P*-**100** 的晶体结构,进一步证实了螺芳烃对映异构体的绝对立体构型[38]。

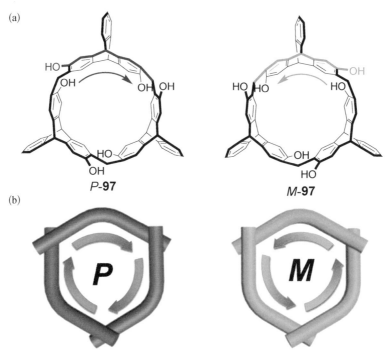

图 8-37　对映异构体 *P*-**97** 和 *M*-**97** 的结构

2. 识别与组装

由于(＋)-**97** 与(－)-**97** 含有富电子空腔和六个羟基,我们推断它们可以通过多种非共价相互作用有效地、选择性地与手性有机铵盐配合。因此,我们测试了手性主体与

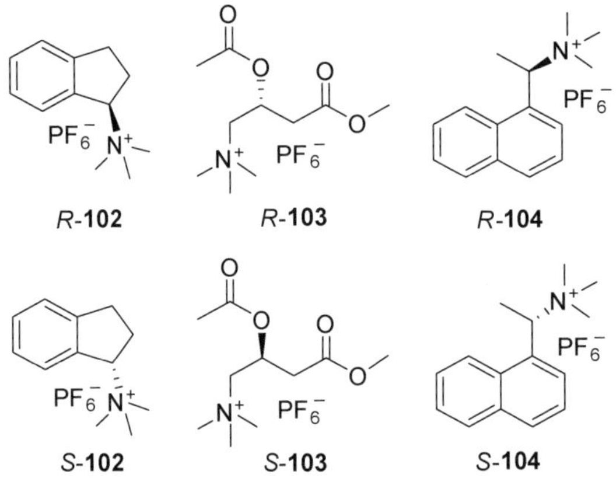

图 8-38 手性客体 102~104 的结构

三对手性客体 **102~104**(图 8-38)之间的配合作用,发现即使没有任何修饰,手性大环对这些手性客体也表现出明显的对映选择性识别。尤其是对 1-吲哚胺的甲基化衍生物 **102** 来说,对映选择性非常高[37]。

我们还发现,(±)-**96** 在溶液中和固态下可以与乙酰胆碱 **105a** 和硫酰胆碱 **105b** 形成 1∶1 的配合物。与(±)-**96** 相比,没有修饰的(±)-**97** 与客体显示出更强的结合能力,这可能是由于(±)-**97** 上的羟基与客体之间存在多种非共价相互作用。因此,我们又测试了(±)-**97** 与不同种类的季铵盐 **105c~105m**(图 8-39)之间的配合作用,发现(±)-**97** 对这些客体具有明显的配合作用[39]。此外,(±)-**96** 和(±)-**97** 还可以与不同种类的 N-杂环盐 **39**、**47**、**106**,甚至 TCNQ(**107**)在溶液中和固态下形成 1∶1 的配合物。

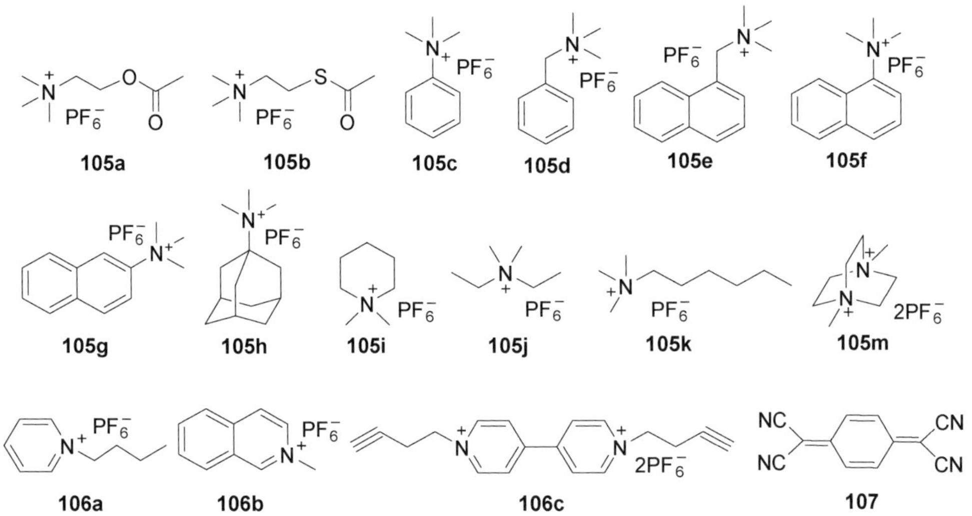

图 8-39 客体 105~107 的结构

在溶液中,(±)-**96** 和(±)-**97** 还可以与卓鎓离子 **108** 形成 1∶1 的配合物。溶液的颜色变化与紫外-可见吸收光谱中新吸收带的形成表明了配合物中存在电荷转移。特别的是，通过氧化还原刺激可以有效调控客体的包结和释放（图 8-40），而通过溶液的颜色变化可以直观地观察到这一反应过程。对于（±）-96 与卓鎓离子 108 形成的配合物，氧化还原调控可重复至少 10 次；对于（±）-97 与卓鎓离子 108 形成的配合物，也发生了类似的现象，并且氧化还原调控至少可以重复 5 次[40]。

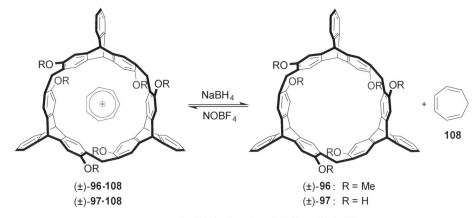

（±）-96·108
（±）-97·108

NaBH₄
NOBF₄

（±）-96：R = Me
（±）-97：R = H

108

图 8-40　螺芳烃与卓鎓离子客体的识别与调控

此外，我们还设计合成了水溶性的 2,6-螺[6]芳烃 109。结构表征显示，其在水溶液中具有高度对称的结构及固定的构象。我们通过核磁、质谱及量热滴定等方法研究了其对于季磷盐客体 110a～c 的识别性能，发现其在水溶液中与这类客体之间的稳定常数可以高达 10^5 M^{-1}，同时配合物的形成与解离过程可以受到 pH 调控。这是首例在水溶液中以主客体相互作用识别季磷盐及基于季磷盐形成的刺激响应主客体配合物（图 8-41）[41]。

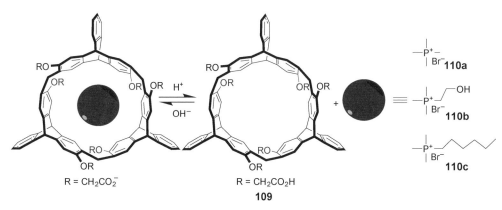

R = CH₂CO₂⁻

R = CH₂CO₂H
109

H⁺
OH⁻

图 8-41　螺芳烃与季磷盐客体的识别与调控

通过核磁共振氢谱、高分辨质谱、核磁滴定及 DFT 理论计算等方法，我们研究了质子化叔铵盐客体 **111a～h**［图 8 - 42(a)］与螺[6]芳烃(±)-**96** 的配合作用。通过研究我们发现[42]，在溶液中，这类客体都可以与(±)-**96** 通过阳离子-π 相互作用、C—H···π 相互作用及氢键形成稳定的 1∶1 配合物。对于质子化芳香叔铵盐客体，其与大环之间的稳定常数与氨基对位基团的吸电子能力和客体 N 原子上的取代基位阻有关，吸电子能力越强，取代基位阻越小，稳定常数越大。通过向主客体配合物溶液中加入酸和碱，实现了对这类配合模式的 pH 调控［图 8 - 42(c)］。通过加入氯离子和钠离子，实现了阴离子调控的主客体的配合和解配合［图 8 - 42(d)］。通过设计相应的线性轴分子，以及利用异氰酸酯与羟基的缩合反应，我们还合成了首例基于(±)-**96** 的[2]轮烷［图 8 - 40(b)］。

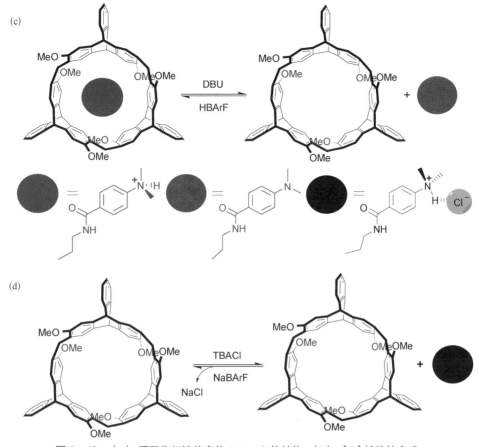

图 8-42 （a）质子化叔铵盐客体 **111a~h** 的结构；（b）［2］轮烷的合成；
（c）配合物的 pH 调控过程；（d）配合物的阴离子调控过程

（±）-**96** 与质子化吡啶盐客体 **114a～c**［图 8-43（a）］也可以形成 1∶1 的配合物[43]。利用加酸及加碱的方式，可以可逆地调控主客体配合物的形成与解离。有趣的是，我们发现由于稳定常数大小适中，（±）-**96** 与 2-苯基吡啶盐客体形成的配合物可以在光酸 1-MEH 的存在下通过 420 nm 的光照进行可逆的调控［图 8-43（b）］。通过这种方式，我们建立了利用光刺激来调控非光响应的主客体体系。进一步地，我们合成了 3 个基于螺芳烃（±）-**96** 与 2-苯基吡啶盐的［2］轮烷 **115～117**［图 8-43（c）］，发现在光酸的存在下，通过光诱导质子转移（photoinduced proton transfer，PIPT）策略，（±）-**96** 在质子化的吡啶位点与烷基链位点之间的运动可以被可见光有效地调控［图 8-43（d）］。该过程可以重复超过 50 次［图 8-43（e）］，这也是第一例非光响应互锁分子机器的光调控，为分子机器领域提供了更多的调控模式[44]。

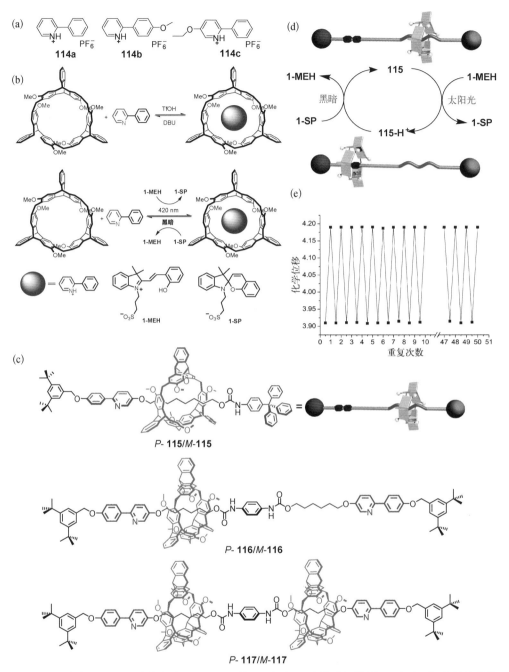

图 8‑43 （a）质子化吡啶盐客体 **114a～c** 的结构；（b）配合物的调控过程；（c）［2］轮烷的结构；（d）**115** 在光调控下的穿梭运动；（e）光控运动的重复性

亚碘酰苯(PhIO)可以和三氟乙酸反应生成二(三氟乙酰基)碘苯(BTAIB)。BTAIB可以与TEMPO将醇类催化氧化为醛或酮。因此，向三氟乙酸、TEMPO及醇的混合溶液中加入PhIO，可以引发其与体系中酸的反应而产生BTAIB，随后启动醇的氧化反应并释放出被吸收的酸。不难发现，该反应是一个pH振荡的过程。将这一连续反应与基于螺芳烃(±)-**96**和吡啶盐的[2]轮烷的pH可控运动相结合，我们可以利用该连续反应具有pH振荡的特点，实现自动驱动的分子机器的运动和复位，而整个过程只需人为加入一次PhIO即可(图8-44)。与传统的需要手动加入两次刺激信号的分子机器系统相比，其提高了操作的便捷性与能量的利用效率[45]。

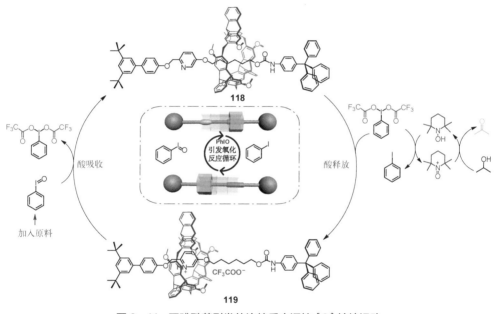

图8-44 亚碘酰苯引发的连续反应调控 [2] 轮烷运动

8.3 总结与展望

以具有独特结构的三蝶烯为基元，我们设计合成了一系列新型的大环主体，包括大三环聚醚、三蝶烯三冠醚、螺芳烃等。三蝶烯衍生冠醚主体具有刚性三蝶烯基元与柔性冠醚结构形成的多空腔结构，因而其对于广泛的客体能够以不同的配合模式形成不同类型的二元、三元或多元配合物,而且主客体配合作用可以通过多种不同的外部刺激进行有效的调控,并且该类新型大环主体能够广泛应用于分子机器、超分子聚合物及智能材料等领域。螺芳烃是一类新型的大环芳烃,其具有合成方便、稳定性高、溶解性好、构象固定、易功能化等特点,能够对映选择性地识别手性铵盐,也能够与各种不同类型有机客体形成稳定的配合物,尤其是主客体配合物的形成与解离过程可以通过 pH、氧化还原、阴离子的加入与除去,以及在光酸的存在下光刺激响应等手段进行有效的调控。进一步研究发现,螺芳烃在具有特殊结构与功能的超分子组装体的构建及分子机器等方面显示出广泛的应用前景。

发展新型大环主体分子体系是主客体化学与超分子化学研究中一个永恒的主题。因此,我们一方面基于三蝶烯衍生冠醚主体具有丰富、可控的主客体配合性质,将开拓其在具有特殊结构与功能的超分子组装体构建中的应用;另一方面基于手性三蝶烯基元,将进一步发展与完善螺芳烃类新型大环主体分子体系,并通过深入研究螺芳烃类大环芳烃在可控的(手性)分子识别及超分子组装等中的功能与应用,发展一类具有显著特色的新型大环主体分子体系。

参考文献

［1］ Wang M X. Coronarenes: Recent advances and perspectives on macrocyclic and supramolecular chemistry［J］. Science China Chemistry, 2018, 61(8): 993 - 1003.

［2］ Chen H Q, Fan J Z, Hu X S, et al. Biphen［n］arenes［J］. Chemical Science, 2015, 6(1): 197 - 202.

［3］ Huang G B, Wang S H, Ke H, et al. Selective recognition of highly hydrophilic molecules in water by endo-functionalized molecular tubes［J］. Journal of the American Chemical Society, 2016, 138(44): 14550 - 14553.

［4］ Chen C F, Ma Y X. Iptycenes chemistry: From synthesis to applications［M］. Heidelberg: Springer-Verlag Berlin Heidelberg, 2013.

［5］ Han Y, Meng Z, Ma Y X, et al. Iptycene-derived crown ether hosts for molecular recognition and self-assembly［J］. Accounts of Chemical Research, 2014, 47(7): 2026 - 2040.

［6］ Chen C F, Han Y. Triptycene-derived macrocyclic arenes: From calixarenes to helicarenes［J］. Accounts of Chemical Research, 2018, 51(9): 2093 - 2106.

［7］ Zong Q S, Chen C F. Novel triptycene-based cylindrical macrotricyclic host: Synthesis and complexation with paraquat derivatives［J］. Organic Letters, 2006, 8(2): 211 - 214.

［8］ Zhao J M, Zong Q S, Chen C F. Complexation of triptycene-based macrotricyclic host toward (9-anthracylmethyl)benzylammonium salt: A Ba^{2+} selective fluorescence probe［J］. The Journal of Organic Chemistry, 2010, 75(15): 5092 - 5098.

[9] Han Y, Lu H Y, Zong Q S, et al. Synthesis of triptycene-derived macrotricyclic host containing two dibenzo-[18]-crown-6 moieties and its complexation with paraquat derivatives: Li⁺-ion-controlled binding and release of the guests in the complexes[J]. The Journal of Organic Chemistry, 2012, 77(5): 2422-2430.

[10] Han T, Chen C F. Selective templated complexation of a cylindrical macrotricyclic host with neutral guests: Three cation-controlled switchable processes[J]. The Journal of Organic Chemistry, 2007, 72(19): 7287-7293.

[11] Li J, Guo J B, Yang G, et al. Inclusion of tetrachloroquinone and metal ions in a macrotricyclic molecule with a tetrathiafulvalene moiety prompts intermolecular electron transfer [J]. Asian Journal of Organic Chemistry, 2012, 1(2): 166-172.

[12] Guo J B, Xiang J F, Chen C F. Synthesis of a bis-macrotricyclic host and its complexation with secondary ammonium salts: An acid-base switchable molecular handcuff[J]. European Journal of Organic Chemistry, 2010, 2010(26): 5056-5062.

[13] Han Y, Meng Z, Chen C F. Acid/base controllable complexation of a triptycene-derived macrotricyclic host and protonated 4, 4′-bipyridinium/pyridinium salts[J]. Chemical Communications, 2016, 52(3): 590-593.

[14] Han Y, Gu Y K, Guo J B, et al. Linker-length-dependent complexation of a triptycene-derived macrotricyclic polyether with π-extended viologens[J]. European Journal of Organic Chemistry, 2015, 2015(6): 1257-1263.

[15] Gu Y K, Zeng F, Meng Z, et al. Triptycene-derived macrotricyclic polyether containing an anthracene unit as a powerful host for 1, 2-bis (pyridium) ethane, diquat and 2, 7-diazapyrenium salt[J]. Organic & Biomolecular Chemistry, 2014, 12(18): 2850-2853.

[16] Zhao J M, Zong Q S, Han T, et al. Guest-dependent complexation of triptycene-based macrotricyclic host with paraquat derivatives and secondary ammonium salts: A chemically controlled complexation process[J]. The Journal of Organic Chemistry, 2008, 73(17): 6800-6806.

[17] Han T, Zong Q S, Chen C F. Complexation of triptycene-based cylindrical macrotricyclic polyether toward diquaternary salts: Ion-controlled binding and release of the guests[J]. The Journal of Organic Chemistry, 2007, 72(8): 3108-3111.

[18] Han T, Chen C F. Formation of ternary complexes between a macrotricyclic host and hetero-guest pairs: An acid-base controlled selective complexation process[J]. Organic Letters, 2007, 9(21): 4207-4210.

[19] Guo J B, Han Y, Cao J, et al. Formation of 1 : 2 host-guest complexes based on triptycene-derived macrotricycle and paraquat derivatives: Anion-π interactions between PF₆⁻ and bipyridinium rings in the solid state[J]. Organic Letters, 2011, 13(20): 5688-5691.

[20] Han Y, Cao J, Li P F, et al. Complexation of triptycene-derived macrotricyclic polyether with paraquat derivatives, diquat, and a 2, 7-diazapyrenium salt: Guest-induced conformational changes of the host[J]. The Journal of Organic Chemistry, 2013, 78(7): 3235-3242.

[21] Han Y, Liang T L, Hao X, et al. Solid-state "Russian doll"-like capsules based on a triptycene-derived macrotricyclic host with paraquat derivative and polycyclic aromatic hydrocarbons[J]. CrystEngComm, 2016, 18(26): 4900-4904.

[22] Han Y, Gu Y K, Xiang J F, et al. Complexation between triptycene-based macrotricyclic host and π-extended viologens: Formation of supramolecular poly[3]pseudorotaxanes[J]. Chemical Communications, 2012, 48(90): 11076-11078.

[23] Zong Q S, Zhang C, Chen C F. Self-assembly of triptycene-based cylindrical macrotricyclic host

with dibenzylammonium ions: Construction of dendritic [3]pseudorotaxanes[J]. Organic Letters, 2006, 8(9): 1859 – 1862.

[24] Han Y, Guo J B, Cao J, et al. Complexation of triptycene-derived macrotricyclic host with bisparaquat derivative and self-folding guest: A switchable process controlled by K^+ ions[J]. Chinese Journal of Chemistry, 2013, 31(5): 607 – 611.

[25] Han T, Chen C F. Efficient potassium-ion-templated synthesis and controlled destruction of [2] rotaxanes based on cascade complexes[J]. The Journal of Organic Chemistry, 2008, 73(19): 7735 –7742.

[26] Guo J B, Jiang Y, Chen C F. Self-assembled interwoven cages from triptycene-derived bis-macrotricyclic polyether and multiple branched paraquat-derived subunits[J]. Organic Letters, 2010, 12(24): 5764 – 5767.

[27] Jiang Y, Guo J B, Chen C F. A bifunctionalized [3]rotaxane and its incorporation into a mechanically interlocked polymer[J]. Chemical Communications, 2010, 46(30): 5536 – 5538.

[28] Jiang Y, Guo J B, Chen C F. A new [3]rotaxane molecular machine based on a dibenzylammonium ion and a triazolium station[J]. Organic Letters, 2010, 12(19): 4248 – 4251.

[29] Meng Z, Xiang J F, Chen C F. Tristable [n]rotaxanes: From molecular shuttle to molecular cable car[J]. Chemical Science, 2014, 5(4): 1520 – 1525.

[30] Zeng F, Shen Y, Chen C F. Cross-linked supramolecular polymer networks with responsive and elastic gel properties via host-guest complexation: Controlled release of squaraine dyes[J]. Soft Matter, 2013, 9(19): 4875 – 4882.

[31] Su Y S, Liu J W, Jiang Y, et al. Assembly of a self-complementary monomer: Formation of supramolecular polymer networks and responsive gels[J]. Chemistry — A European Journal, 2011, 17(8): 2435 – 2441.

[32] Zhu X Z, Chen C F. A highly efficient approach to [4]pseudocatenanes by threefold metathesis reactions of a triptycene-based tris[2]pseudorotaxane[J]. Journal of the American Chemical Society, 2005, 127(38): 13158 – 13159.

[33] Jiang Y, Zhu X Z, Chen C F. Multivalency-directed magic-ring [2](3)catenane by olefin metathesis[J]. Chemistry — A European Journal, 2010, 16(48): 14285 – 14289.

[34] Zhu X Z, Chen C F. Efficient synthesis of a chiral [4]pseudocatenane and its derivatives: A novel ship's wheel-like interlocked structure[J]. Chemistry — A European Journal, 2006, 12(21): 5603 – 5609.

[35] Meng Z, Chen C F. A molecular pulley based on a triply interlocked [2]rotaxane[J]. Chemical Communications, 2015, 51(39): 8241 – 8244.

[36] Meng Z, Han Y, Wang L N, et al. Stepwise motion in a multivalent [2](3)catenane[J]. Journal of the American Chemical Society, 2015, 137(30): 9739 – 9745.

[37] Zhang G W, Li P F, Meng Z, et al. Triptycene-based chiral macrocyclic hosts for highly enantioselective recognition of chiral guests containing a trimethylamino group[J]. Angewandte Chemie International Edition, 2016, 55(17): 5304 – 5308.

[38] Wang J Q, Li J, Zhang G W, et al. A route to enantiopure (O – methyl)$_6$ – 2, 6 – helic[6]arenes: Synthesis of hexabromo-substituted 2, 6 – helic[6]arene derivatives and their Suzuki-Miyaura coupling reactions[J]. The Journal of Organic Chemistry, 2018, 83(19): 11532 – 11540.

[39] Zhang G W, Li P F, Wang H X, et al. Complexation of racemic 2, 6 – helic[6]arene and its hexamethyl-substituted derivative with quaternary ammonium salts, N – heterocyclic salts, and tetracyanoquinodimethane[J]. Chemistry -A European Journal, 2017, 23(15): 3735 – 3742.

[40] Zhang G W, Shi Q, Chen C F. Formation of charge-transfer complexes based on a tropylium

cation and 2，6 - helic［6］arenes：A visible redox stimulus-responsive process［J］. Chemical Communications，2017，53(17)：2582 - 2585.

［41］ Zhang G W，Han Y C，Han Y，et al. Synthesis of a water-soluble 2，6 - helic［6］arene derivative and its strong binding abilities towards quaternary phosphonium salts：An acid/base controlled switchable complexation process［J］. Chemical Communications，2017，53(75)：10433 - 10436.

［42］ Shi Q，Han Y，Chen C F. Complexation between (*O* - methyl)$_6$ - 2，6 - helic［6］arene and tertiary ammonium salts：Acid/base- or chloride-ion-responsive host-guest systems and synthesis of ［2］ rotaxane［J］. Chemistry — An Asian Journal，2017，12(19)：2576 - 2582.［PubMed］

［43］ Shi Q，Chen C F. Switchable complexation between (*O* - methyl)$_6$ - 2，6 - helic［6］arene and protonated pyridinium salts controlled by acid/base and photoacid［J］. Organic Letters，2017，19 (12)：3175 - 3178.

［44］ Shi Q，Meng Z，Xiang J F，et al. Efficient control of movement in non-photoresponsive molecular machines by a photo-induced proton-transfer strategy［J］. Chemical Communications，2018，54(28)：3536 - 3539.

［45］ Shi Q，Chen C F. Step-by-step reaction-powered mechanical motion triggered by a chemical fuel pulse［J］. Chemical Science，2019，10(8)：2529 - 2533.

MOLECULAR SCIENCES

Chapter 9

超分子自组装及其应用

刘鸣华　张莉　汪含笑　欧阳光辉

9.1 超分子与自组装的基本研究范畴

9.1.1 从合成化学到超分子化学

化学是研究物质的组成、结构、性质和变化的科学,是创造新物质的科学。在创造新物质的过程中,一个重要的概念就是化学键。化学键是一种粒子间的吸引力,其中粒子可以是原子或分子。化学键种类繁多,其能量大小、键长也有所不同,能量较高的"强化学键"包括共价键和离子键,而分子间力、氢键等"弱化学键"则能量较低。化学键的能量不同,从而衍生出多种化学学科。例如,关于强的共价键结合及其规律的认识发展了我们一般认为的有机合成化学,而对于较弱的非共价相互作用的研究则促成了超分子化学的诞生。人们对于化学键及其能量的概念认识已经有很久的历史,而对于不同化学键的键能所导致的新物质创造的不同方式则是一个逐步发展、不断深入的过程。图 9-1 展示了化学键的键能与研究领域的划分关系,表 9-1 则展示了各种键能的能量范围和特征[1]。如何打断和形成稳定的 C—H 键、C—C 键、C—N 键及 C—O 键等是有机合成化学的重点,而氢键、π-π 堆积及范德瓦耳斯力等弱化学键的研究则是超分子化

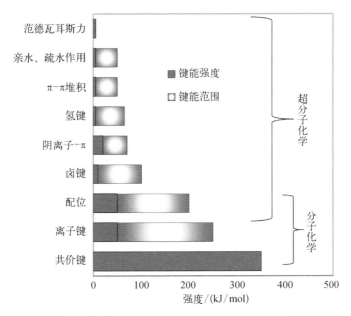

图 9-1 化学键的键能与研究领域的划分关系

学的研究范围。配位键与离子键,其键能在不同化学体系中差异很大,是合成化学和超分子化学都十分关注的化学键。此外,还有一类像二硫键一样的动态共价键,其能量介于强共价键与非共价键之间,在一定的条件下可以形成稳定的结构,而在另一些条件下又比较容易打断,展示出动态的特征。

表9-1 各种键能的能量范围和特征

相互作用力种类	强度/(kJ/mol)	特 征
共价键	350	不可逆
离子键	50~250	无选择性
配位	50~200	有方向性
卤键	10~100	有方向性
阴离子-π	20~70	有方向性、有选择性
氢键	5~65	有方向性、有选择性
π-π堆积	5~50	有方向性
亲水、疏水	5~50	无选择性
范德瓦耳斯力	5	无选择性、无方向性

分子合成是化学家通过在原子间形成共价键来制造分子的技术,蕴含了一系列的科学问题。长期以来,合成化学是化学的核心。自从人们在原子、离子、分子层面对于化学键的本质有了深刻认识,合成化学的发展突飞猛进,人们通过打断或形成原子与原子间共享电子对的键合作用而构筑了数千万种分子。人们不断探索新的合成方法、合成新的分子、开发新的功能、创造新的物质,实现了分子合成科学的繁荣发展。

与此同时,随着大量天然小分子、大分子的发现,大量人工分子的合成,人们对分子有了深刻的认识,同时也认识到分子间的非共价相互作用是创造新物质的重要手段之一。以分子间的非共价相互作用为核心的化学应运而生。20世纪60年代,查尔斯·约翰·佩德森(Charles John Pedersen)成功合成和发展了大环聚醚,并将其命名为"冠醚"[2]。1967年,他观察到冠醚显示出分子识别能力,这是典型的分子间相互作用导致的第一个具有分子识别功能的人工分子[2]。唐纳德·詹姆斯·克拉姆(Donald James Cram)发展了这一概念以涵盖广泛的分子系统,并提出了一个新的化学领域——主客体化学,其中主体分子可以容纳另一个分子,即客体分子[3]。1978年,让-马里·莱恩(Jean-Marie Lehn)试图统筹这些新的化学概念,首次提出了"超分子化学"一词[4]。这一名词的诞生代表了超分子化学被明确确立。C. J. Pedersen、D. J. Cram 和 J. M. Lehn 在 1987 年共同获得了诺贝尔化学奖。

"超分子化学"通常被定义为"超越分子的化学""研究分子间相互作用和分子(自)组装的化学""非共价键化学"。前面一个定义是比较模糊和神秘的表达,而最后一个定义则从本质上揭示了超分子化学的特点。J. M. Lehn 在诺贝尔奖获奖演讲中曾为超分子化学做如下注释:超分子化学是研究两种或两种以上的化学物种通过分子间的非共价相互作用缔结而成为具有特定结构和功能的超分子体系的科学。这些非共价相互作用包括氢键、配位作用、π-π 堆积作用、静电相互作用、亲水疏水作用及范德瓦耳斯力等。超分子体系的形成不仅是这些非共价相互作用加合的结果,更是它们互相协同的结果。一个超分子体系中往往包含多种非共价相互作用,它们的性质不同于每个单独成分的性质之和,而是起到了 1+1>2 的作用[5]。

非共价键化学这一概念不仅拓展了超分子体系的研究范围,而且加深了对超分子体系的精髓和本质的认识。一些通过非共价相互作用形成的有序结构体系很快成为超分子体系的主要研究部分。化学(分子)自组装则成为其另一个代表名词,使得自组装与超分子的概念紧密地联系在一起而得到蓬勃发展。分子自组装是指分子(或分子的一部分)自发形成有序聚集体而不需要人为干预的过程,所涉及的相互作用通常是非共价相互作用。在分子自组装中,分子结构决定了组装体的结构。正如合成分子一样,自组装形成有序的分子聚集体[5]。

超分子体系可以分为两个广泛的、部分重叠的部分。第一部分是超分子,是指基于分子识别原理的、由少数组分(受体及其底物)的分子间结合产生的离散型寡聚分子物种或者主客体体系,其具有确定的分子量,很多情况下可以获得晶体结构;第二部分是由多组分或者大量分子自发结合形成的具有特定结构的多分子实体[5]。图9-2列举了典型的超分子自组装体系,包括胶束、囊泡、单分子膜、LB 膜、磷脂膜、液晶及凝胶中的各类纳米纤维、纳米管等。它们或多或少具有明确的微观组织和宏观特征,涵盖了从最小的二聚体到大的有组织的组装体。

胶束

囊泡

单分子膜

LB膜

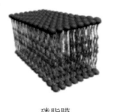

磷脂膜　　　　　　液晶　　　　　　　　凝胶　　　　　　　主客体体系

图9-2　典型的超分子自组装体系

9.1.2　超分子体系的特征

超分子体系的最重要特征是组成部分的空间排列和结构,以及将这些组成部分结合在一起的分子间的非共价相互作用。它们具有明确的结构、构象、热力学和动力学性质[5]。超分子体系可以区分不同类型的相互作用,它们表现出不同程度的强度、方向性以及对距离和角度的依赖性。尽管超分子体系的核心是非共价键化学,但其包含了共价键合的分子单元。共价键构成的分子是超分子骨架的核心,而非共价键则是连接分子的桥梁。不是任何分子都可以用来组装的,要构筑优越的超分子体系,必须有好的分子设计构想。我们在分子设计、组装或者制备超分子时,事实上已经同时考虑了共价和非共价相互作用的因素。例如,一个具有不同取代位置的同分异构体分子或是具有手性差的分子往往表现出有差别的组装结构。

超分子体系的第二个特征是多层次。多层次特性可以从多方面进行理解,例如生物体系、从汉语的结构体系等。生物体系的多层次性包含了多个类别,一是分子、超分子结构的多层次性。例如,20种不同的氨基酸分子通过共价键形成多肽链,多肽链之间通过大量的非共价相互作用(如氢键、离子键、范德瓦耳斯力和疏水作用等)来实现蛋白质的折叠,从而形成多层次的二级、三级及高级结构。只有具有多层次特定构型的蛋白质才能发挥特定的功能。二是生命系统的多层次性。细胞包含一系列复杂的结构,如脂膜、折叠蛋白质、结构化核酸、蛋白质聚集体、分子机器和许多通过自组装形成的结构等,是一个多组分的复杂组装体。细胞是生物体的基本结构和功能单位,通过细胞构筑组织,组织形成器官,器官构筑系统,最后形成个体,即细胞→组织→器官→系统→个体,由此形成最基本的生命系统。表9-2展示了汉语结构的层次特征与超分子体系的多层次性。

表 9-2 汉语结构的层次特征与超分子体系的多层次性

汉语	超分子体系	
形成要素	构筑单元	键合特性或特征
偏旁、部首	原子、离子	键合的离子、电子
汉字	分子	共价键
词组	超分子	非共价键,具有确定的分子量
句子	超分子组装体	非共价键,实体结构,具有一定的功能,如囊泡
段落	超分子机器	非共价键,功能协同,如蛋白质机器
文章	复杂超分子组装体	多组分,非共价键,如细胞

　　超分子体系的第三个特征是动态可逆性,即组装与解组装过程同时存在。自组装体系或者超分子体系的形成过程分为两类。第一类涉及严格意义上的超分子相互作用,例如通过氢键形成的"严格"缔合组成一个特定的结构,具有确定分子量的超分子、大环与主客体体系就属于此类。第二类是基于"松散"的分子相互作用,其中某种非共价键占有主导地位,多种其他的相互作用互相协同,这在胶束、囊泡及凝胶自组装中广泛存在。以最简单的胶束为例,两亲分子在胶束中自组装,使得其亲水部分暴露于水分子环境,并由于疏水相互作用而使另一部分不受水分子的影响。类似的机制也会导致其他组装体的形成,例如脂质双层。这些体系往往处于动态平衡中,一方面存在不同大小的组装体,另一方面组装与解组装同时存在,在小分子与组装体之间,组装体的分布达到平衡。这类组装体通常非常灵活,当施加外部信号时,它们灵活地响应,同时保持其基本组织和形状。

9.1.3　超分子自组装的研究范式

　　分子合成的研究范式是根据已知的或新开发的键合方式、通过逐步化学反应得到目标分子。超分子自组装的研究范式往往开始于分子设计。如图 9-3 所示,首先根据功能及分子间非共价的模式(如氢键、π-π 堆积等)设计构筑分子或者组装基元。这些组装基元已经从早期的有机小分子发展到多种体系,例如高分子、生物分子、纳米粒子乃至宏观物体[6-11]。组装基元无论是简单还是复杂,其表面具有的互相连接的非共价相互作用部分才是关键。

　　其次是组装过程的控制。对于常见的主客体体系或者大环体系来说,超分子体系的形成类似于分子合成过程,需要多步骤完成;而超分子自组装则不一样,往往一步完成。其驱动力是分子间的非共价相互作用,溶剂、界面以及各种外加的光、电和热等作为很好的刺激以引发组装。组装的过程往往比较快,并向一个动态平衡的状态发展。从这类组装体中很难分离出具体的、分子量唯一确定的结构,但是可以形成较为单一的、处于纳米尺寸的结构,利用 AFM、SEM、TEM 等可以观察这些微观结构。

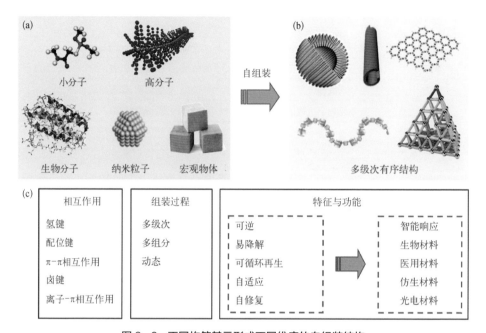

图 9-3 不同构筑基元形成不同维度的自组装结构

(a) 不同的构筑基元示意图;(b) 自组装形成的多级次有序结构示意图;(c) 自组装相互作用,组装过程及其特征与功能

最后是性能的拓展。超分子组装一方面可以实现性能的非线性放大,另一方面有望产生新的性能,而这些性能的取得也往往要与组装过程的热力学、动力学紧密联系。

9.2 典型超分子体系

9.2.1 大环与主客体体系

1. 超分子主体的结构及识别性能

大环化学的发展奠定了现代超分子化学的根基,大环与主客体体系的研究依然是当今超分子化学与组装的重要方向。自 20 世纪 60 年代美国化学家 Charles John Pederson 偶然发现第一代超分子主体——冠醚以来[2]，种类繁多、功能丰富的超分子大环化合物及主客体体系被陆续报道出来。化学家对这些人工合成的超分子大环化合物的结构特点与主客体化学展开了研究，由此催生出超分子化学学科。一般认为，超分子大环化合物的发展大致经历了三个阶段，其标志分别是以冠醚为代表的第一代超分子主体、以环糊精为代表的第二代超分子主体及以杯芳烃为代表的第三代超分子主体的构建。新型超分子大环化合物的开发不仅极大地推动了超分子化学的发展，而且为构筑更复杂的超分子系统(如分子机器等)提供了重要载体和驱动力。2016 年，在将主客体体系应用于超分子拓扑结构中做出开拓性贡献的让-皮埃尔·索瓦(Jean-Pierre Sauvage)、詹姆斯·弗雷泽·司徒塔特(James Fraser Stoddart)和伯纳德·费林加(Bernard L. Feringa)被授予了诺贝尔化学奖。

第一代超分子主体——冠醚是一种含有多个氧原子或硫、氮等原子的大环化合物，由于形似皇冠而得名。Charles John Pedersen 在制备得到冠醚后发现，这种环状分子可以与钾、钠等金属离子形成稳定配合物。在此基础上，Jean-Marie Lehn 进一步合成了具有三维空腔结构的穴醚，并且在总结了冠醚、穴醚等超分子主体与客体作用的规律后，为了对主客体化学及分子识别化学进行界定与融合，提出了"超分子化学"的概念，将其定义为基于分子组装体和分子间作用力的化学。

各种冠醚环因其空腔大小的差异性而对不同的金属离子具有不同的选择性，并且能在配合后将金属离子带入有机溶剂体系中，因此可以用作相转移催化剂。除了金属离子，冠醚环上的氧原子还可以通过多重氢键与有机阳离子客体(如各级铵盐、吡啶盐、联吡啶盐等)发生作用。

第二代超分子主体——环糊精(CD)是一种水溶性的环状低聚糖，常见的同系物 α-环糊精、β-环糊精、γ-环糊精分别含有 6 个、7 个、8 个 D-(+)-吡喃葡萄糖单元及依次增大的空腔。环糊精有亲水的表面和疏水的锥形空腔，可以在水溶液中通过强疏水作用配合多种中性客体。这种主体分子易于修饰、构象固定、毒性低，且其空腔具有手性。关于利用环糊精的各种特性并将其应用于功能体系的研究工作，下文会详细介绍。

第三代超分子主体——杯芳烃是由若干个苯酚单元通过亚甲基或杂原子(氮、氧、硫等)在羟基的邻位桥连形成的一种环状寡聚物，较常见的是(杂)杯[4]芳烃和(杂)杯[6]芳烃。相对于同样具有三维锥形空腔结构的环糊精，杯芳烃合成方便、空腔大小可调、易于在上下沿分别衍生，不仅可以在有机溶剂中识别离子，还能高效识别包括富勒烯在内的多种中性分子。

杯芳烃具有独特而丰富的构象,当缺乏对构象进行固定的结构或环境因素时,一般会通过苯环的翻转在锥式、部分锥式、1,3-交替式、1,2-交替式等几种构象之间快速转变。杯芳烃柔性的结构为其空腔的开发利用增加了一定的难度,因此人们发展了多种方法来克服这种构象不固定性,例如以具有足够位阻的基团来修饰上下沿,或者将刚性片段引入主体骨架中。但在一些例子中,这一特点反而会带来新的机会,例如与线性不对称的铵盐配合,由于客体上电荷中心两侧的基团对于杯芳烃的锥式构象具有不同程度的稳定作用,主客体配合时会产生高度的方位选择性,形成单方向准轮烷[12]。

葫芦脲(CB[n],n 为分子中甘脲片段的个数)由若干个甘脲片段与甲醛在酸性条件下缩合成环得到,具有相当刚性的结构,其衍生化相对于其他几种超分子主体较为困难。在其一系列化合物中,较受关注的是内径在 6~9 Å 内的 CB[6]、CB[7]和 CB[8]。葫芦脲是一种三维对称的水溶性大环化合物,其结构上的特殊之处在于除疏水空腔以外,还具有由多个羰基环绕形成的两个极性端口,可以作为潜在的氢键或者离子-偶极相互作用位点,因此能在水溶液中与多种有机客体发生非常强的配合作用,尤其是兼具正电荷中心和疏水性芳环的客体。其中,CB[8]由于具有足够大的空腔,可以同时包结两个客体,特别是可以与 CB[8]配合形成三元电荷转移复合物的分子,例如紫精与 2,6-二羟基萘组成的客体对,这一特点使得 CB[8]在构建超分子聚合物方面具有突出的优势。

2008 年,Ogoshi 等首次通过对苯二甲醚和多聚甲醛在 Lewis 酸催化下的反应合成了一种全新的超分子主体[13]。由于其具有对称的三维柱状空腔结构,因此被命名为柱芳烃,目前应用较广泛的是柱[5]芳烃和柱[6]芳烃。柱芳烃具有方便合成、易于修饰、识别性能丰富等特点,对铵盐、联吡啶盐等多种阳离子客体及烷基链都有很强的配合能力。通过向主体中引入羧酸盐基团等亲水基团,可以得到水溶性柱芳烃,其能在水溶液中包结多种阳离子客体。从结构上来看,柱芳烃具有平面手性,但是当主体两端取代基的位阻较小时,两种手性构象 pS 和 pR 会通过苯环的翻转在常温下互相转化,因此柱芳烃不表现出单一手性,通过在上下沿引入位阻因素则可以制动苯环的翻转,从而固定两种手性构象并进行拆分。

几种重要超分子主体的化学结构如图 9-4 所示。

近几年,很多特点鲜明的新型超分子主体陆续得到了开发,例如具有固定构象和拓展手性空腔的螺芳烃、具有冠状结构且识别性能丰富的冠芳烃、被用于构建耗散自组装水凝胶体系的分子管等。

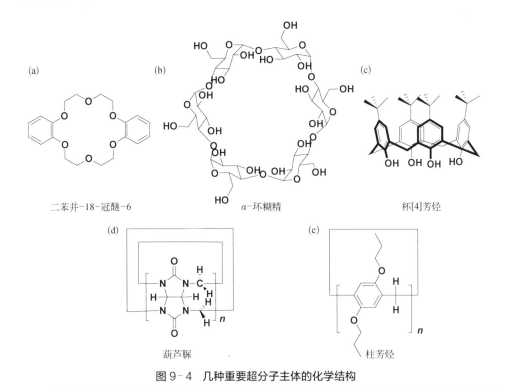

图 9-4　几种重要超分子主体的化学结构

2. 超分子拓扑结构

由于各种非共价相互作用(尤其是主客体相互作用)的协同可以提供高度可控的预组织,研究者以此为基础尝试构建了多种具有不同拓扑结构的机械互锁体系,主要可以分为轮烷、索烃、分子结等(图 9-5)。这些结构中都含有机械键,即利用机械力来限制不同组分的相对位置。严格来说,一旦两个或两个以上分子在非共价相互作用下组装成机械互锁体系的前体,继而被机械键锁在一起,它们共同构成的体系只能称作分子而不是超分子,但这类机械互锁分子(mechanical interlocked molecules,MIMs)仍然具有超分子体系的优势,即对于外界刺激的动态可逆响应,因此经常被应用于构建分子机器。

轮烷包含两个主要的组成部分,即大环和穿过大环空腔的轴,轴由于两端包含大位阻封端基而呈现哑铃状。轮烷的合成方法可以分为穿线-封端法、剪裁法、滑入法及活性模板法(图 9-6)。

在简单轮烷的基础上,人们进一步构建了更复杂的结构,例如分子电梯、分子缆车、分子滑轮等。菊花链[图 9 - 7(a)]也是一种特殊的轮烷,最早由 Stoddart 等设计合成。菊花链结构的特殊之处在于,当整个分子在外界刺激下发生各部分之间的相对位移时,会以伸缩运动的形式表现出来,可以看作简易的分子肌肉。将多个菊花链分子通过强非共价作用(如配位作用)连接起来,就可以实现伸缩量的放大[图9 - 7(b)][15]。

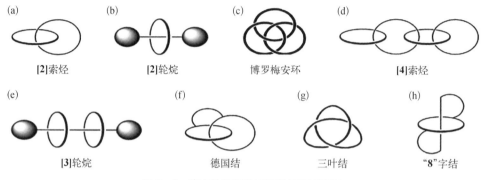

图 9 - 5　代表性的超分子拓扑结构示意图

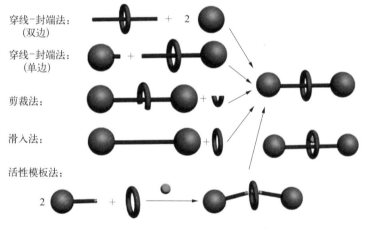

图 9 - 6　轮烷的合成方法示意图[14]

如果轮烷的两端不是以大位阻基团封端而是连接成环,得到的则是索烃。首例索烃是通过统计法来合成的(图 9 - 8)[16],两个组分之间不存在明显的非共价作用,仅依靠统计学概率随机缠绕并随着成环而互锁。这一事件发生的概率非常小,导致该索烃的收率不到 1%。

为了增大两个组分相互缠绕的概率,Sauvage 等设计了索烃的模板合成法(图 9 - 9)。他们利用铜离子的配位作用将环状分子和线性分子组装到一起,成功将索烃的收率提高到 27%[17]。

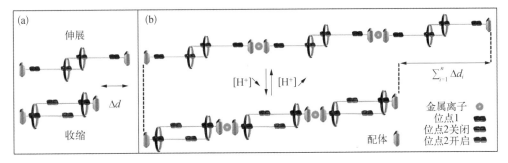

图9-7 利用菊花链分子构筑分子肌肉

（a）单个菊花链分子的伸缩运动；（b）借助强非共价作用连接多个菊花链分子

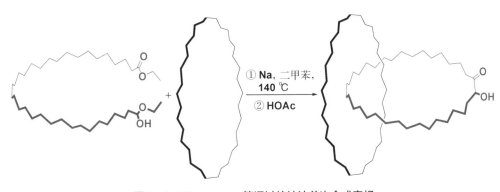

图9-8 Wasserman等通过统计法首次合成索烃

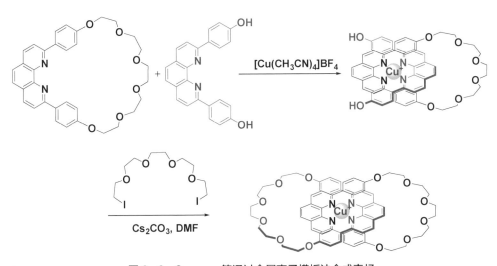

图9-9 Sauvage等通过金属离子模板法合成索烃

之后研究者发现,利用非共价相互作用,尤其是主客体相互作用,同样可以达到增大缠绕概率的效果。索烃的收率除了受到两个组分相互作用强度及关环反应效率的影响,还取决于线性分子的构象,待成环分子预组织的程度越高,合成索烃的效率也会越高。

人们在索烃的基本骨架上构建了具有更高级拓扑结构的体系,例如博罗梅安环、奥林匹克烷、大卫六角星索烃、所罗门结等,呈现出丰富的美感和结构复杂性。

在纽结理论中,结被定义为嵌入三维空间的圆圈,符合这一定义的分子体系(即分子结)最早在环状 DNA 和蛋白质中被发现,这些结构被证明与生命体内的细胞增殖、基因表达等活动密切相关。

与索烃类似,交叉点的存在代表了分子结的非平凡性,是其结构的本质特征所在。分子结的合成一般采用模板合成法,包括以金属离子为模板和以非共价相互作用为模板。最简单的非平凡性分子结是 Sauvage 等首次制备的三叶结(图 9-10),具有三个交叉

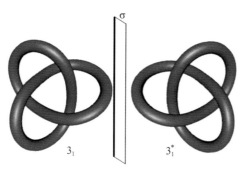

图 9-10　三叶结中一对对映异构体结构示意图

点[18]。这种结构无论如何拆解都不能与自身的镜像重合,因此具有拓扑手性。基于这一点,2012 年,Sanders 等利用疏水作用从手性构筑基元出发立体选择性地合成了右手性三叶结[19]。借助类似的合成策略,研究者还陆续合成了具有 5 个、6 个、7 个、8 个、9 个交叉点的分子结,甚至以金属离子为模板合成了共包含 16 个交叉点的分子结。

这些拓扑结构除了在有机合成及仿生学领域具有重要意义,还可以应用于分子机器、发光材料、手性识别及不对称催化等多个领域。

9.2.2　基于大环与主客体体系的超分子组装及应用

我们以环糊精为例,介绍大环化合物在超分子组装中的设计原理和应用。环糊精作为第二代超分子主体的代表,在超分子化学和自组装领域中得到了广泛应用。环糊精是由 6~12 个葡萄糖分子通过 1,4-糖苷键环合而成的低聚糖。值得一提的是,最近科学家成功合成了只含有 3 个或 4 个葡萄糖单元的小尺寸环糊精[20]。由于糖苷键不能自由旋转,环糊精受到构象限制而以锥形圆桶状存在。此外,天然葡萄糖都是 D-构型

的,因此商业可得的环糊精大环只有单一手性的异构体。目前,较常用的环糊精是含有6~8个葡萄糖单元的α-环糊精,β-环糊精和γ-环糊精。环糊精的外围由于大量羟基的存在而具有亲水性,而内腔则具有疏水性,其在水中可以像酶一样通过弱非共价相互作用配合一系列客体分子而形成主客体复合物,这一超分子作用是环糊精在自组装中的应用基础。根据客体分子的种类和组装机理的不同,我们对环糊精在超分子组装中的设计原理和应用进行分类介绍。

2017年,蒋凌翔等报道了基于环糊精的仿生晶格自组装[21]。尽管从仿蛋白分子出发,构筑晶型结构已经有不少报道,但是一些特殊结构(如中空的多面体、螺旋微管等)的制备仍然是一个较大的挑战,而这些仿生结构的研究对于理解生物体系中如病毒衣壳等一些重要的结构具有重要意义。如图9-11所示,他们基于环糊精与十二烷基磺酸钠(SDS)之间的主客体相互作用,通过调节浓度来精确调控组装结构,分别得到多面体(质量分数为4%~6%)、微管(质量分数为6%~25%)和层状结构(质量分数为25%~50%)。特别是十二面体结构,是首次通过自组装途径获得的,其尺寸甚至比自然界中已知最大的

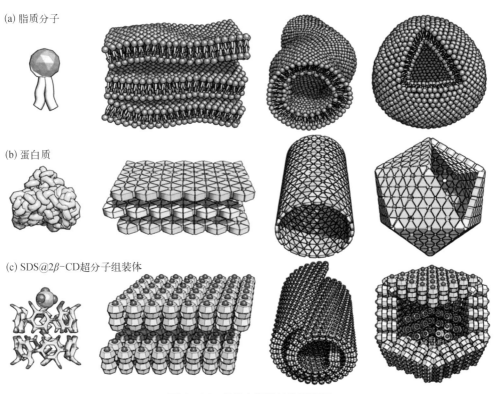

(a) 脂质分子

(b) 蛋白质

(c) SDS@2β-CD超分子组装体

图9-11 几类自组装结构示意图

病毒尺寸还要大,显示了环糊精主客体配合物在构筑大尺寸仿生材料上的独特优势。

　　环糊精是手性大环化合物的典型代表,常作为构筑基元用于手性超分子组装。通过环糊精与手性凝胶分子之间的主客体相互作用,刘鸣华研究团队制备了一系列手性超分子水凝胶因子,对环糊精手性与凝胶分子手性在超分子手性的形成与传递方面的竞争或协同关系进行了详细研究,并进一步将其应用于智能响应性超分子圆偏振发光材料的构筑中(图9-12)。例如,采用超分子胶凝子概念,他们设计合成了含有聚集诱导发光模块(氰基二苯乙烯)的谷氨酸水凝胶因子(CG)。研究发现,受到聚集体中氰基二苯乙烯强烈的 π-π 堆积作用的压制,氰基二苯乙烯的光致顺反异构难以顺利进行。在利用环糊精空腔包结 CG 分子形成主客体复合物后,该体系的超分子手性和圆偏振发光(circular polarized luminescence,CPL)得以增强,但是其手性符号仍然由凝胶分子的手性决定。更为重要的是,γ-环糊精的空腔弱化了 π-π 堆积作用,为氰基二苯乙烯的光异构化过程提供了充足的空间。通过紫外光照和加热处理,该体系的自组装纳米结构、超分子手性和圆偏振发光可以多次可逆切换[22]。

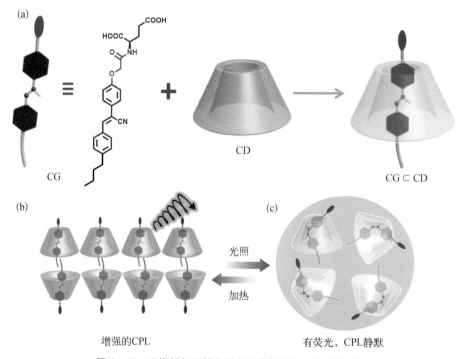

图 9-12　环糊精与手性凝胶分子构筑超分子水凝胶因子

　　(a) 手性凝胶因子 CG 与环糊精形成超-凝胶因子示意图;(b) 超-凝胶因子自组装形成层状结构;(c) CG 分子中氰基二苯乙烯的顺反异构导致自组装结构的解离,致使 CPL 信号消失

最近,他们还报道了基于CD-MOF的圆偏振发光晶体材料(图9-13)[23]。利用环糊精作为配体、金属离子作为配位点,采用浸泡法、蒸气扩散原位包裹法、溶剂混合原位包裹法和分步依次包裹法等多种策略,他们在较为温和的实验条件下制备了CD-MOF晶态材料。研究发现,除了环糊精的本征空腔,通过自组装进一步形成了另外两个亲水性的手性空腔,可以有选择地封装不同的发色团,从而扩展了CD的包封能力和手性诱导能力,使其成为一种优良的手性载体和平台。他们将多种多样的非手性发光体包结到CD-MOF中,得到了从紫外到可见再到近红外的全波段、不对称发光因子普遍增强的CPL晶体材料,包括通过三原色原理制备的白光CPL晶体材料。他们进一步揭示了该CD-MOF的尺寸效应,当发色团不能被很好固定时,CPL的方向不能得到控制;当发光体的尺寸与手性空穴相匹配时,CPL的方向稳定且强度可以得到显著提高。

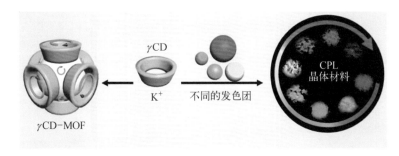

图9-13 环糊精-MOF包结系列荧光物质制备圆偏振发光晶体材料

田禾院士与合作者设计合成了含有偶氮苯和4,4′-联吡啶模块的轴手性1,1′-连二萘化合物,其可以与2当量的α-环糊精形成双链状的超两亲分子。如图9-14所示,该超两亲分子可以进一步作为构筑基元与双头型杯芳烃形成超分子聚合物,并通过详细的核磁、紫外吸收光谱、圆二色谱、动态光散射和电镜技术对其进行了表征。研究发现,超分子聚合物中发色团的吸收带与单体中是基本一致的,这表明手性环糊精的配合并未影响到发色团的吸收性质。通过偶氮苯的光致顺反异构,可以对该超分子聚合物的链状结构与组装形貌进行可逆的调控。该工作是超两亲分子和超分子聚合两个概念融合的一个经典例子[24]。

刘育课题组借助水溶性的磺化环糊精与荧光染料分子的主客体相互作用构筑了一种具有超高天线效应的人工超分子光丰收体系[25]。如图9-15所示,他们设计合成了具有聚集诱导发光性质的含氰基的对苯撑乙烯类衍生物(OPV-1)。通过环糊精的诱

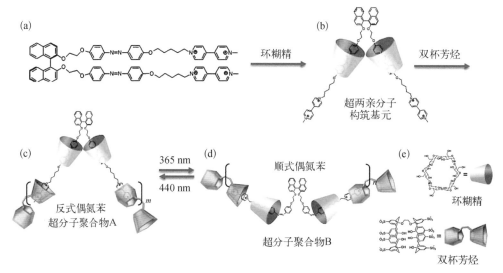

图 9‑14 超两亲分子与超分子聚合概念的融合构筑光响应自组装系统

(a) 组装基元分子结构；(b) 组装基元与环糊精形成超两亲分子；(c) 超两亲分子作为新的构筑基元与双杯芳烃形成超分子聚合物(此时偶氮苯为反式构型)；(d) 偶氮苯的光致顺反异构调控超分子聚合物的组装与性能；(e) 环糊精和双杯芳烃的分子结构及其示意图

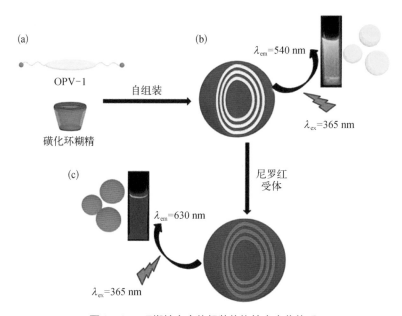

图 9‑15 环糊精主客体组装体构筑光丰收体系

(a) 磺化环糊精与含氰基的对苯撑乙烯类衍生物(OPV‑1)示意图；(b) 环糊精与 OPV‑1 自组装囊泡发射黄色荧光；(c) 掺杂尼罗红受体后，能量从 OPV‑1 转移至尼罗红，发射红色荧光

导,OPV‑1的水溶性和聚集诱导发光性能得以增强。OPV‑1和环糊精共组装成囊泡结构,并发射黄色荧光。当将疏水染料尼罗红载入超分子组装体的疏水层作为受体时,OPV‑1给体的荧光可以通过共振能量转移的形式传递给尼罗红。当给体与受体的物质的量的比达到125∶1时,可以获得高达32.5的天线效应值,从而展示了高效的共振能量转移效率。

美国国立卫生研究院陈小元课题组和浙江大学黄飞鹤及高长有教授等合作报道了一种新颖的基于环糊精的超分子纳米诊疗体系[26]。如图9‑16所示,他们制备了乙二胺功能化的环糊精,并合成了苝二酰亚胺类型的荧光分子。该分子连接有聚乙二醇长链,可以与多个环糊精分子形成多轮烷,并利用靶向基团实现对多轮烷的封端。该多轮烷可以组装成为纳米颗粒,他们将其作为纳米药物的载体。研究发现,环糊精可以显著抑制聚合物链的结晶性,从而提高了体系的稳定性和载药能力。苝二酰亚胺具有光热效应,从而加速载药在靶细胞内的释放,提高了纳米药物的疗效。在活体实验中,他们发现这一化疗和光热治疗联用的策略可以完全治愈肿瘤并防止复发,显示了基于环糊精的超分子纳米材料在癌症的诊断和治疗中具有一定的优势。

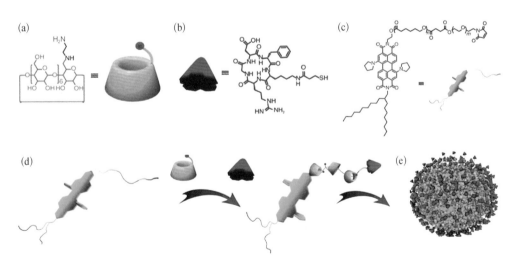

图9‑16　基于环糊精的超分子纳米诊疗体系

（a）功能化环糊精的化学结构及其示意图；（b）靶向基团的化学结构及其示意图；（c）基于苝二酰亚胺的光热基团化学结构及其示意图；（d）多轮烷形成示意图；（e）由多轮烷自组装形成的纳米药物载体示意图

9.3 典型自组装体系

9.3.1 单分子膜、双分子膜、多层膜

有序结构体系是生物体内的最典型特征,例如构成细胞膜的双分子层是实现细胞稳定、限域及物质输运的重要组成部分。这些细胞膜是一个典型的自组装体系,因此,从两亲分子为构筑单元出发利用人工的方法构建这类结构是超分子自组装的一个重要研究领域。早期研究这一结构的是有序超薄膜技术。典型的方法包括气液界面的单分子膜技术、将此单分子膜转移到固体表面的 Langmuir-Blodgett (LB)技术、固体表面的自组装单分子膜(self-assembled monolayer,SAM)技术及 Layer-by-Layer (LbL)的层层组装技术等。

1. 气液界面单分子膜

单分子膜是具有一个分子厚度的有序薄膜,包括在气液界面上形成的不溶性单分子薄膜和在固液界面上自组装形成的自组装单分子膜。气液界面上形成的不溶性的单分子薄膜被称为 Langmuir 单分子膜,它的厚度大致只有一个分子的大小。对表面膜最早做比较精确研究的是美国科学家富兰克林,他发现将一小匙橄榄油滴到池塘中时,其表面波可以很快平静下来,并且它可以在池塘表面延伸大约半英亩的范围。而真正从分子水平上解释该结构的是欧文·朗缪尔(Irving Langmuir)。他从气体的吸附上提出了单分子吸附的概念,从这里得到启发,提出了气液界面的单分子膜的概念[27],并因此获得了 1932 年诺贝尔化学奖。

对单分子膜在气液界面成膜的过程可以做如下描述(图 9-17)。铺展分子以单分子的形式存在于亚相表面上,分子间的作用力基本可以忽略,表现为气态膜。当这些漂浮在水面上的分子被继续压缩时,分子不断调整构象和排布,先后进入了气液平衡区、液态扩展相、液态扩展相与液态凝聚相的平衡共存区,这时部分分子开始出现尾链直立。继续压缩,单分子膜此时进入了液态凝聚相,这时每个成膜分子的平均占有面积约比固态大 20%。再进一步压缩则进入固相区,该相区内分子的疏水长链垂直于亚相表面指向空气,且分子间排列紧密,此时表面相的压缩率非常低,相应的 π(表面压)- A(分子占有面积)曲线为很陡直的直线。再压缩单层膜,则膜会破裂形成多层膜。在膜破裂过程中,有些分子膜会卷曲形成纳米管/线或高度有序排列的纳米结构。

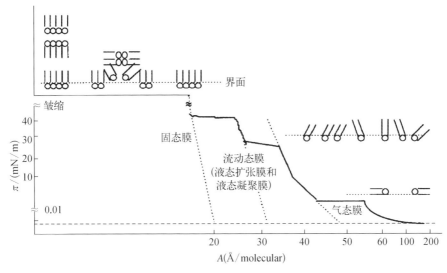

图 9-17　单分子膜形成过程及典型的表面压-单分子面积等温曲线

　　将铺展在气液界面上的分子膜,通过一定的提拉方法沉积到某种固体基片上所获得的单层或多层分子膜的技术,称为 Langmuir-Blodgett 技术,是以其发明人 Langmuir 和 Blodgett 名字来命名的。漂浮在液体表面上具有一定厚度和特定分子排列的单分子膜可被一层一层地转移到固体载片上,这使得人们可以通过宏观沉积的方法在分子水平上调控分子的排布和取向,调控 LB 膜的宏观厚度,获得有序分子聚集体,为分子器件、纳米科技奠定了良好的材料基础。传统上,LB 技术可用来构筑有机物薄膜,包括长链两亲分子、芳香化合物、卟啉、染料分子和蛋白等生物分子。

　　刘鸣华等研究了一系列 Gemini 型两亲分子、Bola 型两亲分子及非典型(没有明显的疏水长链)两亲分子等在气液界面的铺展行为,制备了相应的 LB 膜,对于理解不同结构分子的有序排列、揭示分子形成的有序结构提供了理论基础。例如在研究 Gemini 型两亲分子在硒代花菁类染料水溶液表面的铺展行为时发现,通过改变 Gemini 型两亲分子亲水头基间隔基的长度和刚性,可实现对染料分子的聚集态的调控[28]。当 Gemini 的间隔基比较短(G2、G4)时,硒代花菁类染料形成 H 聚集;而当间隔基比较长(G8、G10)时,则形成 J 聚集;当间隔基适中(G6)时,H 聚集和 J 聚集并存。这可能是由于花菁分子与 Gemini 分子的结构匹配问题。进一步深入研究发现,通过在 Gemini 表面活性剂引入具有一定刚性的间隔基团,染料分子的 H 和 J 聚集可以以更多样的方法来调控,且形成不同的表面纳米结构。

此外,刘鸣华等发现气液界面的不对称环境是实现镜面对称性破缺的重要场所,Langmuir膜和LB膜技术也是从非手性分子构筑手性超分子的有效手段。2003年,他们首先发现了长链萘并咪唑两亲分子可在气液界面与亚相中的银离子发生配位作用而形成界面配位高分子,并转移得到具有手性信息的LB膜[29]。他们推测是含有较大共轭基团的萘并咪唑(NpImC17)在与Ag(Ⅰ)离子进行作用时,银离子的半径较大,使萘并咪唑基团围绕超分子主链发生协同扭曲,从而导致了超分子手性的形成,如图9-18(a)所示。如果在体相中,NpImC17与Ag(Ⅰ)配位所得配合物形成的cast膜则未能组装得到手性信息,这表明二维气液界面对超分子手性的产生起着至关重要的作用。接着,在巴比妥酸类衍生物的界面组装及阳离子型两亲分子与带负电荷的卟啉分子(TPPS)的研究中,他们分别通过氢键和静电相互作用实现了从非手性分子到界面手性超分子的构建,并利用原子力显微镜直接观察到了二维螺旋线圈状结构[图9-18(b)][30],这表明LB技术可用于构筑手性纳米结构。

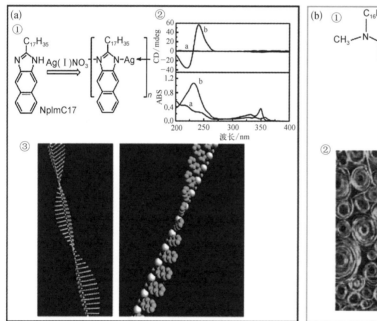
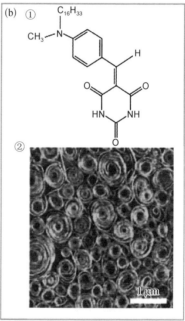

图9-18 (a)① 十七烷基萘并咪唑的分子式及其与银离子配位形成配位高分子示意图;② 十七烷基萘并咪唑与银离子形成LB膜的CD谱;③ 配位LB膜超分子手性模型的俯视图和略去烷基链的分解图;(b)① 非手性长链巴比妥酸的分子式;② 通过氢键组装形成的二维螺旋结构

他们继续在含氟化合物、卟啉和酞菁、高分子化合物等体系的界面组装中成功地发现了手性从无到有的现象，在考查了两亲分子的头基尺寸、疏水链长度、头基的构型等一系列影响条件后，提出了界面超分子手性产生的机制：较大头基的空间位阻及头基之间的相互作用导致的协同排列，是致使头基之间产生螺旋状紧密堆积而引发超分子手性的重要原因。

再者，LB技术也可以用来排布组装无机纳米材料以获得大面积有序组装体。通过在无机纳米材料表面修饰一层有机分子(通常情况下用的是表面活性剂分子)，使得纳米材料能漂浮在亚相界面，用LB技术可实现大面积可控组装。如杨培东等[31]首先提出了类似河流上的伐木的组装机理进行半导体和金属纳米线在气液界面的组装。一维结构具有较高的长径比，经侧向压缩后，纳米线沿着它们的长轴方向排列与挡板平行定向排布，形成类似液晶的向列相排布。俞书宏等[32]利用LB技术实现了一系列超细纳米结构，如Ag$_2$Te纳米线、超长Te纳米线、Pt纳米管的有序组装。Dai课题组[33]利用LB技术实现了单壁碳纳米管的单层密集排列，实现了迄今为止最窄区域内能够通过的最高电流(约3 mA)，在晶体管、高效率的太阳能电池和透明电极方面有很大的应用。除了上述无机纳米材料，LB技术还可实现自组装有机纳米结构的再组装，如刘鸣华等[34]将C3对称性分子自组装形成的有机纳米管状结构铺展在水表面上，实现了自组装纳米结构的有序排列。

2. 自组装单分子层膜

自组装单分子层膜(SAM)是另一类重要的界面有序组装体。该方法是利用一端含有活性基团(巯基、羧基或硅氧基)的两亲分子使活性分子通过化学键相互作用在固体表面吸附，自发形成有序紧密排列的分子阵列，一般厚度为1～3 nm。一般来讲，SAM的形成方法是将附有某表面物质的基片浸入待组装分子的溶液中，待组装分子一端的反应基与基片表面发生自动连续化学反应，在基板表面形成规则排列，吸附质在分子间范德瓦耳斯力和疏水长链间的疏水作用协同下自发形成晶态结构，最终得到与基片表面化学键连接的二维有序单层膜(图9-19)。形成SAM的分子从组成上分为三部分。一是端基的特定活性基团，或称"头基"，能够与固体表面形成很强的共价键(如Si—O键和Au—S键)或离子键(如—CO$_2$—Ag$^+$)，从而使整个分子通过化学吸附作用牢固地吸附在基底表面的确定位置，所形成的"头端基-基底"之间的化学键对SAM的形成和稳定起到了决定性的作用，是SAM形成过程中最重要的同时也是最强的作用力，这是一个放热反应，能量通常为数十千卡每摩尔。在此过程中，活性分子尽可能地占据基底表面的每一个反应位点。常见的活性基团有—SH、—COOH、—PO₃、—OH、—NH₂等,基片可以是金属或金属氧化物、半导体,也可以是非金属氧化物(石英)等。二是"中间部分",主要是烷基链和通过分子设计引入的其他基团,促进邻近分子间通过分子链间相互作用,如范德瓦耳斯力、疏水相互作用、静电力、π-π堆积等弱相互作用稳定单层膜的形成,这个过程涉及的相互作用能一般为几千卡每摩尔(一般小于 10 kcal/mol)。三是分子末端引入的活性基团,如—SH、—COOH、—OH、—NH₂、—C=C—等,可通过选择末端基团调控界面性能及借助其化学反应活性进一步构筑结构和功能多变的多层膜。组装分子在基底表面进行自组装的驱动力包括三部分:活性头基和基底之间较强的化学作用、长碳链侧向间的范德瓦耳斯力、疏水力及末端基团的相互作用(包括偶极作用、氢键和静电作用等)。

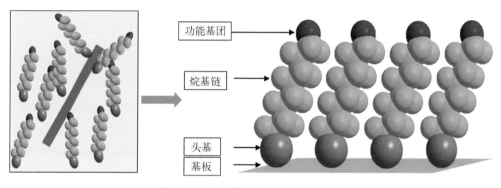

图 9-19 自组装单分子层膜的示意图

SAM 具有原位自发形成、热力学稳定、高密度堆积和低缺陷密度等特征,因此在金属防腐、分子电子学、生物芯片的制备、气体分离等领域具有广泛应用。此外,SAM 从原子和分子水平上提供了对界面结构和性能深入理解的机会,SAM 的空间有序性可使其作为二维领域内研究表面电荷分布、电子转移理论等物理化学和统计物理学的理想模型体系,这使得有关 SAM 的研究越来越引起人们的关注。

3. 层层组装多层膜

1966 年,Iler 等[35]报道了将表面带有电荷的固体基片交替浸泡在带相反电荷的胶体微粒溶液中,通过交替沉积获得超薄膜的研究工作。1991 年,Decher 及其合作者[36]将这种以阴阳离子静电作用为推动力制备有序多层膜的方法命名为层层组装技术,即利用逐层交替沉积的方法,借助各层分子间的弱相互作用(如静电引力、氢键、配位键等),使层与层之间自发地缔和,形成结构完整、性能稳定、具有某种特定功能的分子聚集体或超分子结构的过程。它是基于物理吸附的原理进行的有序组装,具有成膜基质选择广泛、制备方法简单、成膜驱动力选择较多且制备的薄膜具有良好的机械和化学稳定性等诸多优点,成为构筑有序组装体的重要便捷手段。除了在平面基板上进行的层层组装,近年来利用这种方法还制备得到了直径在几百到几千纳米的中空微胶囊,用来模拟细胞中的生物化学过程。

典型的静电层层自组装多层膜的构筑大体可以分为以下几个步骤(图9-20):① A层膜材料的吸附,将表面带有一定电荷的固体基片在一定的温度下浸泡到物质的溶液中,该物质要与固体基片电荷相反,保持一定的时间,使之充分发生吸附;② 清洗,将基片取出并用溶剂冲洗其表面(或将其浸泡到纯溶剂中),干燥一段时间;③ B层膜材料的吸附,将上述基片浸泡到带有与原始基片相同电荷物质的溶液中,按照同样的操作利用静电相互作用吸附第二种物质;④ 清洗,重复①~④。基于其他驱动力的层层组装多层膜的制备与上述过程类似。

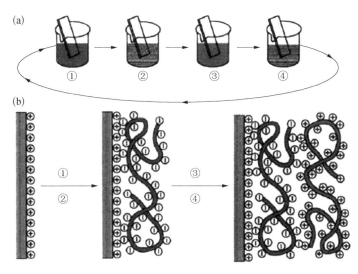

图9-20　静电层层自组装多层膜的构筑示意图

9.3.2　胶束和囊泡

胶束、囊泡等有序组装结构是溶液体系中的经典有序结构,通常是溶解在水中的两亲分子在水相中聚集而成的。两亲分子是一类常见的构筑超分子组装体的组装单元，通常包含亲水头基和疏水的烷基尾链，两部分通过共价键连接形成一类同时具有亲水性及亲脂性的化合物。根据两亲分子的结构，基本上可以分为图 9-21 所示的几种类型。① 单尾链型：亲水头基常常为带电或者不带电的极性基团，如硫酸基、磷酸基、羧酸基、磺酸基、氨基酸、多肽及糖基等；疏水尾链可为饱和或不饱和、线型或者支化的碳氢链，传统的表面活性剂均属于该种类型的两亲分子。② 双尾链和多尾链型：与构成生物体细胞膜的磷脂结构类似。③ Gemini 型：结构中至少含有两个头部基团和两条疏水链，每个头部基团之间通过间隔基连接。Gemini 在天文学上含义为双子星座，借此形象表达这类两亲分子的结构特点。Gemini 型两亲分子可以看作由两个传统的两亲分子的亲水基团共价相连而形成，因此在聚集过程中亲水基间的排斥作用因受化学键的限制而大大削弱，同时两个两亲分子单体紧密结合，大大增强了体系的疏水作用，导致 Gemini 型两亲分子具有极强的表面活性和较低的临界胶束浓度。④ Bola 型两亲分子：两个相同或者不同的亲水头基通过疏水链共价连接，Bola 这个词头原意指绳子两端连有两个球体的物品。⑤ 超两亲分子：通过弱相互作用构筑两亲分子组装单元，这种构筑两亲分子的方法不仅省去了烦琐的化学合成，同时构筑的超分子组装体系具有更好的可控性与可逆性。

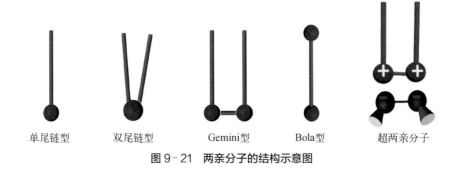

单尾链型　　双尾链型　　Gemini型　　Bola型　　超两亲分子

图 9-21　两亲分子的结构示意图

胶束一般指水溶性两亲分子（表面活性剂）溶液超过一定浓度时自发形成的聚集体，通常含有 50～100 个表面活性剂分子（图 9-22）。分子的亲水头基向外伸向水相，疏水基则以范德瓦耳斯力紧密排列而形成疏水内核。极性头基间的斥力和疏水链间的疏水作用是形成胶束的主要动力。其基本结构包括两部分：疏水内核和外层。在水溶液中，胶束的内核由彼此结合的疏水基构成，形成胶束水溶液中的非极性微环境。胶束内核与溶液之间为水化的表面活性剂极性头基构成的外层。离子型表面活性剂胶束的外层包括由表面活性剂离子的带电基团、电性结合的反离子及水化水组成的固定层,以及由反离子在溶剂中扩散分布形成的扩散层。

球形胶束　　　　　棒状胶束　　　　　囊泡　　　　　单分子层囊泡

图9-22　胶束和囊泡的结构示意图

临界胶束浓度(critical micelle concentration,cmc)是表面活性剂溶液开始大量形成胶束时的浓度。从此浓度开始,表面活性剂溶液的各种性质发生突变,如溶液的表面张力、电导率、渗透压等。这时表面活性剂分子会从单体(单个分子或离子)缔合成胶束。通常,在简单的表面活性剂溶液中,cmc附近形成的多为球状胶束,溶液浓度到达10倍cmc附近或者更高时,胶束形状趋于不对称,变为椭球、扁球或棒状,有时会进一步形成层状胶束。这种结构使大量的表面活性剂分子碳氢链与水接触的面积缩小,有更高的热力学稳定性。

胶束的一个重要的性质是增溶作用。水溶液中表面活性剂的存在可以使不溶于水或微溶于水的有机化合物的溶解度显著增加,此即胶束的增溶作用。这种增溶作用,只有在cmc以上胶束大量生成后,才明显表现出来。由此推论,微溶物溶解度增加是由于胶束的形成,表面活性剂浓度越大,胶束形成的越多,微溶物也就溶解得越多。胶束的这种独特的性质极具应用价值,它不仅解决了一些两相体系均相化的问题,而且为一些在正常的两相体系中难以完成的化学反应提供了适宜的环境,因此胶束广泛应用于乳液聚合、三次采油、洗涤和胶束催化等实用过程中。

囊泡是指表面活性剂分散于水中自发形成的一类具有封闭双层结构的分子有序组合体。一般由两个两亲分子定向单尾对尾地结合成封闭的双层,或Bola型分子的单层所构成的外壳和壳内包藏的微水相构成。根据其形态或结构不同,一般可分为两类:单层囊泡(small unilamellar vesicle,SUV)和多层囊泡(multilamellar vesicle,MLV)。前者是指只有一个封闭双层包裹着水相;后者则是多个两亲分子封闭双层成同心球式的排列,不仅中心部分,而且各个双层之间都包有水。囊泡的线性尺寸为30～

1 000 nm，其形状多为球形、椭球形或扁球形，也曾观察到管状的囊泡。Bola 型两亲分子由于其独特结构，在水相中可以形成单分子层囊泡（monolayer lipid membrane，MLM）（图 9-22），因此其囊泡壁较薄，厚度为 1.5～2.0 nm。

形成囊泡有多种方法。最简单的是让两亲分子在水中溶胀，自发生成囊泡。例如，将磷脂溶液涂于锥形内壁，待溶剂挥发后形成磷脂膜附着在瓶上。加水于瓶中，磷脂薄膜就会在水中膨胀，自发卷曲形成囊泡进入溶液中。有的两亲分子不能自发形成囊泡，但可以在超声的条件下得到，这样制备的囊泡多为大小不一的多层囊泡，多层囊泡在相变温度之上经过超声处理可得到单层囊泡。

囊泡的形成机制是由于磷脂的双烷基尾链使得分子内的疏水作用增强，促进形成了稳定的双分子膜结构。囊泡具有与细胞膜相似的封闭双层结构，是研究和模拟生物膜的最佳体系，所以对它的研究不仅有助于认识生物膜的奥秘，同时又提供了通过仿生发展高新技术的途径，因此这种全合成的表面活性剂囊泡的出现，使得人们能够按照自己的意志组装具有特殊功能的分子有序组合体。例如刘鸣华等[37]报道了一种带有咪唑头基的 Gemini 型两亲分子在较低浓度（5 μmol/L）下即可在超声作用下形成稳定的囊泡，可能是因为 Gemini 长烷基链在双层膜中在疏水作用力下互相穿插，增加了囊泡的稳定性所致。他们同时发现，带负电荷的花菁染料 MTC 可以通过静电作用吸附到囊泡表面并发生聚集。Gemini 的间隔基对 MTC 的聚集有很好的调控作用：当间隔基较短时，形成黄绿色的 H 聚集；当间隔基较长时，形成蓝色的 J 聚集。反过来说，MTC 可以作为一个探针，通过颜色的变化可以很容易分辨出不同间隔基长度 Gemini 形成的囊泡。再者，他们利用压缩 CO_2 诱导含有脯氨酸基团的两亲分子在水中形成囊泡[38]，并通过 CO_2 的压力调节囊泡的尺寸大小。更有趣的是，这种 CO_2 压力调控的囊泡可作为微反应器，进行不对称反应的催化。在设计光响应基团的两亲分子时，他们将联乙炔基团与谷氨酸共价相连，利用谷氨酸基团之间的多重氢键使其在水中形成囊泡[39]，并在形成囊泡的过程中使疏水尾链中的联乙炔基团满足进行光聚合的拓扑结构，在紫外光辐照的条件下，可制备蓝色相的聚联乙炔囊泡。进一步发现，利用亲水头基的手性特征和聚联乙炔的蓝色相-红色相的转变，可以实现对亚磺酰胺的对映异构体的可视化手性识别，如图 9-23 所示。含有联乙炔基团的谷氨酸两亲分子自组装形成囊泡，联乙炔经紫外光照后发生拓扑聚合形成蓝色相的聚联乙炔，表现出对亚磺酰胺（TBSA）的手性识别，即 R-TBSA 使聚联乙炔表现出蓝色，S-TBSA 使聚联乙炔转变为红色。

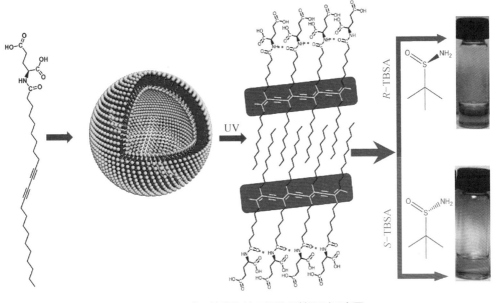

图 9-23 联乙炔囊泡的可视化手性识别示意图

9.3.3 超分子凝胶

在过去的几十年中,人们对超分子凝胶的设计和应用产生了极大的兴趣,其中低分子量凝胶因子通过非共价键自组装成纳米结构,并将溶剂固定化。超分子凝胶集有机分子的精巧设计、先进的超分子自组装和纳米材料的应用于一体,已成为软材料研究的重要领域之一。

超分子凝胶是指凝胶因子(包括高分子和小分子)在溶剂介质中通过多种非共价键的作用力自组装形成的三维网络状结构。这些三维网络结构巨大的表面积可以包裹与吸附溶剂分子,使其失去流动性,而在宏观上表现出半固态的一类软物质材料[40]。形成超分子凝胶的驱动力一般包括疏水作用、静电作用、氢键、π-π 堆积、主客体相互作用、金属-配体配位作用等。在实际中,往往是一种作用力占主导地位并在其他几种作用力的协同下来共同驱动分子发生聚集,并经过多级组装的过程,形成纤维状结构(线状、带状、管状、棒状等细长的一维纳米纤维结构),纤维之间进一步通过弱相互作用相互缠绕而形成三维纳米网络状结构,实现溶剂分子的固定而使溶剂失去流动性,最终形成宏观上不可流动的半固体相态,如图 9-24 所示。

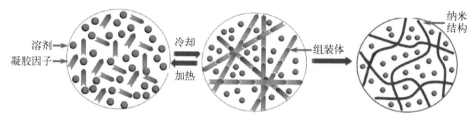

图 9‑24 超分子凝胶形成过程的示意图

超分子凝胶从本质上来说是热力学不稳定态,但表现出良好的动力学稳定性,这是超分子凝胶具备应用价值的重要基础条件。超分子凝胶介于溶解与结晶这两种状态之间,因此在设计凝胶的时候,要充分考虑凝胶因子之间的相互作用和凝胶因子‑溶剂的相互作用。通俗地讲,凝胶因子在溶剂中应具有一定的溶解度,但溶解度又不能太好。如果凝胶因子在相关溶剂中的溶解度太差,凝胶因子会发生结晶形成沉淀,失去固化溶剂的能力;若溶解度太好,凝胶因子‑溶剂之间的相互作用力大于凝胶因子之间的相互作用力,使凝胶因子之间无法发生有效的组装而无法形成交联的三维网络状结构,因而也无法固定溶剂。Feringa 等[41]提出关于胶凝剂设计的三个重要原则:① 控制合适的纤维‑溶剂表面能用于调节体系的溶解性,防止形成结晶;② 存在协同互补的分子间作用力驱动各向异性的自组装;③ 设计能够促使纤维交联的作用位点构筑三维的网络结构。凝胶因子结构的合理设计,使其胶凝化溶剂的能力能够得到预判,基于一些典型的成胶基团,超分子凝胶得以构筑,并被赋予广阔的应用前景。

1. 凝胶因子的设计

超分子凝胶的研究始于实验室的偶然发现,在研究某些分子的合成和提纯过程中,发现溶液直接变成了半流动的状态。而后进行深入研究,发现能够形成凝胶的分子在分子结构上有一些特点,从而从偶然的发现上升为理性的设计。能够形成凝胶的分子可以称为凝胶因子,是一类能够发生超分子组装的分子体系或者组装基元。从这些组装基元上来看,一些源于天然分子的体系例如甾体类衍生物,核苷碱基类衍生物,氨基酸和肽类衍生物,脂肪酸类衍生物,糖类衍生物,金属有机配合物等非常容易成为凝胶因子,胶凝各类溶剂,如图 9‑25 所示。从图中可以看出,超分子凝胶因子的设计上凸显了各种非共价相互作用的协同,如核苷碱基类多重氢键、脂肪酸类衍生物的氢键和长烷基链的疏水作用及金属有机配合物的金属‑配体配位作用等。

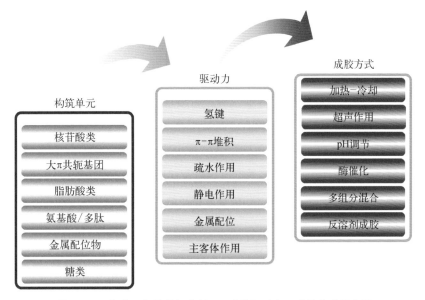

图 9‑25　超分子凝胶的组装基元、成胶驱动力及成胶方式示意图

　　最近,刘鸣华课题组[42]分析了一系列胶凝因子的特征,提出了胶凝子的概念,用于凝胶因子的设计(图 9‑26)。

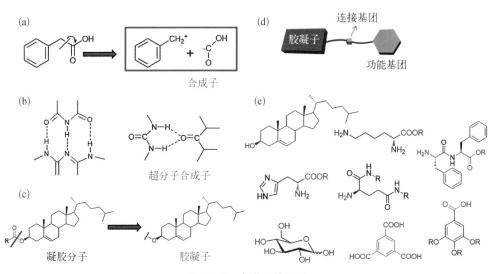

图 9‑26　超分子胶凝子

　　(a) 有机化学中的合成子概念;(b) 晶体工程中的超分子合成子概念;(c) 用于设计凝胶分子的胶凝子概念;(d) 从超分子胶凝子概念设计凝胶分子的示意图;(e) 常见的胶凝子化学结构

分子是物质的基本单位，也是凝胶因子的基础。在分子的合成和转化中，分子片段的设计与连接至关重要。Corey[43]于1967年提出了"synthon"一词，在设计有机合成路线中具有重要意义。Corey对synthon的定义是一个骨架的一部分，它可以与其他部分共价结合形成目标分子，如图9-26(a)所示。synthon的概念扩展到晶体工程，1995年，Desiraju[44]提出了用超分子合成子的概念来指导分子晶体工程，并通过特定分子间相互作用的化学和几何性质，构建了晶体和有机分子之间的概念关系。超分子合成子被定义为超分子内的结构单元，它可以与其他分子发生非共价相互作用，形成超分子晶体。我们从有机合成中的合成子和晶体工程中的超分子合成子的概念出发，提出了胶凝子的概念，并进一步说明了如何利用凝胶来设计靶向凝胶。

胶凝子被定义为一个结构单元或一种特殊的分子，可以用来构建超分子凝胶和/或凝胶，类似于合成子。当它共价键连到另一个基团上时，生成的分子成为凝胶因子，如图9-26(d)所示。最常用的连接基是酰胺和脲键，它们能形成分子间氢键并促进凝胶形成，而官能团主要是具有荧光、配位和刺激响应等特殊性质的活性基团或芳香族化合物。研究人员发现，一系列胆固醇、氨基酸和糖更容易作为凝胶因子的骨架[图9-26(e)]，其他一些分子，如C3对称性分子和没食子酸，也能有效地起到帮助胶凝的作用。在许多情况下，长烷基链可以用来将分子修饰成凝胶因子。以氨基酸为例，刘鸣华等设计了基于两亲性谷氨酸的胶凝子，将该胶凝子与其他的官能团通过酰胺和脲键进行连接，就可以形成凝胶因子，并从分子结构的设计、组装结构的多样性到功能化的表达进行了深入系统的研究。如将谷氨酸中的两个羧基通过长链烷基胺酰胺化后，不仅酰胺基元之间可形成分子间氢键，引入的两个疏水长链还可增强分子间的疏水作用，而在头基部分引入不同的功能基团，如萘环、蒽环、芘环、偶氮苯等[45]，能提供分子间的π-π堆积相互作用；希夫碱、八羟基喹啉、羧基、吡啶等具有配位能力的基团则可以引入金属-配体配位相互作用，这些非共价相互作用共同相互协同，可在大部分有机溶剂及水中形成结构各异的超分子凝胶，如纳米纤维、纳米螺旋线、螺旋纤维、纳米管、螺旋管等丰富的纳米结构（图9-27）。

2. 超分子凝胶的制备方式分类

根据超分子凝胶的组装驱动力不同，可以使用不同的方法制备超分子凝胶，如图9-25所示。最根本的是要使凝胶因子达到过饱和的状态，然后在各种非共价相互作用的驱动下发生聚集。例如可以通过升温、超声溶解、溶解于良溶剂等各种手段，使凝胶因子达到溶解状态，然后在温度逐渐降低或者加入不良溶剂的条件下，降低凝胶因子在溶剂中的溶解度,并促使凝胶因子在各种非共价相互作用的驱动下自组装,形成一维纳米结构并继续发生物理交联形成三维网络状结构。目前,最为普遍的方法是通过加热使凝胶因子在高温下溶解,逐渐降温的过程中凝胶因子在分子间氢键的驱动、疏水作用和π–π堆积等作用力的协同下发生自组装从而形成超分子凝胶。大部分超分子凝胶都可以通过升温溶解-冷却进行制备,并表现出良好的温度响应性,即在高温时表现为溶液态,低温时则呈现半固体的凝胶态。

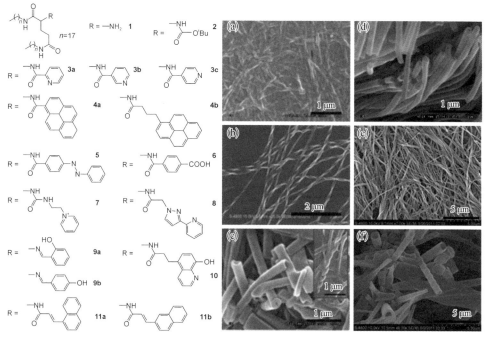

图 9‑27 谷氨酸基凝胶因子的分子结构及自组装形成的典型纳米结构
(a) 化合物 **3a**;(b) 化合物 **3b**;(c) 化合物 **3c**;(d) 化合物 **1**;(e) 化合物 **7**;(f) 化合物 **8**

随着超分子凝胶在生物体系中的广泛应用,室温成胶成为必要条件之一,因此科研工作者们发展了不需要加热处理的反溶剂成胶方法和酶促成胶方法,例如,刘鸣华课题组[46]报道的抗溶剂法制备的室温瞬时凝胶。他们设计了一类简单的C3对称性分子TMGE(图 9‑28),将其溶解在良溶剂(如 DMSO)中,得到稳定透明的溶液,在其溶液中加入水作为反溶剂,可以达到室温迅速成胶的效果。其中良溶剂和反溶剂的比例相对宽松,成胶浓度低,在有些体系中可低于 1 mg/mL。通过扫描电子显微镜表征发现形成了六方纳米管状结构。进一步地,他们借用以上室温快速成胶的方法来实现纳米管的功能化,将功能分子(包括生物大分子、导电高分子、小分子染料等)在混合溶剂成胶的同时引入纳米管中。混合溶剂的组合非常多,所以以这种快速成胶法形成的有机纳米管在实现对客体分子普适而高效地包裹上性能优异。此外,近年来发展起来的酶促或酶解方法制备的超分子凝胶在生物成像、癌症早期检测与治疗等方面具有潜在的应用。徐兵教授课题组[47]通过模拟自然环境中的酶,合理设计了凝胶因子前体分子。前体扩散通过细胞膜进入细胞内,在碱性磷酸酶(肿瘤微环境相关酶)的作用下去磷酸形成水凝胶因子,自组装形成三维网状的纤维结构,可应用在酶抑制剂筛选控制、药物传输、伤口愈合等领域。

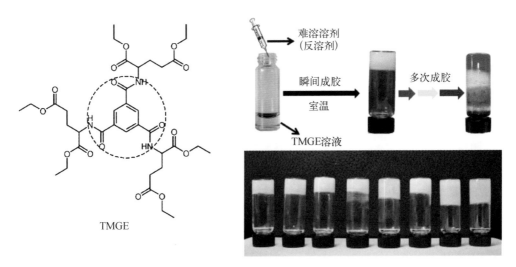

图9-28　TMGE分子式及反溶剂成胶示意图

3. 超分子凝胶的特点-刺激响应性

由于构筑超分子凝胶的驱动力是各种弱的非共价相互作用,使超分子凝胶具有很强的刺激响应性,即对外界的刺激因素(包括温度、pH、光照、机械力、化学物质等)会表现出良好的响应性行为,从而可以制备许多智能材料。通过改变外界条件实现对流体流变性质的控制,在药物递送、汽车离合器和刹车、建筑物的抗震、火箭推进及其他领域都有很大的用途。超分子凝胶的优势在于能够通过在凝胶因子中有目的地引入对不同的外界刺激产生响应的基团,来实现对流体流变性质的调控。总体来说,响应性分子凝胶可以分为如下几种:温度响应性凝胶、化学响应性凝胶、光响应性凝胶、触变凝胶和电化学响应凝胶等。

(1) 温度响应性凝胶

大部分超分子凝胶都具有温度响应性,即在高温下,分子间非共价相互作用(特别是氢键)减弱,凝胶因子以单分子溶解状态存在;温度降低,凝胶因子自组装形成凝胶。也有少数的情况呈现相反的温度响应性,即温度升高促进超分子凝胶的形成,温度降低反而呈现溶液态,如郝京诚课题组[48]报道β-CD凝胶剂在含有LiCl的DMF中具有热致成胶能力。β-CD在室温DMF中以单分散形式存在,随着温度的升高,β-CD的溶剂化程度减弱导致β-CD头-头二聚体的形成,并继续生成β-CD分子簇,β-CD分子簇堆积而成纳米棒状结构,β-CD-Li⁺的静电相互作用和β-CD之间的氢键驱动纳米棒状结构彼此相连,形成多枝化的纳米棒状结构,导致有机凝胶的形成,该系统可用于加热捕获液体和冷却释放液体,对开发控温材料具有重要意义。

(2)化学响应性分子凝胶

这类超分子凝胶种类非常丰富。化学信号可以是溶剂、pH、金属阳离子、阴离子、能够与凝胶因子发生化学反应或非共价相互作用的化合物等。在这些化学信号的作用下,超分子凝胶能够发生凝胶与溶液的相转变。除此之外,化学响应性凝胶还可能发生其他性质变化,如吸收光谱或是荧光光谱的变化、CD信号的变化等。因此,它们可以广泛地应用于生物或者化学传感等领域。

(3)光响应小分子凝胶

这类超分子凝胶往往带有光致变色官能团,如偶氮苯、二芳基乙烯和螺吡喃等,以及一些可以发生光聚合反应的基团,如联二炔、肉桂酸等。在紫外光或可见光照射下发生可逆的光致变色反应,伴随着凝胶与溶液之间的相转变或者是吸收光谱、荧光光谱等的显著变化。光辐射是一种绿色、清洁、无侵入的刺激方式,这使得光响应超分子凝胶在微流控、显示成像、信息存储等领域具有应用前景。

如图9-29所示,将光敏性肉桂酸与二烷基链谷氨酰胺共价连接,合成了光响应的手性凝胶因子L-CG[49]。研究发现,L-CG在甲醇溶液中自组装形成稳定的超分子凝胶。在避光条件下,通过加热将L-CG溶解,随后放置在黑暗环境中自然冷却至室温,得到了白色且稳定的甲醇凝胶。通过扫描电子显微镜,我们能清楚地观察到白色凝胶由成束纳米螺旋纤维或超螺旋结构组成。仔细观察这些螺旋结构,我们发现L-CG凝胶完全由左手超螺旋结构[图9-29(b)]组成。当其接受365 nm的紫外光辐射后凝胶会发生坍塌,凝胶即转变成了溶胶。同时L-CG凝胶的左手超螺旋结构都变成均匀的纳米串珠结构[图9-29(c)],这些串珠结构的直径约为175 nm,长度最长可达到20 μm。将光照后坍塌形成的溶胶加热溶解冷却后,溶胶又形成了凝胶,同时在微观结构上,我们发现纳米串珠结构几乎也全部转变成了纳米螺旋结构;继续光照,我们发现这些螺旋结构又一次转变成了纳米串珠结构。这说明凝胶-溶胶转变和超分子螺旋结构之间的转变是可逆的,可以通过紫外光照和加热冷却成胶交替进行实现。

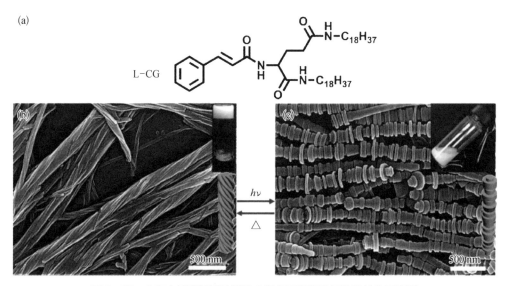

图 9-29　含有肉桂酸基团的光响应超分子凝胶及其纳米结构示意图

（a）肉桂酰胺两亲分子 L-CG 分子式;（b）L-CG 在甲醇中形成的超分子凝胶照片及 SEM 图;（c）L-CG 甲醇凝胶经紫外光辐照坍塌,纳米结构转变为串珠状

刘鸣华课题组[50]设计合成了一对含有螺吡喃官能团的谷氨酰类胶凝因子(图9-30)。研究发现,其形成的凝胶在交替的紫外和可见光照射下,螺吡喃环发生开环和闭环可逆响应。由此引发一系列变化响应,如光学、手性光学的及微观结构变化等。其中,谷氨酸上的分子手性通过凝胶自组装可以转移到螺吡喃生色团从而产生超分子手性。在紫外光作用下,可见吸收区域出现明显的超分子手性信号,此信号属于开环螺吡喃(花菁结构)形成的超分子手性信号。若改换可见光照射,该手性信号会逐渐消失,由此得到光响应的可逆手性开关。进一步研究发现,对映体凝胶在闭环状态下不发光,但开环的花菁结构会发射红光。同时该发射的红光具有圆偏振发光特性(CPL)[51]。因此,通过交替的紫外和可见光刺激作用,可以制备手性 CPL 开关。

（4）触变凝胶

很多超分子凝胶在施加一定外力的条件下会由凝胶变成流体,黏度明显降低,在消除外力后其黏度又可以恢复,这种性质称为触变性。例如 van Esch 等[52]发现环己二胺类超分子凝胶在外界剪切力作用下,凝胶转变为具有流动性的溶胶,体系经静置后,凝胶态重新出现,这样的过程可以重复多次,因此证实该凝胶体系具有触变响应性。研究者认为,体系之所以具备触变性是因为凝胶纤维节点部分的可逆破坏与形成。在施加外界搅动时,凝胶纤维的节点被部分破坏导致三维网络坍塌,形成了分散的纤维束,在宏观上表现出溶胶态的出现;当外力撤去后,这些分散的纤维重新交联而形成三维网络,凝胶态得以恢复。刘鸣华等研究了含有联吡啶基团,两头由谷氨酸胶凝子取代的凝胶体系的触变性,发现在临界应变约为 50 Pa 时,凝胶部分破裂,在 60 Pa 以上,凝胶已经转化成完全黏性溶胶。然而,当静置 1 min 后,系统恢复到凝胶状态,且该触变过程可以多次重复[53]。

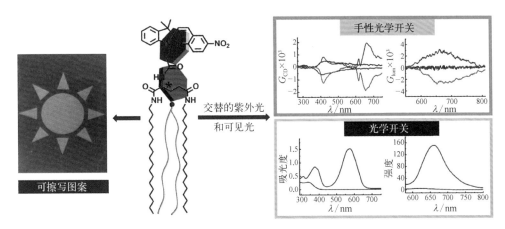

图 9-30 含有螺吡喃基团超分子凝胶的光响应性

左:光响应凝胶用于可擦写的图案化制备;右:螺吡喃超分子凝胶在紫外光和可见光的交替辐照下得到的手性光学开关和光学开关

（5）电化学响应超分子凝胶

形成这类超分子凝胶的凝胶因子通常带有电子给体或电子受体,如四硫富瓦烯(TTF)、苝二酰亚胺、寡聚噻吩、二茂铁等,或者是可变价态的金属离子等,如利用 β-环糊精和二茂铁之间的主客体相互作用对电化学刺激的敏感性,可构建刺激响应超分子水凝胶。房喻等[54]报道了一种连接有二茂铁的胆固醇类衍生物,可以在环己烷中形成凝胶,表现出氧化还原响应特性。这种凝胶是一种多重响应性超分子凝胶,集氧化还原响应、触变、超声波和等热响应性于一体,这种多重响应的相变软物质材料在多通道信息存储方面有很大的应用潜力。

9.4　展望

经过近几十年的发展,超分子自组装研究取得了重要进展,并呈现快速发展的态势,国际前沿研究从简单组装和静态组装逐渐过渡到多级组装和动态组装,从不可控组装发展到可控组装。创制具有动态响应、自适应、自修复等特点的新型自组装体系成为本领域的研究热点和前沿。与此同时,多层次多组分的自组装体在诸如发光材料、催化剂、新型聚合物、自组装光电功能材料、受生物启发的自组装等领域展示出了广阔的应用前景,同时超分子科学的发展也面临着重要挑战。

9.4.1　自组装的驱动力

传统的非共价相互作用如氢键、范德瓦耳斯力、π-π相互作用、静电作用、亲疏水作用等被广泛用于自组装。一些新的非共价相互作用,如阴离子-π作用、机械键、动态共价键正在成为组装新结构、实现新功能、稳定自组装结构的新的驱动力。

机械键是一种新的键合模式,通常存在于轮烷和链烷或其他机械互锁的分子结构中,这些键对于拓扑结构的超分子体系具有重要的作用,成为一类新的驱动力。

动态共价键主要基于一些能够在特定条件下进行可逆断裂和形成、与非共价键性质相似的化学键,一些典型的动态共价键包括亚胺键、酰腙键、二硫键、硼酸酯键、D-A反应产物等,这些键对于稳定自组装结构具有重要作用,成为目前研究非常活跃的领域。此外,共价键与非共价键的协同也大力推动了自组装向更高层次转变,实现更高功能的自组装材料。

9.4.2　超分子组装基元与组装方法

组装基元是超分子自组装科学的基础,就像建设大楼的砖瓦,自组装基元的设计与合成将成为可控自组装科学向更高层次迈进的基石,不仅能获得复杂和精美的结构,更是实现和调控超分子体系功能的重要方法与途径。

在组装基元方面,一方面传统的主客体超分子基元及其组装体系仍在继续拓展,从早期的冠醚、杯芳烃、环糊精到近期的葫芦脲、柱芳烃等均备受关注,并展示出一些新的性能;另一方面以机械键为特征的拓扑结构超分子成为当前发展的一个热点,并在超分子机器方面展示了良好的可调控性以及功能。此外,除了一些小分子的精准设计以外,一些大分子体系、胶体粒子、纳米粒子等正在成为重要的组装基元,展示了从简单到复杂、从单一组分到多组分、从线性到支化、从静态到动态的组装特征,从基元间的完全非共价到共价与非共价的协同,合成具有和共价键相比拟稳定性的多基元协同体系将成为重要的创新设计方向。

耗散自组装通过消耗"燃料"来维持非平衡态结构,是实现复杂生命功能的基础。远离平衡态构筑的组装体,可通过能量的输入调控组装的进度,由于远离平衡态后体系的状态数大大增加,有望赋予组装体更丰富的结构和可调制的性质,开拓自组装的新体系。耗散自组装可赋予材料自修复和自适应等智能仿生特性,具有广阔的应用前景。

超分子聚合物是单体通过非共价键作用自组装形成的聚合物,其形成驱动力一般为具有一定强度和方向性的非共价键。由于非共价键的动态可逆特性,超分子聚合物被赋予了诸多共价聚合物不具备的性质,如可逆、可降解、自修复、易加工、可再生等,在可降解和可逆材料、生物医用材料等方面有巨大应用前景。

9.4.3　多层次多组分自组装过程及调控

多层次多组分自组装的核心是基于分子或者组装单元的设计自下而上地实现分子或者构筑单元在尺度、空间、组装过程乃至时间顺序上的程序化,以及对组装方式、构型和序列的有效调控,从而构筑多层次多维度的组装结构。国内外已经开始致力于开发新型构筑单元和组装方法,在空间乃至时间上调控多级次组装体的结构与功能,除了经典的功能小分子自组装,最近在纳米组装、大分子组装、生物分子组装、手性结构自组装等多层次多组分自组装领域取得突破,同时在自组装手性结构、自组装拓扑结构的构筑与调控方面也取得进展。

9.4.4　超分子机器

超分子机器涉及一些重要部件的程序组装和可控操作。利用分子间的非共价相互作用或者与共价键的结合,结合外力的刺激以及对于精确位点的控制,通过巧妙的构筑基元设计和组装过程调控,编制出分子机器。分子机器获得了2016年诺贝尔化学奖,是复杂自组装体系的具体体现,也是自组装领域的里程碑工作,对于理解和操控生命体系的各种机器、进一步开发材料具有重要意义,是一个很有吸引力的新方向。

9.4.5 超分子功能材料

与共价键的合成化学相比拟,超分子组装也是构成功能材料的重要途径。自组装材料往往表现出一些新的性能,如刺激响应性、自修复等特性,利用这些特点改变以往材料制备方法,实现材料自身"智能化",在催化、能源、光电以及药物方面展示巨大的应用前景。

(1)超分子光电功能材料与柔性电子器件。具有光响应、导电和半导体特性的有机光电功能材料和器件是当前新材料的研究热点,在能源、信息、智能传感和物联网等重要领域具有广阔的应用前景。有机光电材料的性能既与分子的结构有关,又与分子的堆积、聚集态密切相关。而后者正是这些 π-共轭体系的自组装,尤其是当分子加工成材料过程中,分子在纳米、微米尺度范围的有序聚集态结构将对电学、力学和光电性能都有很大的影响。有机光电功能材料的可控自组装是推动其最终能够走向大规模应用的最重要的因素之一。同时,区别于无机材料的刚性,柔性是有机材料最为重要的优点,因此柔性器件的研究具有重要的科学意义与应用价值,是当前可控自组装发展的一个重要方向。

(2)刺激响应性材料。刺激响应性材料是近年来蓬勃发展起来的一类新型功能性材料。这类材料能够对外界环境中的微小变化产生快速的响应,致使其物理性能和化学性能发生突变。常见的刺激响应性包括温度响应性、pH 响应性、光响应性、离子强度响应性、电场磁场响应性。自组装材料融合了分子的可设计性以及非共价键的可调控性,对于这些刺激表现出很好的响应性,因而成为重要的刺激响应性材料,有望在化学反应与传感、药物控释材料、生物传感器和组织工程等多个领域发挥应用价值,是超分子材料当前研究的一个重要领域。

(3)超分子自修复材料。自修复材料是在无外界作用条件下,材料本身就能对内部缺陷进行自我恢复的一种特殊功能材料。材料在使用过程中不可避免地会产生局部损伤和微裂纹,并由此引发宏观裂缝而发生断裂,影响材料的正常使用和缩短使用寿命。裂纹的早期修复,特别是自修复是一个现实而重要的问题。一方面可以通过加热等方式向体系提供能量,使其发生结晶、在表面形成膜或产生交联等作用实现修复;另一方面则可以通过在材料内部分散或复合一些功能性物质来实现,而非共价相互作用,包括动态共价键可逆性的广泛应用将在自修复材料领域起到重要作用。

(4) 超分子手性材料。手性是自然界最普遍的属性之一,手性在从中微子到分子到宏观材料等各个层次都具有体现,也是自组装过程中必然产生的现象。生命的手性单一性引起了人们长期的关注,而手性功能材料在医药、材料、生物、传感等诸多领域均有广泛应用。自组装是实现分子手性传递、放大和功能化,获取手性材料的一种重要手段。最近十几年,多层次自组装手性材料的构筑与调控取得了重要进展,在自组装手性超分子聚合物、手性圆偏振发光材料与器件、手性不对称催化和手性分离等领域均取得突破,成为自组装的一个重要研究领域。

9.4.6　生命启发的自组装

超分子自组装过程以各种形式存在于自然界中,从蛋白质折叠和形成脂双层到建立地球的整个生物系统。科学家一直渴望利用超分子自组装来构建人造物体,以达到细胞或细胞器的尺寸和复杂性,以便为研究、工程和医学应用构建合成的细胞机器。生物聚合物如 DNA、RNA 和蛋白质都被用作组装单元来构建各种复杂的人工结构,实现新功能。

DNA 自组装是一种非常有用的自组装构建模块。它具有可编程性,以及来源于在互补 DNA 链的碱基之间形成的可预测和稳定的配对结构。此外,DNA 结构稳定,双螺旋的几何特征得到了很好的研究,并且与其他生物分子相容,这就允许构建功能复杂的"异质生物材料"。科学家们已经开发了各种 DNA 自组装方法,用于构建展现出大的几何复杂性和纳米级精度的合成结构。

蛋白质是生命的物质基础,它是由 α-氨基酸按一定顺序结合形成一条多肽链,再由一条或多条多肽链按照特定方式结合而成的生物大分子。蛋白质具有一级、二级、三级和四级结构,一切生命活动都离不开蛋白质。虽然蛋白质的氨基酸序列决定了它的功能,但必须通过氢键、静电和疏水相互作用自组装(折叠)形成正确的三维结构才能表现出特定的生物活性功能。相对于 DNA 组装,蛋白质分子的自组装是一个较年轻的研究领域。但考虑到蛋白质分子功能特性及令人惊叹的多样性,蛋白质自组装呈现出广阔的潜力。

人工光合作用和相关超分子催化体系。光合作用是自然界的基本反应,叶绿体等通过形成高级自组装结构有效收集太阳光能,将水和二氧化碳转化为葡萄糖并放出氧气,再进一步转化为各种有机物。这一过程涉及高级结构的自组装,通过自组装途径,构建人工光合作用体系,实现利用太阳光的可持续产生清洁能源新途径,是化学家、材料科学家和生命科学家的梦想。当前,以光合作用为模型,发展高效低廉的人工光合作用体系或者超分子催化体系,实现二氧化碳的化学转化、光解水产生氢气和氧气、人工固氮等成为重要的前沿领域。

9.4.7　超分子自组装的挑战

尽管超分子化学取得了令人振奋的成果,但是还面临诸多挑战。

第一,对超分子化学基本问题的理解。是否还有我们没有认识到的非共价相互作用? 尤其重要的是,超分子体系中的非共价相互作用往往是多种作用同时存在,而且相互之间是协同的,如何很好地描述和利用非共价键之间的协同是一项重要的挑战。

第二,有机化学家创造了诸多人名反应以及各种重要分子。超分子发展至今形成的著名大环体系只有几个,特别有效的构筑单元或者构筑子仍然很少。在小分子通过共价键形成生物高分子、超分子的过程中,分子的序列结构非常重要。然而序列型的超分子体系或者超分子聚合物至今还很少。

第三,超分子组装往往是多分子体系、多级结构共存的,如何关联各个组分之间的相互作用、各层次结构仍然是个难题。

第四是超分子走向实际应用的挑战。尽管我们欣喜地看到有些超分子体系可以用于石油化工中的分离提纯[55],但是走向真正规模化应用还有一定的路要走。超分子自组装体系往往缺乏力学性能,但是有较好的可逆或者解组装性能,能否有效地将超分子特性与力学性能有机结合是超分子材料未来的一项挑战。当前合成高分子材料面临着降解困难的挑战,如何将天然高分子与超分子结合实现高分子/超分子材料的绿色革命是一项重大的挑战。最后,超分子体系与生命体系有诸多相似和紧密的联系,如何有效地将超分子体系应用到生命体系、生物医药等是一个重要的课题。

综上所述,超分子自组装是理解生命现象、制备新物质的一种途径。超分子自组装提供了一个最普遍的策略,可以在任何尺度实现自组装[56]。超分子自组装在化学、物理、生物学、材料科学、纳米科学和制造业等许多领域展示出重要的应用前景。通过这些领域之间概念和技术的交叉,解决一系列面临的挑战,超分子自组装领域将继续有令人兴奋的发展机会。

参考文献

［1］ Qin L，Lv K，Shen Z C，et al. Self-assembly of organic molecules into nanostructures［M］// Chen X D，Fuchs H. Soft Matter Nanotechnology：From Structure to Function. Weinheim：Wiley-VCH Verlag GmbH & Co. KGaA，2015：21－94.

［2］ Pedersen C J. The discovery of crown ethers［J］. Science，1988，241(4865)：536－540.

［3］ Cram D J，Cram J M. Host-guest chemistry［J］. Science，1974，183(4127)：803－809.

［4］ Lehn J M. Supramolecular chemistry-scope and perspectives molecules，supermolecules，and molecular devices（Nobel lecture）［J］. Angewandte Chemie International Edition in English，1988，27(1)：89－112.

［5］ Lehn J M. Supramolecular chemistry：Concepts and perspectives［M］. Weinheim：VCH Verlagsgesellschaft mbH，1995.

［6］ Sato K，Hendricks M P，Palmer L C，et al. Peptide supramolecular materials for therapeutics［J］. Chemical Society Reviews，2018，47(20)：7539－7551.

［7］ Wang C，Wang Z Q，Zhang X. Amphiphilic building blocks for self-assembly：From amphiphiles to supra-amphiphiles［J］. Accounts of Chemical Research，2012，45(4)：608－618.

［8］ Liu M H，Zhang L，Wang T Y. Supramolecular chirality in self-assembled systems［J］. Chemical Reviews，2015，115(15)：7304－7397.

［9］ Jie K C，Zhou Y J，Yao Y，et al. Macrocyclic amphiphiles［J］. Chemical Society Reviews，2015，44(11)：3568－3587.

［10］ Ma W，Xu L G，de Moura A F，et al. Chiral inorganic nanostructures［J］. Chemical Reviews，2017，117(12)：8041－8093.

［11］ 江明，A. 艾森伯格，刘国军，等. 大分子自组装［M］. 北京：科学出版社，2006.

［12］ Gaeta C，Troisi F，Neri P. endo-Cavity complexation and through-the-annulus threading of large calixarenes induced by very loose alkylammonium ion pairs［J］. Organic Letters，2010，12(9)：2092－2095.

［13］ Ogoshi T，Kanai S，Fujinami S，et al. Para-Bridged symmetrical pillar［5］arenes：Their Lewis acid catalyzed synthesis and host-guest property［J］. Journal of the American Chemical Society，2008，130(15)：5022－5023.

［14］ Xue M，Yang Y，Chi X D，et al. Development of pseudorotaxanes and rotaxanes：From synthesis to stimuli-responsive motions to applications［J］. Chemical Reviews，2015，115(15)：7398－7501.

［15］ Du G Y，Moulin E，Jouault N，et al. Muscle-like supramolecular polymers：Integrated motion from thousands of molecular machines［J］. Angewandte Chemie International Edition，2012，51(50)：12504－12508.

［16］ Wasserman E. The preparation of interlocking rings：A catenane1［J］. Journal of the American Chemical Society，1960，82(16)：4433－4434.

［17］ Dietrich-Buchecker C O，Sauvage J P，Kern J M. Templated synthesis of interlocked macrocyclic ligands：The catenands［J］. Journal of the American Chemical Society，1984，106(10)：3043－3045.

［18］ Dietrich-Buchecker C O，Sauvage J P. A synthetic molecular trefoil knot［J］. Angewandte Chemie

International Edition in English，1989，28(2)：189－192.

[19] Ponnuswamy N，Cougnon F B L，Clough J M，et al. Discovery of an organic trefoil knot[J]. Science，2012，338(6108)：783－785.

[20] Ikuta D，Hirata Y，Wakamori S，et al. Conformationally supple glucose monomers enable synthesis of the smallest cyclodextrins[J]. Science，2019，364(6441)：674－677.

[21] Yang S Y，Yan Y，Huang J B，et al. Giant capsids from lattice self-assembly of cyclodextrin complexes[J]. Nature Communications，2017，8：15856.

[22] Ji L K，He Q W，Niu D，et al. Host-guest interaction enabled chiroptical photo-switching and enhanced circularly polarized luminescence[J]. Chemical Communications，2019，55(78)：11747－11750.

[23] Hu L Y，Li K，Shang W L，et al. Emerging cubic chirality in γCD-MOF for fabricating circularly polarized luminescent crystalline materials and the size effect [J]. Angewandte Chemie International Edition，2020，59(12)：4953－4958.

[24] Sun R Y，Xue C M，Ma X，et al. Light-driven linear helical supramolecular polymer formed by molecular-recognition-directed self-assembly of bis (p-sulfonatocalix[4]arene) and pseudorotaxane[J]. Journal of the American Chemical Society，2013，135(16)：5990－5993.

[25] Li J J，Chen Y，Yu J，et al. A supramolecular artificial light-harvesting system with an ultrahigh antenna effect[J]. Advanced Materials，2017，29(30)：1701905.

[26] Yu G C，Yang Z，Fu X，et al. Polyrotaxane-based supramolecular theranostics [J]. Nature Communications，2018，9：766.

[27] Petty M C. Langmuir-Blodgett films：An introduction[M]. Cambridge：Cambridge University Press，1996.

[28] Zhang G C，Zhai X D，Liu M H. Spacer-controlled aggregation and surface morphology of a selenacarbocyanine dye on gemini monolayers[J]. The Journal of Physical Chemistry B，2006，110 (21)：10455－10460.

[29] Yuan J，Liu M H. Chiral molecular assemblies from a novel achiral amphiphilic 2－(heptadecyl) naphtha[2, 3]imidazole through interfacial coordination[J]. Journal of the American Chemical Society，2003，125(17)：5051－5056.

[30] Huang X，Li C，Jiang S G，et al. Self-assembled spiral nanoarchitecture and supramolecular chirality in Langmuir-Blodgett films of an achiral amphiphilic barbituric acid[J]. Journal of the American Chemical Society，2004，126(5)：1322－1323.

[31] Yang P D. Wires on water[J]. Nature，2003，425(6955)：243－244.

[32] Liu J W，Liang H W，Yu S H. Macroscopic-scale assembled nanowire thin films and their functionalities[J]. Chemical Reviews，2012，112(8)：4770－4799.

[33] Li X L，Zhang L，Wang X R，et al. Langmuir-Blodgett assembly of densely aligned single-walled carbon nanotubes from bulk materials[J]. Journal of the American Chemical Society，2007，129 (16)：4890－4891.

[34] Zhou X Q，Cao H，Yang D，et al. Two-dimensional alignment of self-assembled organic nanotubes through Langmuir-Blodgett technique[J]. Langmuir，2016，32(49)：13065－13072.

[35] Iler R K. Multilayers of colloidal particles[J]. Journal of Colloid and Interface Science，1966，21 (6)：569－594.

[36] Decher G. Fuzzy nanoassemblies：Toward layered polymeric multicomposites[J]. Science，1997， 277(5330)：1232－1237.

[37] Zhang G C，Zhai X D，Liu M H，et al. Spacer-modulated aggregation of the cyanine dye on the vesicles of gemini amphiphiles[J]. Langmuir，2009，25(3)：1366－1370.

[38] Qin L，Zhang L，Jin Q X，et al. Supramolecular assemblies of amphiphilic L－proline regulated

by compressed CO_2 as a recyclable organocatalyst for the asymmetric aldol reaction[J]. Angewandte Chemie International Edition, 2013, 52(30): 7761 - 7765.

[39] Li S, Zhang L, Jiang J, et al. Self-assembled polydiacetylene vesicle and helix with chiral interface for visualized enantioselective recognition of sulfinamide[J]. ACS Applied Materials & Interfaces, 2017, 9(42): 37386 - 37394.

[40] Estroff L A, Hamilton A D. Water gelation by small organic molecules[J]. Chemical Reviews, 2004, 104(3): 1201 - 1218.

[41] van Esch J H, Feringa B L. New functional materials based on self-assembling organogels: From serendipity towards design[J]. Angewandte Chemie International Edition, 2000, 39(13): 2263 - 2266.

[42] Liu M H, Ouyang G H, Niu D, et al. Supramolecular gelatons: Towards the design of molecular gels[J]. Organic Chemistry Frontiers, 2018, 5(19): 2885 - 2900.

[43] Corey E J. General methods for the construction of complex molecules[J]. Pure and Applied Chemistry, 1967, 14(1): 19 - 37.

[44] Desiraju G R. Supramolecular synthons in crystal engineering — a new organic synthesis[J]. Angewandte Chemie International Edition in English, 1995, 34(21): 2311 - 2327.

[45] Zhang L, Wang T Y, Shen Z C, et al. Chiral nanoarchitectonics: Towards the design, self-assembly, and function of nanoscale chiral twists and helices[J]. Advanced Materials, 2016, 28(6): 1044 - 1059.

[46] Cao H, Duan P F, Zhu X F, et al. Self-assembled organic nanotubes through instant gelation and universal capacity for guest molecule encapsulation[J]. Chemistry — A European Journal, 2012, 18(18): 5546 - 5550.

[47] Du X W, Zhou J, Shi J F, et al. Supramolecular hydrogelators and hydrogels: From soft matter to molecular biomaterials[J]. Chemical Reviews, 2015, 115(24): 13165 - 13307.

[48] Liu W Q, Xing P Y, Xin F F, et al. Novel double phase transforming organogel based on β-cyclodextrin in 1, 2 - propylene glycol[J]. The Journal of Physical Chemistry B, 2012, 116(43): 13106 - 13113.

[49] Jiang H J, Jiang Y Q, Han J L, et al. Helical nanostructures: Chirality transfer and a photodriven transformation from superhelix to nanokebab[J]. Angewandte Chemie International Edition, 2019, 58(3): 785 - 790.

[50] Miao W G, Wang S, Liu M H. Reversible quadruple switching with optical, chiroptical, helicity, and macropattern in self-assembled spiropyran gels[J]. Advanced Functional Materials, 2017, 27(29): 1701368.

[51] Sang Y T, Han J L, Zhao T H, et al. Circularly polarized luminescence in nanoassemblies: Generation, amplification, and application[J]. Advanced Materials, 2020, 32(41): e1900110.

[52] van Bommel K J C, van der Pol C, Muizebelt I, et al. Responsive cyclohexane-based low-molecular-weight hydrogelators with modular architecture[J]. Angewandte Chemie International Edition, 2004, 43(13): 1663 - 1667.

[53] Miao W G, Yang D, Liu M H. Multiple-stimulus-responsive supramolecular gels and regulation of chiral twists: The effect of spacer length[J]. Chemistry — A European Journal, 2015, 21(20): 7562 - 7570.

[54] Liu J, He P L, Yan J L, et al. An organometallic super-gelator with multiple-stimulus responsive properties[J]. Advanced Materials, 2008, 20(13): 2508 - 2511.

[55] 周玉娟,揭克诚,李二锐,等.柱芳烃纳客在吸附和分离中的应用[J].中国科学:化学,2019,49(6): 832 - 843.

[56] Whitesides G M, Grzybowski B. Self-assembly at all scales[J]. Science, 2002, 295(5564): 2418 - 2421.

索 引

X

烯醇负离子中间体　155,165,166,
　172-174,190,276
烯炔酮　130,132,227,228
协同效应　3,6,8,10,17,52

Y

叶立德　114-117,287,288,297

Z

重氮化合物　86,112-114,119,122-
　124,126-130,132,134,136,137,
　139-141,143-145
自由基中间体　155,190,191,194-196